大学数学信息化教学丛书

高等数学学习指导
（下册）（第二版）

杨雯靖　朱永刚　主编

科　学　出　版　社

北　京

内 容 简 介

本书在 2013 年第一版的基础上，集撷作者多年教学心得和教研成果，根据读者反馈进行修订.

本书分为上、下两册. 第二版保留第一版的基本结构，包括知识框架、教学基本要求、主要内容解读、典型例题解析、习题选解及自测题六个部分. 其中，教学基本要求与新修订的教学大纲要求相适应，典型例题解析注重解题思路、方法及总结，习题选解按照高等数学的章节顺序编排，有层次地选择部分习题，注重一题多解. 每章后附自测题及参考答案，供读者检测.

本书对教材具有相对的独立性，适合普通高等院校理工科各专业学生使用，也可供考研人员参考阅读.

图书在版编目（CIP）数据

高等数学学习指导. 下册/杨雯靖，朱永刚主编. —2 版. —北京：科学出版社，2020.2

（大学数学信息化教学丛书）

ISBN 978-7-03-064355-1

Ⅰ. ①高… Ⅱ. ①杨…②朱… Ⅲ. ①高等数学—高等学校—教学参考资料 Ⅳ.①O13

中国版本图书馆 CIP 数据核字(2020)第 008194 号

责任编辑：谭耀文 张 湾/责任校对：高 嵘
责任印制：彭 超/封面设计：苏 波

科 学 出 版 社 出版

北京东黄城根北街 16 号
邮政编码：100717
http://www.sciencep.com

武汉市首壹印务有限公司印刷
科学出版社发行 各地新华书店经销
*
开本：787×1 092 1/16
2020 年 2 月第 二 版 印张：17 1/4
2020 年 7 月第二次印刷 字数：400 000
定价：53.00 元
（如有印装质量问题，我社负责调换）

《高等数学学习指导（下册）》（第二版）

编 委 会

主　编　杨雯靖　朱永刚

副主编　周意元　杨元启

编　委　（按姓氏笔画排序）

朱永刚　杨元启　杨雯靖

陈将宏　周意元　赵守江

崔　盛

第二版前言

本书是在保持第一版优点及特色的基础上，结合高等数学教学改革实践，以利于激发学生自主学习为理念，根据读者反馈进行修订的学习指导教材，主要面向学习高等数学的理工科学生，以及准备研究生入学考试的人员，也可供讲授高等数学的教师参考.

本次修订保留第一版的基本结构，包括知识框架、教学基本要求、主要内容解读、典型例题解析、习题选解及自测题六个部分，其内容按章编写.

教学基本要求与新修订的教学大纲要求相适应，突出各章节需要掌握的核心内容.

主要内容解读部分在修订时更注重语言的精练性与可读性.其中，对极限定义的描述不再使用"非 ε 语言"，而采用经典的" $\varepsilon-N$ "(或" $\varepsilon-\delta$ ")极限理论.

典型例题解析注重解题思路、方法及总结，既强调基础，又通过对教学内容的扩展和延伸满足学生深层次的要求.

与配套教材习题相适应，对本书的习题选解进行调整，习题选解的总量也适当增加，但不影响本书作为独立书籍的阅读及使用.

自测题部分涵盖每章的相关内容，修订时更多地考虑题目多样性和层次性的特点，便于读者自测，并提供自测题的参考答案.

本书由杨雯靖和朱永刚主编，周意元和杨元启担任副主编.参加第二版编写工作的有杨雯靖、朱永刚、周意元、陈将宏、杨元启、赵守江、崔盛.全书由朱永刚负责统稿，杨雯靖负责审阅.

本书自 2013 年出版以来，许多读者纷纷表示关切和鼓励，并对书中存在的不妥之处予以指正，在此向他们表示感谢. 三峡大学理学院、教务处和教材供应中心对本书的编写与出版给予了大力支持，对此我们也表示衷心的感谢.

由于编者水平有限，第二版中存在的问题，敬请广大读者给予批评指正.

编　者

2019 年 12 月

第一版前言

本书是与张明望、沈忠环、杨雯靖主编的普通高等教育"十二五"规划教材《高等数学》科学出版社，2013 年出版配套使用的学习指导书，主要面向使用该教材的教师和学生，同时，可为学习高等数学的学生提供同步指导，也可作为研究生入学考试的复习指导.我们编写这本配套教材，既满足学生学习高等数学课程的需要，又通过对教学内容的扩展和延伸满足学生的深层次的要求.

上册包括函数与极限、导数与微分、微分中值定理与导数的应用、不定积分、定积分及其应用、常微分方程；下册包括向量代数与空间解析几何、多元函数微分学及其应用、重积分、曲线积分与曲面积分、无穷级数.本书的内容按章编写，与教材同步. 每章包括教学基本要求、内容概述、典型例题解析、习题选解及自测题五个部分.

教学基本要求部分是根据教育部数学基础课程教学指导委员会制定的理工类本科高等数学课程的教学基本要求确定的，也是根据教学大纲的要求制定的.

内容概述部分有条理地将每一章的基本理论与基本方法逐一梳理，使读者详细地了解每章的主要内容.

典型例题解析部分精选相关内容的基本题型，力图将高等数学的基本概念、定理、方法及应用融于其中，具有鲜明的特点.例题的选择兼顾基本性与扩展性特点，考虑到理论与实际的结合.例题中注重分析解题思路，寻求多种解题方法，并在例题后加以评注，进行总结及推广说明.

习题选解部分按照教材中的章节顺序，精选一部分习题做出了解答.其中，每章的总习题在难度上略重一些，所以在习题选解中所占的比例相对较大.

作者在每章后附带了两套自测题，便于读者在每章结束后自我检测. 自测题既涵盖了每章的相关内容，又考虑了题目的多样性和层次性的特点，可用作读者自测.

本书由杨雯靖和朱永刚主编.参加编写的主要人员还有杨元启和陈将宏，另外，崔盛等也参与了一部分后期的编写工作.全书由朱永刚负责统稿，杨雯靖负责审阅.

三峡大学理学院、教务处和教材供应中心对本书的编写和出版给予大力支持，对此我们表示衷心的感谢.

由于作者水平有限，书中难免有不妥之处，敬请广大读者批评指正.

作 者

2013 年 5 月

目　　录

第七章　向量代数与空间解析几何

空间解析几何是通过建立空间直角坐标系, 把空间的点与三元有序实数组一一对应, 使空间中的曲面(曲线)与代数方程(组)对应起来, 从而可以用代数方法来研究空间几何问题. 本章介绍向量的概念, 向量的线性运算、乘法运算与坐标表示, 并以向量为工具, 讨论空间平面与直线、空间曲面与曲线的有关内容.

一、知识框架

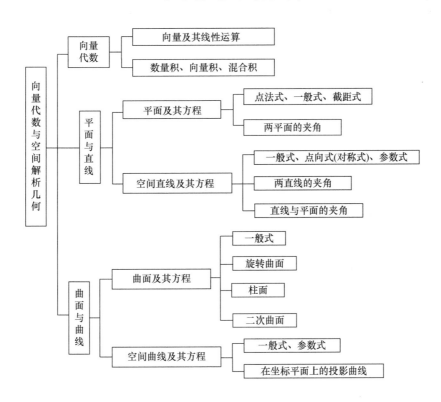

二、教学基本要求

(1) 理解空间直角坐标系, 理解向量的概念及其表示.

(2) 掌握向量的运算(线性运算、数量积、向量积、混合积), 了解两个向量垂直、平行的条件及三个向量共面的条件.

(3) 掌握单位向量、方向角与方向余弦、向量的坐标表达式,以及用坐标表达式进行向量运算的方法.

(4) 掌握平面方程和直线方程及其求法,会利用平面、直线的相互关系(平行、垂直、相交等)解决有关问题.

(5) 理解曲面方程的概念,了解常用二次曲面的方程及其图形,会求以坐标轴为旋转轴的旋转曲面及母线平行于坐标轴的柱面方程.

(6) 了解空间曲线的参数方程和一般方程.

(7) 了解空间曲线在坐标平面上的投影曲线,并会求其方程.

三、主要内容解读

(一) 向量及其运算

1. 向量

1) 向量的概念

既有大小又有方向的量,记为 $\vec{a}$ 或 $\boldsymbol{a}$.

2) 向量的坐标表示

$$\boldsymbol{a} = a_x \boldsymbol{i} + a_y \boldsymbol{j} + a_z \boldsymbol{k}, \qquad \boldsymbol{a} = (a_x, a_y, a_z).$$

3) 向量的模

向量 $\boldsymbol{a} = (a_x, a_y, a_z)$ 的大小,记为 $|\boldsymbol{a}|$,此时 $|\boldsymbol{a}| = \sqrt{a_x^2 + a_y^2 + a_z^2}$.

4) 向量的方向角与方向余弦

非零向量 $\boldsymbol{a} = (a_x, a_y, a_z)$ 与三个坐标轴的夹角 α, β, γ 称为向量 $\boldsymbol{a}$ 的方向角,$\cos\alpha, \cos\beta, \cos\gamma$ 称为向量 $\boldsymbol{a}$ 的方向余弦,其中,$\cos\alpha = \dfrac{a_x}{|\boldsymbol{a}|}$,$\cos\beta = \dfrac{a_y}{|\boldsymbol{a}|}$,$\cos\gamma = \dfrac{a_z}{|\boldsymbol{a}|}$,并且 $\cos^2\alpha + \cos^2\beta + \cos^2\gamma = 1$.

5) 单位向量

模为 1 的向量,记为 $\boldsymbol{a}^\circ$,$\boldsymbol{a}^\circ = \dfrac{\boldsymbol{a}}{|\boldsymbol{a}|}$,且 $\boldsymbol{a}^\circ = (\cos\alpha, \cos\beta, \cos\gamma)$,其中 $\boldsymbol{a} \neq \boldsymbol{0}$,$\cos\alpha$,$\cos\beta$,$\cos\gamma$ 是向量 $\boldsymbol{a}$ 的方向余弦.

6) 空间直角坐标系

在空间取定一点 O 和三个两两相互垂直的单位向量 $\boldsymbol{i}, \boldsymbol{j}, \boldsymbol{k}$,就确定了三条以 O 为原点且两两垂直的数轴,依次称为 x 轴(横轴)、y 轴(纵轴)和 z 轴(竖轴),它们统称为坐标轴. 通常将 x 轴和 y 轴放置在水平面上,z 轴铅直放置. 三个轴的正方向符合右手规则,这样的三条坐标轴就构成了一个空间直角坐标系,如图 7-1 所示.

三条坐标轴两两分别确定三个坐标面, 即 xOy 面, yOz 面和 zOx 面, 三个坐标面将空间分成八个卦限, 分别用数字 Ⅰ, Ⅱ, Ⅲ, Ⅳ, Ⅴ, Ⅵ, Ⅶ, Ⅷ 表示.

7) 空间中一点的坐标

空间中一点的坐标为 $M(x,y,z)$. 特别地, 原点的坐标为 $O(0,0,0)$; x 轴, y 轴, z 轴上点的坐标分别为 $(x,0,0)$, $(0,y,0)$ 和 $(0,0,z)$; xOy 面, yOz 面和 zOx 面上点的坐标分别为 $(x,y,0)$, $(0,y,z)$ 和 $(x,0,z)$.

设 $\overrightarrow{M_1M_2}$ 是以 $M_1(x_1,y_1,z_1)$ 为起点, 以 $M_2(x_2,y_2,z_2)$ 为终点的向量, 则

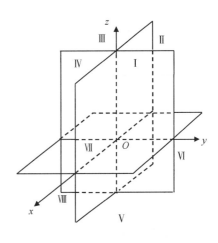

图 7-1

$$\overrightarrow{M_1M_2} = (x_2 - x_1, y_2 - y_1, z_2 - z_1),$$

两点间的距离公式为

$$|M_1M_2| = \left|\overrightarrow{M_1M_2}\right| = \sqrt{(x_2 - x_1)^2 + (y_2 - y_1)^2 + (z_2 - z_1)^2}.$$

8) 向量 $\overrightarrow{AB}$ 在 u 轴上的投影

$\mathrm{Prj}_u \overrightarrow{AB} = \left|\overrightarrow{AB}\right|\cos\varphi$, 其中 φ 为向量 $\overrightarrow{AB}$ 与 u 轴的夹角.

向量 $\boldsymbol{a}$ 在三个坐标轴上的投影 a_x, a_y, a_z 就是向量 $\boldsymbol{a}$ 的坐标. 向量在轴上的投影满足以下运算律.

(1) $\mathrm{Prj}_u(\boldsymbol{a} + \boldsymbol{b}) = \mathrm{Prj}_u\boldsymbol{a} + \mathrm{Prj}_u\boldsymbol{b}$.

(2) $\mathrm{Prj}_u(\lambda\boldsymbol{a}) = \lambda\mathrm{Prj}_u\boldsymbol{a}$.

若 $\boldsymbol{a} \neq \boldsymbol{0}$, 则向量 $\boldsymbol{b}$ 在向量 $\boldsymbol{a}$ 上的投影 $\mathrm{Prj}_a\boldsymbol{b} = |\boldsymbol{b}|\cos(\widehat{\boldsymbol{a},\boldsymbol{b}})$, 投影向量为 $(\mathrm{Prj}_a\boldsymbol{b})\dfrac{\boldsymbol{a}}{|\boldsymbol{a}|}$.

2. 向量的运算

设 $\boldsymbol{a} = (a_x, a_y, a_z)$, $\boldsymbol{b} = (b_x, b_y, b_z)$, $\boldsymbol{c} = (c_x, c_y, c_z)$, λ 是一个数.

(1) 加减运算, $\boldsymbol{a} \pm \boldsymbol{b} = (a_x \pm b_x, a_y \pm b_y, a_z \pm b_z)$.

(2) 数乘运算, $\lambda\boldsymbol{a} = (\lambda a_x, \lambda a_y, \lambda a_z)$, 向量的数乘运算满足以下运算律.

结合律: $\lambda(\mu\boldsymbol{a}) = \mu(\lambda\boldsymbol{a}) = (\lambda\mu)\boldsymbol{a}$.

分配律: $(\lambda + \mu)\boldsymbol{a} = \lambda\boldsymbol{a} + \mu\boldsymbol{a}$; $\lambda(\boldsymbol{a} + \boldsymbol{b}) = \lambda\boldsymbol{a} + \lambda\boldsymbol{b}$.

(3) 向量的数量积, $\boldsymbol{a} \cdot \boldsymbol{b} = |\boldsymbol{a}||\boldsymbol{b}|\cos\theta = a_x b_x + a_y b_y + a_z b_z$, 其中, θ 是向量 $\boldsymbol{a}$ 与 $\boldsymbol{b}$ 的夹角, 且 $\boldsymbol{a} \cdot \boldsymbol{b} = |\boldsymbol{a}|\mathrm{Prj}_a\boldsymbol{b}$ ($\boldsymbol{a} \neq \boldsymbol{0}$), 或 $\boldsymbol{a} \cdot \boldsymbol{b} = |\boldsymbol{b}|\mathrm{Prj}_b\boldsymbol{a}$ ($\boldsymbol{b} \neq \boldsymbol{0}$).

向量的数量积满足以下性质和运算律.

$\boldsymbol{a} \cdot \boldsymbol{a} = |\boldsymbol{a}|^2$.

交换律: $\boldsymbol{a} \cdot \boldsymbol{b} = \boldsymbol{b} \cdot \boldsymbol{a}$.

分配律: $a \cdot (b+c) = a \cdot b + a \cdot c$.

结合律: $(\lambda a) \cdot b = a \cdot (\lambda b) = \lambda(a \cdot b)$ (λ 为实数).

(4) 向量的向量积 $a \times b$ 按下列规则确定: $|a \times b| = |a||b| \sin(\widehat{a,b})$; $a \times b$ 的方向垂直于 a 与 b 所决定的平面, 且 a, b 与 $a \times b$ 构成右手系, 其坐标表示式为

$$a \times b = \begin{vmatrix} i & j & k \\ a_x & a_y & a_z \\ b_x & b_y & b_z \end{vmatrix} = \begin{vmatrix} a_y & a_z \\ b_y & b_z \end{vmatrix} i - \begin{vmatrix} a_x & a_z \\ b_x & b_z \end{vmatrix} j + \begin{vmatrix} a_x & a_y \\ b_x & b_y \end{vmatrix} k.$$

向量的向量积满足以下性质和运算律.

$a \times a = 0$.

$b \times a = -a \times b$.

结合律: $(\lambda a) \times b = a \times (\lambda b) = \lambda(a \times b)$ (λ 为实数).

分配律: $a \times (b+c) = a \times b + a \times c$; $(b+c) \times a = b \times a + c \times a$.

向量积的模的几何意义: 当向量 a 与 b 不共线时, $|a \times b|$ 就是以 a, b 为邻边的平行四边形的面积; 当向量 a 与 b 共线时, $|a \times b| = 0$.

(5) 向量的混合积为

$$[abc] = (a \times b) \cdot c = \begin{vmatrix} a_x & a_y & a_z \\ b_x & b_y & b_z \\ c_x & c_y & c_z \end{vmatrix}.$$

向量的混合积具有以下性质.

$[abc] = [bca] = [cab]$;

$[abc] = -[bac]$.

向量的混合积的几何意义: 如果将 a,b,c 平移至公共起点 O, 并以它们为棱构成一个平行六面体, 那么 $|[abc]|$ 就是该平行六面体的体积. 当 a,b,c 构成右手系时, 混合积 $[abc] > 0$, 否则 $[abc] < 0$.

3. 向量之间的关系

设 $a = (a_x, a_y, a_z)$, $b = (b_x, b_y, b_z)$, $c = (c_x, c_y, c_z)$.

(1) 若两个向量 a 与 b 大小相等且方向相同, 则称它们是相等的, 记作 $a = b$.

(2) 方向相同或相反的向量称为平行向量. 把若干个平行向量的起点移至同一点, 则它们的终点与公共起点都位于同一直线上, 故也称这些向量是共线的. 两向量 a 与 b 平行(共线), 记作 $a // b$.

$a // b$ ($a \neq 0$) $\Leftrightarrow$ 存在唯一的实数 λ, 使 $b = \lambda a \Leftrightarrow a \times b = 0 \Leftrightarrow \dfrac{b_x}{a_x} = \dfrac{b_y}{a_y} = \dfrac{b_z}{a_z}$.

向量 $a // b \Leftrightarrow$ 存在不全为零的实数 λ_1, λ_2, 使得 $\lambda_1 a + \lambda_2 b = 0$.

(3) $a \perp b \Leftrightarrow a \cdot b = 0 \Leftrightarrow a_x b_x + a_y b_y + a_z b_z = 0$.

(4) 把若干个向量平移到同一起点, 如果它们的终点与公共起点都位于同一平面上, 那么称这些向量是共面的.

三向量 a,b,c 共面 $\Leftrightarrow [abc]=0$.

(5) 当 a , b 为非零向量时, 两向量夹角余弦的坐标表示式为

$$\cos(\widehat{a,b})=\frac{a\cdot b}{|a||b|}=\frac{a_x b_x + a_y b_y + a_z b_z}{\sqrt{a_x^2 + a_y^2 + a_z^2}\sqrt{b_x^2 + b_y^2 + b_z^2}} .$$

（二）空间平面与直线

1. 平面

(1) 平面的点法式方程: 过点 $M_0(x_0,y_0,z_0)$ 且法向量为 $n=(A,B,C)$ 的平面方程为

$$A(x-x_0)+B(y-y_0)+C(z-z_0)=0 ,$$

其中, 法向量 $n=(A,B,C)$ 是与平面垂直的非零向量, $A^2+B^2+C^2\neq 0$.

(2) 平面的一般方程: $Ax+By+Cz+D=0$.

当 $D=0$ 时, 方程 $Ax+By+Cz=0$ 表示通过原点的平面.

当 $A=0$ 时, 方程 $By+Cz+D=0$ 表示一个平行于 x 轴的平面; 当 $B=0$ 或 $C=0$ 时, 方程 $Ax+Cz+D=0$ 或 $Ax+By+D=0$ 分别表示平行于 y 轴或 z 轴的平面.

特别地, 方程 $By+Cz=0$, $Ax+Cz=0$ 或 $Ax+By=0$ 则分别表示通过 x 轴, y 轴或 z 轴的平面.

当 $A=B=0$ 时, 方程 $Cz+D=0$ 表示一个平行于 xOy 面的平面; 方程 $Ax+D=0$ 或 $By+D=0$ 分别表示一个平行于 yOz 面或 zOx 面的平面.

特别地, 方程 $x=0$, $y=0$ 或 $z=0$ 分别表示 yOz 面, zOx 面或 xOy 面.

(3) 平面的截距式方程: $\dfrac{x}{a}+\dfrac{y}{b}+\dfrac{z}{c}=1$, 其中 a , b , c 分别称为平面在 x 轴, y 轴, z 轴上的截距, 且 $abc\neq 0$.

(4) 平面的三点式方程: 通过不在同一条直线上的三点 $M_k(x_k,y_k,z_k)$ $(k=1,2,3)$ 的平面方程为

$$\begin{vmatrix} x-x_1 & y-y_1 & z-z_1 \\ x_2-x_1 & y_2-y_1 & z_2-z_1 \\ x_3-x_1 & y_3-y_1 & z_3-z_1 \end{vmatrix}=0 .$$

注　求平面方程时, 要把握的解题思路: ①用点法式方程; ②求出平面上一点及与平面平行的两个不共线的向量; ③用一般方程; ④用平面束方程. 求平面方程有如下基本题型.

(1) 过定点且与一直线垂直的平面.

(2) 过定点且与两直线平行的平面.

(3) 过两定点且平行于一条给定直线的平面.

(4) 过两定点且垂直于一已知平面的平面.

(5) 过一定直线且垂直于一定平面的平面.

(6) 平行于一定直线且通过另一已知直线的平面.

2．直线

(1) 直线的点向式(对称式)方程: 过点 $M_0(x_0,y_0,z_0)$ 且方向向量为 $s=(m,n,p)$ 的直线方程为 $\dfrac{x-x_0}{m}=\dfrac{y-y_0}{n}=\dfrac{z-z_0}{p}$, 其中方向向量 $s=(m,n,p)$ 是与直线平行的非零向量, $m^2+n^2+p^2\neq 0$.

(2) 直线的一般方程: $\begin{cases} A_1x+B_1y+C_1z+D_1=0, \\ A_2x+B_2y+C_2z+D_2=0, \end{cases}$ 其中, $n_1=(A_1,B_1,C_1)$, $n_2=(A_2,B_2,C_2)$, 直线的方向向量为 $s=n_1\times n_2$.

(3) 直线的参数方程: 过点 $M_0(x_0,y_0,z_0)$ 且方向向量为 $s=(m,n,p)$ 的直线方程为
$$\begin{cases} x=x_0+mt, \\ y=y_0+nt, \\ z=z_0+pt, \end{cases}$$
其中, t 为参数.

(4) 直线的两点式方程: 过点 $M_1(x_1,y_1,z_1)$ 和 $M_2(x_2,y_2,z_2)$ 的直线方程为
$$\frac{x-x_1}{x_2-x_1}=\frac{y-y_1}{y_2-y_1}=\frac{z-z_1}{z_2-z_1} .$$

注　求空间直线方程时, 要把握的解题思路: ①一条直线可以看作两个不平行平面的交线; ②已知直线上一点和它的方向向量, 可求出直线的点向式方程或参数方程.

3．点、直线与平面的位置关系

1) 两平面的夹角

两平面的法向量的夹角(规定不取钝角)称为两平面的夹角. 设平面 Π_1 和 Π_2 的法向量分别为 $n_1=(A_1,B_1,C_1)$ 和 $n_2=(A_2,B_2,C_2)$, 则平面 Π_1 和 Π_2 的夹角 θ 为
$$\cos\theta=\left|\cos\widehat{(n_1,n_2)}\right|=\frac{|n_1\cdot n_2|}{|n_1||n_2|}=\frac{|A_1A_2+B_1B_2+C_1C_2|}{\sqrt{A_1^2+B_1^2+C_1^2}\sqrt{A_2^2+B_2^2+C_2^2}} .$$

设平面 $\Pi_1: A_1x+B_1y+C_1z+D_1=0$ 与平面 $\Pi_2: A_2x+B_2y+C_2z+D_2=0$, 则判定两个平面相关位置的条件如下.

(1) 平面 Π_1 与 Π_2 垂直的充分必要条件为 $A_1A_2+B_1B_2+C_1C_2=0$.

(2) 平面 Π_1 与 Π_2 平行的充分必要条件为 $\dfrac{A_1}{A_2}=\dfrac{B_1}{B_2}=\dfrac{C_1}{C_2}\neq\dfrac{D_1}{D_2}$.

(3) 平面 Π_1 与 Π_2 重合的充分必要条件为 $\dfrac{A_1}{A_2}=\dfrac{B_1}{B_2}=\dfrac{C_1}{C_2}=\dfrac{D_1}{D_2}$.

2) 两直线的夹角

两直线的方向向量的夹角(规定不取钝角)称为两直线的夹角. 设直线 L_1 和 L_2 的方向向量分别是 $\boldsymbol{s}_1 = (m_1, n_1, p_1)$ 和 $\boldsymbol{s}_2 = (m_2, n_2, p_2)$，那么，两直线的夹角 φ 为

$$\cos\varphi = \left|\cos(\widehat{\boldsymbol{s}_1, \boldsymbol{s}_2})\right| = \frac{|\boldsymbol{s}_1 \cdot \boldsymbol{s}_2|}{|\boldsymbol{s}_1||\boldsymbol{s}_2|} = \frac{|m_1 m_2 + n_1 n_2 + p_1 p_2|}{\sqrt{m_1^2 + n_1^2 + p_1^2}\sqrt{m_2^2 + n_2^2 + p_2^2}}.$$

设直线 $L_1 : \dfrac{x - x_1}{m_1} = \dfrac{y - y_1}{n_1} = \dfrac{z - z_1}{p_1}$ 与直线 $L_2 : \dfrac{x - x_2}{m_2} = \dfrac{y - y_2}{n_2} = \dfrac{z - z_2}{p_2}$，则判定两条直线相关位置的条件如下.

(1) 直线 L_1 和 L_2 垂直 $\Leftrightarrow m_1 m_2 + n_1 n_2 + p_1 p_2 = 0$.

(2) 直线 L_1 和 L_2 平行 $\Leftrightarrow m_1 : n_1 : p_1 = m_2 : n_2 : p_2 \neq (x_2 - x_1) : (y_2 - y_1) : (z_2 - z_1)$.

(3) 直线 L_1 和 L_2 重合 $\Leftrightarrow m_1 : n_1 : p_1 = m_2 : n_2 : p_2 = (x_2 - x_1) : (y_2 - y_1) : (z_2 - z_1)$.

3) 直线与平面的夹角

当直线 L 与平面 $\varPi$ 不垂直时，直线和它在平面上的投影直线的夹角(通常指锐角)称为直线与平面的夹角；当直线 L 与平面 $\varPi$ 垂直时，规定直线与平面的夹角为 $\dfrac{\pi}{2}$. 设直线 L 的方向向量为 $\boldsymbol{s} = (m, n, p)$，平面 $\varPi$ 的法向量为 $\boldsymbol{n} = (A, B, C)$，直线与平面的夹角 φ 为

$$\sin\varphi = \cos(\widehat{\boldsymbol{n}, \boldsymbol{s}}) = \frac{|\boldsymbol{n} \cdot \boldsymbol{s}|}{|\boldsymbol{n}||\boldsymbol{s}|} = \frac{|Am + Bn + Cp|}{\sqrt{A^2 + B^2 + C^2}\sqrt{m^2 + n^2 + p^2}}.$$

设直线 $L : \dfrac{x - x_0}{m} = \dfrac{y - y_0}{n} = \dfrac{z - z_0}{p}$ 与平面 $\varPi : Ax + By + Cz + D = 0$，则判定直线与平面相关位置的条件如下：

(1) 直线 L 与平面 $\varPi$ 垂直的充分必要条件是 $\dfrac{A}{m} = \dfrac{B}{n} = \dfrac{C}{p}$；

(2) 直线 L 与平面 $\varPi$ 平行的充分必要条件是 $Am + Bn + Cp = 0$，且 $Ax_0 + By_0 + Cz_0 + D \neq 0$；

(3) 直线 L 在平面 $\varPi$ 上的充分必要条件是 $Am + Bn + Cp = 0$，且 $Ax_0 + By_0 + Cz_0 + D = 0$.

4. 点到平面的距离

(1) 点在平面上的投影：过此点作直线与已知平面垂直，垂足即所求.

(2) 平面外一点 $P_0(x_0, y_0, z_0)$ 到平面 $Ax + By + Cz + D = 0$ 的距离为

$$d = \frac{|Ax_0 + By_0 + Cz_0 + D|}{\sqrt{A^2 + B^2 + C^2}}.$$

5. 点到直线的距离

(1) 点在直线上的投影：过此点作平面与已知直线垂直，垂足即所求.

(2) 直线外一点 $P_0(x_0,y_0,z_0)$ 到直线 $\dfrac{x-x_1}{m}=\dfrac{y-y_1}{n}=\dfrac{z-z_1}{p}$ 的距离为

$$d=\frac{\left|\overrightarrow{P_1P_0}\times s\right|}{|s|}=\frac{1}{\sqrt{m^2+n^2+p^2}}\left\|\begin{array}{ccc}\boldsymbol{i} & \boldsymbol{j} & \boldsymbol{k}\\ x_0-x_1 & y_0-y_1 & z_0-z_1\\ m & n & p\end{array}\right\|,$$

其中, $P_1(x_1,y_1,z_1)$ 为直线上一点.

注　关于距离的问题, 要掌握点到直线、点到平面距离的计算, 了解两条异面直线公垂线段长度、两条平行直线间的距离、两个平行平面间的距离、直线与平面间(直线与平面平行)距离的计算.

6. 平面束方程

设平面 $\varPi_1$ 和 $\varPi_2$ 的交线为直线 L, 其方程为

$$\begin{cases}A_1x+B_1y+C_1z+D_1=0,\\ A_2x+B_2y+C_2z+D_2=0,\end{cases}$$

其中, A_1,B_1,C_1 与 A_2,B_2,C_2 不成比例, 由此可构造一个新的三元一次方程

$$A_1x+B_1y+C_1z+D_1+\lambda(A_2x+B_2y+C_2z+D_2)=0,$$

其中, λ 是任意常数, 此方程即过直线 L 的平面束方程(缺少平面 $\varPi_2$ 的平面束).

注　在求平面方程时, 若题设条件中已知平面通过一条直线, 且该直线用两平面的交线来表示, 则考虑用平面束方程来处理.

(三) 空间曲面与曲线

1. 空间曲面

1) 空间曲面的一般方程
空间曲面的一般方程为 $F(x,y,z)=0$.

2) 柱面
一般地, 平行于定直线的动直线 L 沿定曲线 C 移动形成的曲面叫作柱面, 定曲线 C 叫作柱面的准线, 动直线 L 叫作柱面的母线. 在空间直角坐标系中, 只含 x,y 而缺 z 的方程 $F(x,y)=0$ 表示母线平行于 z 轴的柱面, 其准线就是 xOy 面上的曲线 $C:F(x,y)=0$. 同理, 只含 x,z 而缺 y 的方程 $G(x,z)=0$ 表示母线平行于 y 轴的柱面; 只含 y,z 而缺 x 的方程 $H(y,z)=0$ 表示母线平行于 x 轴的柱面.

3) 旋转曲面
由一条平面曲线 C 绕其同一平面上的定直线 L 旋转一周所形成的曲面叫作旋转曲面, 曲线 C 叫作旋转曲面的母线, 定直线 L 叫作旋转曲面的轴.

平面曲线 $C:\begin{cases}f(y,z)=0,\\ x=0\end{cases}$ 绕 z 轴旋转一周所得的旋转曲面方程为 $f(\pm\sqrt{x^2+y^2},z)=0$,

绕 y 轴旋转一周所得的旋转曲面方程为 $f(y,\pm\sqrt{x^2+z^2})=0$.

4) 常见的二次曲面

(1) 球面: $(x-x_0)^2+(y-y_0)^2+(z-z_0)^2=R^2$, 其中, 球心为 $M_0(x_0,y_0,z_0)$, 半径为 R.

(2) 椭球面: $\dfrac{x^2}{a^2}+\dfrac{y^2}{b^2}+\dfrac{z^2}{c^2}=1\ (a>0,b>0,c>0)$.

(3) 椭圆抛物面: $\dfrac{x^2}{2p}+\dfrac{y^2}{2q}=z\ (p,q\text{同号})$, 当 $p=q$ 时, 椭圆抛物面就成为旋转抛物面.

(4) 双曲抛物面: $-\dfrac{x^2}{2p}+\dfrac{y^2}{2q}=z\ (p,q\text{同号})$.

(5) 单叶双曲面: $\dfrac{x^2}{a^2}+\dfrac{y^2}{b^2}-\dfrac{z^2}{c^2}=1\ (a,b,c\text{为正数})$.

(6) 双叶双曲面: $\dfrac{x^2}{a^2}+\dfrac{y^2}{b^2}-\dfrac{z^2}{c^2}=-1\ (a,b,c\text{为正数})$.

(7) 椭圆锥面: $\dfrac{x^2}{a^2}+\dfrac{y^2}{b^2}=z^2\ (a,b\text{为正数})$, 当 $a=b$ 时, 椭圆锥面就成为圆锥面.

2．空间曲线

1) 空间曲线的一般方程

空间曲线的一般方程为 $\begin{cases} F(x,y,z)=0, \\ G(x,y,z)=0, \end{cases}$ 此时空间曲线作为两个曲面 $F(x,y,z)=0$ 与 $G(x,y,z)=0$ 的交线.

2) 空间曲线的参数方程

空间曲线的参数方程为 $\begin{cases} x=x(t), \\ y=y(t), \quad (\alpha\leqslant t\leqslant\beta). \\ z=z(t) \end{cases}$

3) 空间曲线在坐标面上的投影

一般地, 设空间曲线 Γ 的方程为 $\begin{cases} F(x,y,z)=0, \\ G(x,y,z)=0, \end{cases}$ 以曲线 Γ 为准线, 母线平行于 z 轴的柱面称为曲线 Γ 关于 xOy 面的投影柱面, 投影柱面与 xOy 面的交线称为空间曲线 Γ 在 xOy 面上的投影曲线, 简称投影.

由上述方程组消去变量 z 后得到包含投影柱面的柱面方程 $H(x,y)=0$, 而方程 $\begin{cases} H(x,y)=0, \\ z=0 \end{cases}$ 所表示的曲线必定包含空间曲线 Γ 在 xOy 面上的投影.

同理, 消去方程组 $\begin{cases} F(x,y,z)=0, \\ G(x,y,z)=0 \end{cases}$ 中的变量 x 或 y, 再分别和 $x=0$ 或 $y=0$ 联立, 就可得到包含空间曲线 Γ 在 yOz 面或 zOx 面上的投影曲线方程为

$$\begin{cases} R(y,z)=0, \\ x=0, \end{cases}$$

或

$$\begin{cases} T(x,z)=0, \\ y=0. \end{cases}$$

四、典型例题解析

例 1　求解以向量为未知元的线性方程组 $\begin{cases} 5x-3y=a, \\ 3x-2y=b, \end{cases}$ 其中 $a=(2,1,2)$ ，$b=(-1,1,-2)$.

思路分析　解法类似于二元一次线性方程组，并利用向量的加减与数乘运算法则即可.

解　利用二元一次线性方程组的消元法，得

$$x=2a-3b, \qquad y=3a-5b .$$

将 a,b 的坐标代入，即得

$$x=2(2,1,2)-3(-1,1,-2)=(7,-1,10) ,$$

$$y=3(2,1,2)-5(-1,1,-2)=(11,-2,16) .$$

例 2　设已知两点 $A(2,0,1)$ 和 $B(0,2\sqrt{3},1)$，计算向量 $\overrightarrow{AB}$ 的模、方向余弦、方向角及与 $\overrightarrow{AB}$ 同向的单位向量 e .

解　显然 $\overrightarrow{AB}=(-2,2\sqrt{3},0)$ ，于是 $|\overrightarrow{AB}|=\sqrt{(-2)^2+(2\sqrt{3})^2+0^2}=4$ ，

$$\cos\alpha=-\frac{1}{2}, \qquad \cos\beta=\frac{\sqrt{3}}{2}, \qquad \cos\gamma=0 , \qquad \alpha=\frac{2\pi}{3}, \qquad \beta=\frac{\pi}{6}, \qquad \gamma=\frac{\pi}{2},$$

$$e=(\cos\alpha,\cos\beta,\cos\gamma)=\left(-\frac{1}{2},\frac{\sqrt{3}}{2},0\right).$$

小结　以非零向量 r 的方向余弦为坐标的向量就是与 r 同向的单位向量 e_r .

例 3　已知 $|a|=2$ ，$|b|=5$ ，$(\widehat{a,b})=\dfrac{\pi}{3}$ ，当系数 λ 为何值时，向量 $m=\lambda a+b$ 与 $n=3a-b$ 垂直?

思路分析　判断两个非零向量 $m\perp n$ ，一般考虑 $m\cdot n=0$.

解　$m\cdot n=(\lambda a+b)\cdot(3a-b)=3\lambda a\cdot a-\lambda a\cdot b+3b\cdot a-b\cdot b$

$$=3\lambda|a|^2-\lambda|a||b|\cos\frac{\pi}{3}+3|a||b|\cos\frac{\pi}{3}-|b|^2=7\lambda-10=0 ,$$

所以 $\lambda=\dfrac{10}{7}$.

小结　本题利用了数量积的定义、性质及运算律.

例 4 求同时垂直于向量 $a = 2i + 2j + k$ 和 $b = 4i + 5j + 3k$ 的单位向量.

思路分析 根据向量积的定义, 求同时垂直于两个已知向量的向量, 一般考虑这两个已知向量的向量积即可.

解 所求向量为 c, 因为

$$a \times b = \begin{vmatrix} i & j & k \\ 2 & 2 & 1 \\ 4 & 5 & 3 \end{vmatrix} = i - 2j + 2k,$$

于是 $|a \times b| = 3$, 所以 $c = \pm \dfrac{1}{3}(i - 2j + 2k)$.

小结 本题利用了向量积的定义与计算公式.

例 5 若 $a = 4m - n$, $b = m + 2n$, $c = 2m - 3n$, 其中 $|m| = 2, |n| = 1$, $(\widehat{m,n}) = \dfrac{\pi}{2}$, 请化简表达式 $a \cdot c + 3a \cdot b - 2b \cdot c + 1$.

解 由 $(\widehat{m,n}) = \dfrac{\pi}{2}$ 知 $m \cdot n = 0$, 则

$$a \cdot c + 3a \cdot b - 2b \cdot c + 1$$
$$= (4m - n) \cdot (2m - 3n) + 3(4m - n) \cdot (m + 2n) - 2(m + 2n) \cdot (2m - 3n) + 1$$
$$= 16|m|^2 + 9|n|^2 + 1 = 74.$$

例 6 设两向量 m, n, 且 $|m| = 1, |n| = 2, (\widehat{m,n}) = \dfrac{\pi}{6}$. 若一平行四边形的对角线为向量 $m + 2n$, $3m - 4n$, 求该平行四边形的面积.

解 不妨设平行四边形的相邻两边为向量 a, b, 且满足

$$\begin{cases} a + b = m + 2n, \\ a - b = 3m - 4n, \end{cases}$$

即

$$\begin{cases} a = 2m - n, \\ b = -m + 3n, \end{cases}$$

于是

$$a \times b = (2m - n) \times (-m + 3n) = 5m \times n,$$

所以平行四边形的面积 $S = |a \times b| = 5|m \times n| = 5|m||n|\sin(\widehat{m,n}) = 5 \cdot 1 \cdot 2 \cdot \sin\dfrac{\pi}{6} = 5$.

例 7 下列平面方程中, 过点 $(1,1,-1)$ 的方程是( ).

A. $x + y + z = 0$ B. $x + y + z = 1$ C. $x + y - z = 1$ D. $x + y - z = 0$

解 判断一个点是否在平面上, 只需将点的坐标代入, 看是否满足相应的平面方程即可, 显然应选 B.

例 8 指出下列平面的特殊位置.

(1)　$x + 2z = 1$；　　　　　　(2)　$x - 2y = 0$；　　　　　　(3)　$z - 3 = 0$.

思路分析　平面 $Ax + By + Cz + D = 0$，当 $D = 0$ 时，该平面通过原点. 当 $A = 0$ 时，其法向量 $\boldsymbol{n} = (0, B, C)$，即 $\boldsymbol{n}$ 垂直于 x 轴，该平面平行于 x 轴；同样，当 $B = 0$ 或 $C = 0$ 时，平面分别平行于 y 轴或 z 轴. 特别地，方程 $By + Cz = 0$，$Ax + Cz = 0$ 或 $Ax + By = 0$ 分别表示通过 x 轴，y 轴或 z 轴的平面. 当 $A = B = 0$ 时，即 $z = -\dfrac{D}{C}$，法向量 $\boldsymbol{n} = (0, 0, C)$ 同时垂直于 x 轴和 y 轴，所以该平面平行于 xOy 面；同样，方程 $Ax + D = 0$ 或 $By + D = 0$ 分别表示平行于 yOz 面或 zOx 面的平面. 特别地，方程 $x = 0$，$y = 0$ 或 $z = 0$ 分别表示 yOz 面，zOx 面或 xOy 面.

解　(1)　$B = 0$，该平面平行于 y 轴.

(2)　$C = D = 0$，该平面通过 z 轴.

(3)　$A = B = 0$，该平面平行于 xOy 面.

例 9　求通过三平面 $2x + y - z = 2$，$x - 3y + z + 1 = 0$，$x + y + z - 3 = 0$ 的交点，且平行于平面 $x + y + 2z = 0$ 的平面方程.

思路分析　求平面方程，通常先确定该平面的法向量，然后再找到该平面上的一点，利用点法式方程写出平面方程.

解　所求平面平行于 $x + y + 2z = 0$，可取该平面的法向量为 $(1, 1, 2)$；解方程组

$$\begin{cases} 2x + y - z - 2 = 0, \\ x - 3y + z + 1 = 0, \\ x + y + z - 3 = 0, \end{cases}$$

得三平面的交点为 $(1, 1, 1)$. 故所求平面方程为 $(x - 1) + (y - 1) + 2(z - 1) = 0$，即 $x + y + 2z - 4 = 0$.

例 10　求点 $M(2, -3, -1)$ 分别关于 xOy 面，y 轴和原点的对称点.

解　点 $M(2, -3, -1)$ 关于 xOy 面的对称点为 $(2, -3, 1)$，关于 y 轴的对称点为 $(-2, -3, 1)$，关于原点的对称点为 $(-2, 3, 1)$.

例 11　一平面通过两点 $M_1(1, 1, 1)$ 和 $M_2(0, 1, -1)$ 且垂直于平面 $x + y + z = 0$，求它的方程.

解　向量 $\overrightarrow{M_1M_2} = (-1, 0, -2)$，平面 $x + y + z = 0$ 的法向量为 $\boldsymbol{n}_1 = (1, 1, 1)$. 设所求平面的法向量为 $\boldsymbol{n}$，$\boldsymbol{n} \perp \overrightarrow{M_1M_2}$，$\boldsymbol{n} \perp \boldsymbol{n}_1$，则有

$$\boldsymbol{n} = \overrightarrow{M_1M_2} \times \boldsymbol{n}_1 = \begin{vmatrix} \boldsymbol{i} & \boldsymbol{j} & \boldsymbol{k} \\ -1 & 0 & -2 \\ 1 & 1 & 1 \end{vmatrix} = 2\boldsymbol{i} - \boldsymbol{j} - \boldsymbol{k},$$

所求平面方程为

$$2(x - 1) - (y - 1) - (z - 1) = 0,$$

即

$$2x - y - z = 0.$$

小结　求平面的方程, 关键是求出其法向量.

例 12　已知直线 $\begin{cases} 3x - y + 2z - 6 = 0, \\ x + 4y - z + d = 0 \end{cases}$ 与 z 轴相交, 求 d 值.

思路分析　直线由一般式方程给出, 即直线上点的坐标都应满足给出的两个平面的方程.

解　设直线与 z 轴交点为 $(0,0,z)$, 则该点满足 $3x - y + 2z - 6 = 0$, 于是 $z = 3$. 将 $(0,0,3)$ 代入 $x + 4y - z + d = 0$, 得到 $d = 3$.

例 13　用点向式方程及参数方程表示直线 $\begin{cases} x + y + z = -1, \\ 2x - y + 3z = 4. \end{cases}$

解　先求直线上的一点, 不妨取 $x = 1$, 得直线上一点坐标为 $(1, -2, 0)$. 再求该直线的方向向量 $\boldsymbol{s}$, 于是

$$\boldsymbol{s} = \begin{vmatrix} \boldsymbol{i} & \boldsymbol{j} & \boldsymbol{k} \\ 1 & 1 & 1 \\ 2 & -1 & 3 \end{vmatrix} = (4, -1, -3).$$

因此, 所给直线的点向式方程为 $\dfrac{x-1}{4} = \dfrac{y+2}{-1} = \dfrac{z}{-3}$.

令 $\dfrac{x-1}{4} = \dfrac{y+2}{-1} = \dfrac{z}{-3} = t$, 得所给直线的参数方程为 $\begin{cases} x = 1 + 4t, \\ y = -2 - t, \\ z = -3t. \end{cases}$

例 14　设 L_1, L_2 为两条共面直线, L_1 的方程为 $\dfrac{x-7}{1} = \dfrac{y-3}{2} = \dfrac{z-5}{2}$, L_2 通过点 $(2, -3, -1)$, 且与 x 轴正向夹角为 $\dfrac{\pi}{3}$, 与 z 轴正向夹锐角, 求 L_2 的方程.

解　因为 L_2 与 x 轴正向夹角为 $\dfrac{\pi}{3}$, 与 z 轴正向夹锐角, 所以可假定 L_2 的方向向量为 $\boldsymbol{s}_2 = (m, n, 1)$, 其中 $m > 0$, x 轴的单位向量为 $(1, 0, 0)$, 由向量夹角公式可得

$$\cos\dfrac{\pi}{3} = \dfrac{m}{1 \cdot \sqrt{m^2 + n^2 + 1}},$$

则

$$2m = \sqrt{m^2 + n^2 + 1}.$$

L_1 上的点 $M_1(7,3,5)$ 与 L_2 上的点 $M_2(2,-3,-1)$ 构成的向量 $\overrightarrow{M_1M_2} = (-5,-6,-6)$ 与 L_1 的方向向量 $\boldsymbol{s}_1 = (1,2,2)$ 和 L_2 的方向向量 $\boldsymbol{s}_2 = (m,n,1)$ 共面, 所以其混合积为 0, 即

$$\begin{vmatrix} -5 & -6 & -6 \\ 1 & 2 & 2 \\ m & n & 1 \end{vmatrix} = 0,$$

得到 $n = 1$, 于是可得 $m = \dfrac{\sqrt{6}}{3}$. 故 L_2 的方程为

$$\frac{x-2}{\frac{\sqrt{6}}{3}}=\frac{y+3}{1}=\frac{z+1}{1} \quad 或 \quad \frac{x-2}{\frac{\sqrt{6}}{3}}=\frac{y+3}{3}=\frac{z+1}{3}.$$

例 15　求过点 $(1,2,3)$ 且与直线 $\frac{x-1}{3}=\frac{y-1}{2}=\frac{z+1}{1}$ 垂直相交的直线的方程.

思路分析　要与已知直线垂直相交, 一般先确定交点, 然后再利用交点和已知点来确定这条直线.

解　过点 $(1,2,3)$ 与直线 $\frac{x-1}{3}=\frac{y-1}{2}=\frac{z+1}{1}$ 垂直的平面方程为
$$3(x-1)+2(y-2)+(z-3)=0,$$
即 $3x+2y+z-10=0$. 直线 $\frac{x-1}{3}=\frac{y-1}{2}=\frac{z+1}{1}$ 与平面 $3x+2y+z-10=0$ 的交点坐标为 $\left(\frac{16}{7},\frac{13}{7},-\frac{4}{7}\right)$. 以点 $(1,2,3)$ 为起点, 以点 $\left(\frac{16}{7},\frac{13}{7},-\frac{4}{7}\right)$ 为终点的向量为 $\frac{1}{7}(9,-1,-25)$, 从而所求直线的方程为 $\frac{x-1}{9}=\frac{y-2}{-1}=\frac{z-3}{-25}$.

例 16　请确定 λ 使直线 $\frac{x-1}{1}=\frac{y+1}{2}=\frac{z-1}{\lambda}$ 与直线 $\frac{x+1}{1}=\frac{y-1}{1}=\frac{z}{1}$ 相交.

思路分析　两条直线相交, 交点坐标分别满足这两条直线方程, 所以多采用参数式.

解　令 $\frac{x-1}{1}=\frac{y+1}{2}=\frac{z-1}{\lambda}=t$, 得到 $\begin{cases} x=1+t, \\ y=-1+2t, \\ z=1+\lambda t, \end{cases}$ 代入另一直线方程, 得到
$$t+2=-2+2t=1+\lambda t,$$
解得 $t=4$, 于是 $\lambda=\frac{5}{4}$.

例 17　求直线 $L_1:\begin{cases} x=3z-1, \\ y=2z-3 \end{cases}$ 与直线 $L_2:\begin{cases} y=2x-5, \\ z=7x+2 \end{cases}$ 之间的垂直距离.

思路分析　异面直线 L_1,L_2 间的距离 d 为介于两异面直线间公垂线段的长, 过 L_2 作平行于 L_1 的平面 Π, 求 L_1 到平面 Π 的距离, 即得 L_1,L_2 间的距离.

解　两直线 L_1,L_2 的方程可分别转化成
$$\frac{x+1}{3}=\frac{y+3}{2}=\frac{z}{1}, \qquad \frac{x}{1}=\frac{y+5}{2}=\frac{z-2}{7},$$
过 L_2 作平行于 L_1 的平面 Π, 平面 Π 的法向量可取为
$$\boldsymbol{n}=\boldsymbol{s}_1\times\boldsymbol{s}_2=\begin{vmatrix} \boldsymbol{i} & \boldsymbol{j} & \boldsymbol{k} \\ 3 & 2 & 1 \\ 1 & 2 & 7 \end{vmatrix}=12\boldsymbol{i}-20\boldsymbol{j}+4\boldsymbol{k}=4(3\boldsymbol{i}-5\boldsymbol{j}+\boldsymbol{k}),$$
在 L_2 上取点 $P_2(0,-5,2)$, 由点法式方程得平面 Π 的方程为 $3x-5y+z-27=0$, 在 L_1 上取点 $P_1(-1,-3,0)$, 由点到平面的距离公式可得

$$d = \frac{\left|-3+15-27\right|}{\sqrt{3^2+(-5)^2+1^2}} = \frac{3\sqrt{35}}{7}.$$

小结 两异面直线间的距离也可看成分别在两直线上的两点所连接成的向量在公垂线上的投影的绝对值, 所以本题也可使用如下公式计算:

$$d = \frac{\left|\overrightarrow{P_1P_2} \cdot (s_1 \times s_2)\right|}{\left|s_1 \times s_2\right|},$$

其中, P_1, P_2 分别为直线 L_1, L_2 上的一点, s_1, s_2 分别为直线 L_1, L_2 的方向向量.

本题也可采用以下解法: 两条异面直线的距离, 就是一条直线上的点与另一条直线上的点的距离的最小值. 两直线可转化成 $\frac{x+1}{3} = \frac{y+3}{2} = \frac{z}{1} = t_1$ 及 $\frac{x}{1} = \frac{y+5}{2} = \frac{z-2}{7} = t_2$, 于是得参数方程

$$\begin{cases} x=-1+3t_1, \\ y=-3+2t_1, \\ z=t_1, \end{cases} \qquad \begin{cases} x=t_2, \\ y=-5+2t_2, \\ z=2+7t_2, \end{cases}$$

两直线上的点之间距离的平方为

$$\begin{aligned} d^2 &= (-1+3t_1-t_2)^2 + (-3+2t_1+5-2t_2)^2 + (t_1-2-7t_2)^2 \\ &= (-1+3t_1-t_2)^2 + (2+2t_1-2t_2)^2 + (t_1-2-7t_2)^2, \end{aligned}$$

当 t_1, t_2 使 d^2 达到最小值时, d 即垂直距离, 所以

$$\begin{cases} \frac{\partial(d^2)}{\partial t_1} = 6(-1+3t_1-t_2)+4(2+2t_1-2t_2)+2(t_1-2-7t_2)=0, \\ \frac{\partial(d^2)}{\partial t_2} = -2(-1+3t_1-t_2)-4(2+2t_1-2t_2)-14(t_1-2-7t_2)=0, \end{cases}$$

化简得方程组 $\begin{cases} 28t_1-28t_2-2=0, \\ -28t_1+108t_2+22=0, \end{cases}$ 解得 $t_1=-\frac{5}{28}$, $t_2=-\frac{1}{4}$, 将 t_1, t_2 的值代入 d^2 的表达式, 得 $d^2=\frac{315}{49}$, 于是 $d=\frac{3\sqrt{35}}{7}$, 即这两条直线的垂直距离为 $\frac{3\sqrt{35}}{7}$.

例 18 求直线 $L_1: \begin{cases} x+2y=-1, \\ 2y-z=-3 \end{cases}$ 与直线 $L_2: \begin{cases} y=0, \\ x+2z+4=0 \end{cases}$ 的公垂线方程.

思路分析 公垂线 L 既在由 L_1 与 L 确定的平面 Π_1 上, 又在由 L_2 与 L 确定的平面 Π_2 上, 因此, Π_1 与 Π_2 的交线即公垂线.

解 记直线 L_1, L_2 及公垂线 L 的方向向量分别为 s_1, s_2 和 s, 显然 $s=s_1 \times s_2$, 而

$$s_1=(1,2,0)\times(0,2,-1)=(-2,1,2), \qquad s_2=(0,1,0)\times(1,0,2)=(2,0,-1),$$

则

$$s=s_1 \times s_2=(-2,1,2)\times(2,0,-1)=(-1,2,-2).$$

为求 L_1 与 L 确定的平面 Π_1 的方程, 可在 L_1 上取一点 $P_1(1,-1,1)$, 且平面 Π_1 的法向量为 $\boldsymbol{n}_1 = \boldsymbol{s} \times \boldsymbol{s}_1 = (-1,2,-2) \times (-2,1,2) = (6,6,3) = 3(2,2,1)$, 于是平面 Π_1 的方程为

$$2(x-1) + 2(y+1) + (z-1) = 0,$$

即 $2x + 2y + z - 1 = 0$.

为求 L_2 与 L 确定的平面 Π_2 的方程, 可在 L_2 上取一点 $P_2(0,0,-2)$, 且平面 Π_2 的法向量为 $\boldsymbol{n}_2 = \boldsymbol{s} \times \boldsymbol{s}_2 = (-1,2,-2) \times (2,0,-1) = (-2,-5,-4)$, 于是平面 Π_2 的方程为

$$-2x - 5y - 4(z+2) = 0,$$

即 $2x + 5y + 4z + 8 = 0$.

故所求公垂线的方程为 $\begin{cases} 2x + 2y + z - 1 = 0, \\ 2x + 5y + 4z + 8 = 0. \end{cases}$

例 19　在平面 $x + y + z + 1 = 0$ 内求一直线, 使它通过直线 $\begin{cases} y + z + 1 = 0, \\ x + 2z = 0 \end{cases}$ 与平面的交点, 且与已知直线垂直.

解　解方程组 $\begin{cases} x + y + z + 1 = 0, \\ y + z + 1 = 0, \\ x + 2z = 0, \end{cases}$ 得直线与平面的交点坐标为 $(0,-1,0)$. 已知直线的方向向量 $\boldsymbol{s}_1 = (0,1,1) \times (1,0,2) = (2,1,-1)$, 所求直线既垂直于平面的法向量 $\boldsymbol{n} = (1,1,1)$, 又垂直于已知直线的方向向量 $\boldsymbol{s}_1 = (2,1,-1)$, 故所求直线的方向向量

$$\boldsymbol{s} = \boldsymbol{s}_1 \times \boldsymbol{n} = \begin{vmatrix} \boldsymbol{i} & \boldsymbol{j} & \boldsymbol{k} \\ 2 & 1 & -1 \\ 1 & 1 & 1 \end{vmatrix} = 2\boldsymbol{i} - 3\boldsymbol{j} + \boldsymbol{k},$$

于是所求直线方程为 $\dfrac{x}{2} = \dfrac{y+1}{-3} = \dfrac{z}{1}$.

例 20　过平面 $x + 28y - 2z + 17 = 0$ 和平面 $5x + 8y - z + 1 = 0$ 的交线, 作球面 $x^2 + y^2 + z^2 = 1$ 的切平面, 求切平面方程.

思路分析　在求切平面方程时, 若已知切平面通过一条直线, 且该直线用两平面的交线来表示, 则可以考虑用平面束方程来处理.

解　过平面 $x + 28y - 2z + 17 = 0$ 和平面 $5x + 8y - z + 1 = 0$ 的交线的平面束方程为

$$x + 28y - 2z + 17 + \lambda(5x + 8y - z + 1) = 0,$$

即

$$(1 + 5\lambda)x + (28 + 8\lambda)y - (2 + \lambda)z + 17 + \lambda = 0.$$

设平面和球面的切点为 (x_0, y_0, z_0), 于是在该点的法向量为 $\boldsymbol{n} = (x_0, y_0, z_0)$, 故

$$\begin{cases} (1 + 5\lambda)x_0 + (28 + 8\lambda)y_0 - (2 + \lambda)z_0 + 17 + \lambda = 0, \\ \dfrac{1 + 5\lambda}{x_0} = \dfrac{28 + 8\lambda}{y_0} = \dfrac{-(2 + \lambda)}{z_0} = t, \\ x_0^2 + y_0^2 + z_0^2 = 1, \end{cases}$$

由第 2 式解出 x_0, y_0, z_0 和 t, λ 的关系，代入第 1 式，并注意到第 3 式，得到 $t + 17 + \lambda = 0$，于是得 $(1 + 5\lambda)^2 + (28 + 8\lambda)^2 + (2 + \lambda)^2 = (17 + \lambda)^2$，即 $89\lambda^2 + 428\lambda + 500 = 0$，解得 $\lambda_1 = -2$，$\lambda_2 = -\dfrac{250}{89}$．

当 $\lambda = -2$ 时，所求平面为 $3x - 4y - 5 = 0$；

当 $\lambda = -\dfrac{250}{89}$ 时，所求平面为 $387x - 164y - 24z - 421 = 0$．

例 21　设有点 $A(1,2,3)$ 和 $B(-1,0,2)$，求线段 AB 的垂直平分面的方程．

解　由题意，所求的平面就是与点 A 和点 B 等距离的点的几何轨迹，设 $M(x,y,z)$ 为所求平面上的任一点，则有 $|AM| = |BM|$，即
$$\sqrt{(x-1)^2 + (y-2)^2 + (z-3)^2} = \sqrt{(x+1)^2 + y^2 + (z-2)^2},$$
化简得 $4x + 4y + 2z - 9 = 0$．

例 22　方程 $x^2 + y^2 + z^2 - 4x + 6z - 2 = 0$ 表示怎样的曲面？

解　配方，得
$$(x-2)^2 + y^2 + (z+3)^2 = 15,$$
这是一个球面方程，其球心在点 $M(2,0,-3)$，半径为 $R = \sqrt{15}$．

小结　一般地，设有三元二次方程
$$Ax^2 + Ay^2 + Az^2 + Dx + Ey + Fz + G = 0 \quad (A \neq 0),$$
这个方程的特点是缺 xy，yz，zx 各项，且平方项系数相同，只要将方程配方就可以化成 $(x-a)^2 + (y-b)^2 + (z-c)^2 = R^2 (R > 0)$ 的形式，它的图形就是一个球面．

例 23　将 zOx 坐标面上的双曲线 $\dfrac{x^2}{a^2} - \dfrac{z^2}{c^2} = 1$ 分别绕 x 轴和 z 轴旋转一周，求所生成的旋转曲面的方程．

解　绕 x 轴旋转一周所生成的旋转曲面方程为
$$\frac{x^2}{a^2} - \frac{y^2 + z^2}{c^2} = 1;$$
绕 z 轴旋转一周所生成的旋转曲面方程为
$$\frac{x^2 + y^2}{a^2} - \frac{z^2}{c^2} = 1.$$
这两种曲面分别叫作旋转双叶双曲面和旋转单叶双曲面．

例 24　求准线为 $\begin{cases} x^2 + y^2 + 4z^2 = 1, \\ x^2 = y^2 + z^2, \end{cases}$ 母线平行于 z 轴的柱面方程．

解　因为母线平行于 z 轴，所以只要消去 z 变量，得
$$5x^2 - 3y^2 = 1,$$
该方程即所求．

例 25　下列方程在空间直角坐标系中, 表示旋转抛物面的方程是(　　).

A.　$x^2 + y^2 + z^2 = 0$　　　　　　　　B.　$x + y + z = 0$

C.　$x^2 + y^2 + z = 0$　　　　　　　　D.　$x^2 - y^2 + z = 0$

解　选项 A 中, $x^2 + y^2 + z^2 = 0$, 则 $x = y = z = 0$, 它表示空间直角坐标系中的原点;

选项 B 中, $x + y + z = 0$ 是三元一次方程, 因为 $D = 0$, 所以它表示过原点的平面;

选项 C 中, $x^2 + y^2 + z = 0$, 即 $z = -(x^2 + y^2)$, 它表示顶点在原点, 绕 z 轴旋转, 开口朝 z 轴负半轴的旋转抛物面;

选项 D 中, $x^2 - y^2 + z = 0$ 表示双曲抛物面(马鞍面).

故应选 C.

例 26　方程组 $\begin{cases} z = \sqrt{a^2 - x^2 - y^2}, \\ \left(x - \dfrac{a}{2}\right)^2 + y^2 = \left(\dfrac{a}{2}\right)^2 \end{cases}$ 表示怎样的曲线?

解　方程组中第一个方程表示球心在坐标原点 O, 半径为 a 的上半球面. 第二个方程表示母线平行于 z 轴的圆柱面, 它的准线是 xOy 面上的圆 $\left(x - \dfrac{a}{2}\right)^2 + y^2 = \left(\dfrac{a}{2}\right)^2$, 此圆的圆心在点 $\left(\dfrac{a}{2}, 0\right)$, 半径为 $\dfrac{a}{2}$. 方程组就表示上述半球面与圆柱面的交线.

例 27　求曲线 $C: \begin{cases} x^2 + y^2 + z^2 = 4, \\ y = z \end{cases}$ 在各坐标面上的投影方程.

思路分析　从空间曲线 C 的方程中分别消去变量 z, x, y, 即可得其在 xOy 面, yOz 面, zOx 面上的投影柱面方程, 再与相应的坐标面方程联立成方程组, 即得投影曲线方程.

解　在 $\begin{cases} x^2 + y^2 + z^2 = 4, \\ y = z \end{cases}$ 中消去 z 变量, 得 $x^2 + 2y^2 = 4$, 这是曲线 C 关于 xOy 面的投影柱面, 该投影柱面与 xOy 面的交线即曲线 C 在 xOy 面上的投影曲线, 故在 xOy 面上的投影为 $\begin{cases} x^2 + 2y^2 = 4, \\ z = 0. \end{cases}$

同理, 曲线 C 在 zOx 面上的投影为 $\begin{cases} x^2 + 2z^2 = 4, \\ y = 0. \end{cases}$

曲线 C 在 yOz 面上的投影为 $\begin{cases} y = z, \\ x = 0 \end{cases}$ $\left(-\sqrt{2} \leqslant y \leqslant \sqrt{2}\right)$.

例 28　求由旋转抛物面 $z = x^2 + y^2$ 和平面 $y + z = 1$ 所围成立体在 xOy 面上的投影.

解　由方程 $z = x^2 + y^2$ 和 $y + z = 1$ 消去 z 变量, 得 $x^2 + y^2 + y = 1$, 这是一个母线平行于 z 轴的圆柱面, 容易看出, 这恰好是旋转抛物面与平面的交线 C 关于 xOy 面的投影柱面, 因此交线 C 在 xOy 面上的投影曲线为 $\begin{cases} x^2 + y^2 + y = 1, \\ z = 0. \end{cases}$

所求立体在 xOy 面上的投影，就是该圆在 xOy 面上所围的部分：

$$x^2 + y^2 + y \leqslant 1, \quad z = 0.$$

例 29 求直线 $\begin{cases} x+y-z=1, \\ -x+y-z=1 \end{cases}$ 在平面 $x+y+z=0$ 上的投影方程.

解 通过直线 $\begin{cases} x+y-z=1, \\ -x+y-z=1 \end{cases}$ 的平面束方程为 $x+y-z-1+\lambda(-x+y-z-1)=0$，即 $(1-\lambda)x+(1+\lambda)y-(1+\lambda)z-(1+\lambda)=0$，上述平面与平面 $x+y+z=0$ 垂直，所以 $(1-\lambda)\cdot1+(1+\lambda)\cdot1-(1+\lambda)\cdot1=0$，解得 $\lambda=1$，于是投影平面为 $2y-2z-2=0$，即 $y-z-1=0$，所求投影直线为 $\begin{cases} y-z-1=0, \\ x+y+z=0. \end{cases}$

五、习 题 选 解

习题 7-1 向量及其线性运算 向量的坐标表示

1. 在空间直角坐标系中，指出下列各点所在的卦限.

$A(2,-1,3)$； $B(1,1,-4)$； $C(-3,-1,-2)$； $D(1,-4,-2)$.

解 $A(2,-1,3)$ 在第 Ⅳ 卦限，$B(1,1,-4)$ 在第 Ⅴ 卦限，$C(-3,-1,-2)$ 在第 Ⅶ 卦限，$D(1,-4,-2)$ 在第Ⅷ卦限.

2. 求点 $P(2,-1,-3)$ 分别关于 yOz 面、x 轴及原点的对称点坐标.

解 点 $P(2,-1,-3)$ 关于 yOz 面的对称点坐标为 $(-2,-1,-3)$，关于 x 轴的对称点坐标为 $(2,1,3)$，关于原点的对称点坐标为 $(-2,1,3)$.

3. 求点 $(4,-3,5)$ 到原点，y 轴和 zOx 面的距离.

解 点 $(4,-3,5)$ 到原点的距离为 $5\sqrt{2}$，到 y 轴的距离为 $\sqrt{41}$，到 zOx 面的距离为 3.

4. 在四边形 $ABCD$ 中，$\overrightarrow{AB}=\boldsymbol{a}+2\boldsymbol{b}$，$\overrightarrow{BC}=-4\boldsymbol{a}-\boldsymbol{b}$，$\overrightarrow{CD}=-5\boldsymbol{a}-3\boldsymbol{b}$，其中 $\boldsymbol{a}$，$\boldsymbol{b}$ 为非零向量，证明 $ABCD$ 是梯形.

证 因为 $\overrightarrow{AD}=\overrightarrow{AB}+\overrightarrow{BC}+\overrightarrow{CD}=\boldsymbol{a}+2\boldsymbol{b}-4\boldsymbol{a}-\boldsymbol{b}-5\boldsymbol{a}-3\boldsymbol{b}=-8\boldsymbol{a}-2\boldsymbol{b}$，于是 $\overrightarrow{AD}\,/\!/\,\overrightarrow{BC}$，又 $\overrightarrow{AD}=2\overrightarrow{BC}$，所以四边形 $ABCD$ 是梯形.

5. 在 x 轴上求一点，使它到点 $(-3,2,-2)$ 的距离为 3.

解 设该点坐标为 $P(x,0,0)$，由题意知 $(x+3)^2+2^2+(-2)^2=9$，解得 $x=-2$ 或 $x=-4$，故所求点为 $(-2,0,0)$ 或 $(-4,0,0)$.

6. 设 $\boldsymbol{a}=\boldsymbol{i}+2\boldsymbol{j}+3\boldsymbol{k}$，$\boldsymbol{b}=2\boldsymbol{i}-2\boldsymbol{j}+3\boldsymbol{k}$，求：(1) $\boldsymbol{a}+\boldsymbol{b}$；(2) $\boldsymbol{a}-\boldsymbol{b}$；(3) $2\boldsymbol{a}-3\boldsymbol{b}$；(4) 以 $\boldsymbol{a}$，$\boldsymbol{b}$ 为邻边的平行四边形的两条对角线的长度.

解 (1) $\boldsymbol{a}+\boldsymbol{b}=3\boldsymbol{i}+6\boldsymbol{k}=(3,0,6)$.

(2) $\boldsymbol{a}-\boldsymbol{b}=-\boldsymbol{i}+4\boldsymbol{j}=(-1,4,0)$.

(3) $2\boldsymbol{a}-3\boldsymbol{b}=-4\boldsymbol{i}+10\boldsymbol{j}-3\boldsymbol{k}=(-4,10,-3)$.

(4) 两条对角线长度分别是 $|\boldsymbol{a}+\boldsymbol{b}|=|3\boldsymbol{i}+6\boldsymbol{k}|=3\sqrt{5}$ ，$|\boldsymbol{a}-\boldsymbol{b}|=|-\boldsymbol{i}+4\boldsymbol{j}|=\sqrt{17}$.

7. 已知两点 $A(2,-2,5)$ 和 $B(-1,6,7)$ ，求向量 $\overrightarrow{AB}$ 的坐标分解式、模、方向余弦，以及与 $\overrightarrow{AB}$ 平行的单位向量.

解 $\overrightarrow{AB}=(-3,8,2)=-3\boldsymbol{i}+8\boldsymbol{j}+2\boldsymbol{k}$ ，　　　$|\overrightarrow{AB}|=\sqrt{(-3)^2+8^2+2^2}=\sqrt{77}$ ，

$$\cos\alpha=-\frac{3}{\sqrt{77}},\qquad \cos\beta=\frac{8}{\sqrt{77}},\qquad \cos\gamma=\frac{2}{\sqrt{77}},$$

因此，与 $\overrightarrow{AB}$ 平行的单位向量为 $\boldsymbol{e}_{AB}=\left(-\dfrac{3}{\sqrt{77}},\dfrac{8}{\sqrt{77}},\dfrac{2}{\sqrt{77}}\right)$ 或 $-\boldsymbol{e}_{AB}=\left(\dfrac{3}{\sqrt{77}},-\dfrac{8}{\sqrt{77}},-\dfrac{2}{\sqrt{77}}\right)$.

8. 从点 $A(2,-1,7)$ 沿向量 $\boldsymbol{a}=8\boldsymbol{i}+9\boldsymbol{j}-12\boldsymbol{k}$ 的方向取线段 AB ，使 $|\overrightarrow{AB}|=34$ ，求点 B 的坐标.

解 设点 B 的坐标为 (x,y,z) ，由题意 $\overrightarrow{AB}//\boldsymbol{a}$ ，则

$$\frac{x-2}{8}=\frac{y+1}{9}=\frac{z-7}{-12},$$

又

$$|\overrightarrow{AB}|=\sqrt{(x-2)^2+(y+1)^2+(z-7)^2}=34,$$

联立以上两式，解得 $x=18,y=17,z=-17$ ，即点 B 的坐标为 $(18,17,-17)$.

9. 设力 $\boldsymbol{F}_1=2\boldsymbol{i}+3\boldsymbol{j}+6\boldsymbol{k}$ ，$\boldsymbol{F}_2=2\boldsymbol{i}+4\boldsymbol{j}+2\boldsymbol{k}$ 都作用于点 $M(1,-2,3)$ 处，且点 $N(p,q,19)$ 在合力的作用线上，求 p,q 的值.

解 依题意有 $(\boldsymbol{F}_1+\boldsymbol{F}_2)//\overrightarrow{MN}$ ，则 $\dfrac{4}{p-1}=\dfrac{7}{q+2}=\dfrac{8}{16}$ ，解得 $p=9,q=12$.

10. 在 yOz 面上，求与三点 $A(3,1,2)$ ，$B(4,-2,-2)$ 和 $C(0,5,1)$ 等距离的点.

解 设该点为 $P(0,y,z)$ ，依题意有 $|\overrightarrow{PA}|=|\overrightarrow{PB}|=|\overrightarrow{PC}|$ ，即

$$\sqrt{3^2+(y-1)^2+(z-2)^2}=\sqrt{4^2+(y+2)^2+(z+2)^2}=\sqrt{(y-5)^2+(z-1)^2},$$

解之得 $y=1,z=-2$ ，于是点 $(0,1,-2)$ 为所求.

11. 设 $\boldsymbol{m}=3\boldsymbol{i}+5\boldsymbol{j}+8\boldsymbol{k}$ ，$\boldsymbol{n}=2\boldsymbol{i}-4\boldsymbol{j}-7\boldsymbol{k}$ 和 $\boldsymbol{p}=5\boldsymbol{i}+\boldsymbol{j}-4\boldsymbol{k}$ ，求向量 $\boldsymbol{a}=4\boldsymbol{m}+3\boldsymbol{n}-\boldsymbol{p}$ 在 x 轴上的投影及在 y 轴上的分向量.

解 $\boldsymbol{a}=4\boldsymbol{m}+3\boldsymbol{n}-\boldsymbol{p}=(13,7,15)$ ，于是 $\boldsymbol{a}$ 在 x 轴上的投影为 13，在 y 轴上的分向量为 $7\boldsymbol{j}$.

12. 已知向量 $\boldsymbol{a}=(-1,3,2)$ ，$\boldsymbol{b}=(2,5,-1)$ ，$\boldsymbol{c}=(6,4,-6)$ ，证明 $\boldsymbol{a}-\boldsymbol{b}$ 与 $\boldsymbol{c}$ 平行.

证 因为 $\boldsymbol{a}-\boldsymbol{b}=(-3,-2,3)$ ，$\boldsymbol{c}=(6,4,-6)=-2(-3,-2,3)$ ，所以 $\boldsymbol{a}-\boldsymbol{b}$ 与 $\boldsymbol{c}$ 平行.

13. 设点 M 的向径长为 b ，且与 x 轴夹角为 $\dfrac{\pi}{4}$ ，与 y 轴夹角为 $\dfrac{\pi}{3}$ ，它的 z 坐标为负值，求点 M 的坐标.

解　已知 $\cos\alpha=\cos\dfrac{\pi}{4}=\dfrac{\sqrt{2}}{2}$，$\cos\beta=\cos\dfrac{\pi}{3}=\dfrac{1}{2}$，利用公式 $\cos^2\alpha+\cos^2\beta+\cos^2\gamma=1$，

且点 M 的 z 坐标为负值，得 $\cos\gamma=-\dfrac{1}{2}$，则点 M 的坐标为 $\left(\dfrac{\sqrt{2}}{2}b,\dfrac{b}{2},-\dfrac{b}{2}\right)$．

习题 7-2　向量的乘法运算

1．设向量 $\boldsymbol{a}=(3,-1,-2)$，$\boldsymbol{b}=(1,2,-1)$，求：(1) $\boldsymbol{a}$ 与 $\boldsymbol{b}$ 夹角的余弦；(2) $\mathrm{Prj}_{\boldsymbol{b}}\boldsymbol{a}$ 和 $\mathrm{Prj}_{\boldsymbol{a}}\boldsymbol{b}$；(3) $\boldsymbol{a}\times\boldsymbol{b}$；(4) $(-2\boldsymbol{a})\cdot(3\boldsymbol{b})$ 及 $\boldsymbol{a}\times(2\boldsymbol{b})$．

解　(1) $\cos(\widehat{\boldsymbol{a},\boldsymbol{b}})=\dfrac{\boldsymbol{a}\cdot\boldsymbol{b}}{|\boldsymbol{a}||\boldsymbol{b}|}=\dfrac{3}{\sqrt{14}\sqrt{6}}=\dfrac{\sqrt{21}}{14}$．

(2) $\mathrm{Prj}_{\boldsymbol{b}}\boldsymbol{a}=\dfrac{\boldsymbol{a}\cdot\boldsymbol{b}}{|\boldsymbol{b}|}=\dfrac{3}{\sqrt{6}}=\dfrac{\sqrt{6}}{2}$，$\mathrm{Prj}_{\boldsymbol{a}}\boldsymbol{b}=\dfrac{\boldsymbol{a}\cdot\boldsymbol{b}}{|\boldsymbol{a}|}=\dfrac{3}{\sqrt{14}}=\dfrac{3}{14}\sqrt{14}$．

(3) $\boldsymbol{a}\times\boldsymbol{b}=\begin{vmatrix} \boldsymbol{i} & \boldsymbol{j} & \boldsymbol{k} \\ 3 & -1 & -2 \\ 1 & 2 & -1 \end{vmatrix}=(5,1,7)$．

(4) $(-2\boldsymbol{a})\cdot(3\boldsymbol{b})=-6(\boldsymbol{a}\cdot\boldsymbol{b})=-18$，$\boldsymbol{a}\times(2\boldsymbol{b})=2(\boldsymbol{a}\times\boldsymbol{b})=(10,2,14)$．

2．设 $\boldsymbol{a}=(3,5,-2)$，$\boldsymbol{b}=(2,1,4)$，试确定 λ，μ 使 $\lambda\boldsymbol{a}+\mu\boldsymbol{b}$ 与 z 轴垂直．

解　因为 $\lambda\boldsymbol{a}+\mu\boldsymbol{b}=(3\lambda+2\mu,5\lambda+\mu,-2\lambda+4\mu)$，又 $\lambda\boldsymbol{a}+\mu\boldsymbol{b}$ 与 z 轴垂直，所以 $(\lambda\boldsymbol{a}+\mu\boldsymbol{b})\perp\boldsymbol{k}$，即 $-2\lambda+4\mu=0$，故当 $\lambda=2\mu$ 时，$\lambda\boldsymbol{a}+\mu\boldsymbol{b}$ 与 z 轴垂直．

3．证明三角形的正弦定理．

证　方法一：在 $\triangle ABC$ 中，令 $|\overrightarrow{AB}|=c$，$|\overrightarrow{BC}|=a$，$|\overrightarrow{CA}|=b$，因为 $(\overrightarrow{AB}+\overrightarrow{BC})\times\overrightarrow{AC}=\boldsymbol{0}$，所以 $\overrightarrow{AB}\times\overrightarrow{AC}=\overrightarrow{CA}\times\overrightarrow{CB}$，于是 $|\overrightarrow{AB}\times\overrightarrow{AC}|=|\overrightarrow{CA}\times\overrightarrow{CB}|$，则有 $bc\sin A=ab\sin C$，即 $\dfrac{a}{\sin A}=\dfrac{c}{\sin C}$．同理，有 $\dfrac{a}{\sin A}=\dfrac{b}{\sin B}$，故 $\dfrac{a}{\sin A}=\dfrac{b}{\sin B}=\dfrac{c}{\sin C}$．

方法二：因为 $S_{\triangle ABC}=\dfrac{1}{2}|\overrightarrow{AB}\times\overrightarrow{AC}|=\dfrac{1}{2}bc\sin A$，$S_{\triangle ABC}=\dfrac{1}{2}|\overrightarrow{BA}\times\overrightarrow{BC}|=\dfrac{1}{2}ac\sin B$，$S_{\triangle ABC}=\dfrac{1}{2}|\overrightarrow{CA}\times\overrightarrow{CB}|=\dfrac{1}{2}ab\sin C$，所以 $bc\sin A=ac\sin B=ab\sin C$，即 $\dfrac{a}{\sin A}=\dfrac{b}{\sin B}=\dfrac{c}{\sin C}$．

4．设有向量 $\boldsymbol{a}$，$\boldsymbol{b}$，证明 $|(\boldsymbol{a}+\boldsymbol{b})\times(\boldsymbol{a}-\boldsymbol{b})|=2|\boldsymbol{a}\times\boldsymbol{b}|$．

证　因为 $(\boldsymbol{a}+\boldsymbol{b})\times(\boldsymbol{a}-\boldsymbol{b})=(\boldsymbol{a}+\boldsymbol{b})\times\boldsymbol{a}-(\boldsymbol{a}+\boldsymbol{b})\times\boldsymbol{b}=\boldsymbol{b}\times\boldsymbol{a}-\boldsymbol{a}\times\boldsymbol{b}=-2(\boldsymbol{a}\times\boldsymbol{b})$，所以
$$|(\boldsymbol{a}+\boldsymbol{b})\times(\boldsymbol{a}-\boldsymbol{b})|=2|\boldsymbol{a}\times\boldsymbol{b}|.$$

5．已知 $\boldsymbol{a}=(2,1,1)$，$\boldsymbol{b}=(1,-1,1)$，求与 $\boldsymbol{a}$ 和 $\boldsymbol{b}$ 都垂直的单位向量．

解　$\boldsymbol{a}\times\boldsymbol{b}=\begin{vmatrix} \boldsymbol{i} & \boldsymbol{j} & \boldsymbol{k} \\ 2 & 1 & 1 \\ 1 & -1 & 1 \end{vmatrix}=2\boldsymbol{i}-\boldsymbol{j}-3\boldsymbol{k}$，$|\boldsymbol{a}\times\boldsymbol{b}|=\sqrt{14}$，所以 $\boldsymbol{e}=\pm\dfrac{1}{\sqrt{14}}(2\boldsymbol{i}-\boldsymbol{j}-3\boldsymbol{k})$．

6. 已知点 $A(1,-1,2)$，$B(5,-6,2)$ 和 $C(1,3,-1)$，求: (1) 同时垂直于 $\overrightarrow{AB}$ 和 $\overrightarrow{AC}$ 的单位向量; (2) $\triangle ABC$ 的面积; (3) AC 边上的高.

解 (1) $\overrightarrow{AB}=(4,-5,0)$，$\overrightarrow{AC}=(0,4,-3)$，

$$\overrightarrow{AB}\times\overrightarrow{AC}=\begin{vmatrix} i & j & k \\ 4 & -5 & 0 \\ 0 & 4 & -3 \end{vmatrix}=(15,12,16)，$$

同时垂直于 $\overrightarrow{AB}$ 和 $\overrightarrow{AC}$ 的单位向量为 $e=\pm\dfrac{1}{25}(15,12,16)$.

(2) $S_{\triangle ABC}=\dfrac{1}{2}\left|\overrightarrow{AB}\times\overrightarrow{AC}\right|=\dfrac{25}{2}$.

(3) $h=\dfrac{2S_{\triangle ABC}}{\left|\overrightarrow{AC}\right|}=\dfrac{25}{5}=5$.

7. 设向量 m,n,p 两两垂直且构成右手系，而 $|m|=4,|n|=2,|p|=3$，求 $(m\times n)\cdot p$.

解 由题意，m 与 n 垂直，且 $m\times n$ 与 p 同向，则 $|m\times n|=|m||n|\sin\dfrac{\pi}{2}=4\times2\times1=8$，所以 $(m\times n)\cdot p=|m\times n|\cdot|p|\cdot\cos 0=8\times3\times1=24$.

习题 7-3　空间平面及其方程

1. 求满足下列条件的平面方程.
(1) 过点 $(3,0,-1)$，且与平面 $3x-7y+5z-12=0$ 平行;
(2) 过 $(1,1,-1)$，$(-2,-2,2)$ 和 $(1,-1,2)$ 三点;
(4) 过点 $(5,-7,4)$，且在各坐标轴上的截距均相等;
(5) 平行于 x 轴，且过点 $(4,0,-2)$ 和 $(5,1,7)$.

解 (1) 所求平面的法向量可取为 $n=(3,-7,5)$，所求平面的方程为
$$3(x-3)-7(y-0)+5(z+1)=0，$$
即 $3x-7y+5z-4=0$.

(2) 由点 $(1,1,-1)$，$(-2,-2,2)$ 和 $(1,-1,2)$ 可确定两个向量 $n_1=(-3,-3,3)$，$n_2=(0,-2,3)$，故所求平面的法向量为

$$n=n_1\times n_2=\begin{vmatrix} i & j & k \\ -3 & -3 & 3 \\ 0 & -2 & 3 \end{vmatrix}=-3i+9j+6k，$$

所求平面的方程为 $-3(x-1)+9(y-1)+6(z+1)=0$，即 $x-3y-2z=0$.

(4) 设平面方程为 $x+y+z=a$，过点 $(5,-7,4)$，代入得 $a=2$，故平面方程为 $x+y+z=2$.

(5) 设所求平面的法向量为 n，因为点 $A(4,0,-2)$ 和 $B(5,1,7)$ 都在所求平面上，所以

$\boldsymbol{n} \perp \boldsymbol{i}$，$\boldsymbol{n} \perp \overrightarrow{AB}$，其中 $\overrightarrow{AB} = (1,1,9)$，故

$$\boldsymbol{n} = \boldsymbol{i} \times \overrightarrow{AB} = \begin{vmatrix} \boldsymbol{i} & \boldsymbol{j} & \boldsymbol{k} \\ 1 & 0 & 0 \\ 1 & 1 & 9 \end{vmatrix} = -9\boldsymbol{j} + \boldsymbol{k},$$

所求平面的方程为 $-9(y-0) + (z+2) = 0$，即 $9y - z - 2 = 0$．

2．求平面 $2x - 2y + z + 5 = 0$ 与 xOy 面的夹角的余弦．

解　此平面的法向量 $\boldsymbol{n} = (2,-2,1)$，此平面与 xOy 面的夹角的余弦为

$$\cos\theta = \left| \cos(\widehat{\boldsymbol{n},\boldsymbol{k}}) \right| = \frac{|\boldsymbol{n} \cdot \boldsymbol{k}|}{|\boldsymbol{n}| \cdot |\boldsymbol{k}|} = \frac{1}{\sqrt{2^2 + (-2)^2 + 1^2}} = \frac{1}{3}.$$

3．判断下列各对平面的位置关系，并求它们的夹角．

(1) $4x + 2y - 4z - 7 = 0$，$2x + y - 2z = 0$；

(2) $3x - y - 2z - 1 = 0$，$x + 2y - 3z + 2 = 0$；

(3) $6x + 3y - 2z = 0$，$x + 2y + 6z + 12 = 0$．

解　(1) $\boldsymbol{n}_1 = (4,2,-4)$，$\boldsymbol{n}_2 = (2,1,-2)$，$\boldsymbol{n}_1 = 2\boldsymbol{n}_2$，且平面 $4x + 2y - 4z - 7 = 0$ 不过原点，平面 $2x + y - 2z = 0$ 过原点，所以两平面平行，其夹角 $\theta = 0$．

(2) $\boldsymbol{n}_1 = (3,-1,-2)$，$\boldsymbol{n}_2 = (1,2,-3)$，$\cos\theta = \dfrac{|3 \times 1 + (-1) \times 2 + (-2) \times (-3)|}{\sqrt{9+1+4} \cdot \sqrt{1+4+9}} = \dfrac{1}{2}$，所以两平面相交，其夹角 $\theta = \dfrac{\pi}{3}$．

(3) $\boldsymbol{n}_1 = (6,3,-2)$，$\boldsymbol{n}_2 = (1,2,6)$，$\boldsymbol{n}_1 \cdot \boldsymbol{n}_2 = 0$，$\boldsymbol{n}_1 \perp \boldsymbol{n}_2$，所以两平面垂直，其夹角 $\theta = \dfrac{\pi}{2}$．

4．求过点 $A(6,3,0)$，且在三个坐标轴上的截距之比 $a:b:c = 1:3:2$ 的平面的方程．

解　设平面的截距式方程为 $\dfrac{x}{a} + \dfrac{y}{3a} + \dfrac{z}{2a} = 1$，又过点 $A(6,3,0)$，所以 $a = 7$，故所求平面为 $\dfrac{x}{7} + \dfrac{y}{21} + \dfrac{z}{14} = 1$，即 $6x + 2y + 3z - 42 = 0$．

5．求过点 $M(3,0,0)$ 和 $P(0,0,1)$，且与 xOy 面成 $\dfrac{\pi}{3}$ 角的平面方程．

解　因为平面过点 $M(3,0,0)$ 和 $P(0,0,1)$，设平面方程为 $\dfrac{x}{3} + \dfrac{y}{b} + \dfrac{z}{1} = 1$，又与 xOy 面成 $\dfrac{\pi}{3}$ 角，所以

$$\cos\theta = \frac{1}{\sqrt{\left(\dfrac{1}{3}\right)^2 + \left(\dfrac{1}{b}\right)^2 + 1}} = \frac{1}{2},$$

解得 $b = \pm\dfrac{3}{\sqrt{26}}$，所求平面方程为 $x + \sqrt{26}y + 3z - 3 = 0$ 或 $x - \sqrt{26}y + 3z - 3 = 0$．

6. 求点 $(1,-1,1)$ 到平面 $x+2y+2z=10$ 的距离.

解　$d=\dfrac{\left|1-1\times 2+1\times 2-10\right|}{\sqrt{1^2+2^2+2^2}}=3$.

7. 求两平行平面 $2x-3y+6z-4=0$ 与 $4x-6y+12z+21=0$ 之间的距离.

解　在平面 $2x-3y+6z-4=0$ 上取一点 $(2,0,0)$ ，此点到平面 $4x-6y+12z+21=0$ 的距离就是这两个平行平面之间的距离，

$$d=\frac{\left|2\times 4+21\right|}{\sqrt{4^2+(-6)^2+12^2}}=\frac{29}{14} .$$

习题 7-4　空间直线及其方程

1. 求满足下列条件的直线方程.

(1) 过点 $(2,-3,1)$ ，且与平面 $3x-y+4z-1=0$ 垂直;

(3) 过点 $M(0,2,4)$ ，且与平面 $x+2z=1$ 和 $y-3z=2$ 都平行.

解　(1) 因为所求直线垂直于已知平面，所以可取已知平面的法向量 $(3,-1,4)$ 作为所求直线的方向向量，因此可得所求直线的方程为 $\dfrac{x-2}{3}=\dfrac{y+3}{-1}=\dfrac{z-1}{4}$.

(3) 两平面的法向量 $\boldsymbol{n}_1=(1,0,2)$ 与 $\boldsymbol{n}_2=(0,1,-3)$ 不平行，所以两平面相交. 所求直线的方向向量为

$$\boldsymbol{s}=\boldsymbol{n}_1\times\boldsymbol{n}_2=\begin{vmatrix}\boldsymbol{i} & \boldsymbol{j} & \boldsymbol{k}\\ 1 & 0 & 2\\ 0 & 1 & -3\end{vmatrix}=-2\boldsymbol{i}+3\boldsymbol{j}+\boldsymbol{k} ,$$

所求直线方程为 $\dfrac{x}{-2}=\dfrac{y-2}{3}=\dfrac{z-4}{1}$.

2. 将直线 $\begin{cases}3x+2y+z-2=0,\\ x+2y+3z+2=0\end{cases}$ 用点向式方程和参数方程表示.

解　在直线 $\begin{cases}3x+2y+z-2=0,\\ x+2y+3z+2=0\end{cases}$ 上取一点 $(3,-4,1)$ ，该直线的方向向量可取为

$$\boldsymbol{s}=\boldsymbol{n}_1\times\boldsymbol{n}_2=\begin{vmatrix}\boldsymbol{i} & \boldsymbol{j} & \boldsymbol{k}\\ 3 & 2 & 1\\ 1 & 2 & 3\end{vmatrix}=4\boldsymbol{i}-8\boldsymbol{j}+4\boldsymbol{k} ,$$

于是直线的点向式方程为 $\dfrac{x-3}{4}=\dfrac{y+4}{-8}=\dfrac{z-1}{4}$ ，即 $\dfrac{x-3}{1}=\dfrac{y+4}{-2}=\dfrac{z-1}{1}$.

令 $\dfrac{x-3}{1}=\dfrac{y+4}{-2}=\dfrac{z-1}{1}=t$ ，得直线的参数方程为 $\begin{cases}x=3+t,\\ y=-4-2t,\\ z=1+t.\end{cases}$

4. 求直线 $\begin{cases} x+y+z-4=0, \\ 2x-y+z+1=0 \end{cases}$ 与 $\dfrac{x-1}{1}=\dfrac{y+1}{-1}=\dfrac{z-2}{-2}$ 之间的夹角.

解 $s_1 = \begin{vmatrix} \boldsymbol{i} & \boldsymbol{j} & \boldsymbol{k} \\ 1 & 1 & 1 \\ 2 & -1 & 1 \end{vmatrix} = 2\boldsymbol{i}+\boldsymbol{j}-3\boldsymbol{k}$, $\qquad s_2 = (1,-1,-2)$,

则 $\cos\varphi = \dfrac{|2\times1+1\times(-1)+(-3)\times(-2)|}{\sqrt{2^2+1^2+(-3)^2}\cdot\sqrt{1^2+(-1)^2+(-2)^2}} = \dfrac{\sqrt{21}}{6}$, 所以 $\varphi = \arccos\dfrac{\sqrt{21}}{6}$.

6. 求过点 $(3,1,-2)$, 且通过直线 $\dfrac{x-4}{5}=\dfrac{y+3}{2}=\dfrac{z}{1}$ 的平面的方程.

解 点 $A(3,1,-2)$ 和 $B(4,-3,0)$ 都在所求平面上, $\overrightarrow{AB}=(1,-4,2)$, 平面的法向量 $\boldsymbol{n}\perp\overrightarrow{AB}$. 直线在平面上, 直线的方向向量 $\boldsymbol{s}=(5,2,1)$, 所以 $\boldsymbol{n}\perp\boldsymbol{s}$. 于是

$$\boldsymbol{n} = \boldsymbol{s}\times\overrightarrow{AB} = \begin{vmatrix} \boldsymbol{i} & \boldsymbol{j} & \boldsymbol{k} \\ 5 & 2 & 1 \\ 1 & -4 & 2 \end{vmatrix} = 8\boldsymbol{i}-9\boldsymbol{j}-22\boldsymbol{k},$$

所求平面的方程为 $8(x-3)-9(y-1)-22(z+2)=0$, 即 $8x-9y-22z-59=0$.

7. 求过点 $(1,2,1)$, 且与两直线 $\begin{cases} x+2y-z+1=0, \\ x-y+z-1=0 \end{cases}$ 和 $\begin{cases} 2x-y+z=0, \\ x-y+z=0 \end{cases}$ 都平行的平面方程.

解 直线 $\begin{cases} x+2y-z+1=0, \\ x-y+z-1=0 \end{cases}$ 的方向向量 $s_1 = \begin{vmatrix} \boldsymbol{i} & \boldsymbol{j} & \boldsymbol{k} \\ 1 & 2 & -1 \\ 1 & -1 & 1 \end{vmatrix} = \boldsymbol{i}-2\boldsymbol{j}-3\boldsymbol{k}$, 直线

$\begin{cases} 2x-y+z=0, \\ x-y+z=0 \end{cases}$ 的方向向量 $s_2 = \begin{vmatrix} \boldsymbol{i} & \boldsymbol{j} & \boldsymbol{k} \\ 2 & -1 & 1 \\ 1 & -1 & 1 \end{vmatrix} = -\boldsymbol{j}-\boldsymbol{k}$, 所求平面的法向量可取为

$$\boldsymbol{n} = s_1\times s_2 = \begin{vmatrix} \boldsymbol{i} & \boldsymbol{j} & \boldsymbol{k} \\ 1 & -2 & -3 \\ 0 & -1 & -1 \end{vmatrix} = -\boldsymbol{i}+\boldsymbol{j}-\boldsymbol{k},$$

所求平面的方程为 $-(x-1)+(y-2)-(z-1)=0$, 即 $x-y+z=0$.

8. 求直线 $\dfrac{x-2}{1}=\dfrac{y-3}{1}=\dfrac{z-4}{2}$ 与平面 $2x+y+z-6=0$ 的交点及夹角.

解 所给直线的参数方程为 $\begin{cases} x=2+t, \\ y=3+t, \\ z=4+2t, \end{cases}$ 代入平面方程中, 解得 $t=-1$, 于是所求交点坐标为 $(1,2,2)$.

设直线与平面的夹角为 φ, 有

$$\sin\varphi = \frac{\left|2\times1+1\times1+1\times2\right|}{\sqrt{2^2+1^2+1^2}\cdot\sqrt{1^2+1^2+2^2}} = \frac{5}{6},$$

于是夹角 $\varphi = \arcsin\frac{5}{6}$.

10. 求点 $P_0(1,2,-3)$ 在平面 $2x-y+3z+3=0$ 上的投影.

解 过点 $P_0(1,2,-3)$ 且与已知平面垂直的直线方程为 $\dfrac{x-1}{2} = \dfrac{y-2}{-1} = \dfrac{z+3}{3}$,将此方程

化为参数方程 $\begin{cases} x=1+2t, \\ y=2-t, \\ z=-3+3t, \end{cases}$ 代入平面方程中,解得 $t=\dfrac{3}{7}$,于是点 $P_0(1,2,-3)$ 在平面上的投

影点为 $\left(\dfrac{13}{7}, \dfrac{11}{7}, -\dfrac{12}{7}\right)$.

11. 求过点 $P_0(1,1,1)$ 且与直线 $L_0: \dfrac{x}{2} = \dfrac{y}{1} = \dfrac{z+2}{-3}$ 垂直相交的直线方程.

解 过点 $P_0(1,1,1)$ 且与直线 L_0 垂直的平面方程为

$$2(x-1)+(y-1)-3(z-1)=0,$$

即 $2x+y-3z=0$,将直线 L_0 用参数方程表示为 $\begin{cases} x=2t, \\ y=t, \\ z=-2-3t, \end{cases}$ 代入平面方程 $2x+y-3z=0$

中,解得 $t=-\dfrac{3}{7}$,于是直线 L_0 与平面的交点为 $P_1\left(-\dfrac{6}{7}, -\dfrac{3}{7}, -\dfrac{5}{7}\right)$,取向量 $\overrightarrow{P_0P_1} = -\dfrac{1}{7}(13,10,12)$

或 $s=(13,10,12)$ 为所求直线的一个方向向量,故所求直线的点向式方程为

$$\frac{x-1}{13} = \frac{y-1}{10} = \frac{z-1}{12}.$$

习题 7-5 空间曲面及其方程

1. 求与点 $M_1(3,2,-1)$ 和 $M_2(4,-3,0)$ 等距离的点的轨迹方程.

解 设动点为 $M(x,y,z)$,依题意有 $(x-3)^2+(y-2)^2+(z+1)^2 = (x-4)^2+(y+3)^2+z^2$,
即 $2x-10y+2z-11=0$.

2. 方程 $x^2+y^2+z^2+2x-2y-4z-3=0$ 表示什么曲面?

解 配方,得 $(x+1)^2+(y-1)^2+(z-2)^2 = 3^2$,方程表示以 $(-1,1,2)$ 为球心,以 3 为半径的球面.

3. 求与坐标原点和点 $P_1(3,6,9)$ 的距离之比为 $1:2$ 的点的全体组成的曲面的方程,它表示怎样的曲面?

解 设点 (x,y,z) 满足题意,于是

$$\frac{\sqrt{x^2+y^2+z^2}}{\sqrt{(x-3)^2+(y-6)^2+(z-9)^2}}=\frac{1}{2},$$

化简得 $(x+1)^2+(y+2)^2+(z+3)^2=56$，它表示以 $(-1,-2,-3)$ 为球心，以 $2\sqrt{14}$ 为半径的球面.

4．求过点 $M_0(8,4,4)$，且与三个坐标面都相切的球面方程.

解　设球面的半径为 R，已知球面经过点 $M_0(8,4,4)$ 且与三个坐标面都相切，故球心在第 I 卦限，设心坐标为 (R,R,R)，则球面方程为 $(x-R)^2+(y-R)^2+(z-R)^2=R^2$，由 $(8-R)^2+(4-R)^2+(4-R)^2=R^2$，解得 $R=4$ 或 $R=12$，因此球面方程为

$$(x-4)^2+(y-4)^2+(z-4)^2=16 \quad 或 \quad (x-12)^2+(y-12)^2+(z-12)^2=144.$$

6．求下列曲线绕指定轴旋转一周所生成的曲面方程.

(1) zOx 面上的抛物线 $4x^2-z=1$ 绕 z 轴;

(2) yOz 面上的直线 $z=2y$ 绕 y 轴;

(3) xOy 面上的双曲线 $4x^2-9y^2=36$ 分别绕 x 轴和 y 轴.

解　(1) zOx 面上的抛物线 $4x^2-z=1$ 绕 z 轴旋转一周所生成的旋转曲面方程为

$$4x^2+4y^2-z=1.$$

(2) yOz 面上的直线 $z=2y$ 绕 y 轴旋转一周所生成的旋转曲面方程为

$$\pm\sqrt{x^2+z^2}=2y.$$

(3) xOy 面上的双曲线 $4x^2-9y^2=36$ 绕 x 轴旋转一周所生成的旋转曲面方程为

$$4x^2-9y^2-9z^2=36;$$

xOy 面上的双曲线 $4x^2-9y^2=36$ 绕 y 轴旋转一周所生成的旋转曲面方程为

$$4x^2+4z^2-9y^2=36.$$

7．在空间解析几何中下列方程各表示什么图形？如果是旋转曲面，说明它是如何形成的.

(1) $x^2+y^2=4$;　　　　　(2) $(z-a)^2=x^2+y^2$;　　　　　(4) $x^2-4y^2+z^2=1$.

解　(1) 在空间解析几何中，$x^2+y^2=4$ 表示母线平行于 z 轴，且以 xOy 面上的圆 $x^2+y^2=4$ 为准线的圆柱面.它是由 yOz 面上的直线 $y=2$ 绕 z 轴旋转一周而形成的旋转曲面，或是由 zOx 面上的直线 $x=2$ 绕 z 轴旋转一周而形成的旋转曲面.

(2) 在空间解析几何中，$(z-a)^2=x^2+y^2$ 表示圆锥面.它是由 zOx 面上的直线 $z-a=x$（或 $z-a=-x$）绕 z 轴旋转一周而形成的旋转曲面，或是由 yOz 面上的直线 $z-a=y$（或 $z-a=-y$）绕 z 轴旋转一周而形成的旋转曲面.

(4) 在空间解析几何中，$x^2-4y^2+z^2=1$ 表示旋转单叶双曲面.它是由 xOy 面上的双曲线 $x^2-4y^2=1$ 绕 y 轴旋转一周而形成的旋转曲面，或是由 yOz 面上的双曲线 $-4y^2+z^2=1$ 绕 y 轴旋转一周而形成的旋转曲面.

习题 7-6　空间曲线及其方程

1. 画出下列曲线的图形.

(1) $\begin{cases} z = \sqrt{x^2 + y^2}, \\ z = 1; \end{cases}$　　　　　　　　(2) $\begin{cases} z = \sqrt{4 - x^2 - y^2}, \\ x - y = 0; \end{cases}$

(3) $\begin{cases} z = x^2 + y^2, \\ z = 3; \end{cases}$　　　　　　　　(4) $\begin{cases} x^2 + y^2 = a^2, \\ x^2 + z^2 = a^2 \end{cases}$ (第 I 卦限).

解　(1)～(4)分别如图 7-2～图 7-5 所示.

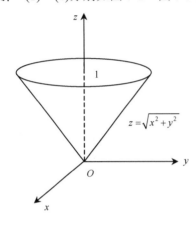

图 7-2

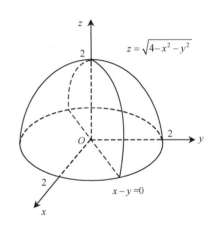

图 7-3

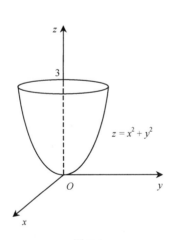

图 7-4

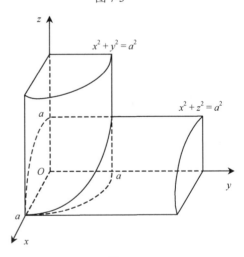

图 7-5

2. 下列方程组在平面解析几何与空间解析几何中分别表示什么图形?

(1) $\begin{cases} y = x + 1, \\ y = 2x - 1; \end{cases}$　　　　　　　　(2) $\begin{cases} x^2 + 2y^2 = 1, \\ x = 1. \end{cases}$

解 (1) 在平面解析几何中，$\begin{cases} y = x+1, \\ y = 2x-1 \end{cases}$ 表示直线 $y = x+1$ 与直线 $y = 2x-1$ 的交点

$(2,3)$；在空间解析几何中，$\begin{cases} y = x+1, \\ y = 2x-1 \end{cases}$ 表示平面 $y = x+1$ 与平面 $y = 2x-1$ 的交线，它表

示过点 $(2,3,0)$，并且平行于 z 轴的直线.

(2) 在平面解析几何中，$\begin{cases} x^2 + 2y^2 = 1, \\ x = 1 \end{cases}$ 表示椭圆 $x^2 + 2y^2 = 1$ 与其切线 $x = 1$ 的交点

$(1,0)$；在空间解析几何中，$\begin{cases} x^2 + 2y^2 = 1, \\ x = 1 \end{cases}$ 表示椭圆柱面 $x^2 + 2y^2 = 1$ 与其切平面 $x = 1$ 的交

线，此交线在 zOx 面上.

3．求通过曲线 $\begin{cases} 2x^2 + y^2 + 2z^2 = 12, \\ x^2 + y^2 - z^2 = 0, \end{cases}$ 且母线分别平行于 x 轴及 z 轴的柱面方程.

解 方程组 $\begin{cases} 2x^2 + y^2 + 2z^2 = 12, \\ x^2 + y^2 - z^2 = 0 \end{cases}$ 消去 x 变量得 $-y^2 + 4z^2 = 12$，该方程即通过曲线

$\begin{cases} 2x^2 + y^2 + 2z^2 = 12, \\ x^2 + y^2 - z^2 = 0, \end{cases}$ 且母线平行于 x 轴的柱面方程，该柱面是一个双曲柱面；消去 z 变量

得 $4x^2 + 3y^2 = 12$，该方程即通过曲线 $\begin{cases} 2x^2 + y^2 + 2z^2 = 12, \\ x^2 + y^2 - z^2 = 0, \end{cases}$ 且母线平行于 z 轴的柱面方程，

该柱面是一个椭圆柱面.

4．将下列曲线的一般方程化为参数方程.

(1) $\begin{cases} x^2 + y^2 = 1, \\ 2x + 3z = 6; \end{cases}$ (2) $\begin{cases} x^2 + y^2 + z^2 = 4, \\ y = x. \end{cases}$

解 (1) 令 $x = \cos t$，$y = \sin t$ $(0 \leqslant t \leqslant 2\pi)$，由 $2x + 3z = 6$ 得 $z = 2 - \dfrac{2}{3}\cos t$，因此曲线的

参数方程为

$$\begin{cases} x = \cos t, \\ y = \sin t, \\ z = 2 - \dfrac{2}{3}\cos t \end{cases} \quad (0 \leqslant t \leqslant 2\pi).$$

(2) 将 $y = x$ 代入 $x^2 + y^2 + z^2 = 4$ 中，得 $2x^2 + z^2 = 4$，即 $\dfrac{x^2}{2} + \dfrac{z^2}{4} = 1$，令 $x = \sqrt{2}\cos t$，

$z = 2\sin t (0 \leqslant t \leqslant 2\pi)$，则原方程可化为 $\begin{cases} x = \sqrt{2}\cos t, \\ y = \sqrt{2}\cos t, \quad (0 \leqslant t \leqslant 2\pi). \\ z = 2\sin t \end{cases}$

5. 求球面 $x^2 + y^2 + z^2 = 9$ 与平面 $x + z = 1$ 的交线在 xOy 面上的投影曲线方程.

解 由 $x^2 + y^2 + z^2 = 9$ 及 $x + z = 1$ 消去 z 变量得方程 $2x^2 + y^2 - 2x = 8$，于是所求投影曲线方程为 $\begin{cases} 2x^2 + y^2 - 2x = 8, \\ z = 0. \end{cases}$

6. 求上半球面 $z = \sqrt{a^2 - x^2 - y^2}$，圆柱面 $x^2 + y^2 = ax \, (a > 0)$ 及平面 $z = 0$ 所围成的立体在 xOy 面和 zOx 面上的投影.

解 上半球面 $z = \sqrt{a^2 - x^2 - y^2}$，圆柱面 $x^2 + y^2 = ax \, (a > 0)$ 及平面 $z = 0$ 所围成的立体在 xOy 面上的投影为 $\begin{cases} x^2 + y^2 \leqslant ax, \\ z = 0; \end{cases}$ 在 zOx 面上的投影为 $\begin{cases} x^2 + z^2 \leqslant a^2, \\ y = 0 \end{cases} (x \geqslant 0, z \geqslant 0)$.

7. 求旋转抛物面 $z = x^2 + y^2 \, (0 \leqslant z \leqslant 4)$ 在三个坐标面上的投影.

解 旋转抛物面 $z = x^2 + y^2 \, (0 \leqslant z \leqslant 4)$ 在 xOy 面上的投影为 $x^2 + y^2 \leqslant 4, z = 0$；

旋转抛物面 $z = x^2 + y^2 \, (0 \leqslant z \leqslant 4)$ 在 yOz 面上的投影为 $y^2 \leqslant z \leqslant 4, x = 0$；

旋转抛物面 $z = x^2 + y^2 \, (0 \leqslant z \leqslant 4)$ 在 zOx 面上的投影为 $x^2 \leqslant z \leqslant 4, y = 0$.

总 习 题 七

1. 选择题.

(4) 设三个非零向量 a, b, c 满足 $a \times b = a \times c$，则( ).

A. $b = c$ B. $a // (b - c)$ C. $a \perp (b - c)$ D. $|b| = |c|$

解 因为 $a \times b = a \times c$，于是 $a \times (b - c) = 0$，所以 $a // (b - c)$，选项 B 正确.

(5) 已知 $|a| = 2, |b| = 3$，且 $(\widehat{a, b}) = \dfrac{\pi}{3}$，则 $|a \times (2b - 3a)| = ($ $)$.

A. $6\sqrt{3}$ B. 12   C. $6\sqrt{3} - 12$ D. $6\sqrt{3} + 12$

解 $|a \times (2b - 3a)| = 2|a \times b| = 2|a| \cdot |b| \cdot \sin(\widehat{a, b}) = 6\sqrt{3}$，故选项 A 正确.

2. 填空题.

(1) 设 a, b, c 都是单位向量，且满足 $a + b + c = 0$，则 $a \cdot b + b \cdot c + c \cdot a = $ _____.

解 方法一：因为 $0 = (a + b + c) \cdot (a + b + c) = |a|^2 + |b|^2 + |c|^2 + 2(a \cdot b + b \cdot c + c \cdot a)$，所以

$$a \cdot b + b \cdot c + c \cdot a = -\frac{3}{2}.$$

方法二：因为 a, b, c 都是单位向量，且 $a + b + c = 0$，所以以 a, b, c 为边可构成一个等边三角形，则 $a \cdot b = b \cdot c = c \cdot a = -\dfrac{1}{2}$，故 $a \cdot b + b \cdot c + c \cdot a = -\dfrac{3}{2}$.

(2) 若 $(a \times b) \cdot c = 2$，则 $[(a + b) \times (b + c)] \cdot (c + a) = $ _____.

解 $[(a + b) \times (b + c)] \cdot (c + a) = (a \times b + a \times c + b \times c) \cdot (c + a)$

$$= (a \times b) \cdot c + (b \times c) \cdot a = 2(a \times b) \cdot c = 4.$$

(3) 直线 L 在 yOz 面上的投影曲线为 $\begin{cases} 2y-3z=1, \\ x=0, \end{cases}$ 在 zOx 面上的投影曲线为

$\begin{cases} x+z=2, \\ y=0, \end{cases}$ 则 L 在 xOy 面上的投影曲线为 _____.

解　直线 L 的方程为 $\begin{cases} 2y-3z=1, \\ x+z=2, \end{cases}$ 消去 z 变量, 得 $3x+2y=7$, 则 L 在 xOy 面上的投

影曲线为 $\begin{cases} 3x+2y=7, \\ z=0. \end{cases}$

(6) 已知球面的一条直径的两个端点为 $(2,-3,5)$ 和 $(4,1,-3)$, 则该球面方程是

_____.

解　球心坐标为 $(3,-1,1)$, 半径为 $\sqrt{21}$, 则球面方程为 $(x-3)^2+(y+1)^2+(z-1)^2=21$.

3. 已知 $\triangle ABC$ 的顶点 $A(3,2,-1)$, $B(5,-4,7)$ 和 $C(-1,1,2)$, 求从顶点 C 所引中线的

长度.

解　线段 AB 的中点的坐标为 $D(4,-1,3)$, 所求中线的长度为

$$|CD|=\sqrt{(4+1)^2+(-1-1)^2+(3-2)^2}=\sqrt{30}.$$

4. 设 $|\boldsymbol{a}|=\sqrt{3}$, $|\boldsymbol{b}|=1$, $(\widehat{\boldsymbol{a},\boldsymbol{b}})=\dfrac{\pi}{6}$, 求: (1) $\boldsymbol{a}+\boldsymbol{b}$ 与 $\boldsymbol{a}-\boldsymbol{b}$ 之间的夹角; (2) 以 $\boldsymbol{a}+2\boldsymbol{b}$ 与

$\boldsymbol{a}-3\boldsymbol{b}$ 为邻边的平行四边形的面积.

解　(1) $|\boldsymbol{a}+\boldsymbol{b}|^2=(\boldsymbol{a}+\boldsymbol{b})\cdot(\boldsymbol{a}+\boldsymbol{b})=|\boldsymbol{a}|^2+|\boldsymbol{b}|^2+2\boldsymbol{a}\cdot\boldsymbol{b}=|\boldsymbol{a}|^2+|\boldsymbol{b}|^2+2|\boldsymbol{a}||\boldsymbol{b}|\cos(\widehat{\boldsymbol{a},\boldsymbol{b}})=7$,

$|\boldsymbol{a}-\boldsymbol{b}|^2=(\boldsymbol{a}-\boldsymbol{b})\cdot(\boldsymbol{a}-\boldsymbol{b})=|\boldsymbol{a}|^2+|\boldsymbol{b}|^2-2\boldsymbol{a}\cdot\boldsymbol{b}=|\boldsymbol{a}|^2+|\boldsymbol{b}|^2-2|\boldsymbol{a}||\boldsymbol{b}|\cos(\widehat{\boldsymbol{a},\boldsymbol{b}})=1$,

设向量 $\boldsymbol{a}+\boldsymbol{b}$ 与 $\boldsymbol{a}-\boldsymbol{b}$ 的夹角为 θ, 则

$$\cos\theta=\frac{(\boldsymbol{a}+\boldsymbol{b})\cdot(\boldsymbol{a}-\boldsymbol{b})}{|\boldsymbol{a}+\boldsymbol{b}|\cdot|\boldsymbol{a}-\boldsymbol{b}|}=\frac{|\boldsymbol{a}|^2-|\boldsymbol{b}|^2}{|\boldsymbol{a}+\boldsymbol{b}|\cdot|\boldsymbol{a}-\boldsymbol{b}|}=\frac{2\sqrt{7}}{7}, \qquad \theta=\arccos\frac{2\sqrt{7}}{7}.$$

(2) 该平行四边形的面积 $S=|(\boldsymbol{a}+2\boldsymbol{b})\times(\boldsymbol{a}-3\boldsymbol{b})|=5|\boldsymbol{a}\times\boldsymbol{b}|=5|\boldsymbol{a}|\cdot|\boldsymbol{b}|\cdot\sin(\widehat{\boldsymbol{a},\boldsymbol{b}})=\dfrac{5\sqrt{3}}{2}$.

5. 设向量 $\boldsymbol{a}=(-1,3,2)$, $\boldsymbol{b}=(2,-3,-4)$, $\boldsymbol{c}=(-3,12,6)$, 试证明三向量 $\boldsymbol{a},\boldsymbol{b},\boldsymbol{c}$ 共面, 并

用 $\boldsymbol{a},\boldsymbol{b}$ 表示 $\boldsymbol{c}$.

证　向量 $\boldsymbol{a},\boldsymbol{b},\boldsymbol{c}$ 共面的充分必要条件是 $(\boldsymbol{a}\times\boldsymbol{b})\cdot\boldsymbol{c}=0$, 因为

$$\boldsymbol{a}\times\boldsymbol{b}=\begin{vmatrix} \boldsymbol{i} & \boldsymbol{j} & \boldsymbol{k} \\ -1 & 3 & 2 \\ 2 & -3 & -4 \end{vmatrix}=-6\boldsymbol{i}-3\boldsymbol{k}, \qquad (\boldsymbol{a}\times\boldsymbol{b})\cdot\boldsymbol{c}=(-6,0,-3)\cdot(-3,12,6)=0,$$

所以向量 $\boldsymbol{a},\boldsymbol{b},\boldsymbol{c}$ 共面.

设 $\boldsymbol{c}=\lambda\boldsymbol{a}+\mu\boldsymbol{b}$, 则有 $(-\lambda+2\mu,3\lambda-3\mu,2\lambda-4\mu)=(-3,12,6)$, 即有方程组 $\begin{cases} -\lambda+2\mu=-3, \\ 3\lambda-3\mu=12, \\ 2\lambda-4\mu=6, \end{cases}$

解之得 $\lambda=5,\mu=1$，所以 $c=5a+b$．

6. 求点 $A(-1,2,0)$ 在平面 $x+2y-z+3=0$ 上的投影点的坐标．

解 过点 $A(-1,2,0)$ 垂直于已知平面的直线方程为 $\dfrac{x+1}{1}=\dfrac{y-2}{2}=\dfrac{z}{-1}$，将其改成参数

方程形式为 $\begin{cases}x=t-1,\\y=2t+2,\\z=-t,\end{cases}$ 代入平面方程中，解得 $t=-1$，故所求投影点的坐标为 $(-2,0,1)$．

7. 求点 $A(2,3,1)$ 在直线 $\dfrac{x+7}{1}=\dfrac{y+2}{2}=\dfrac{z+2}{3}$ 上的投影点的坐标．

解 设点 A 在已知直线上的投影点坐标为 $P(t-7,2t-2,3t-2),\overrightarrow{AP}=(t-9,2t-5,3t-3)$，直线的方向向量为 $s=(1,2,3)$，由题意，$\overrightarrow{AP}\perp s$，故 $(t-9)+2(2t-5)+3(3t-3)=0$，解得 $t=2$，所求投影点的坐标为 $(-5,2,4)$．

8. 求过点 $P_0(-1,0,4)$ 且与平面 $3x-4y+z-10=0$ 平行，又与直线 $\dfrac{x+1}{1}=\dfrac{y-3}{1}=\dfrac{z}{2}$ 相交的直线方程．

解 过点 $P_0(-1,0,4)$ 且与平面 $3x-4y+z-10=0$ 平行的平面方程为 $3x-4y+z-1=0$，设该平面与已知直线的交点为 P_1，把直线 $\dfrac{x+1}{1}=\dfrac{y-3}{1}=\dfrac{z}{2}$ 用参数方程表示为

$$x=t-1,\quad y=t+3,\quad z=2t,$$

代入平面方程 $3x-4y+z-1=0$ 中，解得 $t=16$，于是求得交点 $P_1(15,19,32)$，取向量 $\overrightarrow{P_0P_1}=(16,19,28)$ 为所求直线的一个方向向量，故直线的点向式方程为

$$\frac{x+1}{16}=\frac{y}{19}=\frac{z-4}{28}.$$

9. 求过直线 $L:\begin{cases}x+2y+z=0,\\x-z+4=0,\end{cases}$ 且与平面 $x-4y-8z+12=0$ 的夹角为 $\dfrac{\pi}{4}$ 的平面方程．

解 过直线 L 的平面束方程为 $x+2y+z+\lambda(x-z+4)=0$，即

$$(1+\lambda)x+2y+(1-\lambda)z+4\lambda=0,$$

其法向量为 $n=(1+\lambda,2,1-\lambda)$，已知平面的法向量为 $n_1=(1,-4,-8)$，由题意，

$$\cos\frac{\pi}{4}=\frac{|n\cdot n_1|}{|n||n_1|}=\frac{|9\lambda-15|}{9\sqrt{2\lambda^2+6}},$$

解得 $\lambda=-\dfrac{1}{15}$，所求平面方程为 $7x+15y+8z-2=0$．又平面 $x-z+4=0$ 与已知平面 $x-4y-8z+12=0$ 的夹角也为 $\dfrac{\pi}{4}$，故所求平面方程为

$$7x+15y+8z-2=0\quad 或\quad x-z+4=0.$$

10. 求以曲线 $\begin{cases}2x^2+y^2+z^2=16,\\x^2-y^2+z^2=0\end{cases}$ 为准线，母线分别平行于 x 轴和 y 轴的柱面方程．

解 在曲线方程 $\begin{cases} 2x^2+y^2+z^2=16, \\ x^2-y^2+z^2=0 \end{cases}$ 中消去 x，得以该曲线为准线，母线平行于 x 轴的柱面方程为 $3y^2-z^2=16$；

在曲线方程 $\begin{cases} 2x^2+y^2+z^2=16, \\ x^2-y^2+z^2=0 \end{cases}$ 中消去 y，得以该曲线为准线，母线平行于 y 轴的柱面方程为 $3x^2+2z^2=16$.

11. 求曲线 $\begin{cases} z=2-x^2-y^2, \\ z=(x-1)^2+(y-1)^2 \end{cases}$ 在三个坐标面上的投影曲线的方程.

解 曲线在 xOy 面上的投影曲线方程为

$$\begin{cases} (x-1)^2+(y-1)^2=2-x^2-y^2, \\ z=0, \end{cases}$$

即 $\begin{cases} x^2+y^2=x+y, \\ z=0. \end{cases}$

将 $x=2-y-z$ 代入 $z=2-x^2-y^2$，得 $2y^2+2yz+z^2-4y-3z+2=0$，即曲线在 yOz 面上的投影曲线方程为

$$\begin{cases} 2y^2+2yz+z^2-4y-3z+2=0, \\ x=0. \end{cases}$$

将曲线方程两式相加并化简得 $x+y+z=2$，将 $y=2-x-z$ 代入 $z=2-x^2-y^2$，得 $2x^2+2xz+z^2-4x-3z+2=0$，即曲线在 zOx 面上的投影曲线方程为

$$\begin{cases} 2x^2+2xz+z^2-4x-3z+2=0, \\ y=0. \end{cases}$$

六、自 测 题

一、选择题(10 小题, 每小题 2 分, 共 20 分).

1. 已知 a 与 b 都是非零向量，且满足 $|a-b|=|a|+|b|$，则必有( ).

A. $a-b=0$ B. $a+b=0$ C. $a\cdot b=0$ D. $a\times b=0$

2. 设 $a\times b=a\times c$，a,b,c 均为非零向量, 则( ).

A. $b=c$ B. $a//(b-c)$ C. $a\perp(b-c)$ D. $|b|=|c|$

3. 若非零向量 a,b,c 满足 $a\cdot b=0$ 与 $a\times c=0$, 则 $b\cdot c=($).

A. 0 B. -1 C. 1 D. 3

4. 设 $a=(1,1,-1),b=(-1,-1,1)$, 则有( ).

A. $a//b$ B. $a\perp b$ C. $(\widehat{a,b})=\dfrac{\pi}{3}$ D. $(\widehat{a,b})=\dfrac{2\pi}{3}$

5. 下列各组角中, 可以作为向量的方向角的是(　　).

A. $\dfrac{\pi}{3}, \dfrac{\pi}{4}, \dfrac{2\pi}{3}$ 　　　　　　　　　　　　B. $-\dfrac{\pi}{3}, \dfrac{\pi}{4}, \dfrac{\pi}{3}$

C. $\dfrac{\pi}{6}, \pi, \dfrac{\pi}{6}$ 　　　　　　　　　　　　D. $\dfrac{2\pi}{3}, \dfrac{\pi}{3}, \dfrac{\pi}{3}$

6. 下列平面方程中, 方程(　　)表示的平面过 y 轴.

A. $x+y+z=1$ 　　　B. $x+y+z=0$ 　　　C. $x+z=0$ 　　　D. $x+z=1$

7. 直线 $L_1: x-1=y=-(z+1)$, $L_2: x=-(y-1)=\dfrac{z+1}{0}$ 的位置关系是(　　).

A. 平行　　　　　　B. 重合　　　　　　C. 垂直　　　　　　D. 异面

8. 直线 $\begin{cases} x-2y+z=0, \\ x+y-2z=0 \end{cases}$ 与平面 $x+y+z=1$ 的位置关系是(　　).

A. 直线在平面内　　　B. 平行　　　　　　C. 垂直　　　　　D. 相交但不垂直

9. 空间曲线 $\begin{cases} z=x^2+y^2-2, \\ z=5 \end{cases}$ 在 xOy 面上的投影方程为(　　).

A. $x^2+y^2=7$ 　　　　　　　　　　　B. $\begin{cases} x^2+y^2=7, \\ z=5 \end{cases}$

C. $\begin{cases} x^2+y^2=7, \\ z=0 \end{cases}$ 　　　　　　　　　　D. $\begin{cases} z=x^2+y^2-2, \\ z=0 \end{cases}$

10. 曲面 $2x^2+4y^2+4z^2=1$ 是(　　).

A. 球面　　　　　　　　　　B. xOy 面上曲线 $2x^2+4y^2=1$ 绕 y 轴旋转而成的旋转面

C. 柱面　　　　　　　　　　D. zOx 面上曲线 $2x^2+4z^2=1$ 绕 x 轴旋转而成的旋转面

二、填空题(10 小题, 每小题 2 分, 共 20 分).

1. $|\boldsymbol{a}|=5, |\boldsymbol{b}|=8$, $\boldsymbol{a}$ 与 $\boldsymbol{b}$ 的夹角为 $\dfrac{\pi}{3}$, 则 $|\boldsymbol{a}-\boldsymbol{b}|=$ _____.

2. 若 $|\boldsymbol{a}||\boldsymbol{b}|=\sqrt{2}$, $(\widehat{\boldsymbol{a},\boldsymbol{b}})=\dfrac{\pi}{2}$, 则 $|\boldsymbol{a}\times\boldsymbol{b}|=$ _____, $\boldsymbol{a}\cdot\boldsymbol{b}=$ _____.

3. 设 $\boldsymbol{a}=\boldsymbol{i}+\boldsymbol{j}-4\boldsymbol{k}, \boldsymbol{b}=2\boldsymbol{i}+\lambda\boldsymbol{k}$, 且 $\boldsymbol{a}\perp\boldsymbol{b}$, 则 $\lambda=$ _____.

4. 设向量 $\overrightarrow{AB}$ 的终点坐标为 $B(2,-1,7)$, 它在 x 轴, y 轴, z 轴上的投影依次为 $4,-4,7$, 则该向量的起点 A 的坐标为_____.

5. 过原点且垂直于平面 $2y-z+2=0$ 的直线为_____.

6. 过点 $(1,2,1)$ 且与向量 $\boldsymbol{s}_1=\boldsymbol{i}-2\boldsymbol{j}-3\boldsymbol{k}$, $\boldsymbol{s}_2=-\boldsymbol{j}-\boldsymbol{k}$ 平行的平面方程为_____.

7. 曲线 $\begin{cases} z=2x^2+y^2, \\ z=1 \end{cases}$ 在 xOy 面上的投影曲线方程为_____.

8. 直线 $\begin{cases} z=y, \\ x=0 \end{cases}$ 绕 z 轴旋转一周的曲面方程为_____.

9. 设平面 $Ax+By+z+D=0$ 通过原点, 且与平面 $6x-2z+5=0$ 平行, 则

$A =$ _____，$B =$ _____，$D =$ _____．

10．设直线 $\dfrac{x-1}{m}=\dfrac{y+2}{2}=\lambda(z-1)$ 与平面 $-3x+6y+3z+25=0$ 垂直，则

$m =$ _____，$\lambda =$ _____．

三、计算题(10 小题, 每小题 6 分, 共 60 分)．

1．用点向式方程及参数方程表示直线 $\begin{cases} x+y+z+1=0, \\ 2x-y+3z+4=0. \end{cases}$

2．求直线 $\begin{cases} x=t-1, \\ y=-t+2, \\ z=2t+1 \end{cases}$ 与各坐标轴的夹角余弦．

3．求直线 $x-2=y-3=\dfrac{z-4}{2}$ 与平面 $2x+y+z-6=0$ 的交点．

4．求过点 $M(-1,2,-3)$，平行于平面 $\varPi:6x-2y-3z=0$，且与直线 $L:\dfrac{x-1}{3}=\dfrac{y+1}{2}=\dfrac{z-3}{-5}$ 相交的直线方程．

5．求过点 $M(2,1,3)$ 且与直线 $\dfrac{x+1}{3}=\dfrac{y-1}{2}=\dfrac{z}{-1}$ 垂直相交的直线方程．

6．在 xOy 面上，求与三点 $A(2,3,1)$，$B(5,3,-5)$ 和 $C(0,4,2)$ 等距离的点．

7．求过直线 $\begin{cases} x+28y-2z+17=0, \\ 5x+8y-z+1=0 \end{cases}$ 且与球面 $x^2+y^2+z^2=1$ 相切的平面方程．

8．求直线 $L:\begin{cases} x-y-1=0, \\ y+z-1=0 \end{cases}$ 在平面 $\varPi:x-y+2z-1=0$ 上的投影直线 L_1 的方程，并求 L_1 绕 y 轴旋转一周所生成的旋转曲面方程．

9．求抛物柱面 $x=2y^2$ 与平面 $x+z=1$ 的交线分别在三个坐标面上的投影．

10．设直线 $L_1:\dfrac{x-1}{1}=\dfrac{y+1}{2}=\dfrac{z-1}{\lambda}$ 与直线 $L_2:x+1=y-1=z$ 相交，求 λ．

自测题参考答案

一、1．D；　2．B；　3．A；　4．A；　5．A；

6．C；　7．C；　8．C；　9．C；　10．D．

二、1．7；　2．$\sqrt{2}$，0；　3．$\dfrac{1}{2}$；　4．$(-2,3,0)$；

5．$\begin{cases} x=0, \\ y+2z=0; \end{cases}$　6．$x-y+z=0$；　7．$\begin{cases} 2x^2+y^2=1, \\ z=0; \end{cases}$

8．$z^2=x^2+y^2$；　9．$-3,0,0$；　10．$-1,1$．

三、1. 直线的方向向量 $s = \begin{vmatrix} i & j & k \\ 1 & 1 & 1 \\ 2 & -1 & 3 \end{vmatrix} = 4i - j - 3k$，且直线过点 $(1,0,-2)$，故直线的

点向式方程为 $\dfrac{x-1}{4} = \dfrac{y}{-1} = \dfrac{z+2}{-3}$，直线的参数方程为 $\begin{cases} x = 1 + 4t, \\ y = -t, \\ z = -2 - 3t. \end{cases}$

2. 直线的方向向量 $s = \pm(1,-1,2)$，$|s| = \sqrt{6}$，直线与各坐标轴的夹角余弦为 $(\cos\alpha, \cos\beta, \cos\gamma) = \pm\left(\dfrac{1}{\sqrt{6}}, -\dfrac{1}{\sqrt{6}}, \dfrac{2}{\sqrt{6}} \right)$.

3. 直线与平面的交点为 $(1,2,2)$.

4. 平面 Π 的法向量 $n = (6,-2,-3)$，设两直线方程的交点为 $N(1+3t, -1+2t, 3-5t)$，由 $\overrightarrow{MN} \perp n$，得 $6(1+3t+1) - 2(-1+2t-2) - 3(3-5t+3) = 0$，解得 $t = 0$，于是 N 为 $(1,-1,3)$，故所求直线方程为 $\dfrac{x+1}{2} = \dfrac{y-2}{-3} = \dfrac{z+3}{6}$.

5. 记直线 $L_1 : \dfrac{x+1}{3} = \dfrac{y-1}{2} = \dfrac{z}{-1}$，过点 $M(2,1,3)$ 且与直线 L_1 垂直的平面 Π 的方程为 $3(x-2) + 2(y-1) - (z-3) = 0$，即 $3x + 2y - z - 5 = 0$，令 $\dfrac{x+1}{3} = \dfrac{y-1}{2} = \dfrac{z}{-1} = t$，则 $x = -1+3t$，$y = 1+2t, z = -t$，代入平面 Π 的方程得 $t = \dfrac{3}{7}$，即交点为 $N\left(\dfrac{2}{7}, \dfrac{13}{7}, -\dfrac{3}{7} \right)$，取 $\overrightarrow{MN} = \left(-\dfrac{12}{7}, \dfrac{6}{7}, -\dfrac{24}{7} \right)$ 或 $s = (2,-1,4)$ 为所求直线的方向向量，故所求直线的方程为 $\dfrac{x-2}{2} = \dfrac{y-1}{-1} = \dfrac{z-3}{4}$.

6. 设 xOy 面上的点为 $M(x,y,0)$，则 $|AM| = |BM| = |CM|$，即

$$(x-2)^2 + (y-3)^2 + 1^2 = (x-5)^2 + (y-3)^2 + (-5)^2 = x^2 + (y-4)^2 + 2^2,$$

所求点为 $M\left(\dfrac{15}{2}, 18, 0 \right)$.

7. 提示：设所求平面 Π：$x + 28y - 2z + 17 + \lambda(5x + 8y - z + 1) = 0$，注意到球心(原点)到平面 Π 的距离为 1，可求得 Π 为 $3x - 4y - 5 = 0$ 或 $387x - 164y - 24z - 421 = 0$.

8. 设过直线 L 的平面束方程为 $x - y - 1 + \lambda(y + z - 1) = 0$，即 $x + (-1+\lambda)y + \lambda z - 1 - \lambda = 0$，此平面与 $\Pi : x - y + 2z - 1 = 0$ 垂直，故 $1 - (\lambda - 1) + 2\lambda = 0$，解得 $\lambda = -2$，所求投影直线为

$$L_1 : \begin{cases} x - y + 2z - 1 = 0, \\ x - 3y - 2z + 1 = 0. \end{cases}$$

直线 L_1 也可表示为 $\begin{cases} x = 2y, \\ z = \dfrac{1-y}{2}, \end{cases}$ 则 L_1 绕 y 轴旋转一周所生成的旋转曲面方程为

$x^2 + z^2 = 4y^2 + \dfrac{(y-1)^2}{4}$，即 $4x^2 - 17y^2 + 4z^2 + 2y - 1 = 0$．

9．抛物柱面 $x = 2y^2$ 与平面 $x + z = 1$ 的交线在 xOy 面上的投影是 $\begin{cases} x = 2y^2, \\ z = 0; \end{cases}$ 在 zOx 面

上的投影是 $\begin{cases} x + z = 1, \\ y = 0 \end{cases}$ $(x \geqslant 0)$；在 yOz 面上的投影是 $\begin{cases} 1 - z = 2y^2, \\ x = 0. \end{cases}$

10．直线 L_1, L_2 的方向向量分别为 $\boldsymbol{s}_1 = (1,2,\lambda), \boldsymbol{s}_2 = (1,1,1)$；点 $A(1,-1,1), B(-1,1,0)$ 分别

位于 L_1, L_2 上；由题意，向量 $\boldsymbol{s}_1$，$\boldsymbol{s}_2$ 与 $\overrightarrow{AB}$ 共面，则其混合积为 0，即

$$(\boldsymbol{s}_1 \times \boldsymbol{s}_2) \cdot \overrightarrow{AB} = 0,$$

$\boldsymbol{s}_1 \times \boldsymbol{s}_2 = (2 - \lambda, \lambda - 1, -1)$，$\overrightarrow{AB} = (-2, 2, -1)$，解得 $\lambda = \dfrac{5}{4}$．

第八章　多元函数微分学及其应用

本章在一元函数微分学的基础上, 讨论多元函数微分学, 主要学习多元函数的极限与连续、偏导数与全微分、多元复合函数和隐函数的求导方法、多元函数微分学的几何应用、方向导数与梯度、多元函数的极值问题.

一、知 识 框 架

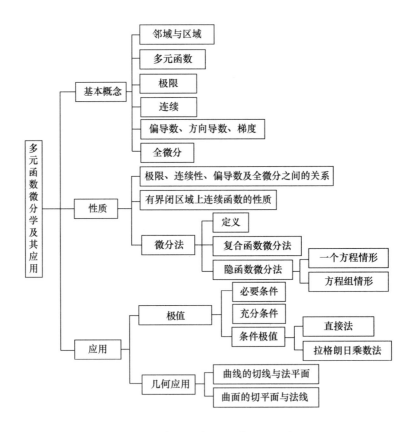

二、教学基本要求

(1) 理解多元函数的概念, 理解二元函数的几何意义.

(2) 了解二元函数极限与连续性的概念，以及有界闭区域上连续函数的性质.

(3) 理解多元函数偏导数和全微分的概念，会求偏导数与全微分，了解全微分存在的必要条件和充分条件，了解全微分形式不变性，了解全微分在近似计算中的应用.

(4) 理解方向导数与梯度的概念并掌握其计算方法.

(5) 掌握多元复合函数一阶、二阶偏导数的求法.

(6) 会求隐函数(包括由方程组确定的隐函数)的偏导数.

(7) 了解曲线的切线与法平面、曲面的切平面与法线的概念，并会求其方程.

(8) 理解多元函数极值和条件极值的概念，掌握多元函数极值存在的必要条件，了解二元函数极值存在的充分条件，会求二元函数的极值，会用拉格朗日乘数法求条件极值，会求简单多元函数的最大值和最小值，并会解一些简单的应用问题.

三、主要内容解读

（一）多元函数的基本概念

1．邻域与区域

设 $P_0(x_0, y_0)$ 是 xOy 面上的一点，δ 为某一正数，与 $P_0(x_0, y_0)$ 的距离小于 δ 的所有点 $P(x, y)$ 的全体称为点 $P_0(x_0, y_0)$ 的 δ 邻域，记作 $U(P_0, \delta)$，即

$$U(P_0, \delta) = \{P \mid \|PP_0\| < \delta\} = \{(x, y) \mid \sqrt{(x-x_0)^2 + (y-y_0)^2} < \delta\}.$$

显然，在几何上，$U(P_0, \delta)$ 是指以点 $P_0(x_0, y_0)$ 为圆心，以 δ 为半径的圆的内部.

$U(P_0, \delta)$ 中去掉点 $P_0(x_0, y_0)$ 所对应的点的全体称为点 $P_0(x_0, y_0)$ 的去心 δ 邻域，记作 $\overset{\circ}{U}(P_0, \delta)$，即 $\overset{\circ}{U}(P_0, \delta) = \{P \mid 0 < \|PP_0\| < \delta\} = \{(x, y) \mid 0 < \sqrt{(x-x_0)^2 + (y-y_0)^2} < \delta\}.$

设 E 为 $\mathbf{R}^2$ 的一个点集，$P(x, y)$ 为 $\mathbf{R}^2$ 上的一点，若存在点 $P(x, y)$ 的一个邻域 $U(P, \delta)$，使得该邻域内的点都属于 E，即 $U(P, \delta) \subset E$，则称点 P 是 E 的内点. 若存在点 $P(x, y)$ 的一个邻域 $U(P, \delta)$，使得 $U(P, \delta) \bigcap E = \varnothing$，则称点 P 是 E 的外点. 若点 P 的任何一个邻域内既有属于 E 的点，又有不属于 E 的点，则称点 P 是 E 的边界点. E 的边界点的全体称为 E 的边界，记作 ∂E. 若点 P 的任何一个去心邻域内都有属于 E 的点(P 可能属于 E，也可能不属于 E)，则称点 P 是 E 的聚点.

若点集 E 的所有点都是内点，则称 E 为开集；开集连同它的边界一起称为闭集.

E 为 $\mathbf{R}^2$ 的一个点集，若存在一个正数 K，使得对于点集 E 内的任何一个点 $P(x, y)$，都有 $|OP| = \sqrt{x^2 + y^2} \leqslant K$，则称 E 为有界集；否则，称 E 为无界集.

E 为 $\mathbf{R}^2$ 的一个非空点集，若对于 E 的任意两点 P_1，P_2，都可用折线连接起来，并且该折线上的点都属于 E，则称点集 E 是连通的. 连通的开集称为区域(或开区域)；开区域连同它的边界称为闭区域.

2．多元函数的定义

设 D 是 $\mathbf{R}^2$ 中的一个非空点集，从 D 到实数集 $\mathbf{R}$ 的映射 f 称为定义在 D 上的二元函数，记为 $z = f(x,y)$，$(x,y) \in D$，或写成"点函数"的形式 $z = f(P)$，$P \in D$，其中变量 x 和 y 称为自变量，D 称为函数的定义域. 全体函数值的集合 $f(D) = \{z \mid z = f(x,y), (x,y) \in D\}$ 称为函数 $f(x,y)$ 的值域.

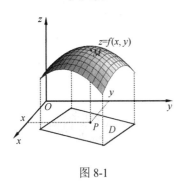

图 8-1

类似地，可以定义 $n\,(n \geqslant 3)$ 元函数，二元及二元以上的函数统称为多元函数.

在空间直角坐标系 $Oxyz$ 中，对于定义域 D 内的任意一个点 $P(x,y)$，根据函数关系 $z = f(x,y)$，就有空间中一点 $M(x,y,f(x,y))$ 与之对应. 在空间中，点集 $\{(x,y,z) \mid z = f(x,y),\ (x,y) \in D\}$ 称为函数 $z = f(x,y)$ 的图形. 二元函数的图形通常表示空间中的一张曲面，并且这张曲面在 xOy 坐标面上的投影就是函数 $z = f(x,y)$ 的定义域，如图 8-1 所示.

3．二元函数的极限

设 $P_0(x_0, y_0)$ 为二元函数 $z = f(x,y)$ 定义域 D 的聚点，A 为常数，若对于任意的 $\varepsilon > 0$，总存在 $\delta > 0$，使得当点 $P(x,y) \in D \bigcap \mathring{U}(P_0, \delta)$ 时，恒有 $|f(x,y) - A| < \varepsilon$ 成立，则称常数 A 为函数 $f(x,y)$ 当 $(x,y) \to (x_0, y_0)$（或 $x \to x_0, y \to y_0$）时的极限，记为

$$\lim_{(x,y) \to (x_0, y_0)} f(x,y) = A, \quad \lim_{\substack{x \to x_0 \\ y \to y_0}} f(x,y) = A, \quad \lim_{P \to P_0} f(P) = A.$$

$\lim\limits_{P \to P_0} f(P) = A$ 表示点 P 沿着定义域内任意不同路径趋于点 P_0 时，函数 $f(P)$ 都以 A 为极限.

判断 $\lim\limits_{P \to P_0} f(P)$ 不存在的方法.

(1) 若点 P 沿着一条特殊的路径趋于点 P_0 时，$f(P)$ 的极限不存在.

(2) 若点 P 沿着不同的路径趋于点 P_0 时，$f(P)$ 的极限存在但不相等.

4．二元函数的连续性

设二元函数 $z = f(x,y)$ 的定义域是 D，$P_0(x_0, y_0)$ 为 D 的聚点且 $P_0 \in D$，若 $\lim\limits_{(x,y) \to (x_0, y_0)} f(x,y) = f(x_0, y_0)$，则称 $z = f(x,y)$ 在点 $P_0(x_0, y_0)$ 连续，否则，称 $z = f(x,y)$ 在点 $P_0(x_0, y_0)$ 间断(不连续).

若二元函数 $z = f(x,y)$ 在开(闭)区域 E 内的每一点处都连续，则称函数 $z = f(x,y)$ 在 E 内连续，也称 $z = f(x,y)$ 是 E 内的连续函数.

一切二元初等函数在其定义域内都连续. 定义域是指包含在自然定义域内的区域或

闭区域.

　　求二元初等函数 $f(P)$ 在点 P_0 处的极限时, 若 P_0 是函数定义域内的点, 则由函数的连续性可知, 极限值就等于函数在点 P_0 处的函数值, 即

$$\lim_{P \to P_0} f(P) = f(P_0) .$$

　　有界闭区域上二元连续函数的性质如下.

　　最大值最小值定理　设 $f(x,y)$ 在有界闭区域 D 上连续, 则 $f(x,y)$ 在 D 上必有最大值 M 和最小值 m.

　　有界性定理　若函数 $f(x,y)$ 在有界闭区域 D 上连续, 则 $f(x,y)$ 在 D 上一定有界.

　　介值定理　设 $f(x,y)$ 在有界闭区域 D 上连续, M 和 m 分别是 $f(x,y)$ 在 D 上的最大值和最小值, 则对于任何的 $c \in [m,M]$, 至少存在一点 $(\xi,\eta) \in D$, 使得 $f(\xi,\eta) = c$.

（二）偏导数与全微分

1. 偏导数

　　函数 $z = f(x,y)$ 在点 (x_0, y_0) 的某邻域内有定义, $(x_0 + \Delta x, y_0)$ 在此邻域内, 若极限

$$\lim_{\Delta x \to 0} \frac{\Delta_x z}{\Delta x} = \lim_{\Delta x \to 0} \frac{f(x_0 + \Delta x, y_0) - f(x_0, y_0)}{\Delta x}$$

存在, 则称此极限为函数 $f(x,y)$ 在点 (x_0, y_0) 处对变量 x 的偏导数, 记作

$$\left. \frac{\partial z}{\partial x} \right|_{(x_0, y_0)}, \qquad \left. \frac{\partial f}{\partial x} \right|_{(x_0, y_0)}, \qquad z_x(x_0, y_0), \qquad f_x(x_0, y_0), \qquad f_1'(x_0, y_0) .$$

　　类似可定义函数 $z = f(x,y)$ 在点 (x_0, y_0) 处对变量 y 的偏导数

$$\left. \frac{\partial z}{\partial y} \right|_{(x_0, y_0)}, \qquad \left. \frac{\partial f}{\partial y} \right|_{(x_0, y_0)}, \qquad z_y(x_0, y_0), \qquad f_y(x_0, y_0), \qquad f_2'(x_0, y_0) .$$

　　若函数 $z = f(x,y)$ 在某个区域 D 内的每一点 $P(x,y)$ 处对变量 x 的偏导数都存在, 则它仍是变量 x 和 y 的函数, 称其为函数 $z = f(x,y)$ 对变量 x 的偏导函数, 记作 $\frac{\partial z}{\partial x}$, $\frac{\partial f}{\partial x}$, z_x, f_x, f_1'; 类似可定义函数 $z = f(x,y)$ 对变量 y 的偏导函数 $\frac{\partial z}{\partial y}$, $\frac{\partial f}{\partial y}$, z_y, f_y, f_2'.

　　函数 $f(x,y)$ 在点 (x_0, y_0) 处的偏导数就是其相应的偏导函数在点 (x_0, y_0) 处的函数值.

　　函数 $z = f(x,y)$ 在点 (x,y) 处对 x 的偏导数, 就是将函数 $z = f(x,y)$ 中的变量 y 看成常数, 然后对变量 x 求导; 而函数 $z = f(x,y)$ 在点 (x,y) 处对 y 的偏导数, 就是将函数 $z = f(x,y)$ 中的变量 x 看成常数, 然后对变量 y 求导.

　　偏导数的概念可以推广到三元及三元以上的函数. 同样, 求三元函数关于变量 y 的偏导数时, 也是把函数中的变量 x 和 z 看成常数而对变量 y 求导.

　　函数 $z = f(x,y)$ 在点 (x_0, y_0) 处的偏导数 $f_x(x_0, y_0)$, 在几何上表示曲面 $z = f(x,y)$ 与

平面 $y = y_0$ 的交线在点 $M(x_0, y_0, f(x_0, y_0))$ 的切线 T_x 关于 x 轴的斜率；类似，函数 $z = f(x, y)$ 在点 (x_0, y_0) 处的偏导数 $f_y(x_0, y_0)$，在几何上表示曲面 $z = f(x, y)$ 与平面 $x = x_0$ 的交线在点 $M(x_0, y_0, f(x_0, y_0))$ 的切线 T_y 关于 y 轴的斜率.

二元函数 $z = f(x, y)$ 在点 (x_0, y_0) 处的偏导数存在，不能保证函数在该点连续.

多元分段函数在分界点处的偏导数，要用偏导数的定义求.

二元函数 $z = f(x, y)$ 的四个二阶偏导数为 f_{xx}，f_{xy}，f_{yx}，f_{yy}，类似可定义多元函数的 n 阶偏导数.

若函数 $z = f(x, y)$ 的两个二阶混合偏导数 $\dfrac{\partial^2 z}{\partial x \partial y}$ 和 $\dfrac{\partial^2 z}{\partial y \partial x}$ 在区域 D 内连续，则在该区域内必有 $\dfrac{\partial^2 z}{\partial x \partial y} = \dfrac{\partial^2 z}{\partial y \partial x}$．对于高阶混合偏导数，也有类似结论．例如，若函数 $u = f(x, y, z)$ 的混合偏导数 $\dfrac{\partial^4 u}{\partial x \partial y \partial y \partial z}$，$\dfrac{\partial^4 u}{\partial z \partial y \partial x \partial y}$，$\dfrac{\partial^4 u}{\partial z \partial y \partial y \partial x}$ 等在区域 D 内均连续，则它们在该区域内相等.

注意有以下结论：

(1) 设函数 $z = f(x, y)$ 在区域 D 上满足 $\dfrac{\partial f}{\partial x} = 0$，$\dfrac{\partial f}{\partial y} = 0$，则 $f(x, y)$ 在区域 D 上为常数.

(2) 设函数 $z = f(x, y)$ 定义在全平面上，若 $\dfrac{\partial f}{\partial x} = 0$，则 $f(x, y) = \varphi(y)$；若 $\dfrac{\partial f}{\partial y} = 0$，则 $f(x, y) = \psi(x)$，其中 $\varphi(y)$，$\psi(x)$ 均为一元函数.

2．全微分

设函数 $z = f(x, y)$ 在点 (x, y) 的某邻域内有定义，$(x + \Delta x, y + \Delta y)$ 也在该邻域内，若
$$\Delta z = f(x + \Delta x, y + \Delta y) - f(x, y) = A\Delta x + B\Delta y + o(\rho),$$
其中，$\rho = \sqrt{(\Delta x)^2 + (\Delta y)^2}$，$A$，$B$ 是只与变量 x 和 y 有关，而与增量 Δx 和 Δy 无关的常数，则称函数 $z = f(x, y)$ 在点 (x, y) 处可微，而 $A\Delta x + B\Delta y$ 称为函数 $z = f(x, y)$ 在点 (x, y) 处的全微分，记作 $\mathrm{d}z$，即 $\mathrm{d}z = A\Delta x + B\Delta y$．

若函数 $z = f(x, y)$ 在某一区域 D 内的每一点处都是可微的，则称函数 $z = f(x, y)$ 为区域 D 内的可微函数.

如果函数 $z = f(x, y)$ 在点 (x, y) 处可微，那么函数 $z = f(x, y)$ 在点 (x, y) 处连续，且函数 $z = f(x, y)$ 在点 (x, y) 处的偏导数一定存在，并且在点 (x, y) 处的全微分为
$$\mathrm{d}z = \frac{\partial z}{\partial x}\Delta x + \frac{\partial z}{\partial y}\Delta y．$$

函数 $z = f(x, y)$ 的全微分可写为 $\mathrm{d}z = \dfrac{\partial z}{\partial x}\mathrm{d}x + \dfrac{\partial z}{\partial y}\mathrm{d}y．$

如果函数 $z=f(x,y)$ 的两个偏导函数 $f_x(x,y)$ 和 $f_y(x,y)$ 在点 (x,y) 连续，那么，函数 $z=f(x,y)$ 在点 (x,y) 处可微.

如果 $z=f(x,y)$ 在点 (x,y) 处两个偏导数 $f_x(x,y)$ 和 $f_y(x,y)$ 都连续，并且 $|\Delta x|$ 和 $|\Delta y|$ 都很小，有以下近似计算公式：

$$f(x+\Delta x,y+\Delta y)-f(x,y)\approx f_x(x,y)\Delta x+f_y(x,y)\Delta y,$$

$$f(x+\Delta x,y+\Delta y)\approx f(x,y)+f_x(x,y)\Delta x+f_y(x,y)\Delta y.$$

（三）偏导数与全微分的计算

1．多元复合函数的求导法则

1）复合函数的中间变量均为一元函数的情形

若函数 $u=\varphi(x)$ 及 $v=\psi(x)$ 都在点 x 可导，函数 $z=f(u,v)$ 在对应点 (u,v) 具有连续偏导数，则复合函数 $z=f[\varphi(x),\psi(x)]$ 在点 x 可导，且有 $\dfrac{\mathrm{d}z}{\mathrm{d}x}=\dfrac{\partial z}{\partial u}\cdot\dfrac{\mathrm{d}u}{\mathrm{d}x}+\dfrac{\partial z}{\partial v}\cdot\dfrac{\mathrm{d}v}{\mathrm{d}x}$.

2）复合函数的中间变量均为多元函数的情形

若函数 $u=\varphi(x,y)$，$v=\psi(x,y)$ 都在点 (x,y) 具有对 x 及对 y 的偏导数，函数 $z=f(u,v)$ 在对应点 (u,v) 具有连续偏导数，则复合函数 $z=f[\varphi(x,y),\psi(x,y)]$ 在点 (x,y) 的两个偏导数存在，且有 $\dfrac{\partial z}{\partial x}=\dfrac{\partial z}{\partial u}\cdot\dfrac{\partial u}{\partial x}+\dfrac{\partial z}{\partial v}\cdot\dfrac{\partial v}{\partial x}$，$\dfrac{\partial z}{\partial y}=\dfrac{\partial z}{\partial u}\cdot\dfrac{\partial u}{\partial y}+\dfrac{\partial z}{\partial v}\cdot\dfrac{\partial v}{\partial y}$.

3）复合函数的中间变量既有一元函数，又有多元函数的情形

若函数 $u=\varphi(x,y)$ 在点 (x,y) 具有对 x 及对 y 的偏导数，函数 $v=\psi(y)$ 在点 y 可导，函数 $z=f(u,v)$ 在对应点 (u,v) 具有连续偏导数，则复合函数 $z=f[\varphi(x,y),\psi(y)]$ 在点 (x,y) 的两个偏导数存在，且有 $\dfrac{\partial z}{\partial x}=\dfrac{\partial z}{\partial u}\cdot\dfrac{\partial u}{\partial x}$，$\dfrac{\partial z}{\partial y}=\dfrac{\partial z}{\partial u}\cdot\dfrac{\partial u}{\partial y}+\dfrac{\partial z}{\partial v}\cdot\dfrac{\mathrm{d}v}{\mathrm{d}y}$.

情形 3）的特殊情形：复合函数的中间变量同时又是复合函数的自变量. 例如，设 $z=f(u,x,y)$ 具有连续偏导数，而 $u=\varphi(x,y)$ 具有偏导数，则复合函数 $z=f[\varphi(x,y),x,y]$ 具有对自变量 x 及 y 的偏导数，且偏导数为 $\dfrac{\partial z}{\partial x}=\dfrac{\partial f}{\partial u}\dfrac{\partial u}{\partial x}+\dfrac{\partial f}{\partial x}$，$\dfrac{\partial z}{\partial y}=\dfrac{\partial f}{\partial u}\dfrac{\partial u}{\partial y}+\dfrac{\partial f}{\partial y}$.

注　复合函数求导时，应保证外层函数 $f(u,v)$ 或者 $f(u,x,y)$ 在对应点可微分或具有连续偏导数.

全微分形式不变性　设函数 $z=f(u,v)$ 具有连续偏导数，则函数 $z=f(u,v)$ 的全微分为 $\mathrm{d}z=\dfrac{\partial z}{\partial u}\mathrm{d}u+\dfrac{\partial z}{\partial v}\mathrm{d}v$. 若 $z=f(u,v)$ 具有连续偏导数，而 $u=\varphi(x,y)$，$v=\psi(x,y)$ 也具有连续偏导数，则复合函数 $z=f[\varphi(x,y),\psi(x,y)]$ 的全微分为 $\mathrm{d}z=\dfrac{\partial z}{\partial u}\mathrm{d}u+\dfrac{\partial z}{\partial v}\mathrm{d}v$. 也就是说，无论 u，v 是自变量还是中间变量，函数 $z=f(u,v)$ 的全微分具有同一形式，这一性质称为多元函数的全微分形式不变性.

2. 隐函数求导公式

1) 由二元方程 $F(x,y)=0$ 确定一元隐函数 $y=f(x)$ 的情形

设函数 $F(x,y)$ 在点 $P_0(x_0,y_0)$ 的某邻域内具有连续偏导数，且 $F_y(x_0,y_0)\neq0$，$F(x_0,y_0)=0$，则方程 $F(x,y)=0$ 在点 $P_0(x_0,y_0)$ 的某一邻域内能唯一确定一个连续且具有连续导数的函数 $y=f(x)$，它满足条件 $y_0=f(x_0)$，并有 $\dfrac{\mathrm{d}y}{\mathrm{d}x}=-\dfrac{F_x}{F_y}$.

2) 由三元方程 $F(x,y,z)=0$ 确定二元隐函数的情形

设函数 $F(x,y,z)$ 在点 $P_0(x_0,y_0,z_0)$ 的某邻域内具有连续的偏导数，且 $F_z(x_0,y_0,z_0)\neq0$，$F(x_0,y_0,z_0)=0$，则方程 $F(x,y,z)=0$ 在点 $P_0(x_0,y_0,z_0)$ 的某邻域内能唯一确定一个连续且有连续偏导数的函数 $z=f(x,y)$，它满足 $z_0=f(x_0,y_0)$，并且有 $\dfrac{\partial z}{\partial x}=-\dfrac{F_x}{F_z}$，$\dfrac{\partial z}{\partial y}=-\dfrac{F_y}{F_z}$.

3) 由方程组确定隐函数组的情形

设函数 $F(x,y,z)$，$G(x,y,z)$ 在点 $P_0(x_0,y_0,z_0)$ 的某邻域内具有连续的偏导数，且

$$J=\frac{\partial(F,G)}{\partial(y,z)}\bigg|_{P_0}=\begin{vmatrix}F_y & F_z\\ G_y & G_z\end{vmatrix}_{P_0}\neq0,$$

又

$$\begin{cases}F(x_0,y_0,z_0)=0,\\ G(x_0,y_0,z_0)=0,\end{cases}$$

则在点 P_0 的某邻域内，方程组 $\begin{cases}F(x,y,z)=0,\\ G(x,y,z)=0\end{cases}$ 能唯一确定一组连续且具有连续导数的函数 $y=y(x)$，$z=z(x)$，它们满足 $y_0=y(x_0)$，$z_0=z(x_0)$，并且有

$$\frac{\mathrm{d}y}{\mathrm{d}x}=-\frac{1}{J}\frac{\partial(F,G)}{\partial(x,z)},\qquad \frac{\mathrm{d}z}{\mathrm{d}x}=-\frac{1}{J}\frac{\partial(F,G)}{\partial(y,x)}.$$

设函数 $F(x,y,u,v)$，$G(x,y,u,v)$ 在点 $P_0(x_0,y_0,u_0,v_0)$ 的某邻域内具有连续的偏导数，且 $J=\dfrac{\partial(F,G)}{\partial(u,v)}\bigg|_{P_0}=\begin{vmatrix}F_u & F_v\\ G_u & G_v\end{vmatrix}_{P_0}\neq0$，又 $F(x_0,y_0,u_0,v_0)=0$，$G(x_0,y_0,u_0,v_0)=0$，则在点 P_0 的某邻域内，方程组 $\begin{cases}F(x,y,u,v)=0,\\ G(x,y,u,v)=0\end{cases}$ 能唯一确定一组连续且有连续偏导数的函数 $u=u(x,y)$，$v=v(x,y)$，它们满足 $u_0=u(x_0,y_0)$，$v_0=v(x_0,y_0)$，并且有

$$\frac{\partial u}{\partial x}=-\frac{\begin{vmatrix}F_x & F_v\\ G_x & G_v\end{vmatrix}}{\begin{vmatrix}F_u & F_v\\ G_u & G_v\end{vmatrix}}=-\frac{1}{J}\frac{\partial(F,G)}{\partial(x,v)},\qquad \frac{\partial v}{\partial x}=-\frac{\begin{vmatrix}F_u & F_x\\ G_u & G_x\end{vmatrix}}{\begin{vmatrix}F_u & F_v\\ G_u & G_v\end{vmatrix}}=-\frac{1}{J}\frac{\partial(F,G)}{\partial(u,x)},$$

$$\frac{\partial u}{\partial y}=-\frac{\begin{vmatrix} F_y & F_v \\ G_y & G_v \end{vmatrix}}{\begin{vmatrix} F_u & F_v \\ G_u & G_v \end{vmatrix}}=-\frac{1}{J}\frac{\partial(F,G)}{\partial(y,v)},\qquad \frac{\partial v}{\partial y}=-\frac{\begin{vmatrix} F_u & F_y \\ G_u & G_y \end{vmatrix}}{\begin{vmatrix} F_u & F_v \\ G_u & G_v \end{vmatrix}}=-\frac{1}{J}\frac{\partial(F,G)}{\partial(u,y)}.$$

求多元函数的偏导数和全微分, 常见以下题型.

(1) 初等函数的偏导数和全微分.

(2) 多元抽象复合函数的偏导数(包括高阶偏导数)和全微分.

(3) 由方程所确定的隐函数的偏导数(包括高阶偏导数)和全微分.

(4) 含抽象函数的方程所确定的隐函数的偏导数和全微分.

(5) 由方程组所确定的隐函数的偏导数.

在计算隐函数的导数时, 有三种方法.

(1) 公式法: 利用隐函数的求导公式.

(2) 直接法: 利用推导公式的方法.

(3) 全微分法: 利用全微分形式不变性.

(四) 多元函数微分学的应用

1. 几何应用

1) 空间曲线的切线与法平面

(1) 空间曲线 Γ 为参数方程的情形.

设空间曲线 Γ 的参数方程为 $\begin{cases} x=\varphi(t), \\ y=\psi(t), \\ z=\omega(t) \end{cases}(\alpha\leqslant t\leqslant\beta)$, 其中函数 $\varphi(t),\psi(t),\omega(t)$ 在 $[\alpha,\beta]$ 上都可导, 且三个导数不同时为零, Γ 上点 $M_0(x_0,y_0,z_0)$ 对应的参数为 t_0, 则向量 $\boldsymbol{T}=(\varphi'(t_0),\psi'(t_0),\omega'(t_0))$ 就是曲线 Γ 在点 $M_0(x_0,y_0,z_0)$ 处的一个切向量, 曲线 Γ 在点 M_0 处的切线方程为 $\dfrac{x-x_0}{\varphi'(t_0)}=\dfrac{y-y_0}{\psi'(t_0)}=\dfrac{z-z_0}{\omega'(t_0)}$, 法平面方程为

$$\varphi'(t_0)(x-x_0)+\psi'(t_0)(y-y_0)+\omega'(t_0)(z-z_0)=0.$$

(2) 空间曲线 Γ 为一般方程的情形.

设空间曲线 Γ 的方程为 $\begin{cases} F(x,y,z)=0, \\ G(x,y,z)=0, \end{cases}$ $M_0(x_0,y_0,z_0)$ 是曲线 Γ 上的一个点. 设 F, G 有对各个变量的连续偏导数, 且 $\left.\dfrac{\partial(F,G)}{\partial(y,z)}\right|_{M_0}\neq 0$, 这时由空间曲线方程所确定的隐函数组为 $y=\varphi(x)$, $z=\psi(x)$, 曲线 Γ 在点 M_0 的切向量为

$$\boldsymbol{T} = (1, \varphi'(x_0), \psi'(x_0)) = \left(1, \dfrac{\begin{vmatrix} F_z & F_x \\ G_z & G_x \end{vmatrix}_{M_0}}{\begin{vmatrix} F_y & F_z \\ G_y & G_z \end{vmatrix}_{M_0}}, \dfrac{\begin{vmatrix} F_x & F_y \\ G_x & G_y \end{vmatrix}_{M_0}}{\begin{vmatrix} F_y & F_z \\ G_y & G_z \end{vmatrix}_{M_0}}\right),$$

于是, 曲线 $\varGamma$ 在点 M_0 的切线方程和法平面方程分别为 $\dfrac{x-x_0}{1} = \dfrac{y-y_0}{\varphi'(x_0)} = \dfrac{z-z_0}{\psi'(x_0)}$ 和

$(x-x_0) + \varphi'(x_0)(y-y_0) + \psi'(x_0)(z-z_0) = 0$.

2) 曲面的切平面与法线

(1) 曲面方程为隐式 $F(x, y, z) = 0$ 的情形.

设曲面 $\varSigma$ 由方程 $F(x, y, z) = 0$ 给出, $M_0(x_0, y_0, z_0)$ 为 $\varSigma$ 上一点, 函数 $F(x, y, z)$ 的偏导数在点 M_0 处连续且不同时为零, 则向量

$$\boldsymbol{n} = (F_x(x_0, y_0, z_0), F_y(x_0, y_0, z_0), F_z(x_0, y_0, z_0))$$

为曲面在点 $M_0(x_0, y_0, z_0)$ 处的一个法向量, 曲面 $\varSigma$ 在点 M 处的切平面方程为

$$F_x(x_0, y_0, z_0)(x-x_0) + F_y(x_0, y_0, z_0)(y-y_0) + F_z(x_0, y_0, z_0)(z-z_0) = 0,$$

法线方程为

$$\dfrac{x-x_0}{F_x(x_0, y_0, z_0)} = \dfrac{y-y_0}{F_y(x_0, y_0, z_0)} = \dfrac{z-z_0}{F_z(x_0, y_0, z_0)}.$$

(2) 曲面方程为显式 $z = f(x, y)$ 的情形.

设曲面 $\varSigma$ 的方程为 $z = f(x, y)$, $f(x, y)$ 具有连续偏导数, $M_0(x_0, y_0, z_0)$ 为 $\varSigma$ 上一点, 则向量 $\boldsymbol{n} = (f_x(x_0, y_0), f_y(x_0, y_0), -1)$ 为曲面 $\varSigma$ 在点 $M_0(x_0, y_0, z_0)$ 处的一个法向量, 曲面 $\varSigma$ 在点 M 处的切平面方程为

$$f_x(x_0, y_0)(x-x_0) + f_y(x_0, y_0)(y-y_0) - (z-z_0) = 0,$$

法线方程为

$$\dfrac{x-x_0}{f_x(x_0, y_0)} = \dfrac{y-y_0}{f_y(x_0, y_0)} = \dfrac{z-z_0}{-1}.$$

2. 方向导数与梯度

1) 方向导数

考虑函数 $z = f(x, y)$ 沿着以点 $P(x, y)$ 为始点的射线 $\boldsymbol{l}$ 的变化率, $\boldsymbol{l}$ 的单位向量为 $\boldsymbol{e}_l = (\cos\alpha, \cos\beta)$, 其中 α 和 β 分别表示 $\boldsymbol{l}$ 与 x 轴正向和 y 轴正向的夹角.

设函数 $z = f(x, y)$ 在 $P(x, y)$ 处的某邻域 $U(P)$ 内有定义, 点 $P'(x+\Delta x, y+\Delta y) \in \boldsymbol{l} \cap U(P)$, 记 $\rho = |PP'| = \sqrt{(\Delta x)^2 + (\Delta y)^2}$, 如果极限

$$\lim_{\rho \to 0} \frac{f(x+\Delta x, y+\Delta y) - f(x, y)}{\rho}$$

存在, 则称此极限为 $z = f(x, y)$ 在点 $P(x, y)$ 处沿方向 l 的方向导数, 记作 $\dfrac{\partial f}{\partial l}$ 或 $\dfrac{\partial f}{\partial e_l}$.

方向导数 $\dfrac{\partial f}{\partial l}$ 就是函数 $f(x, y)$ 在点 $P(x, y)$ 处沿方向 l 的变化率.

如果函数 $z = f(x, y)$ 在点 $P(x, y)$ 处对 x 和 y 的偏导数都存在, 那么有如下结果.

若 l 的方向为 x 轴的正向, 则 $\dfrac{\partial f}{\partial l} = \lim\limits_{\Delta x \to 0^+} \dfrac{f(x + \Delta x, y) - f(x, y)}{\Delta x} = f_x(x, y)$.

若 l 的方向为 y 轴的正向, 则 $\dfrac{\partial f}{\partial l} = \lim\limits_{\Delta y \to 0^+} \dfrac{f(x, y + \Delta y) - f(x, y)}{\Delta y} = f_y(x, y)$.

若 l 的方向为 x 轴的负向, 则 $\dfrac{\partial f}{\partial l} = \lim\limits_{\Delta x \to 0^-} \dfrac{f(x + \Delta x, y) - f(x, y)}{-\Delta x} = -f_x(x, y)$.

若 l 的方向为 y 轴的负向, 则 $\dfrac{\partial f}{\partial l} = \lim\limits_{\Delta y \to 0^-} \dfrac{f(x, y + \Delta y) - f(x, y)}{-\Delta y} = -f_y(x, y)$.

如果函数 $f(x, y)$ 在点 $P(x, y)$ 可微, 那么函数在该点沿任一方向 l 的方向导数存在, 且有 $\dfrac{\partial f}{\partial l} = f_x(x, y)\cos\alpha + f_y(x, y)\cos\beta$, 其中 $\cos\alpha$, $\cos\beta$ 是方向 l 的方向余弦.

对于三元函数 $u = f(x, y, z)$, 可类似地定义它在点 $P(x, y, z)$ 沿方向 $e_l = (\cos\alpha, \cos\beta, \cos\gamma)$ 的方向导数为 $\dfrac{\partial f}{\partial l} = \lim\limits_{\rho \to 0} \dfrac{f(x + \Delta x, y + \Delta y, z + \Delta z) - f(x, y, z)}{\rho}$.

当函数 $f(x, y, z)$ 在点 $P(x, y, z)$ 可微时, 方向导数存在, 且有计算公式

$$\frac{\partial f}{\partial l} = f_x(x, y, z)\cos\alpha + f_y(x, y, z)\cos\beta + f_z(x, y, z)\cos\gamma.$$

2) 梯度

设函数 $f(x, y, z)$ 在点 $P(x, y, z)$ 处具有连续偏导数, 则称向量

$$\frac{\partial f}{\partial x}\boldsymbol{i} + \frac{\partial f}{\partial y}\boldsymbol{j} + \frac{\partial f}{\partial z}\boldsymbol{k} = \left(\frac{\partial f}{\partial x}, \frac{\partial f}{\partial y}, \frac{\partial f}{\partial z}\right)$$

为函数 $f(x, y, z)$ 在点 $P(x, y, z)$ 的梯度, 记为 $\mathbf{grad}\, f(P)$ 或 $\nabla f(P)$, $\nabla f|_P$.

记梯度 $\mathbf{grad}\, f$ 与方向 e_l 的夹角为 θ, 则 $\dfrac{\partial f}{\partial l} = |\mathbf{grad}\, f|\cos\theta$.

由此可知方向导数和梯度的关系, 当 e_l 与梯度 $\mathbf{grad}\, f$ 的方向一致, 即 $\cos\theta = 1$ 时, 函数增加最快, 方向导数取得最大值 $|\mathbf{grad}\, f|$, 所以梯度 $\mathbf{grad}\, f$ 的方向就是函数 $f(x, y, z)$ 在点 $P(x, y, z)$ 处变化率最大的方向, 最大变化率为 $|\mathbf{grad}\, f|$; 当 e_l 与梯度 $\mathbf{grad}\, f$ 的方向相反, 即 $\cos\theta = -1$ 时, 函数减少最快, 方向导数取得最小值 $-|\mathbf{grad}\, f|$.

显然, 沿 l 的方向导数等于梯度在 l 上的投影, 即 $\dfrac{\partial f}{\partial l} = \mathbf{grad}\, f \cdot e_l = \mathrm{Prj}_{e_l}(\mathbf{grad}\, f)$.

3．多元函数的极值与最值

1) 二元函数的极值

设函数 $f(x,y)$ 在点 $P_0(x_0,y_0)$ 的某邻域 $U(P_0)$ 内有定义，若对于去心邻域 $\mathring{U}(P_0)$ 内的任何点 (x,y)，都有 $f(x,y) < f(x_0,y_0)$ (或 $f(x,y) > f(x_0,y_0)$)，则称 $f(x_0,y_0)$ 为极大值(或极小值), (x_0,y_0) 为极大值点(或极小值点). 极大值和极小值统称为极值, 极大值点和极小值点统称为极值点.

函数取得极值的必要条件 设函数 $z=f(x,y)$ 在点 $P_0(x_0,y_0)$ 具有偏导数, 且在点 $P_0(x_0,y_0)$ 处取得极值, 则有 $f_x(x_0,y_0)=0$, $f_y(x_0,y_0)=0$.

函数取得极值的充分条件 设函数 $z=f(x,y)$ 在点 $P_0(x_0,y_0)$ 的某邻域内连续且有一阶及二阶连续偏导数, 又 $f_x(x_0,y_0)=0$, $f_y(x_0,y_0)=0$, 令 $f_{xx}(x_0,y_0)=A$, $f_{xy}(x_0,y_0)=B$, $f_{yy}(x_0,y_0)=C$, 则

(1) $AC-B^2 > 0$ 时, 函数 $z=f(x,y)$ 在点 $P_0(x_0,y_0)$ 处有极值, 且当 $A<0$ 时有极大值, 当 $A>0$ 时有极小值.

(2) $AC-B^2 < 0$ 时, 函数 $z=f(x,y)$ 在点 $P_0(x_0,y_0)$ 处没有极值.

(3) $AC-B^2 = 0$ 时, 函数 $z=f(x,y)$ 在点 $P_0(x_0,y_0)$ 处可能有极值, 也可能没有极值.

注 在讨论连续函数的极值问题时, 除了考虑函数的驻点, 如果有偏导数不存在的点, 那么对这些点也应当考虑.

对于具有二阶连续偏导数的函数 $z=f(x,y)$, 求极值的步骤如下.

(1) 解方程组 $f_x(x,y)=0$, $f_y(x,y)=0$, 得所有驻点.

(2) 对于每一个驻点 (x_0,y_0), 求出二阶偏导数的值 A,B 和 C.

(3) 由 $AC-B^2$ 的符号, 判定 $f(x_0,y_0)$ 是否为极值, 是极大值还是极小值.

2) 二元函数的最值

若函数 $f(x,y)$ 在有界闭区域 D 上连续, 在 D 内可微且只有有限个驻点, 则求 $f(x,y)$ 在 D 上的最大值和最小值的一般方法是, 将函数 $f(x,y)$ 在 D 内的所有驻点处的函数值及在 D 的边界上的最大值和最小值相互比较, 其中最大的就是最大值, 最小的就是最小值.

实际问题中, 如果根据问题的性质知道函数 $f(x,y)$ 的最大值(最小值)一定在 D 的内部取得, 而函数在 D 内只有一个驻点, 那么可以肯定该驻点处的函数值就是函数 $f(x,y)$ 在 D 上的最大值(最小值).

3) 条件极值 拉格朗日乘数法

无条件极值问题中, 对于函数的自变量, 只受函数定义域的限制. 而有些极值问题, 对于函数的自变量, 除了限制在函数的定义域内, 还有附加条件的限制, 这样的极值称为条件极值.对于条件极值问题, 有时可化为无条件极值计算, 更一般的是直接应用拉格朗日乘数法求解.

用拉格朗日乘数法求函数 $z=f(x,y)$ 在约束条件 $\varphi(x,y)=0$ 下的可能极值点, 可以

先作拉格朗日函数 $L(x,y,\lambda)=f(x,y)+\lambda\varphi(x,y)$，然后解方程组

$$\begin{cases} L_x(x,y,\lambda)=f_x(x,y)+\lambda\varphi_x(x,y)=0, \\ L_y(x,y,\lambda)=f_y(x,y)+\lambda\varphi_y(x,y)=0, \\ L_\lambda(x,y,\lambda)=\varphi(x,y)=0, \end{cases}$$

得 x，y 及 λ，这样得到的 (x,y) 就是所求的可能极值点．至于如何确定所求的点是否为极值点，在实际问题中往往可根据问题本身的性质来判定．

四、典型例题解析

例 1　函数 $z=\sqrt{4-x^2-y^2}-\ln(y^2-2x+1)$ 的定义域为(　　　)．

A. $\begin{cases} x^2+y^2\geqslant 4, \\ y^2>2x-1 \end{cases}$　　B. $\begin{cases} x^2+y^2\geqslant 4, \\ y^2<2x-1 \end{cases}$　　C. $\begin{cases} x^2+y^2\leqslant 4, \\ y^2<2x-1 \end{cases}$　　D. $\begin{cases} x^2+y^2\leqslant 4, \\ y^2>2x-1 \end{cases}$

思路分析　确定多元函数的定义域，就是要求出使函数表达式有意义的点的全体构成的集合．

解　若使函数表达式有意义，则需满足 $\begin{cases} 4-x^2-y^2\geqslant 0, \\ y^2-2x+1>0, \end{cases}$ 即 $\begin{cases} x^2+y^2\leqslant 4, \\ y^2>2x-1, \end{cases}$ 从而选项 D 正确．

例 2　设 $f(x,y)=\dfrac{xy}{x^2+y^2}$，则 $f\left(\dfrac{y}{x},1\right)=(\quad)$．

A. $\dfrac{xy}{x^2+y^2}$　　　　B. $\dfrac{x^2+y^2}{xy}$　　　　C. $\dfrac{x}{x^2+1}$　　　　D. $\dfrac{x^2}{x^4+1}$

解　由题设知 $f(u,v)=\dfrac{uv}{u^2+v^2}$，令 $u=\dfrac{y}{x}$，$v=1$，得 $f\left(\dfrac{y}{x},1\right)=\dfrac{\dfrac{y}{x}}{\left(\dfrac{y}{x}\right)^2+1}=\dfrac{xy}{x^2+y^2}$，故应选 A．

例 3　设 $f(x,y)=(x^2+y^2)\sin\dfrac{1}{x^2+y^2}$ $(x^2+y^2\neq 0)$，求证：$\lim\limits_{\substack{x\to 0 \\ y\to 0}} f(x,y)=0$．

思路分析　若需证明 $\lim\limits_{\substack{x\to x_0 \\ y\to y_0}} f(x,y)=A$，一般采用定义证明．在证明过程中，对 $\forall\varepsilon>0$，寻找 $\delta=\delta(\varepsilon)>0$，使得当 $0<\sqrt{(x-x_0)^2+(y-y_0)^2}<\delta$ 时，$\left|f(x,y)-A\right|<\varepsilon$ 即可．

证　给定 $\forall\varepsilon>0$，要使

$$\left|(x^2+y^2)\sin\dfrac{1}{x^2+y^2}-0\right|=\left|(x^2+y^2)\sin\dfrac{1}{x^2+y^2}\right|\leqslant x^2+y^2<\varepsilon$$

成立，可令 $\delta=\delta(\varepsilon)=\sqrt{\varepsilon}$，于是当 $0<\sqrt{x^2+y^2}<\delta$ 时，有 $\left|f(x,y)-0\right|<\varepsilon$ 成立，即

有 $\lim\limits_{\substack{x\to 0\\y\to 0}} f(x,y)=0$.

例 4　求 $\lim\limits_{\substack{x\to 0\\y\to 0}}\dfrac{1-\cos(x^2+y^2)}{(x^2+y^2)x^2y^2}$.

解　因为 $x^2y^2\leqslant\dfrac{1}{4}(x^2+y^2)^2$, 令 $r^2=x^2+y^2$, 则

$$\left|\dfrac{1-\cos(x^2+y^2)}{(x^2+y^2)x^2y^2}\right|\geqslant\dfrac{4(1-\cos r^2)}{r^6},$$

而 $\lim\limits_{r\to 0}\dfrac{4(1-\cos r^2)}{r^6}=\lim\limits_{r\to 0}\dfrac{2r^4}{r^6}=\infty$, 所以

$$\lim\limits_{\substack{x\to 0\\y\to 0}}\dfrac{1-\cos(x^2+y^2)}{(x^2+y^2)x^2y^2}=\infty .$$

例 5　求 $\lim\limits_{\substack{x\to\infty\\y\to\infty}}\dfrac{|x|+|y|}{x^2+y^2}$.

思路分析　计算多元函数的极限常用的方法是①利用不等式, 使用夹逼准则; ②变量替换为已知极限, 或化为一元函数的极限; ③若能看出极限值, 可用定义进行证明.

解　因为

$$0\leqslant\dfrac{|x|+|y|}{x^2+y^2}=\dfrac{|x|}{x^2+y^2}+\dfrac{|y|}{x^2+y^2}\leqslant\dfrac{|x|}{x^2}+\dfrac{|y|}{y^2}=\dfrac{1}{|x|}+\dfrac{1}{|y|},$$

又因为 $\lim\limits_{\substack{x\to\infty\\y\to\infty}}\left(\dfrac{1}{|x|}+\dfrac{1}{|y|}\right)=0$, 所以由夹逼准则知

$$\lim\limits_{\substack{x\to\infty\\y\to\infty}}\dfrac{|x|+|y|}{x^2+y^2}=0 .$$

小结　通过不等式的放缩可以简化极限的计算, 常用的不等式有 $x^2+y^2\geqslant 2|xy|$, $|\sin\alpha|\leqslant 1$, $\dfrac{x^2}{x^2+y^2}\leqslant 1$ 等.

例 6　求 $\lim\limits_{\substack{x\to 0\\y\to 0}}\dfrac{\sqrt{xy+16}-4}{xy}$.

思路分析　将分子有理化, 从而消去无穷小因式.

解　$\lim\limits_{\substack{x\to 0\\y\to 0}}\dfrac{\sqrt{xy+16}-4}{xy}=\lim\limits_{\substack{x\to 0\\y\to 0}}\dfrac{(\sqrt{xy+16})^2-16}{xy(\sqrt{xy+16}+4)}=\lim\limits_{\substack{x\to 0\\y\to 0}}\dfrac{1}{\sqrt{xy+16}+4}=\dfrac{1}{8}$.

例 7　极限 $\lim\limits_{\substack{x\to 0\\y\to 0}}x\dfrac{\ln(1+xy)}{x+y}$ 是否存在?

思路分析　判断二重极限不存在, 一般是选择不同的极限路径来计算该极限, 如果沿不同路径计算出的结果不一致, 那么就可以断定原二重极限不存在.

解　利用 $\ln(1+xy) \sim xy$，取 $y = x^\alpha - x$，于是

$$\lim_{\substack{x\to 0 \\ y\to 0}} x\frac{\ln(1+xy)}{x+y} = \lim_{\substack{x\to 0 \\ x\to 0}} \frac{x^2 y}{x+y} = \lim_{x\to 0}\frac{x^{\alpha+2}-x^3}{x^\alpha} = \lim_{x\to 0}(x^2 - x^{3-\alpha}) = \begin{cases} -1, & \alpha = 3, \\ 0, & \alpha < 3, \\ \infty, & \alpha > 3, \end{cases}$$

所以极限不存在.

例 8　下面计算二重极限 $\lim\limits_{\substack{x\to 0 \\ y\to 0}}(xy+1)^{\frac{1}{x+y}}$ 的方法是否正确?原因何在?

原解: 当 $x\to 0, y\to 0$ 时，$xy\to 0, x+y\to 0$，所求极限为 1^∞ 型，于是

$$\lim_{\substack{x\to 0 \\ y\to 0}}(xy+1)^{\frac{1}{x+y}} = \mathrm{e}^{\lim\limits_{\substack{x\to 0 \\ y\to 0}}\frac{xy}{x+y}} = \mathrm{e}^{\lim\limits_{\substack{x\to 0 \\ y=kx}}\frac{kx^2}{x+kx}} = \mathrm{e}^0 = 1.$$

解　上述解法错误! 虽然所求极限为 1^∞ 型，但在计算 $\lim\limits_{\substack{x\to 0 \\ y\to 0}}\frac{xy}{x+y}$ 时选择的是特殊路径

$y = kx$. 事实上，$\lim\limits_{\substack{x\to 0 \\ y\to 0}}\frac{xy}{x+y}$ 并不存在，因为若沿着 $y = x^2 - x$ 的路径求极限，则

$$\lim_{\substack{x\to 0 \\ y\to 0}}\frac{xy}{x+y} = \lim_{x\to 0}\frac{x^3-x^2}{x^2} = -1.$$

例 9　设 $f(x,y)$ 在点 (x_0,y_0) 处的偏导数存在，则 $\lim\limits_{\Delta x\to 0}\dfrac{f(x_0+\Delta x,y_0)-f(x_0-\Delta x,y_0)}{\Delta x} =$

(　).

A. $f_x(x_0,y_0)$　　　　B. $f_x(2x_0,y_0)$　　C. $2f_x(x_0,y_0)$　　　　D. $\dfrac{1}{2}f_x(x_0,y_0)$

解　根据偏导数的定义, 有

$$\lim_{\Delta x\to 0}\frac{f(x_0+\Delta x,y_0)-f(x_0-\Delta x,y_0)}{\Delta x}$$

$$= \lim_{\Delta x\to 0}\frac{f(x_0+\Delta x,y_0)-f(x_0,y_0)+f(x_0,y_0)-f(x_0-\Delta x,y_0)}{\Delta x}$$

$$= \lim_{\Delta x\to 0}\frac{f(x_0+\Delta x,y_0)-f(x_0,y_0)}{\Delta x} + \lim_{\Delta x\to 0}\frac{f(x_0-\Delta x,y_0)-f(x_0,y_0)}{-\Delta x} = 2f_x(x_0,y_0),$$

故应选 C.

例 10　求 $z = (1+xy)^y$ 的偏导数.

思路分析　求二元函数关于某个自变量的偏导数, 就是将另一个自变量看成常量, 然后按照一元函数的求导法则计算即可.

解　$\dfrac{\partial z}{\partial x} = y(1+xy)^{y-1}\cdot y = y^2(1+xy)^{y-1}$,

由于 $z = (1+xy)^y = \mathrm{e}^{y\ln(1+xy)}$，故

$$\frac{\partial z}{\partial y} = \mathrm{e}^{y\ln(1+xy)}\left[\ln(1+xy) + y\cdot\frac{x}{1+xy}\right] = (1+xy)^y\left[\ln(1+xy) + \frac{xy}{1+xy}\right].$$

例 11　设 $z = x^y y^x$，证明 $x\dfrac{\partial z}{\partial x} + y\dfrac{\partial z}{\partial y} = z(x+y+\ln z)$．

思路分析　要证明含有偏导数的等式，一般先将所需偏导数计算出来，代入化简．

证　因为

$$\frac{\partial z}{\partial x} = yx^{y-1}\cdot y^x + x^y\cdot y^x\ln y = x^y y^x\left(\frac{y}{x} + \ln y\right),$$

$$\frac{\partial z}{\partial y} = x^y\ln x\cdot y^x + x^y\cdot xy^{x-1} = x^y y^x\left(\frac{x}{y} + \ln x\right),$$

于是

$$x\frac{\partial z}{\partial x} + y\frac{\partial z}{\partial y} = x^y y^x(y + x\ln y) + x^y y^x(x + y\ln x)$$

$$= x^y y^x(x + y + x\ln y + y\ln x) = x^y y^x(x + y + \ln y^x + \ln x^y)$$

$$= x^y y^x(x + y + \ln x^y y^x) = z(x + y + \ln z).$$

例 12　设 $z = f^2(xy)$，其中 f 为可微函数，则 $\dfrac{\partial z}{\partial x} = ($ 　　 $)$．

A．$2f'(xy)$ 　　　　B．$2f'(xy)y$ 　　C．$2f'(xy)(y + xy')$ 　　D．$2f(xy)f'(xy)y$

思路分析　对于抽象复合函数，要理清复合结构，应用链式法则求导．

解　$\dfrac{\partial z}{\partial x} = 2f(xy)f'(xy)y$，故应选 D．

例 13　设 $u = f(x, y, z)$，又 $y = \varphi(x, t)$，$t = \psi(x, z)$，求 $\dfrac{\partial u}{\partial x}$．

解　显然函数 u 以 x，z 为自变量，于是

$$\frac{\partial u}{\partial x} = f_x + f_y\cdot\frac{\partial y}{\partial x} = f_x + f_y\cdot(\varphi_x + \varphi_t\cdot\psi_x) = f_x + f_y\varphi_x + f_y\varphi_t\psi_x.$$

小结　使用链式法则时，务必要理清变量之间的关系．

例 14　设 $z = xy + xF(u)$，其中 $F(u)$ 为可微函数，且 $u = \dfrac{y}{x}$，验证

$$x\frac{\partial z}{\partial x} + y\frac{\partial z}{\partial y} = z + xy.$$

证　$\dfrac{\partial z}{\partial x} = y + F(u) + xF'(u)\dfrac{\partial u}{\partial x}$

$$= y + F(u) + xF'(u)\left(-\frac{y}{x^2}\right) = y + F(u) - \frac{y}{x}F'(u),$$

同理，

$$\frac{\partial z}{\partial y} = x + xF'(u)\frac{\partial u}{\partial y} = x + xF'(u)\frac{1}{x} = x + F'(u),$$

$$x\frac{\partial z}{\partial x}+y\frac{\partial z}{\partial y}=xy+xF(u)-yF'(u)+xy+yF'(u)=2xy+xF(u)=z+xy.$$

例 15　设由方程 $x^3+y^3+z^3-3xyz=0$ 确定函数 $z=f(x,y)$，求 $\dfrac{\partial z}{\partial x}\Big|_{(1,1,-2)}$，$\dfrac{\partial z}{\partial y}\Big|_{(1,1,-2)}$．

解　设 $F(x,y,z)=x^3+y^3+z^3-3xyz$，则

$$F_x=3x^2-3yz,\qquad F_y=3y^2-3xz,\qquad F_z=3z^2-3xy,$$

所以

$$\frac{\partial z}{\partial x}=-\frac{F_x}{F_z}=-\frac{3x^2-3yz}{3z^2-3xy}=\frac{x^2-yz}{xy-z^2},$$

则 $\dfrac{\partial z}{\partial x}\Big|_{(1,1,-2)}=-1$，

$$\frac{\partial z}{\partial y}=-\frac{F_y}{F_z}=-\frac{3y^2-3xz}{3z^2-3xy}=\frac{y^2-xz}{xy-z^2},$$

则 $\dfrac{\partial z}{\partial y}\Big|_{(1,1,-2)}=-1$．

例 16　设 $z=f(x,y)$ 是由方程 $\mathrm{e}^z=xyz$ 确定的函数，求 $\dfrac{\partial z}{\partial x}$，$\dfrac{\partial z}{\partial y}$．

解　将方程两边分别对 x,y 求导，得

$$\mathrm{e}^z\frac{\partial z}{\partial x}=yz+xy\frac{\partial z}{\partial x},\qquad \mathrm{e}^z\frac{\partial z}{\partial y}=xz+xy\frac{\partial z}{\partial y},$$

所以

$$\frac{\partial z}{\partial x}=\frac{yz}{\mathrm{e}^z-xy},\qquad \frac{\partial z}{\partial y}=\frac{xz}{\mathrm{e}^z-xy}.$$

注　在求隐函数的偏导数时，结果中可出现变量 z，其表达式也常常不是唯一的，本例用 $\mathrm{e}^z=xyz$ 代入两个偏导数的结果中，还可以得 $\dfrac{\partial z}{\partial x}=\dfrac{z}{x(z-1)}$，$\dfrac{\partial z}{\partial y}=\dfrac{z}{y(z-1)}$．

例 17　由方程 $x^2+z^2=y\varphi\left(\dfrac{z}{y}\right)$ 确定了函数 $z=f(x,y)$，其中 φ 为可微函数，求 $\dfrac{\partial z}{\partial y}$．

解　方程两边对 y 求导，注意 $z=f(x,y)$，得

$$2z\frac{\partial z}{\partial y}=\varphi\left(\frac{z}{y}\right)+y\varphi'\left(\frac{z}{y}\right)\frac{y\dfrac{\partial z}{\partial y}-z}{y^2},$$

所以

$$\frac{\partial z}{\partial y}=\frac{y\varphi\left(\dfrac{z}{y}\right)-z\varphi'\left(\dfrac{z}{y}\right)}{2yz-y\varphi'\left(\dfrac{z}{y}\right)}.$$

小结　由三元方程 $F(x,y,z)=0$ 确定 $z=f(x,y)$，求 z 对 x，y 的偏导数的方法如下.

(1) 公式法：将 x,y,z 看成三个独立变量，分别将 $F(x,y,z)$ 对 x,y,z 求偏导，得 F_x,F_y,F_z，代入公式 $\dfrac{\partial z}{\partial x}=-\dfrac{F_x}{F_z}$，$\dfrac{\partial z}{\partial y}=-\dfrac{F_y}{F_z}$ 即可.

(2) 直接法：将方程两边分别对 x,y 求导，注意这时将 x,y 看成独立自变量，而 z 是 x,y 的函数，于是分别得到关于 $\dfrac{\partial z}{\partial x}$ 与 $\dfrac{\partial z}{\partial y}$ 的两个方程，解方程得 $\dfrac{\partial z}{\partial x}$，$\dfrac{\partial z}{\partial y}$.

(3) 全微分法：利用全微分形式不变性，在所给方程两边同时求微分，整理得形式 $\mathrm{d}z=P(x,y,z)\mathrm{d}x+Q(x,y,z)\mathrm{d}y$，则 $\dfrac{\partial z}{\partial x}=P(x,y,z)$，$\dfrac{\partial z}{\partial y}=Q(x,y,z)$.

例 18　由方程 $x^2+y^2+z^2-4z=0$ 确定了函数 $z=f(x,y)$，求 $\dfrac{\partial z}{\partial x}$ 和 $\dfrac{\partial^2 z}{\partial x\partial y}$.

解　在方程两边求微分，得

$$2x\mathrm{d}x+2y\mathrm{d}y+2z\mathrm{d}z-4\mathrm{d}z=0,$$

即 $\mathrm{d}z=\dfrac{x\mathrm{d}x+y\mathrm{d}y}{2-z}$，于是

$$\frac{\partial z}{\partial x}=\frac{x}{2-z},\qquad \frac{\partial z}{\partial y}=\frac{y}{2-z},$$

$$\frac{\partial^2 z}{\partial x\partial y}=\frac{-x\left(-\dfrac{\partial z}{\partial y}\right)}{(2-z)^2}=\frac{xy}{(2-z)^3}.$$

小结　在求三元方程 $F(x,y,z)=0$ 所确定的函数 $z=f(x,y)$ 的高阶偏导数时，仍需注意 z 是 x,y 的函数.

例 19　求下列方程所确定的函数的全微分.

(1) $f(x+y,y+z,z+x)=0$，求 $\mathrm{d}z$；　　　　(2) $z=f(xz,\ z-y)$，求 $\mathrm{d}z$.

思路分析　求含抽象函数的隐函数的全微分时，一种方法是先求出 $\dfrac{\partial z}{\partial x}$，$\dfrac{\partial z}{\partial y}$，然后代入微分形式 $\mathrm{d}z=\dfrac{\partial z}{\partial x}\mathrm{d}x+\dfrac{\partial z}{\partial y}\mathrm{d}y$ 即可；另一种方法是对方程两边直接求微分，利用全微分形式不变性，也可求得 $\mathrm{d}z$.

解　(1) 方程两边分别对 x 求导，得

$$f_1'+f_2'\cdot\frac{\partial z}{\partial x}+f_3'\cdot\left(1+\frac{\partial z}{\partial x}\right)=0,$$

解得 $\dfrac{\partial z}{\partial x}=-\dfrac{f_1'+f_3'}{f_2'+f_3'}$.

方程两边分别对 y 求导，得

$$f_1' + f_2' \cdot \left(1 + \frac{\partial z}{\partial y}\right) + f_3' \cdot \frac{\partial z}{\partial y} = 0 ,$$

解得 $\dfrac{\partial z}{\partial y} = -\dfrac{f_1' + f_2'}{f_2' + f_3'}$. 所以

$$\mathrm{d}z = \frac{\partial z}{\partial x}\mathrm{d}x + \frac{\partial z}{\partial y}\mathrm{d}y = -\frac{(f_1' + f_3')\mathrm{d}x + (f_1' + f_2')\mathrm{d}y}{f_2' + f_3'} .$$

(2) 将方程两边直接求微分, 得

$$\mathrm{d}z = f_1' \cdot \mathrm{d}(xz) + f_2' \cdot \mathrm{d}(z - y) = f_1' \cdot (z\mathrm{d}x + x\mathrm{d}z) + f_2' \cdot (\mathrm{d}z - \mathrm{d}y) ,$$

所以 $\mathrm{d}z = \dfrac{zf_1'\mathrm{d}x - f_2'\mathrm{d}y}{1 - xf_1' - f_2'}$.

例 20 设 $z = f(\mathrm{e}^x \sin y, x^2 + y^2)$, 其中 f 具有二阶连续偏导数, 求 $\dfrac{\partial^2 z}{\partial x \partial y}$.

解 $\dfrac{\partial z}{\partial x} = f_1' \cdot \mathrm{e}^x \sin y + f_2' \cdot 2x$,

$$\frac{\partial^2 z}{\partial x \partial y} = (f_{11}'' \cdot \mathrm{e}^x \cos y + f_{12}'' \cdot 2y)\mathrm{e}^x \sin y + \mathrm{e}^x \cos y \cdot f_1' + 2x(f_{21}'' \cdot \mathrm{e}^x \cos y + f_{22}'' \cdot 2y)$$

$$= \mathrm{e}^{2x} \sin y \cos y f_{11}'' + 2\mathrm{e}^x (y \sin y + x \cos y) f_{12}'' + 4xy f_{22}'' + \mathrm{e}^x \cos y f_1' .$$

小结 在求出偏导数 $\dfrac{\partial z}{\partial x}$ 后, 其中的 f_1' 与 f_2' 依然是二元复合函数, 进一步求导时, 同样使用复合函数的链式求导法则.

例 21 已知 $z = f(x \ln y, x - y)$, 其中 f 具有二阶连续偏导数, 求 z_{xx}, z_{xy}, z_{yy} .

解 $z_x = f_1' \cdot \ln y + f_2'$,

$$z_{xx} = (f_{11}'' \cdot \ln y + f_{12}'')\ln y + f_{21}'' \cdot \ln y + f_{22}''$$

$$= \ln^2 y\, f_{11}'' + 2\ln y\, f_{12}'' + f_{22}'' ,$$

$$z_{xy} = f_1' \cdot \frac{1}{y} + \left(f_{11}'' \cdot \frac{x}{y} - f_{12}''\right)\ln y + f_{21}'' \cdot \frac{x}{y} - f_{22}''$$

$$= \frac{x}{y}\ln y f_{11}'' + \left(\frac{x}{y} - \ln y\right)f_{12}'' - f_{22}'' + \frac{1}{y}f_1' ,$$

$$z_y = f_1' \cdot \frac{x}{y} - f_2' ,$$

$$z_{yy} = f_1' \cdot \left(-\frac{x}{y^2}\right) + \left(f_{11}'' \cdot \frac{x}{y} - f_{12}''\right)\frac{x}{y} - f_{21}'' \cdot \frac{x}{y} + f_{22}''$$

$$= \frac{x^2}{y^2}f_{11}'' - \frac{2x}{y}f_{12}'' + f_{22}'' - \frac{x}{y^2}f_1' .$$

例 22 设 $z = f\left[x^2 - y, \varphi(xy)\right]$, 其中 $f(u,v)$ 具有二阶连续偏导数, $\varphi(u)$ 二阶可导, 求 $\dfrac{\partial^2 z}{\partial x \partial y}$.

解　$\dfrac{\partial z}{\partial x} = 2x \cdot f_1' + y \cdot f_2' \cdot \varphi'$,

$$\dfrac{\partial^2 z}{\partial x \partial y} = 2x(-f_{11}'' + f_{12}'' \cdot \varphi' \cdot x) + f_2' \cdot \varphi' + y\varphi'(-f_{21}'' + f_{22}'' \cdot \varphi' \cdot x) + yf_2' \cdot \varphi'' \cdot x$$

$$= (\varphi' + xy\varphi'')f_2' - 2xf_{11}'' + (2x^2 - y)\varphi'f_{12}'' + xy(\varphi')^2 f_{22}''.$$

例 23　设 $y = y(x)$，$z = z(x)$ 由方程组 $\begin{cases} x + y + z + z^2 = 0, \\ x + y^2 + z + z^3 = 0 \end{cases}$ 所确定，求 $\dfrac{dy}{dx}, \dfrac{dz}{dx}$.

解　将方程组两边分别对 x 求导，得到关于 $\dfrac{dy}{dx}, \dfrac{dz}{dx}$ 的方程组

$$\begin{cases} 1 + \dfrac{dy}{dx} + \dfrac{dz}{dx} + 2z\dfrac{dz}{dx} = 0, \\ 1 + 2y\dfrac{dy}{dx} + \dfrac{dz}{dx} + 3z^2\dfrac{dz}{dx} = 0, \end{cases}$$

即

$$\begin{cases} \dfrac{dy}{dx} + (1 + 2z)\dfrac{dz}{dx} = -1, \\ 2y\dfrac{dy}{dx} + (1 + 3z^2)\dfrac{dz}{dx} = -1, \end{cases}$$

当 $\begin{vmatrix} 1 & 1 + 2z \\ 2y & 1 + 3z^2 \end{vmatrix} = 1 + 3z^2 - 2y - 4yz \neq 0$ 时，

$$\dfrac{dy}{dx} = \dfrac{2z - 3z^2}{1 + 3z^2 - 2y - 4yz}, \qquad \dfrac{dz}{dx} = \dfrac{2y - 1}{1 + 3z^2 - 2y - 4yz}.$$

例 24　求曲面 $x^2 + 2y^2 + 3z^2 = 12$ 平行于平面 $x + 4y + 3z = 0$ 的切平面方程.

思路分析　先求切平面的法向量. 由于已知曲面的切平面与所给平面平行，切平面的法向量与所给平面的法向量平行. 再求切点坐标，最后写出切平面的点法式方程，并化简整理即可.

解　设切点为 (x_0, y_0, z_0)，所求切平面的法向量 $\boldsymbol{n} = (2x_0, 4y_0, 6z_0)$，因为切平面与已知平面 $x + 4y + 3z = 0$ 平行，所以

$$\dfrac{2x_0}{1} = \dfrac{4y_0}{4} = \dfrac{6z_0}{3},$$

即 $2x_0 = y_0 = 2z_0$，代入曲面方程得 $\dfrac{y_0^2}{4} + 2y_0^2 + \dfrac{3y_0^2}{4} = 12$，所以 $y_0 = \pm 2$.

当 $y_0 = 2$ 时，解得切点为 $(1, 2, 1)$，法向量 $\boldsymbol{n} = (2, 8, 6)$，所求切平面方程为

$$2(x - 1) + 8(y - 2) + 6(z - 1) = 0,$$

即 $x + 4y + 3z - 12 = 0$.

当 $y_0 = -2$ 时，解得切点为 $(-1, -2, -1)$，法向量 $\boldsymbol{n} = (-2, -8, -6)$，所求切平面方程为

$$-2(x + 1) - 8(y + 2) - 6(z + 1) = 0,$$

即 $x + 4y + 3z + 12 = 0$.

例 25 求曲线 $\begin{cases} x^2 + y^2 + z^2 - 3x = 0, \\ 2x - 3y + 5z - 4 = 0 \end{cases}$ 在 $M(1,1,1)$ 处的切线方程与法平面方程.

解 方程组的两个方程分别对 x 求导, 得

$$\begin{cases} 2x + 2y\dfrac{dy}{dx} + 2z\dfrac{dz}{dx} - 3 = 0, \\ 2 - 3\dfrac{dy}{dx} + 5\dfrac{dz}{dx} = 0, \end{cases}$$

即

$$\begin{cases} 2y\dfrac{dy}{dx} + 2z\dfrac{dz}{dx} = 3 - 2x, \\ -3\dfrac{dy}{dx} + 5\dfrac{dz}{dx} = -2, \end{cases}$$

当 $\begin{vmatrix} 2y & 2z \\ -3 & 5 \end{vmatrix} = 10y + 6z \neq 0$ 时, 解得 $\dfrac{dy}{dx} = \dfrac{15 - 10x + 4z}{10y + 6z}$, $\dfrac{dz}{dx} = \dfrac{9 - 6x - 4y}{10y + 6z}$, 在 $M(1,1,1)$ 处,

$\dfrac{dy}{dx}\bigg|_{(1,1,1)} = \dfrac{9}{16}$, $\dfrac{dz}{dx}\bigg|_{(1,1,1)} = -\dfrac{1}{16}$, 故可取切向量 $\boldsymbol{T} = (16, 9, -1)$, 所求切线方程为

$$\frac{x-1}{16} = \frac{y-1}{9} = \frac{z-1}{-1},$$

所求法平面方程为

$$16(x-1) + 9(y-1) - (z-1) = 0,$$

即 $16x + 9y - z - 24 = 0$.

例 26 设空间曲线 Γ 的向量方程为 $\boldsymbol{r} = \boldsymbol{f}(t) = (t^2 + 1, 4t - 3, 2t^2 - 6t)$, $t \in \mathbf{R}$, 求曲线 Γ 在 $t_0 = 2$ 相应点处的单位切向量.

解 由于 $\dfrac{d\boldsymbol{r}}{dt} = \boldsymbol{f}'(t) = (2t, 4, 4t - 6)$, 于是 $\boldsymbol{f}'(2) = (4, 4, 2)$, $|\boldsymbol{f}'(2)| = \sqrt{4^2 + 4^2 + 2^2} = 6$, 故曲线 Γ 在与 $t_0 = 2$ 相应的点处的单位切向量为

$$\boldsymbol{T} = \pm\frac{\boldsymbol{f}'(2)}{|\boldsymbol{f}'(2)|} = \pm\left(\frac{2}{3}, \frac{2}{3}, \frac{1}{3}\right).$$

其中, "+" 表示切向量与 t 的增长方向一致; "−" 表示切向量与 t 的增长方向相反.

例 27 求函数 $f(x, y, z) = xy + yz + zx$ 在点 $P(1,1,2)$ 处沿方向 $\boldsymbol{l}$ 的方向导数, 其中 $\boldsymbol{l}$ 的方向角分别为 $60°$, $45°$, $60°$.

解 与 $\boldsymbol{l}$ 同向的单位向量为 $\boldsymbol{e} = (\cos 60°, \cos 45°, \cos 60°) = \left(\dfrac{1}{2}, \dfrac{\sqrt{2}}{2}, \dfrac{1}{2}\right)$, 由于函数可微, 且 $f_x(1,1,2) = (y+z)\big|_{(1,1,2)} = 3$, $f_y(1,1,2) = (x+z)\big|_{(1,1,2)} = 3$, $f_z(1,1,2) = (y+x)\big|_{(1,1,2)} = 2$, 故方向导数为

$$\frac{\partial f}{\partial \boldsymbol{l}}\bigg|_{(1,1,2)} = f_x(1,1,2)\cos\alpha + f_y(1,1,2)\cos\beta + f_z(1,1,2)\cos\gamma$$

$$= \frac{1}{2}(5 + 3\sqrt{2}).$$

小结　求方向导数时, 不仅要求出给定的方向向量, 而且要将该向量单位化, 才可使用方向导数公式.

例 28　求 $\mathbf{grad}\dfrac{1}{x^2+y^2}$.

解　设 $f(x,y) = \dfrac{1}{x^2+y^2}$, 由于

$$\frac{\partial f}{\partial x} = -\frac{2x}{(x^2+y^2)^2}, \qquad \frac{\partial f}{\partial y} = -\frac{2y}{(x^2+y^2)^2},$$

故

$$\mathbf{grad}\frac{1}{x^2+y^2} = \frac{\partial f}{\partial x}\boldsymbol{i} + \frac{\partial f}{\partial y}\boldsymbol{j} = -\frac{2x}{(x^2+y^2)^2}\boldsymbol{i} - \frac{2y}{(x^2+y^2)^2}\boldsymbol{j}.$$

例 29　设 $f(x,y,z) = x^3 - xy^2 - z$, 问 $f(x,y,z)$ 在点 $P(1,1,0)$ 处沿什么方向变化最快, 在这个方向上的变化率是多少?

思路分析　函数 f 在点 P 沿梯度方向的方向导数取得最大值, 其最大值为函数在该点处梯度的模; 函数 f 在点 P 沿负梯度方向的方向导数取得最小值, 其最小值为函数在该点处梯度的模的相反数.

解　$\nabla f(x,y,z) = \dfrac{\partial f}{\partial x}\boldsymbol{i} + \dfrac{\partial f}{\partial y}\boldsymbol{j} + \dfrac{\partial f}{\partial z}\boldsymbol{k} = (3x^2 - y^2)\boldsymbol{i} - 2xy\boldsymbol{j} - \boldsymbol{k}$,

于是 $f(x,y,z)$ 在点 $P(1,1,0)$ 处沿梯度 $\nabla f(x,y,z)\big|_{(1,1,0)} = 2\boldsymbol{i} - 2\boldsymbol{j} - \boldsymbol{k}$ 的方向增加最快, 在这个方向的变化率为 $|\nabla f(1,1,0)| = 3$; 沿负梯度 $-\nabla f(x,y,z)\big|_{(1,1,0)} = -2\boldsymbol{i} + 2\boldsymbol{j} + \boldsymbol{k}$ 的方向减少最快, 在这个方向的变化率为 $-|\nabla f(1,1,0)| = -3$.

例 30　求曲面 $x^2 + y^2 + z = 9$ 在点 $P(1,2,4)$ 的切平面方程与法线方程.

解　设 $f(x,y,z) = x^2 + y^2 + z$, 因为

$$\nabla f(x,y,z)\big|_{(1,2,4)} = \left(\frac{\partial f}{\partial x}\boldsymbol{i} + \frac{\partial f}{\partial y}\boldsymbol{j} + \frac{\partial f}{\partial z}\boldsymbol{k}\right)\bigg|_{(1,2,4)} = (2x\boldsymbol{i} + 2y\boldsymbol{j} + \boldsymbol{k})\big|_{(1,2,4)} = 2\boldsymbol{i} + 4\boldsymbol{j} + \boldsymbol{k},$$

而梯度的方向就是等值面 $f(x,y,z) = 9$ 在点 $P(1,2,4)$ 的法线方向, 故在点 $P(1,2,4)$ 的切平面方程为 $2(x-1) + 4(y-2) + (z-4) = 0$, 即 $2x + 4y + z - 14 = 0$, 在点 $P(1,2,4)$ 处的法线方程为 $\dfrac{x-1}{2} = \dfrac{y-2}{4} = \dfrac{z-4}{1}$.

例 31　求函数 $f(x,y) = x^2 + y^3 + 2x - 3y + 1$ 的极值.

解　函数 $f(x,y)$ 的定义域为 $\{(x,y)\,|\,x\in\mathbf{R}, y\in\mathbf{R}\}$, 令

$$\begin{cases} f_x(x,y)=2x+2=0, \\ f_y(x,y)=3y^2-3=0, \end{cases}$$

得驻点 $(-1,-1)$，$(-1,1)$，且 $f_{xx}=2$，$f_{xy}=0$，$f_{yy}=6y$．

在点 $(-1,-1)$ 处，$A=2$，$B=0$，$C=-6$，有 $AC-B^2<0$，所以 $f(-1,-1)$ 不是极值．

在点 $(-1,1)$ 处，$A=2$，$B=0$，$C=6$，有 $AC-B^2>0$，且 $A>0$，所以 $f(-1,1)=-2$ 是极小值．

例 32 在第 I 卦限内作椭球面 $\dfrac{x^2}{a^2}+\dfrac{y^2}{b^2}+\dfrac{z^2}{c^2}=1\,(a>0,b>0,c>0)$ 的切平面，使切平面与三个坐标面所围成的四面体的体积最小，求四面体的最小体积及切点坐标．

解 椭球面 $\dfrac{x^2}{a^2}+\dfrac{y^2}{b^2}+\dfrac{z^2}{c^2}=1$ 在点 $P(x,y,z)$ 处的法向量 $\boldsymbol{n}=\left(\dfrac{x}{a^2},\dfrac{y}{b^2},\dfrac{z}{c^2}\right)$，所以椭球面在点 $P(x,y,z)$ 处的切平面方程为

$$\frac{x}{a^2}(X-x)+\frac{y}{b^2}(Y-y)+\frac{z}{c^2}(Z-z)=0,$$

即 $\dfrac{xX}{a^2}+\dfrac{yY}{b^2}+\dfrac{zZ}{c^2}=1$，切平面在三个坐标轴的截距分别为 $\dfrac{a^2}{x},\dfrac{b^2}{y},\dfrac{c^2}{z}$，从而四面体的体积为

$$V=\frac{1}{6}\frac{a^2b^2c^2}{xyz}\quad(x>0,y>0,z>0),$$

作拉格朗日函数 $L(x,y,z,\lambda)=\ln x+\ln y+\ln z+\lambda\left(\dfrac{x^2}{a^2}+\dfrac{y^2}{b^2}+\dfrac{z^2}{c^2}-1\right)$，解方程组

$$\begin{cases} L_x=\dfrac{1}{x}+\dfrac{2\lambda x}{a^2}=0, \\ L_y=\dfrac{1}{y}+\dfrac{2\lambda y}{b^2}=0, \\ L_z=\dfrac{1}{z}+\dfrac{2\lambda z}{c^2}=0, \\ \dfrac{x^2}{a^2}+\dfrac{y^2}{b^2}+\dfrac{z^2}{c^2}=1, \end{cases}$$

得 $x=\dfrac{a}{\sqrt{3}}$，$y=\dfrac{b}{\sqrt{3}}$，$z=\dfrac{c}{\sqrt{3}}$，由题意知四面体最小体积为 $V_{\min}=\dfrac{\sqrt{3}}{2}abc$，切点坐标为 $\left(\dfrac{a}{\sqrt{3}},\dfrac{b}{\sqrt{3}},\dfrac{c}{\sqrt{3}}\right)$．

小结 运用拉格朗日乘数法解条件极值问题时，为了便于计算，可灵活给出辅助函数．

例 33 斜边长为 l 的直角三角形中，求有最大周长的直角三角形．

解 设两个直角边的边长分别为 x，y，则 $x^2+y^2=l^2$，周长 $C=x+y+l$，需求 $C=x+y+l$ 在约束条件 $x^2+y^2=l^2$ 下的极值问题．

作拉格朗日函数 $L(x,y,\lambda)=x+y+l+\lambda(x^2+y^2-l^2)$，解方程组

$$\begin{cases} L_x=1+2\lambda x=0, \\ L_y=1+2\lambda y=0, \\ x^2+y^2=l^2, \end{cases}$$

得唯一可能极值点 $\left(\dfrac{\sqrt{2}}{2}l,\dfrac{\sqrt{2}}{2}l\right)$，又最大周长一定存在，故当两个直角边的边长均为 $\dfrac{\sqrt{2}}{2}l$ 时，直角三角形有最大周长.

例 34　求函数 $f(x,y)=2x^2+3y^2$ 在条件 $x^2+y^2=4$ 下的最大值与最小值.

解　设 $L(x,y,\lambda)=2x^2+3y^2+\lambda(x^2+y^2-4)$，解方程组

$$\begin{cases} L_x(x,y,\lambda)=4x+2\lambda x=0, \\ L_y(x,y,\lambda)=6y+2\lambda y=0, \\ x^2+y^2=4, \end{cases}$$

得

$$\begin{cases} x=-2, \\ y=0, \end{cases}\quad \begin{cases} x=2, \\ y=0, \end{cases}\quad \begin{cases} x=0, \\ y=-2, \end{cases}\quad \begin{cases} x=0, \\ y=2. \end{cases}$$

又 $f(-2,0)=8$，$f(2,0)=8$，$f(0,-2)=12$，$f(0,2)=12$，于是函数 $f(x,y)=2x^2+3y^2$ 在条件 $x^2+y^2=4$ 下的最大值为 12，最小值为 8.

例 35　求 $z=x^2+y^2-xy+x+y$ 在有界闭区域 $D=\{(x,y)|x+y\geqslant-3,x\leqslant0,y\leqslant0\}$ 上的最大值与最小值.

思路分析　先求函数在区域内部的驻点和偏导数不存在的点，并求出它们的函数值，再与边界上的最值进行比较，最后得出函数在有界闭区域上的最值.

解　先求区域内部的驻点，令

$$\begin{cases} \dfrac{\partial z}{\partial x}=2x-y+1=0, \\ \dfrac{\partial z}{\partial y}=2y-x+1=0, \end{cases}$$

解得 $x=-1,y=-1$，于是 $f(-1,-1)=-1$.

在区域 D 的边界 $x=0$ 上，$z=y^2+y$，$y\in[-3,0]$，令 $z_y=2y+1=0$，求得点 $\left(0,-\dfrac{1}{2}\right)$，此时有 $f(0,-3)=6$ 为最大值，$f\left(0,-\dfrac{1}{2}\right)=-\dfrac{1}{4}$ 为最小值.

在区域 D 的边界 $y=0$ 上，$z=x^2+x$，$x\in[-3,0]$，令 $z_x=2x+1=0$，求得点 $\left(-\dfrac{1}{2},0\right)$，

此时有 $f(-3,0)=6$ 为最大值, $f\left(-\dfrac{1}{2},0\right)=-\dfrac{1}{4}$ 为最小值.

在区域 D 的边界 $x+y=-3$ $(x\leqslant 0,y\leqslant 0)$ 上, $z=3x^2+9x+6$, $x\in[-3,0]$, 令 $z_x=6x+9=0$, 求得点 $\left(-\dfrac{3}{2},-\dfrac{3}{2}\right)$, 此时 $f\left(-\dfrac{3}{2},-\dfrac{3}{2}\right)=-\dfrac{3}{4}$ 为最小值, $f(0,-3)=f(-3,0)=6$ 为最大值.

综上所述, $f(0,-3)=f(-3,0)=6$ 为最大值, $f(-1,-1)=-1$ 为最小值.

例 36 求原点到曲面 $(x-y)^2-z^2=1$ 的最短距离.

解 设曲面上的点为 (x,y,z), 考虑 $d^2=x^2+y^2+z^2$ 在条件 $(x-y)^2-z^2=1$ 下的最小值. 令 $L(x,y,z,\lambda)=x^2+y^2+z^2+\lambda[(x-y)^2-z^2-1]$, 于是

$$\begin{cases}\dfrac{\partial L}{\partial x}=2x+2\lambda(x-y)=0,\\[2mm]\dfrac{\partial L}{\partial y}=2y-2\lambda(x-y)=0,\\[2mm]\dfrac{\partial L}{\partial z}=2z-2\lambda z=0,\\[2mm](x-y)^2-z^2=1,\end{cases}$$

化简为

$$\begin{cases}x+\lambda(x-y)=0, & (1)\\ y-\lambda(x-y)=0, & (2)\\ z-\lambda z=0, & (3)\\ (x-y)^2-z^2=1. & (4)\end{cases}$$

由式(3)可知, 若 $\lambda=1$, 代入式(1)和式(2), 可得 $\begin{cases}x+x-y=0,\\ y-x+y=0,\end{cases}$ 解得 $x=0,y=0$, 但式(4)不成立. 若 $\lambda\neq 1$, 由式(3)解得 $z=0$, 由式(1)和式(2)得 $x=-y$, 代入式(4), 得到 $x^2=\dfrac{1}{4}$, $y^2=\dfrac{1}{4}$, 于是 $d^2=\dfrac{1}{2}$, 即 $d=\dfrac{\sqrt{2}}{2}$, 故所求的最短距离为 $d=\dfrac{\sqrt{2}}{2}$.

五、习 题 选 解

习题 8-1 多元函数的基本概念

1. 设 $f(x+y,x-y)=x^2-xy+y^2$, 求 $f(x,y)$.

解 令 $x+y=u$, $x-y=v$, 则 $x=\dfrac{u+v}{2}$, $y=\dfrac{u-v}{2}$, 于是

$$f(u,v) = \left(\frac{u+v}{2}\right)^2 - \frac{u+v}{2} \cdot \frac{u-v}{2} + \left(\frac{u-v}{2}\right)^2 = \frac{u^2+3v^2}{4},$$

所以 $f(x,y) = \frac{1}{4}(x^2 + 3y^2)$.

2．求下列函数的定义域，并画出定义域的图形．

(1) $z = \frac{\sqrt{x+y}}{\sqrt{x-y}}$; 　　　　(3) $z = \arccos(x-y)$; 　　　　(5) $z = \ln(y-x) + \frac{\sqrt{x}}{\sqrt{1-x^2-y^2}}$.

解　(1) 要使函数有意义，必须 $x+y \geqslant 0$ 且 $x-y > 0$ ，故函数的定义域为 $D = \{(x,y) \mid x+y \geqslant 0, x-y > 0\}$ ，如图 8-2 所示．

(3) 反余弦函数 $z = \arccos(x-y)$ 的定义域为 $D = \{(x,y) \mid -1 \leqslant x-y \leqslant 1\}$ ，如图 8-3 所示．

(5) 要使函数有意义，必须 $y-x > 0$ ， $x \geqslant 0$ ， $1-x^2-y^2 > 0$ ，故函数的定义域为 $D = \{(x,y) \mid y > x \geqslant 0, x^2+y^2 < 1\}$ ，如图 8-4 所示．

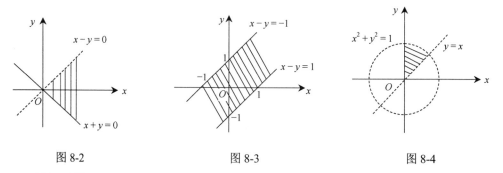

　　　　图 8-2　　　　　　　　　　　　图 8-3　　　　　　　　　　　　图 8-4

3．已知函数 $z = x + 3y + f(x-2y)$ ，当 $y=0$ 时 $z = 3x$ ，求函数 $f(x)$ 的表达式，并用 x 和 y 直接表示 z ．

解　由 $y=0$ 时 $z=3x$ 知 $f(x) = 2x$ ，故 $f(x-2y) = 2(x-2y)$ ，所以

$$z = x + 3y + 2(x-2y) = 3x - y .$$

4．求下列函数的极限．

(1) $\lim\limits_{\substack{x \to 1 \\ y \to 0}} \dfrac{\ln(x+e^y)}{\sqrt{x^2+y^2}}$; 　　　(3) $\lim\limits_{\substack{x \to 0 \\ y \to 4}} \dfrac{xy}{\sqrt{xy+9}-3}$; 　　　(5) $\lim\limits_{\substack{x \to 0 \\ y \to 2}} \left(1 + \dfrac{x}{y}\right)^{\frac{2}{x}}$.

解　(1) $\lim\limits_{\substack{x \to 1 \\ y \to 0}} \dfrac{\ln(x+e^y)}{\sqrt{x^2+y^2}} = \dfrac{\ln(1+e^0)}{\sqrt{1^2+0^2}} = \ln 2$.

(3) $\lim\limits_{\substack{x \to 0 \\ y \to 4}} \dfrac{xy}{\sqrt{xy+9}-3} = \lim\limits_{\substack{x \to 0 \\ y \to 4}} \dfrac{xy(\sqrt{xy+9}+3)}{(\sqrt{xy+9}-3)(\sqrt{xy+9}+3)}$

$$= \lim\limits_{\substack{x \to 0 \\ y \to 4}} \dfrac{xy(\sqrt{xy+9}+3)}{xy} = \lim\limits_{\substack{x \to 0 \\ y \to 4}} (\sqrt{xy+9}+3) = 6 .$$

(5) $\lim\limits_{\substack{x\to 0\\ y\to 2}}\left(1+\dfrac{x}{y}\right)^{\frac{2}{x}}=\lim\limits_{\substack{x\to 0\\ y\to 2}}\left(1+\dfrac{x}{y}\right)^{\frac{y}{x}\cdot\frac{2}{y}}=\mathrm{e}.$

5. 证明下列函数的极限不存在.

(1) $\lim\limits_{\substack{x\to 0\\ y\to 0}}\dfrac{x+y}{3x-2y}$;　　　　(2) $\lim\limits_{\substack{x\to 0\\ y\to 0}}\dfrac{x^2 y^2}{x^2 y^2+(x-y)^2}$;　　　(3) $\lim\limits_{\substack{x\to 0\\ y\to 0}}\dfrac{x^2 y^4}{(x+y^2)^4}$.

证　(1) 如果动点 $P(x,y)$ 沿 $y=kx$ 趋于 $(0,0)$，则

$$\lim\limits_{\substack{(x,y)\to(0,0)\\ y=kx}}\dfrac{x+y}{3x-2y}=\lim\limits_{x\to 0}\dfrac{(1+k)x}{(3-2k)x}=\dfrac{1+k}{3-2k},$$

它的值随着 k 的不同而改变，因此 $\lim\limits_{\substack{x\to 0\\ y\to 0}}\dfrac{x+y}{3x-2y}$ 不存在.

(2) 如果动点 $P(x,y)$ 沿 $y=x$ 趋于 $(0,0)$，则 $\lim\limits_{\substack{(x,y)\to(0,0)\\ y=x}}\dfrac{x^2 y^2}{x^2 y^2+(x-y)^2}=\lim\limits_{x\to 0}\dfrac{x^4}{x^4}=1$；如果

动点 $P(x,y)$ 沿 $y=2x$ 趋向 $(0,0)$，则 $\lim\limits_{\substack{(x,y)\to(0,0)\\ y=2x}}\dfrac{x^2 y^2}{x^2 y^2+(x-y)^2}=\lim\limits_{x\to 0}\dfrac{4x^4}{4x^4+x^2}=0$. 因此，极限

$\lim\limits_{\substack{x\to 0\\ y\to 0}}\dfrac{x^2 y^2}{x^2 y^2+(x-y)^2}$ 不存在.

(3) 如果动点 $P(x,y)$ 沿 $x=ky^2$ 趋于 $(0,0)$，则

$$\lim\limits_{\substack{(x,y)\to(0,0)\\ x=ky^2}}\dfrac{x^2 y^4}{(x+y^2)^4}=\lim\limits_{y\to 0}\dfrac{k^2 y^8}{(1+k)^4 y^8}=\dfrac{k^2}{(1+k)^4},$$

它的值随着 k 的不同而改变，因此 $\lim\limits_{\substack{x\to 0\\ y\to 0}}\dfrac{x^2 y^4}{(x+y^2)^4}$ 不存在.

6. 指出下列函数在何处间断.

(1) $z=\dfrac{x+y}{1-x^2-y^2}$;　　(2) $z=\dfrac{x^2+2y}{y^2-2x}$.

解　(1) 因为当 $1-x^2-y^2=0$ 时，函数无意义，所以 $z=\dfrac{x+y}{1-x^2-y^2}$ 在单位圆周

$D=\{(x,y)\mid x^2+y^2=1\}$ 上间断.

(2) 因为当 $y^2-2x=0$ 时，函数无意义，所以函数 $z=\dfrac{x^2+2y}{y^2-2x}$ 在抛物线

$D=\{(x,y)\mid y^2=2x\}$ 上间断.

习题 8-2　偏　导　数

1. 已知 $f(x,y)=\mathrm{e}^{y^2}+(x-1)\arcsin\sqrt{x^2-y}$，求 $f_y(1,y)$.

解　因为 $f(1,y)=\mathrm{e}^{y^2}$，所以 $f_y(1,y)=2y\mathrm{e}^{y^2}$.

2. 求下列函数的偏导数.

(1) $z = xy - \dfrac{x}{y}$;　　　　(3) $z = \dfrac{x^2 + y^2}{xy}$;　　　　(5) $z = (1+xy)^x$;

(7) $z = \ln\tan\dfrac{x}{y}$;　　　　(9) $z = \dfrac{x}{\sqrt{x^2+y^2}}$.

解 (1) $\dfrac{\partial z}{\partial x} = y - \dfrac{1}{y}$;　　　$\dfrac{\partial z}{\partial y} = x + \dfrac{x}{y^2}$.

(3) $\dfrac{\partial z}{\partial x} = \dfrac{\partial}{\partial x}\left(\dfrac{x}{y}+\dfrac{y}{x}\right) = \dfrac{1}{y} - \dfrac{y}{x^2}$;　　　$\dfrac{\partial z}{\partial y} = \dfrac{\partial}{\partial y}\left(\dfrac{x}{y}+\dfrac{y}{x}\right) = \dfrac{1}{x} - \dfrac{x}{y^2}$.

(5) $z = (1+xy)^x = e^{x\ln(1+xy)}$,

$$\dfrac{\partial z}{\partial x} = e^{x\ln(1+xy)}\left[\ln(1+xy)+\dfrac{xy}{1+xy}\right] = (1+xy)^x\left[\ln(1+xy)+\dfrac{xy}{1+xy}\right];$$

$$\dfrac{\partial z}{\partial y} = x(1+xy)^{x-1}\cdot x = x^2(1+xy)^{x-1}.$$

(7) $\dfrac{\partial z}{\partial x} = \dfrac{1}{\tan\dfrac{x}{y}}\cdot\sec^2\dfrac{x}{y}\cdot\dfrac{1}{y} = \dfrac{2}{y}\csc\dfrac{2x}{y}$;　　　$\dfrac{\partial z}{\partial y} = \dfrac{1}{\tan\dfrac{x}{y}}\cdot\sec^2\dfrac{x}{y}\cdot\left(-\dfrac{x}{y^2}\right) = -\dfrac{2x}{y^2}\csc\dfrac{2x}{y}$.

(9) $\dfrac{\partial z}{\partial x} = \dfrac{\sqrt{x^2+y^2} - x\dfrac{2x}{2\sqrt{x^2+y^2}}}{x^2+y^2} = \dfrac{y^2}{(x^2+y^2)^{\frac{3}{2}}}$;

$$\dfrac{\partial z}{\partial y} = \dfrac{-x\dfrac{2y}{2\sqrt{x^2+y^2}}}{x^2+y^2} = \dfrac{-xy}{(x^2+y^2)^{\frac{3}{2}}}.$$

3. 求曲线 $\begin{cases} z = \dfrac{x^2+y^2}{4}, \\ x = 0 \end{cases}$ 在点 $(0,2,1)$ 处的切线关于 y 轴的倾角.

解 因为 $\dfrac{\partial z}{\partial y} = \dfrac{y}{2}$, $\dfrac{\partial z}{\partial y}\Big|_{(0,2,1)} = 1 = \tan\alpha$, 所以 $\alpha = \dfrac{\pi}{4}$.

4. 设 $z = \dfrac{y^2}{3x} + \varphi(xy)$, 其中 $\varphi(u)$ 可导, 证明 $x^2\dfrac{\partial z}{\partial x} + y^2 = xy\dfrac{\partial z}{\partial y}$.

证 因为 $\dfrac{\partial z}{\partial x} = -\dfrac{y^2}{3x^2} + y\varphi'(xy)$, $\dfrac{\partial z}{\partial y} = \dfrac{2y}{3x} + x\varphi'(xy)$, 所以

$$x^2\dfrac{\partial z}{\partial x} + y^2 = x^2\left[-\dfrac{y^2}{3x^2}+y\varphi'(xy)\right] + y^2 = x^2y\varphi'(xy) + \dfrac{2}{3}y^2,$$

$$xy\dfrac{\partial z}{\partial y} = xy\left[\dfrac{2y}{3x}+x\varphi'(xy)\right] = \dfrac{2}{3}y^2 + x^2y\varphi'(xy),$$

故等式成立.

5. 设 $r = \sqrt{x^2 + y^2 + z^2}$, 证明:

(1) $\left(\dfrac{\partial r}{\partial x}\right)^2 + \left(\dfrac{\partial r}{\partial y}\right)^2 + \left(\dfrac{\partial r}{\partial z}\right)^2 = 1$;   (2) $\dfrac{\partial^2 r}{\partial x^2} + \dfrac{\partial^2 r}{\partial y^2} + \dfrac{\partial^2 r}{\partial z^2} = \dfrac{2}{r}$.

证 (1) $\dfrac{\partial r}{\partial x} = \dfrac{x}{\sqrt{x^2 + y^2 + z^2}} = \dfrac{x}{r}$, 同理, $\dfrac{\partial r}{\partial y} = \dfrac{y}{r}$, $\dfrac{\partial r}{\partial z} = \dfrac{z}{r}$, 得

$$\left(\frac{\partial r}{\partial x}\right)^2 + \left(\frac{\partial r}{\partial y}\right)^2 + \left(\frac{\partial r}{\partial z}\right)^2 = \frac{x^2 + y^2 + z^2}{r^2} = 1 .$$

(2) $\dfrac{\partial r}{\partial x} = \dfrac{x}{r}$, $\dfrac{\partial^2 r}{\partial x^2} = \dfrac{r - x\dfrac{\partial r}{\partial x}}{r^2} = \dfrac{r^2 - x^2}{r^3}$, 同理, $\dfrac{\partial^2 r}{\partial y^2} = \dfrac{r^2 - y^2}{r^3}$, $\dfrac{\partial^2 r}{\partial z^2} = \dfrac{r^2 - z^2}{r^3}$, 因此,

$$\frac{\partial^2 r}{\partial x^2} + \frac{\partial^2 r}{\partial y^2} + \frac{\partial^2 r}{\partial z^2} = \frac{r^2 - x^2}{r^3} + \frac{r^2 - y^2}{r^3} + \frac{r^2 - z^2}{r^3} = \frac{3r^2 - r^2}{r^3} = \frac{2}{r} .$$

6. 求下列函数的二阶偏导数.

(1) $z = x\ln(x + y)$;   (3) $z = \ln(e^x + e^y)$.

解 (1) $\dfrac{\partial z}{\partial x} = \ln(x + y) + \dfrac{x}{x + y}$, $\dfrac{\partial z}{\partial y} = \dfrac{x}{x + y}$, $\dfrac{\partial^2 z}{\partial x^2} = \dfrac{1}{x + y} + \dfrac{x + y - x}{(x + y)^2} = \dfrac{x + 2y}{(x + y)^2}$,

$$\frac{\partial^2 z}{\partial x \partial y} = \frac{1}{x + y} - \frac{x}{(x + y)^2} = \frac{y}{(x + y)^2} , \qquad \frac{\partial^2 z}{\partial y^2} = \frac{-x}{(x + y)^2} .$$

(3) $\dfrac{\partial z}{\partial x} = \dfrac{e^x}{e^x + e^y}$, $\dfrac{\partial z}{\partial y} = \dfrac{e^y}{e^x + e^y}$,

$$\frac{\partial^2 z}{\partial x^2} = \frac{\partial}{\partial x}\left(\frac{e^x}{e^x + e^y}\right) = \frac{e^x(e^x + e^y) - e^{2x}}{(e^x + e^y)^2} = \frac{e^{x+y}}{(e^x + e^y)^2} ,$$

$$\frac{\partial^2 z}{\partial x \partial y} = \frac{\partial}{\partial y}\left(\frac{e^x}{e^x + e^y}\right) = \frac{-e^{x+y}}{(e^x + e^y)^2} ,$$

$$\frac{\partial^2 z}{\partial y^2} = \frac{\partial}{\partial y}\left(\frac{e^y}{e^x + e^y}\right) = \frac{e^y(e^x + e^y) - e^{2y}}{(e^x + e^y)^2} = \frac{e^{x+y}}{(e^x + e^y)^2} .$$

7. 设 $z = x\ln(xy)$, 求 $\dfrac{\partial^3 z}{\partial x^2 \partial y}$ 和 $\dfrac{\partial^3 z}{\partial x \partial y^2}$.

解 $\dfrac{\partial z}{\partial x} = \ln(xy) + x \cdot \dfrac{y}{xy} = 1 + \ln(xy)$, $\dfrac{\partial^2 z}{\partial x^2} = \dfrac{1}{x}$, $\dfrac{\partial^3 z}{\partial x^2 \partial y} = 0$;

$$\frac{\partial^2 z}{\partial x \partial y} = \frac{1}{y} , \qquad \frac{\partial^3 z}{\partial x \partial y^2} = -\frac{1}{y^2} .$$

8. 证明函数 $u = \varphi(x - ay) + \psi(x + ay)$ 满足方程 $a^2 \dfrac{\partial^2 u}{\partial x^2} = \dfrac{\partial^2 u}{\partial y^2}$, 其中 φ, ψ 二阶可导.

证 因为

$$\frac{\partial u}{\partial x} = \varphi'(x-ay) + \psi'(x+ay), \qquad \frac{\partial^2 u}{\partial x^2} = \varphi''(x-ay) + \psi''(x+ay),$$

$$\frac{\partial u}{\partial y} = -a\varphi'(x-ay) + a\psi'(x+ay), \qquad \frac{\partial^2 u}{\partial y^2} = a^2\varphi''(x-ay) + a^2\psi''(x+ay),$$

所以 $a^2 \dfrac{\partial^2 u}{\partial x^2} = \dfrac{\partial^2 u}{\partial y^2}$.

习题 8-3　全　微　分

1. 求函数 $z = \ln(1 + x^2 + y^2)$ 在 $x = 1$，$y = 2$ 时的全微分.

解 因为

$$\frac{\partial z}{\partial x} = \frac{2x}{1+x^2+y^2}, \qquad \frac{\partial z}{\partial y} = \frac{2y}{1+x^2+y^2},$$

$$\left.\frac{\partial z}{\partial x}\right|_{(1,2)} = \frac{1}{3}, \qquad \left.\frac{\partial z}{\partial y}\right|_{(1,2)} = \frac{2}{3},$$

所以 $\mathrm{d}z\big|_{(1,2)} = \dfrac{1}{3}\mathrm{d}x + \dfrac{2}{3}\mathrm{d}y$.

2. 设 $f(x,y,z) = \left(\dfrac{x}{y}\right)^{\frac{1}{z}}$，求 $\mathrm{d}f(1,1,1)$.

解 因为

$$\frac{\partial f}{\partial x} = \frac{1}{z}\left(\frac{x}{y}\right)^{\frac{1}{z}-1} \cdot \frac{1}{y}, \qquad \left.\frac{\partial f}{\partial x}\right|_{(1,1,1)} = 1,$$

$$\frac{\partial f}{\partial y} = \frac{1}{z}\left(\frac{x}{y}\right)^{\frac{1}{z}-1} \cdot \left(-\frac{x}{y^2}\right), \qquad \left.\frac{\partial f}{\partial y}\right|_{(1,1,1)} = -1,$$

$$\frac{\partial f}{\partial z} = \left(\frac{x}{y}\right)^{\frac{1}{z}} \ln\left(\frac{x}{y}\right) \cdot \left(-\frac{1}{z^2}\right), \qquad \left.\frac{\partial f}{\partial z}\right|_{(1,1,1)} = 0,$$

所以 $\mathrm{d}f(1,1,1) = \mathrm{d}x - \mathrm{d}y$.

3. 求函数 $z = \dfrac{y}{x}$ 在 $x = 2$，$y = 1$，$\Delta x = 0.1$，$\Delta y = -0.2$ 时的全增量 Δz 和全微分 $\mathrm{d}z$.

解 因为 $\Delta z = \dfrac{y+\Delta y}{x+\Delta x} - \dfrac{y}{x}, \mathrm{d}z = -\dfrac{y}{x^2}\Delta x + \dfrac{1}{x}\Delta y$，所以当 $x=2, y=1, \Delta x=0.1, \Delta y=-0.2$ 时，

$$\Delta z = \frac{1-0.2}{2+0.1} - \frac{1}{2} \approx -0.119, \qquad \mathrm{d}z = -\frac{1}{4}\times 0.1 + \frac{1}{2}\times(-0.2) = -0.125.$$

4. 求下列函数的全微分.

(1) $z = \mathrm{e}^{\frac{x}{y}}$; 　　(3) $z = \arctan \dfrac{x+y}{x-y}$; 　　(5) $u = x^2 \sin 3y + \cos(yz)$; 　　(7) $u = z^{xy}$.

解　(1) 因为 $\dfrac{\partial z}{\partial x} = \dfrac{1}{y}\mathrm{e}^{\frac{x}{y}}$, $\dfrac{\partial z}{\partial y} = -\dfrac{x}{y^2}\mathrm{e}^{\frac{x}{y}}$, 所以

$$\mathrm{d}z = \frac{\partial z}{\partial x}\mathrm{d}x + \frac{\partial z}{\partial y}\mathrm{d}y = \frac{1}{y}\mathrm{e}^{\frac{x}{y}}\mathrm{d}x - \frac{x}{y^2}\mathrm{e}^{\frac{x}{y}}\mathrm{d}y = \frac{1}{y}\mathrm{e}^{\frac{x}{y}}\left(\mathrm{d}x - \frac{x}{y}\mathrm{d}y\right).$$

(3) 因为

$$\frac{\partial z}{\partial x} = \frac{1}{1+\left(\dfrac{x+y}{x-y}\right)^2} \cdot \frac{x-y-(x+y)}{(x-y)^2} = \frac{-y}{x^2+y^2},$$

$$\frac{\partial z}{\partial y} = \frac{1}{1+\left(\dfrac{x+y}{x-y}\right)^2} \cdot \frac{x-y+(x+y)}{(x-y)^2} = \frac{x}{x^2+y^2},$$

所以

$$\mathrm{d}z = \frac{\partial z}{\partial x}\mathrm{d}x + \frac{\partial z}{\partial y}\mathrm{d}y = \frac{-y}{x^2+y^2}\mathrm{d}x + \frac{x}{x^2+y^2}\mathrm{d}y = \frac{x\mathrm{d}y - y\mathrm{d}x}{x^2+y^2}.$$

(5) 因为 $\dfrac{\partial u}{\partial x} = 2x\sin 3y$, $\dfrac{\partial u}{\partial y} = 3x^2\cos 3y - z\sin(yz)$, $\dfrac{\partial u}{\partial z} = -y\sin(yz)$, 所以

$$\mathrm{d}u = \frac{\partial u}{\partial x}\mathrm{d}x + \frac{\partial u}{\partial y}\mathrm{d}y + \frac{\partial u}{\partial z}\mathrm{d}z$$

$$= 2x\sin 3y\mathrm{d}x + [3x^2\cos 3y - z\sin(yz)]\mathrm{d}y - y\sin(yz)\mathrm{d}z.$$

(7) 因为 $\dfrac{\partial u}{\partial x} = yz^{xy}\ln z$, $\dfrac{\partial u}{\partial y} = xz^{xy}\ln z$, $\dfrac{\partial u}{\partial z} = xy \cdot z^{xy-1}$, 所以

$$\mathrm{d}u = \frac{\partial u}{\partial x}\mathrm{d}x + \frac{\partial u}{\partial y}\mathrm{d}y + \frac{\partial u}{\partial z}\mathrm{d}z = yz^{xy}\ln z\mathrm{d}x + xz^{xy}\ln z\mathrm{d}y + xyz^{xy-1}\mathrm{d}z$$

$$= z^{xy}\left(y\ln z\mathrm{d}x + x\ln z\mathrm{d}y + \frac{xy}{z}\mathrm{d}z\right).$$

5. 用全微分求 $(1.02)^{4.05}$ 的近似值.

解　设函数 $f(x,y) = x^y$, 则 $f_x(x,y) = yx^{y-1}$, $f_y(x,y) = x^y\ln x$, 因为

$$f(x+\Delta x, y+\Delta y) \approx f(x,y) + f_x(x,y)\Delta x + f_y(x,y)\Delta y,$$

取 $x=1$, $y=4$, $\Delta x = 0.02$, $\Delta y = 0.05$, $f(1,4) = 1$, $f_x(1,4) = 4$, $f_y(1,4) = 0$, 所以 $(1.02)^{4.05} \approx 1 + 4 \times 0.02 + 0 \times 0.05 = 1.08$.

6. 用水泥做一个长方形无盖水池, 其外形长 5 m, 宽 4 m, 深 3 m, 侧面和底均厚 20 cm, 求所需水泥的精确值和近似值.

解　设长方体的长、宽、高分别为 x, y, z, 则体积 $V = f(x,y,z) = xyz$,

$$\Delta V = xyz - (x - \Delta x)(y - \Delta y)(z - \Delta z),$$

$$dV = f_x(x,y,z)\Delta x + f_y(x,y,z)\Delta y + f_z(x,y,z)\Delta z = yz\Delta x + zx\Delta y + xy\Delta z,$$

这里 $x = 5, y = 4, z = 3$，$\Delta x = 0.4, \Delta y = 0.4, \Delta z = 0.2$，于是

$$\Delta V = 5 \times 4 \times 3 - (5 - 0.4) \times (4 - 0.4) \times (3 - 0.2) = 60 - 46.368 = 13.632\,\mathrm{m}^3,$$

$$dV = 12 \times 0.4 + 15 \times 0.4 + 20 \times 0.2 = 14.8\,\mathrm{m}^3,$$

所以所需水泥的精确值为 $13.632\,\mathrm{m}^3$，近似值为 $14.8\,\mathrm{m}^3$.

习题 8-4　多元复合函数的求导法则

1. 设 $z = u^2 + uv + v^2$，而 $u = x^2$，$v = 2x + 1$，求 $\dfrac{dz}{dx}$.

解　$\dfrac{dz}{dx} = \dfrac{\partial z}{\partial u} \cdot \dfrac{du}{dx} + \dfrac{\partial z}{\partial v} \cdot \dfrac{dv}{dx} = (2u + v) \cdot 2x + (u + 2v) \cdot 2$

$$= (2x^2 + 2x + 1) \cdot 2x + (x^2 + 4x + 2) \cdot 2$$

$$= 4x^3 + 6x^2 + 10x + 4.$$

2. 设 $z = \arcsin(x - y)$，而 $x = 3t$，$y = 4t^3$，求 $\dfrac{dz}{dt}$.

解　$\dfrac{dz}{dt} = \dfrac{\partial z}{\partial x} \cdot \dfrac{dx}{dt} + \dfrac{\partial z}{\partial y} \cdot \dfrac{dy}{dt}$

$$= \dfrac{1}{\sqrt{1 - (x - y)^2}} \cdot 3 - \dfrac{1}{\sqrt{1 - (x - y)^2}} \cdot 12t^2 = \dfrac{3 - 12t^2}{\sqrt{1 - (3t - 4t^3)^2}}.$$

3. 设 $u = \dfrac{\mathrm{e}^{ax}(y - z)}{1 + a^2}$，而 $y = a\sin x$，$z = \cos x$，求 $\dfrac{du}{dx}$.

解　$\dfrac{du}{dx} = \dfrac{\partial u}{\partial x} + \dfrac{\partial u}{\partial y} \cdot \dfrac{dy}{dx} + \dfrac{\partial u}{\partial z} \cdot \dfrac{dz}{dx}$

$$= \dfrac{a\mathrm{e}^{ax}(y - z)}{1 + a^2} + \dfrac{\mathrm{e}^{ax}}{1 + a^2} \cdot a\cos x - \dfrac{\mathrm{e}^{ax}}{1 + a^2} \cdot (-\sin x) = \mathrm{e}^{ax}\sin x.$$

4. 设 $z = \ln(\mathrm{e}^x + \mathrm{e}^y)$，而 $y = x^3$，求 $\dfrac{dz}{dx}$.

解　$\dfrac{dz}{dx} = \dfrac{\partial z}{\partial x} + \dfrac{\partial z}{\partial y} \cdot \dfrac{dy}{dx} = \dfrac{\mathrm{e}^x}{\mathrm{e}^x + \mathrm{e}^y} + \dfrac{\mathrm{e}^y}{\mathrm{e}^x + \mathrm{e}^y} \cdot 3x^2 = \dfrac{\mathrm{e}^x + 3x^2\mathrm{e}^{x^3}}{\mathrm{e}^x + \mathrm{e}^{x^3}}.$

6. 设 $z = u^v$，而 $u = 1 + xy$，$v = y$，求 $\dfrac{\partial z}{\partial x}$ 及 $\dfrac{\partial z}{\partial y}$.

解　$\dfrac{\partial z}{\partial x} = \dfrac{\partial z}{\partial u} \dfrac{\partial u}{\partial x} = vu^{v-1} \cdot y = y^2(1 + xy)^{y-1},$

$$\dfrac{\partial z}{\partial y} = \dfrac{\partial z}{\partial u} \dfrac{\partial u}{\partial y} + \dfrac{\partial z}{\partial v} \dfrac{dv}{dy} = vu^{v-1} \cdot x + u^v \ln u \cdot 1 = (1 + xy)^y \left[\ln(1 + xy) + \dfrac{xy}{1 + xy} \right].$$

7. 设 $z = \dfrac{u}{v}$, 而 $u = x\cos y$, $v = y\cos x$, 求 $\dfrac{\partial z}{\partial x}$ 及 $\dfrac{\partial z}{\partial y}$.

解　$\dfrac{\partial z}{\partial x} = \dfrac{\partial z}{\partial u}\dfrac{\partial u}{\partial x} + \dfrac{\partial z}{\partial v}\dfrac{\partial v}{\partial x} = \dfrac{1}{v}\cdot\cos y + \left(-\dfrac{u}{v^2}\right)(-y\sin x)$

$\qquad = \dfrac{\cos y}{y\cos^2 x}(\cos x + x\sin x)$;

$\qquad \dfrac{\partial z}{\partial y} = \dfrac{\partial z}{\partial u}\dfrac{\partial u}{\partial y} + \dfrac{\partial z}{\partial v}\dfrac{\partial v}{\partial y} = \dfrac{1}{v}\cdot(-x\sin y) + \left(-\dfrac{u}{v^2}\right)\cos x$

$\qquad = -\dfrac{x}{y^2\cos x}(\cos y + y\sin y)$.

8. 求下列函数的偏导数或导数(其中 f 可微).

(1) $z = f(x^2 - y^2, \mathrm{e}^{xy})$;　　　(2) $u = f\left(\dfrac{y}{z}, \dfrac{x}{y}\right)$.

解　(1) 令 $u = x^2 - y^2$, $v = \mathrm{e}^{xy}$, 记 $\dfrac{\partial z}{\partial u} = f_1'$, $\dfrac{\partial z}{\partial v} = f_2'$, 则

$$\dfrac{\partial z}{\partial x} = 2xf_1' + y\mathrm{e}^{xy}f_2', \qquad \dfrac{\partial z}{\partial y} = -2yf_1' + x\mathrm{e}^{xy}f_2'.$$

(2) $\dfrac{\partial u}{\partial x} = \dfrac{1}{y}f_2'$,　　　$\dfrac{\partial u}{\partial y} = \dfrac{1}{z}f_1' - \dfrac{x}{y^2}f_2'$,　　　$\dfrac{\partial u}{\partial z} = -\dfrac{y}{z^2}f_1'$.

9. 设 $z = \dfrac{y}{f(x^2 - y^2)}$, 其中 $f(u)$ 为可导函数, 验证 $\dfrac{1}{x}\dfrac{\partial z}{\partial x} + \dfrac{1}{y}\dfrac{\partial z}{\partial y} = \dfrac{z}{y^2}$.

证　$\dfrac{\partial z}{\partial x} = \dfrac{-yf'(u)\cdot 2x}{f^2(u)} = -\dfrac{2xyf'(u)}{f^2(u)}$,

$\qquad \dfrac{\partial z}{\partial y} = \dfrac{f(u) - y\cdot f'(u)\cdot(-2y)}{f^2(u)} = \dfrac{f(u) + 2y^2 f'(u)}{f^2(u)}$,

所以

$$\dfrac{1}{x}\cdot\dfrac{\partial z}{\partial x} + \dfrac{1}{y}\cdot\dfrac{\partial z}{\partial y} = -\dfrac{2yf'(u)}{f^2(u)} + \dfrac{f(u) + 2y^2 f'(u)}{yf^2(u)} = \dfrac{1}{yf(u)} = \dfrac{z}{y^2}.$$

10. 设函数 $z = \ln(1 - x + y) + x^2 y$, 求 $\dfrac{\partial^2 z}{\partial x\partial y}$.

解　$\dfrac{\partial z}{\partial x} = -\dfrac{1}{1 - x + y} + 2xy$,

$\qquad \dfrac{\partial^2 z}{\partial x\partial y} = \dfrac{\partial}{\partial y}\left(-\dfrac{1}{1 - x + y} + 2xy\right) = \dfrac{1}{(1 - x + y)^2} + 2x$.

11. 设 $z = f\left(x, \dfrac{x}{y}\right)$, 且函数 f 的二阶偏导数连续, 求 $\dfrac{\partial^2 z}{\partial x\partial y}$.

解　$\dfrac{\partial z}{\partial x}=f_1'+\dfrac{1}{y}f_2'$,

$$\dfrac{\partial^2 z}{\partial x \partial y}=f_{12}''\cdot\left(-\dfrac{x}{y^2}\right)-\dfrac{1}{y^2}f_2'+\dfrac{1}{y}f_{22}''\cdot\left(-\dfrac{x}{y^2}\right)$$

$$=-\dfrac{x}{y^2}f_{12}''-\dfrac{1}{y^2}f_2'-\dfrac{x}{y^3}f_{22}''.$$

12. 设 $z=xf\left(\dfrac{y}{x}\right)+(x-1)y\ln x$，其中 f 具有二阶连续偏导数，求 $x^2\dfrac{\partial^2 z}{\partial x^2}-y^2\dfrac{\partial^2 z}{\partial y^2}$.

解　$\dfrac{\partial z}{\partial x}=f\left(\dfrac{y}{x}\right)+xf'\left(\dfrac{y}{x}\right)\cdot\left(-\dfrac{y}{x^2}\right)+y\ln x+(x-1)y\cdot\dfrac{1}{x}$

$$=f\left(\dfrac{y}{x}\right)-\dfrac{y}{x}f'\left(\dfrac{y}{x}\right)+y\ln x+y-\dfrac{y}{x},$$

$$\dfrac{\partial^2 z}{\partial x^2}=-\dfrac{y}{x^2}f'\left(\dfrac{y}{x}\right)+\dfrac{y}{x^2}f'\left(\dfrac{y}{x}\right)-\dfrac{y}{x}f''\left(\dfrac{y}{x}\right)\cdot\left(-\dfrac{y}{x^2}\right)+\dfrac{y}{x}+\dfrac{y}{x^2}$$

$$=\dfrac{y^2}{x^3}f''\left(\dfrac{y}{x}\right)+\dfrac{y}{x}+\dfrac{y}{x^2},$$

$$\dfrac{\partial z}{\partial y}=f'\left(\dfrac{y}{x}\right)+(x-1)\ln x,\qquad \dfrac{\partial^2 z}{\partial y^2}=\dfrac{1}{x}f''\left(\dfrac{y}{x}\right),$$

所以

$$x^2\dfrac{\partial^2 z}{\partial x^2}-y^2\dfrac{\partial^2 z}{\partial y^2}=x^2\left[\dfrac{y^2}{x^3}f''\left(\dfrac{y}{x}\right)+\dfrac{y}{x}+\dfrac{y}{x^2}\right]-y^2\cdot\dfrac{1}{x}f''\left(\dfrac{y}{x}\right)=xy+y.$$

习题 8-5　隐函数求导公式

1. 求下列方程所确定的隐函数的导数或偏导数.

(1) $\sin y-\mathrm{e}^x+xy^2=3$，求 $\dfrac{\mathrm{d}y}{\mathrm{d}x}$;

(2) $\ln\sqrt{x^2+y^2}=\arctan\dfrac{x}{y}$，求 $\dfrac{\mathrm{d}y}{\mathrm{d}x}$;

(3) $\dfrac{y}{z}=\ln\dfrac{z}{x}$，求 $\dfrac{\partial z}{\partial x}$ 及 $\dfrac{\partial z}{\partial y}$;

(6) $x-2y+z-2\sqrt{xyz}=0$，求 $\dfrac{\partial z}{\partial x}$ 及 $\dfrac{\partial z}{\partial y}$.

解　(1) 令 $F(x,y)=\sin y-\mathrm{e}^x+xy^2-3$，则 $F_x=-\mathrm{e}^x+y^2$，$F_y=\cos y+2xy$，于是

$$\dfrac{\mathrm{d}y}{\mathrm{d}x}=-\dfrac{F_x}{F_y}=-\dfrac{-\mathrm{e}^x+y^2}{\cos y+2xy}=\dfrac{\mathrm{e}^x-y^2}{\cos y+2xy}.$$

(2) 令 $F(x,y)=\ln\sqrt{x^2+y^2}-\arctan\dfrac{x}{y}$，则

$$F_x=\dfrac{1}{\sqrt{x^2+y^2}}\cdot\dfrac{2x}{2\sqrt{x^2+y^2}}-\dfrac{1}{1+\left(\dfrac{x}{y}\right)^2}\cdot\left(\dfrac{1}{y}\right)=\dfrac{x-y}{x^2+y^2},$$

$$F_y = \frac{1}{\sqrt{x^2+y^2}} \cdot \frac{2y}{2\sqrt{x^2+y^2}} - \frac{1}{1+\left(\frac{x}{y}\right)^2} \cdot \left(-\frac{x}{y^2}\right) = \frac{x+y}{x^2+y^2},$$

$$\frac{\mathrm{d}y}{\mathrm{d}x} = -\frac{F_x}{F_y} = \frac{y-x}{y+x}.$$

(3) 令 $F(x,y,z) = \frac{y}{z} - \ln\frac{z}{x}$，则 $F_x = \frac{1}{x}$，$F_y = \frac{1}{z}$，$F_z = -\frac{y+z}{z^2}$，所以

$$\frac{\partial z}{\partial x} = -\frac{F_x}{F_z} = \frac{z^2}{xy+xz}, \qquad \frac{\partial z}{\partial y} = -\frac{F_y}{F_z} = \frac{z}{y+z}.$$

(6) 令 $F(x,y,z) = x - 2y + z - 2\sqrt{xyz}$，则

$$F_x = 1 - \frac{yz}{\sqrt{xyz}}, \qquad F_y = -2 - \frac{xz}{\sqrt{xyz}}, \qquad F_z = 1 - \frac{xy}{\sqrt{xyz}},$$

所以

$$\frac{\partial z}{\partial x} = -\frac{F_x}{F_z} = \frac{yz - \sqrt{xyz}}{\sqrt{xyz}-xy}, \qquad \frac{\partial z}{\partial y} = -\frac{F_y}{F_z} = \frac{xz + 2\sqrt{xyz}}{\sqrt{xyz}-xy}.$$

2. 设 $x = x(y,z)$，$y = y(z,x)$，$z = z(x,y)$ 都是由方程 $F(x,y,z) = 0$ 所确定的具有连续偏导数的函数，证明：$\dfrac{\partial x}{\partial y} \cdot \dfrac{\partial y}{\partial z} \cdot \dfrac{\partial z}{\partial x} = -1$.

证　因为 $\dfrac{\partial x}{\partial y} = -\dfrac{F_y}{F_x}$，$\dfrac{\partial y}{\partial z} = -\dfrac{F_z}{F_y}$，$\dfrac{\partial z}{\partial x} = -\dfrac{F_x}{F_z}$，所以

$$\frac{\partial x}{\partial y} \cdot \frac{\partial y}{\partial z} \cdot \frac{\partial z}{\partial x} = \left(-\frac{F_y}{F_x}\right)\left(-\frac{F_z}{F_y}\right)\left(-\frac{F_x}{F_z}\right) = -1.$$

3. 设 $\Phi(u,v)$ 具有连续偏导数，证明由方程 $\Phi(cx-az, cy-bz) = 0$ 所确定的函数 $z = f(x,y)$ 满足 $a\dfrac{\partial z}{\partial x} + b\dfrac{\partial z}{\partial y} = c$.

证　因为

$$\frac{\partial z}{\partial x} = -\frac{\Phi_u \cdot c}{\Phi_u \cdot (-a) + \Phi_v \cdot (-b)} = \frac{c\Phi_u}{a\Phi_u + b\Phi_v},$$

$$\frac{\partial z}{\partial y} = -\frac{\Phi_v \cdot c}{\Phi_u \cdot (-a) + \Phi_v \cdot (-b)} = \frac{c\Phi_v}{a\Phi_u + b\Phi_v},$$

所以

$$a\frac{\partial z}{\partial x} + b\frac{\partial z}{\partial y} = a \cdot \frac{c\Phi_u}{a\Phi_u + b\Phi_v} + b\frac{c\Phi_v}{a\Phi_u + b\Phi_v} = c.$$

4. 设 $z^3 - 3xyz = 1$，求 $\dfrac{\partial^2 z}{\partial x \partial y}$.

解 令 $F(x,y,z)=z^3-3xyz-1$，则 $F_x=-3yz$，$F_y=-3xz$，$F_z=3z^2-3xy$，所以

$$\frac{\partial z}{\partial x}=-\frac{F_x}{F_z}=\frac{yz}{z^2-xy}, \qquad \frac{\partial z}{\partial y}=-\frac{F_y}{F_z}=\frac{xz}{z^2-xy},$$

于是

$$\frac{\partial^2 z}{\partial x\partial y}=\frac{\left(z+y\dfrac{\partial z}{\partial y}\right)(z^2-xy)-yz\left(2z\dfrac{\partial z}{\partial y}-x\right)}{(z^2-xy)^2}$$

$$=\frac{\left(z+y\cdot\dfrac{xz}{z^2-xy}\right)(z^2-xy)-yz\left(2z\cdot\dfrac{xz}{z^2-xy}-x\right)}{(z^2-xy)^2}$$

$$=\frac{z(z^4-2xyz^2-x^2y^2)}{(z^2-xy)^3}.$$

5. 设 $x+z=yf(x^2-z^2)$，其中 f 具有连续导数，求 $z\dfrac{\partial z}{\partial x}+y\dfrac{\partial z}{\partial y}$.

解 方法一: 方程两边对 x 求偏导数, 得

$$1+\frac{\partial z}{\partial x}=yf'\cdot\left(2x-2z\cdot\frac{\partial z}{\partial x}\right),$$

于是

$$\frac{\partial z}{\partial x}=\frac{2xyf'-1}{1+2yzf'}.$$

方程两边对 y 求偏导数, 得

$$\frac{\partial z}{\partial y}=f+yf'\cdot\left(-2z\cdot\frac{\partial z}{\partial y}\right),$$

于是

$$\frac{\partial z}{\partial y}=\frac{f}{1+2yzf'}.$$

所以

$$z\frac{\partial z}{\partial x}+y\frac{\partial z}{\partial y}=\frac{2xyzf'-z+yf}{1+2yzf'}=\frac{2xyzf'+x}{1+2yzf'}=x.$$

方法二: 方程两边求微分, 得

$$dx+dz=fdy+yf'\cdot(2xdx-2zdz),$$

即

$$dz=\frac{(2xyf'-1)dy+fdy}{1+2yzf'},$$

所以 $\dfrac{\partial z}{\partial x}=\dfrac{2xyf'-1}{1+2yzf'}$，$\dfrac{\partial z}{\partial y}=\dfrac{f}{1+2yzf'}$，

$$z\frac{\partial z}{\partial x}+y\frac{\partial z}{\partial y}=\frac{2xyzf'-z+yf}{1+2yzf'}=\frac{2xyzf'+x}{1+2yzf'}=x.$$

6．求下列方程组所确定的函数的导数或偏导数．

(1) 设 $\begin{cases}z^2=x^2+y^2,\\x^2-2y^2+3z^2=10,\end{cases}$ 求 $\dfrac{\mathrm{d}y}{\mathrm{d}x}$，$\dfrac{\mathrm{d}z}{\mathrm{d}x}$；

(4) 设 $\begin{cases}u=f(ux,v+y),\\v=g(u-x,v^2y),\end{cases}$ 求 $\dfrac{\partial u}{\partial x}$，$\dfrac{\partial v}{\partial x}$．

解　(1) 方程组所确定的隐函数为 $y=y(x)$，$z=z(x)$，方程组两边对 x 求导得

$$\begin{cases}2z\dfrac{\mathrm{d}z}{\mathrm{d}x}=2x+2y\dfrac{\mathrm{d}y}{\mathrm{d}x},\\2x-4y\dfrac{\mathrm{d}y}{\mathrm{d}x}+6z\dfrac{\mathrm{d}z}{\mathrm{d}x}=0,\end{cases}$$

即

$$\begin{cases}2y\dfrac{\mathrm{d}y}{\mathrm{d}x}-2z\dfrac{\mathrm{d}z}{\mathrm{d}x}=-2x,\\-2y\dfrac{\mathrm{d}y}{\mathrm{d}x}+3z\dfrac{\mathrm{d}z}{\mathrm{d}x}=-x,\end{cases}$$

当 $\begin{vmatrix}2y&-2z\\-2y&3z\end{vmatrix}=2yz\neq0$ 时，得 $\dfrac{\mathrm{d}y}{\mathrm{d}x}=-\dfrac{4x}{y}$，$\dfrac{\mathrm{d}z}{\mathrm{d}x}=-\dfrac{3x}{z}$．

(4) 方程组所确定的隐函数为 $u=u(x,y)$，$v=v(x,y)$，方程组两边对 x 求偏导得

$$\begin{cases}\dfrac{\partial u}{\partial x}=f_1'\cdot\left(u+x\dfrac{\partial u}{\partial x}\right)+f_2'\cdot\dfrac{\partial v}{\partial x},\\\dfrac{\partial v}{\partial x}=g_1'\cdot\left(\dfrac{\partial u}{\partial x}-1\right)+g_2'\cdot2yv\dfrac{\partial v}{\partial x},\end{cases}$$

即

$$\begin{cases}(xf_1'-1)\dfrac{\partial u}{\partial x}+f_2'\cdot\dfrac{\partial v}{\partial x}=-uf_1',\\g_1'\dfrac{\partial u}{\partial x}+(2yvg_2'-1)\cdot\dfrac{\partial v}{\partial x}=g_1',\end{cases}$$

当 $\begin{vmatrix}xf_1'-1&f_2'\\g_1'&2yvg_2'-1\end{vmatrix}=(xf_1'-1)(2yvg_2'-1)-f_2'g_1'\neq0$ 时，解得

$$\frac{\partial u}{\partial x}=\frac{-uf_1'(2yvg_2'-1)-f_2'g_1'}{(xf_1'-1)(2yvg_2'-1)-f_2'g_1'},\qquad\frac{\partial v}{\partial x}=\frac{g_1'(xf_1'+uf_1'-1)}{(xf_1'-1)(2yvg_2'-1)-f_2'g_1'}.$$

7．设 $y=f(x,t)$，而 $t=t(x,y)$ 是由方程 $F(x,y,t)=0$ 所确定的函数，其中 f，F 都具有一阶连续偏导数，试证明：

$$\frac{\mathrm{d}y}{\mathrm{d}x} = \frac{\dfrac{\partial f}{\partial x}\dfrac{\partial F}{\partial t} - \dfrac{\partial f}{\partial t}\dfrac{\partial F}{\partial x}}{\dfrac{\partial f}{\partial t}\dfrac{\partial F}{\partial y} + \dfrac{\partial F}{\partial t}}.$$

证　方法一：由方程组 $\begin{cases} y = f(x,t), \\ F(x,y,t) = 0 \end{cases}$ 可确定两个一元隐函数 $\begin{cases} y = y(x), \\ t = t(x), \end{cases}$ 方程两边对

x 求导得

$$\begin{cases} \dfrac{\mathrm{d}y}{\mathrm{d}x} = \dfrac{\partial f}{\partial x} + \dfrac{\partial f}{\partial t} \cdot \dfrac{\mathrm{d}t}{\mathrm{d}x}, \\ \dfrac{\partial F}{\partial x} + \dfrac{\partial F}{\partial y} \cdot \dfrac{\mathrm{d}y}{\mathrm{d}x} + \dfrac{\partial F}{\partial t} \cdot \dfrac{\mathrm{d}t}{\mathrm{d}x} = 0, \end{cases}$$

即

$$\begin{cases} \dfrac{\mathrm{d}y}{\mathrm{d}x} - \dfrac{\partial f}{\partial t} \cdot \dfrac{\mathrm{d}t}{\mathrm{d}x} = \dfrac{\partial f}{\partial x}, \\ \dfrac{\partial F}{\partial y} \cdot \dfrac{\mathrm{d}y}{\mathrm{d}x} + \dfrac{\partial F}{\partial t} \cdot \dfrac{\mathrm{d}t}{\mathrm{d}x} = -\dfrac{\partial F}{\partial x}, \end{cases}$$

在 $\begin{vmatrix} 1 & -\dfrac{\partial f}{\partial t} \\ \dfrac{\partial F}{\partial y} & \dfrac{\partial F}{\partial t} \end{vmatrix} = \dfrac{\partial F}{\partial t} + \dfrac{\partial f}{\partial t}\dfrac{\partial F}{\partial y} \neq 0$ 的条件下，

$$\frac{\mathrm{d}y}{\mathrm{d}x} = \frac{1}{\dfrac{\partial f}{\partial t}\dfrac{\partial F}{\partial y} + \dfrac{\partial F}{\partial t}} \cdot \begin{vmatrix} \dfrac{\partial f}{\partial x} & -\dfrac{\partial f}{\partial t} \\ -\dfrac{\partial F}{\partial x} & \dfrac{\partial F}{\partial t} \end{vmatrix} = \frac{\dfrac{\partial f}{\partial x} \cdot \dfrac{\partial F}{\partial t} - \dfrac{\partial f}{\partial t} \cdot \dfrac{\partial F}{\partial x}}{\dfrac{\partial f}{\partial t}\dfrac{\partial F}{\partial y} + \dfrac{\partial F}{\partial t}}.$$

方法二：方程组 $\begin{cases} y = f(x,t), \\ F(x,y,t) = 0 \end{cases}$ 两边分别微分，得

$$\begin{cases} \mathrm{d}y = \dfrac{\partial f}{\partial x}\mathrm{d}x + \dfrac{\partial f}{\partial t}\mathrm{d}t, \\ \dfrac{\partial F}{\partial x}\mathrm{d}x + \dfrac{\partial F}{\partial y}\mathrm{d}y + \dfrac{\partial F}{\partial t}\mathrm{d}t = 0, \end{cases}$$

约去 $\mathrm{d}t$，解得 $\mathrm{d}y = \dfrac{\dfrac{\partial f}{\partial x} \cdot \dfrac{\partial F}{\partial t} - \dfrac{\partial f}{\partial t} \cdot \dfrac{\partial F}{\partial x}}{\dfrac{\partial f}{\partial t}\dfrac{\partial F}{\partial y} + \dfrac{\partial F}{\partial t}}\mathrm{d}x$，即 $\dfrac{\mathrm{d}y}{\mathrm{d}x} = \dfrac{\dfrac{\partial f}{\partial x} \cdot \dfrac{\partial F}{\partial t} - \dfrac{\partial f}{\partial t} \cdot \dfrac{\partial F}{\partial x}}{\dfrac{\partial f}{\partial t}\dfrac{\partial F}{\partial y} + \dfrac{\partial F}{\partial t}}.$

习题 8-6　向量值函数及多元函数微分学的几何应用

2. 求曲线 $x = t, y = t^2, z = t^3$ 上的点，使在该点的切线平行于平面 $3x + 6y + 4z = 12$，并写出该点处的切线方程.

解 因为 $x_t' = 1$, $y_t' = 2t$, $z_t' = 3t^2$, 所以切向量 $\boldsymbol{T} = (1, 2t, 3t^2)$, 由题意得

$$1 \cdot 3 + 2t \cdot 6 + 3t^2 \cdot 4 = 0,$$

解得 $t = -\dfrac{1}{2}$, 于是所求点为 $\left(-\dfrac{1}{2}, \dfrac{1}{4}, -\dfrac{1}{8}\right)$, 切向量为 $\left(1, -1, \dfrac{3}{4}\right)$, 切线方程为

$$\frac{x + \dfrac{1}{2}}{1} = \frac{y - \dfrac{1}{4}}{-1} = \frac{z + \dfrac{1}{8}}{\dfrac{3}{4}}.$$

3. 求曲线 $\begin{cases} x^2 + 2y^2 + z^2 = 7, \\ 2x + 5y - 3z = -4 \end{cases}$ 在点 $(2, -1, 1)$ 处的切线方程及法平面方程.

解 将 $\begin{cases} x^2 + 2y^2 + z^2 = 7, \\ 2x + 5y - 3z = -4 \end{cases}$ 分别对 x 求导, 得

$$\begin{cases} 2x + 4y\dfrac{\mathrm{d}y}{\mathrm{d}x} + 2z\dfrac{\mathrm{d}z}{\mathrm{d}x} = 0, \\ 2 + 5\dfrac{\mathrm{d}y}{\mathrm{d}x} - 3\dfrac{\mathrm{d}z}{\mathrm{d}x} = 0, \end{cases}$$

当 $\begin{vmatrix} 4y & 2z \\ 5 & -3 \end{vmatrix} = -12y - 10z \neq 0$ 时, 解得 $\dfrac{\mathrm{d}y}{\mathrm{d}x} = -\dfrac{3x + 2z}{6y + 5z}$, $\dfrac{\mathrm{d}z}{\mathrm{d}x} = \dfrac{4y - 5x}{6y + 5z}$, 在点 $(2, -1, 1)$ 处,

$\dfrac{\mathrm{d}y}{\mathrm{d}x}\bigg|_{(2,-1,1)} = 8$, $\dfrac{\mathrm{d}z}{\mathrm{d}x}\bigg|_{(2,-1,1)} = 14$, 故可取切向量 $\boldsymbol{T} = (1, 8, 14)$, 所求切线方程为 $\dfrac{x - 2}{1} = \dfrac{y + 1}{8} = \dfrac{z - 1}{14}$, 所求法平面方程为 $(x - 2) + 8(y + 1) + 14(z - 1) = 0$, 即 $x + 8y + 14z - 8 = 0$.

5. 求曲面 $\mathrm{e}^z + z + xy = 3$ 在点 $(2, 1, 0)$ 处的切平面方程及法线方程.

解 令 $F(x, y, z) = \mathrm{e}^z + z + xy - 3$, 则 $F_x = y$, $F_y = x$, $F_z = \mathrm{e}^z + 1$, 曲面在点 $(2, 1, 0)$ 处的法向量为 $\boldsymbol{n} = (1, 2, 2)$, 切平面方程为 $(x - 2) + 2(y - 1) + 2z = 0$, 即 $x + 2y + 2z - 4 = 0$, 法线方程为 $\dfrac{x - 2}{1} = \dfrac{y - 1}{2} = \dfrac{z}{2}$.

7. 求椭球面 $x^2 + 2y^2 + z^2 = 1$ 上平行于平面 $x - 2y + 2z = 0$ 的切平面方程.

解 令 $F(x, y, z) = x^2 + 2y^2 + z^2 - 1$, 则 $F_x = 2x$, $F_y = 4y$, $F_z = 2z$, 椭球面 $x^2 + 2y^2 + z^2 = 1$ 上点 (x, y, z) 处的法向量为 $\boldsymbol{n} = (x, 2y, z)$, 由题意可得 $\dfrac{x}{1} = \dfrac{2y}{-2} = \dfrac{z}{2}$, 代入 $x^2 + 2y^2 + z^2 = 1$, 解得 $x = \pm\dfrac{1}{\sqrt{7}}$.

当 $x = \dfrac{1}{\sqrt{7}}$ 时, 切点为 $\left(\dfrac{1}{\sqrt{7}}, -\dfrac{1}{\sqrt{7}}, \dfrac{2}{\sqrt{7}}\right)$, 法向量 $\boldsymbol{n} = \left(\dfrac{1}{\sqrt{7}}, -\dfrac{2}{\sqrt{7}}, \dfrac{2}{\sqrt{7}}\right)$, 切平面方程为 $x - 2y + 2z - \sqrt{7} = 0$;

当 $x=-\dfrac{1}{\sqrt7}$ 时，切点为 $\left(-\dfrac{1}{\sqrt7},\dfrac{1}{\sqrt7},-\dfrac{2}{\sqrt7}\right)$，法向量 $\boldsymbol{n}=\left(-\dfrac{1}{\sqrt7},\dfrac{2}{\sqrt7},-\dfrac{2}{\sqrt7}\right)$，切平面方程为 $x-2y+2z+\sqrt7=0$．

8．求曲面 $z=xy$ 上的一点 P，使得曲面在点 P 的法线垂直于平面 $x-2y+z=6$，并求出该法线方程与曲面在点 P 的切平面方程．

解　令 $F(x,y,z)=z-xy$，则 $F_x=-y$，$F_y=-x$，$F_z=1$，于是曲面 $z=xy$ 上点 $P(x,y,z)$ 处的法向量为 $\boldsymbol{n}=(-y,-x,1)$，由题意可得 $\dfrac{-y}{1}=\dfrac{-x}{-2}=\dfrac{1}{1}$，即 $x=2,y=-1$，所以点 P 为 $(2,-1,-2)$，法向量 $\boldsymbol{n}=(1,-2,1)$，在点 P 的法线方程为 $\dfrac{x-2}{1}=\dfrac{y+1}{-2}=\dfrac{z+2}{1}$，切平面方程为 $(x-2)-2(y+1)+(z+2)=0$，即 $x-2y+z-2=0$．

9．试证曲面 $\sqrt x+\sqrt y+\sqrt z=\sqrt a\ (a>0)$ 上任何点处的切平面在各坐标轴上的截距之和等于 a．

证　设 $F(x,y,z)=\sqrt x+\sqrt y+\sqrt z-\sqrt a$，则 $\boldsymbol{n}=\left(\dfrac{1}{2\sqrt x},\dfrac{1}{2\sqrt y},\dfrac{1}{2\sqrt z}\right)$，于是曲面上点 $M(x_0,y_0,z_0)$ 处的切平面方程为

$$\dfrac{1}{\sqrt{x_0}}(x-x_0)+\dfrac{1}{\sqrt{y_0}}(y-y_0)+\dfrac{1}{\sqrt{z_0}}(z-z_0)=0，$$

即 $\dfrac{x}{\sqrt{x_0}}+\dfrac{y}{\sqrt{y_0}}+\dfrac{z}{\sqrt{z_0}}=\sqrt a$，化为截距式，得 $\dfrac{x}{\sqrt{ax_0}}+\dfrac{y}{\sqrt{ay_0}}+\dfrac{z}{\sqrt{az_0}}=1$，所以在各坐标轴的截距之和为

$$\sqrt{ax_0}+\sqrt{ay_0}+\sqrt{az_0}=\sqrt a(\sqrt{x_0}+\sqrt{y_0}+\sqrt{z_0})=a．$$

习题 8-7　方向导数与梯度

1．求函数 $z=x^2-y^2$ 在点 $(-1,-2)$ 处沿从点 $(-1,-2)$ 到点 $(0,-2-\sqrt3)$ 的方向的方向导数．

解　这里方向 $\boldsymbol{l}$ 即向量 $(1,-\sqrt3)$ 的方向，与 $\boldsymbol{l}$ 同向的单位向量为 $\boldsymbol{e}_l=\left(\dfrac{1}{2},-\dfrac{\sqrt3}{2}\right)$．

因为函数可微，且

$$\dfrac{\partial z}{\partial x}\bigg|_{(-1,-2)}=2x\big|_{(-1,-2)}=-2，\qquad \dfrac{\partial z}{\partial y}\bigg|_{(-1,-2)}=-2y\big|_{(-1,-2)}=4，$$

所以

$$\dfrac{\partial z}{\partial \boldsymbol{l}}\bigg|_{(-1,-2)}=-2\cdot\dfrac{1}{2}+4\cdot\left(-\dfrac{\sqrt3}{2}\right)=-1-2\sqrt3．$$

4. 求函数 $z = 3x^2y - y^2$ 在点 $P(2,3)$ 沿曲线 $y = x^2 - 1$ 的切线朝 x 增大方向的方向导数.

解 将曲线 $y = x^2 - 1$ 用参数方程表示为 $\begin{cases} x = x, \\ y = x^2 - 1, \end{cases}$ 它在点 $P(2,3)$ 的切向量为

$(1, 2x)\big|_{x=2} = (1, 4)$, 于是 $\cos\alpha = \dfrac{1}{\sqrt{17}}$, $\cos\beta = \dfrac{4}{\sqrt{17}}$, 所以

$$\frac{\partial z}{\partial \boldsymbol{l}}\bigg|_P = \left[6xy \cdot \frac{1}{\sqrt{17}} + (3x^2 - 2y) \cdot \frac{4}{\sqrt{17}} \right]\bigg|_{(2,3)} = \frac{60\sqrt{17}}{17}.$$

5. 求函数 $z = 1 - \left(\dfrac{x^2}{a^2} + \dfrac{y^2}{b^2} \right)$ 在点 $\left(\dfrac{a}{\sqrt{2}}, \dfrac{b}{\sqrt{2}} \right)$ 处沿曲线 $\dfrac{x^2}{a^2} + \dfrac{y^2}{b^2} = 1$ 在该点的内法线方向的方向导数.

解 令 $F(x,y) = \dfrac{x^2}{a^2} + \dfrac{y^2}{b^2} - 1$, 则 $F_x = \dfrac{2x}{a^2}$, $F_y = \dfrac{2y}{b^2}$, 从而曲线 $\dfrac{x^2}{a^2} + \dfrac{y^2}{b^2} = 1$ 在点 $\left(\dfrac{a}{\sqrt{2}}, \dfrac{b}{\sqrt{2}} \right)$ 处的内法向量为

$$\boldsymbol{n} = -\left(\frac{2x}{a^2}, \frac{2y}{b^2} \right)\bigg|_{\left(\frac{a}{\sqrt{2}}, \frac{b}{\sqrt{2}}\right)} = -\left(\frac{\sqrt{2}}{a}, \frac{\sqrt{2}}{b} \right),$$

单位内法向量为

$$\boldsymbol{e}_n = (\cos\alpha, \cos\beta) = \left(-\frac{b}{\sqrt{a^2 + b^2}}, -\frac{a}{\sqrt{a^2 + b^2}} \right),$$

又因为

$$\frac{\partial z}{\partial x}\bigg|_{\left(\frac{a}{\sqrt{2}}, \frac{b}{\sqrt{2}}\right)} = -\frac{2x}{a^2}\bigg|_{\left(\frac{a}{\sqrt{2}}, \frac{b}{\sqrt{2}}\right)} = -\frac{\sqrt{2}}{a}, \qquad \frac{\partial z}{\partial y}\bigg|_{\left(\frac{a}{\sqrt{2}}, \frac{b}{\sqrt{2}}\right)} = -\frac{2y}{b^2}\bigg|_{\left(\frac{a}{\sqrt{2}}, \frac{b}{\sqrt{2}}\right)} = -\frac{\sqrt{2}}{b},$$

所以

$$\frac{\partial z}{\partial \boldsymbol{n}} = \frac{\sqrt{2}}{a} \cdot \frac{b}{\sqrt{a^2 + b^2}} + \frac{\sqrt{2}}{b} \cdot \frac{a}{\sqrt{a^2 + b^2}} = \frac{\sqrt{2(a^2 + b^2)}}{ab}.$$

6. 求函数 $u = x + y + z$ 在球面 $x^2 + y^2 + z^2 = 1$ 上点 $M(x_0, y_0, z_0)$ 处, 沿球面在该点的外法线方向的方向导数.

解 令 $F(x,y,z) = x^2 + y^2 + z^2 - 1$, 则球面 $x^2 + y^2 + z^2 = 1$ 在点 $M(x_0, y_0, z_0)$ 处的外法向量 $\boldsymbol{n} = (F_x, F_y, F_z)\big|_{(x_0, y_0, z_0)} = (2x_0, 2y_0, 2z_0)$,

$$\boldsymbol{e}_n = \frac{\boldsymbol{n}}{|\boldsymbol{n}|} = (\cos\alpha, \cos\beta, \cos\gamma) = (x_0, y_0, z_0),$$

又因为 $\dfrac{\partial u}{\partial x} = \dfrac{\partial u}{\partial y} = \dfrac{\partial u}{\partial z} = 1$, 所以

$$\frac{\partial u}{\partial \boldsymbol{n}} = 1 \cdot x_0 + 1 \cdot y_0 + 1 \cdot z_0 = x_0 + y_0 + z_0.$$

7. 对函数 $z = 3x^2 + y^2$，在单位圆 $x^2 + y^2 = 1$ 上找出这样的点及方向，使函数在该点沿该方向的方向导数达到最大值.

解 $\dfrac{\partial z}{\partial x} = 6x$，$\dfrac{\partial z}{\partial y} = 2y$，函数 $z = 3x^2 + y^2$ 在单位圆 $x^2 + y^2 = 1$ 上一点 (x, y) 沿梯度方向的方向导数达到最大值，其最大值为 $|\mathbf{grad} z| = \sqrt{36x^2 + 4y^2} = \sqrt{4 + 32x^2}$，因此，当单位圆 $x^2 + y^2 = 1$ 上的点为 $(1, 0)$ 或 $(-1, 0)$，方向为 $(1, 0)$ 或 $(-1, 0)$ 时，函数 $z = 3x^2 + y^2$ 在该点沿该方向的方向导数达到最大值.

8. 求函数 $u = x^3 + y^3 + z^3 - 3xyz$ 的梯度，并问在何点处梯度满足下列条件：

(1) 垂直于 z 轴; (2) 平行于 z 轴; (3) 等于零.

解 $\dfrac{\partial u}{\partial x} = 3x^2 - 3yz$，$\dfrac{\partial u}{\partial y} = 3y^2 - 3xz$，$\dfrac{\partial u}{\partial z} = 3z^2 - 3xy$，故

$$\mathbf{grad} u = (3x^2 - 3yz, 3y^2 - 3xz, 3z^2 - 3xy).$$

(1) $\mathbf{grad} u$ 垂直于 z 轴，则 $\mathbf{grad} u \cdot \mathbf{k} = 3z^2 - 3xy = 0$，所求的点要满足 $z^2 = xy$.

(2) $\mathbf{grad} u$ 平行于 z 轴，则 $x = y = 0$，但 $z \neq 0$.

(3) $\mathbf{grad} u$ 等于零，则 $x = y = z$.

习题 8-8　多元函数的极值与最值

1. 求函数 $f(x, y) = x^4 + y^4 - 4xy + 1$ 的极值.

解 解方程组 $\begin{cases} f_x(x, y) = 4x^3 - 4y = 0, \\ f_y(x, y) = 4y^3 - 4x = 0, \end{cases}$ 得驻点 $(0, 0)$，$(1, 1)$，$(-1, -1)$，

$A = f_{xx}(x, y) = 12x^2$，　　$B = f_{xy}(x, y) = -4$，　　$C = f_{yy}(x, y) = 12y^2$.

在点 $(0, 0)$ 处，$A = C = 0, B = -4$，$AC - B^2 = -16 < 0$，所以点 $(0, 0)$ 不是函数的极值点;

在点 $(1, 1)$ 处，$A = C = 12, B = -4$，$AC - B^2 = 128 > 0$，且 $A > 0$，所以函数在点 $(1, 1)$ 处取得极小值，极小值为 $f(1, 1) = -1$;

在点 $(-1, -1)$ 处，$A = C = 12, B = -4$，$AC - B^2 = 128 > 0$，且 $A > 0$，所以函数在点 $(-1, -1)$ 处取得极小值，极小值为 $f(-1, -1) = -1$.

3. 求函数 $f(x, y) = e^{2x}(x + y^2 + 2y)$ 的极值.

解 解方程组 $\begin{cases} f_x(x, y) = e^{2x}(2x + 2y^2 + 4y + 1) = 0, \\ f_y(x, y) = e^{2x}(2y + 2) = 0, \end{cases}$ 得驻点 $\left(\dfrac{1}{2}, -1\right)$，

$f_{xx}(x, y) = 4e^{2x}(x + y^2 + 2y + 1)$，　　$f_{xy}(x, y) = 4e^{2x}(y + 1)$，　　$f_{yy}(x, y) = 2e^{2x}$，

在点 $\left(\dfrac{1}{2}, -1\right)$ 处，$A = 2e, B = 0, C = 2e$，$AC - B^2 = 4e^2 > 0$，且 $A > 0$，所以函数在点 $\left(\dfrac{1}{2}, -1\right)$

处取得极小值, 极小值为 $f\left(\dfrac{1}{2}, -1\right) = -\dfrac{e}{2}$.

4. 求函数 $f(x, y) = x^2 - 2xy + 2y$ 在矩形域 $D = \{(x, y) | 0 \leqslant x \leqslant 3, 0 \leqslant y \leqslant 2\}$ 上的最值.

解　先求 $f(x, y) = x^2 - 2xy + 2y$ 在矩形域内部的驻点, 令

$$\begin{cases} f_x = 2x - 2y = 0, \\ f_y = -2x + 2 = 0, \end{cases}$$

解得驻点为 $(1, 1)$, 且 $f(1, 1) = 1$.

在边界 $y = 0$ 上, $f(x, y) = x^2$, 在 $x \in [0, 3]$ 上的最小值为 $f(0, 0) = 0$, 最大值为 $f(3, 0) = 9$.

在边界 $x = 0$ 上, $f(x, y) = 2y$, 在 $y \in [0, 2]$ 上的最小值为 $f(0, 0) = 0$, 最大值为 $f(0, 2) = 4$.

在边界 $x = 3$ 上, $f(x, y) = 9 - 4y$, 在 $y \in [0, 2]$ 上的最小值为 $f(3, 2) = 1$, 最大值为 $f(3, 0) = 9$.

在边界 $y = 2$ 上, $f(x, y) = x^2 - 4x + 4 = (x - 2)^2$, 在 $x \in [0, 3]$ 上的最小值为 $f(2, 2) = 0$, 最大值为 $f(0, 2) = 4$.

综上, 函数 $f(x, y) = x^2 - 2xy + 2y$ 在矩形域 D 上的最大值为 $f(3, 0) = 9$, 最小值为 $f(0, 0) = f(2, 2) = 0$.

5. 求斜边之长为 k, 有最大周长的直角三角形.

解　设直角三角形的两直角边之长分别为 x, y, 则周长

$$s = x + y + k \quad (0 < x < k, 0 < y < k),$$

因此, 本题是在 $x^2 + y^2 = k^2$ 下的条件极值问题, 作拉格朗日函数

$$L(x, y, \lambda) = x + y + k + \lambda(x^2 + y^2 - k^2),$$

解方程组 $\begin{cases} L_x = 1 + 2\lambda x = 0, \\ L_y = 1 + 2\lambda y = 0, \\ L_\lambda = x^2 + y^2 - k^2 = 0, \end{cases}$ 得唯一可能的极值点 $x = y = \dfrac{\sqrt{2}}{2}k$.

根据问题的实际性质可知这种有最大周长的直角三角形一定存在, 所以斜边之长为 k 的一切直角三角形中, 周长最大的是等腰直角三角形, 且两直角边边长皆为 $\dfrac{\sqrt{2}}{2}k$.

7. 欲围一个面积为 60m^2 的矩形场地, 正面所用材料每米造价 10 元, 其余三面每米造价 5 元, 求场地的长、宽各为多少米时, 所用材料费最少?

解　设矩形场地的两个边长分别为 x, y, 所用材料费为 $f(x, y) = 10x + 5(x + 2y)$, 因此, 本题是求 $f(x, y)$ 在 $xy = 60$ 下的条件极值问题, 令

$$L(x, y, \lambda) = 10x + 5(x + 2y) + \lambda(xy - 60),$$

解方程组 $\begin{cases} L_x = 10+5+\lambda y = 0, \\ L_y = 10+\lambda x = 0, \\ L_\lambda = xy-60 = 0, \end{cases}$ 得唯一可能的极值点 $x = 2\sqrt{10}$, $y = 3\sqrt{10}$.

根据问题的实际性质可知这种材料费的最小值一定存在, 所以当场地的长、宽分别为 $3\sqrt{10}$ m, $2\sqrt{10}$ m 时, 所用材料费最少.

8. 在平面 $x+y+z=1$ 上求一点, 使它与两定点 $(1,0,1)$, $(2,0,1)$ 的距离的平方和为最小.

解 设平面 $x+y+z=1$ 上一点为 (x,y,z) , 则它与两定点 $(1,0,1)$, $(2,0,1)$ 的距离平方和为 $(x-1)^2+(x-2)^2+2y^2+2(z-1)^2$, 令

$$L(x,y,\lambda)=(x-1)^2+(x-2)^2+2y^2+2(z-1)^2+\lambda(x+y+z-1),$$

解方程组 $\begin{cases} L_x = 2(x-1)+2(x-2)+\lambda = 0, \\ L_y = 4y+\lambda = 0, \\ L_z = 4(z-1)+\lambda = 0, \\ L_\lambda = x+y+z-1 = 0, \end{cases}$ 得唯一可能的极值点为 $\left(1,-\dfrac{1}{2},\dfrac{1}{2}\right)$.

根据问题的实际性质可知距离平方和的最小值一定存在, 故所求点为 $\left(1,-\dfrac{1}{2},\dfrac{1}{2}\right)$.

9. 求内接于半径为 R 的半球且有最大体积的长方体的体积.

解 设球面方程为 $x^2+y^2+z^2=R^2$, (x,y,z) 是其内接长方体在第 I 卦限内的一个顶点, 长方体的各面平行于坐标面, 则此长方体的长、宽、高分别为 $2x$, $2y$, z , 体积为

$$V = 2x \cdot 2y \cdot z = 4xyz \quad (x>0, y>0, z>0),$$

令 $L(x,y,z,\lambda)=4xyz+\lambda(x^2+y^2+z^2-R^2)$, 解方程组 $\begin{cases} L_x = 4yz+2\lambda x = 0, \\ L_y = 4xz+2\lambda y = 0, \\ L_z = 4xy+2\lambda z = 0, \\ L_\lambda = x^2+y^2+z^2-R^2 = 0, \end{cases}$ 得唯一可能的极值点为 $\left(\dfrac{\sqrt{3}}{3}R,\dfrac{\sqrt{3}}{3}R,\dfrac{\sqrt{3}}{3}R\right)$.

由题意可知这种长方体必有最大体积, 所以当长方体的长、宽都为 $\dfrac{2\sqrt{3}}{3}R$, 高为 $\dfrac{\sqrt{3}}{3}R$ 时, 其体积最大, 最大体积为 $\dfrac{4\sqrt{3}}{9}R^3$.

11. 设有一圆板占有平面闭区域 $\{(x,y)\,|\,x^2+y^2\leqslant 1\}$, 该圆板被加热, 在点 (x,y) 的温度 $T=x^2+2y^2-x$, 求该圆板的最热点和最冷点.

解 在闭区域内部, 解方程组 $\begin{cases} \dfrac{\partial T}{\partial x} = 2x-1 = 0, \\ \dfrac{\partial T}{\partial y} = 4y = 0, \end{cases}$ 得驻点为 $\left(\dfrac{1}{2},0\right)$, 此时 $T_1 = T\left(\dfrac{1}{2},0\right) = -\dfrac{1}{4}$;

在边界 $x^2 + y^2 = 1$ 上，$T = 2 - x - x^2 = \dfrac{9}{4} - \left(x + \dfrac{1}{2} \right)^2$，当 $x = -\dfrac{1}{2}$ 时，在边界上取得最大值

$T_2 = \dfrac{9}{4}$，当 $x = 1$ 时，在边界上取得最小值 $T_3 = 0$. 因此，最热点在 $\left(-\dfrac{1}{2}, \pm\dfrac{\sqrt{3}}{2} \right)$，$T_{\max} = \dfrac{9}{4}$，

最冷点在 $\left(\dfrac{1}{2}, 0 \right)$，$T_{\min} = -\dfrac{1}{4}$.

总 习 题 八

3． 证明极限 $\lim\limits_{\substack{x \to 0 \\ y \to 0}} \dfrac{xy^2}{x^2 + y^4}$ 不存在.

证　因为 $\lim\limits_{\substack{(x,y) \to (0,0) \\ y = x}} \dfrac{xy^2}{x^2 + y^4} = \lim\limits_{x \to 0} \dfrac{x^3}{x^2 + x^4} = 0$，$\lim\limits_{\substack{(x,y) \to (0,0) \\ x = y^2}} \dfrac{xy^2}{x^2 + y^4} = \lim\limits_{y \to 0} \dfrac{y^4}{y^4 + y^4} = \dfrac{1}{2}$，所以

$\lim\limits_{\substack{x \to 0 \\ y \to 0}} \dfrac{xy^2}{x^2 + y^4}$ 不存在.

4． 在曲面 $z = 3x^2 + 2y^2$ 上求一点，使曲面在该点处的切平面垂直于直线 $\dfrac{x-1}{3} =$

$\dfrac{y-2}{2} = z + 1$，并写出切平面方程.

解　曲面 $z = 3x^2 + 2y^2$ 上点 (x, y, z) 处的法向量为 $(6x, 4y, -1)$，由题意可得 $\dfrac{6x}{3} = \dfrac{4y}{2} = \dfrac{-1}{1}$，

解得 $x = -\dfrac{1}{2}, y = -\dfrac{1}{2}$，从而 $z = \dfrac{5}{4}$，故所求点为 $\left(-\dfrac{1}{2}, -\dfrac{1}{2}, \dfrac{5}{4} \right)$，法向量为 $(-3, -2, -1)$，切平

面方程为 $3\left(x + \dfrac{1}{2} \right) + 2\left(y + \dfrac{1}{2} \right) + \left(z - \dfrac{5}{4} \right) = 0$，即 $12x + 8y + 4z + 5 = 0$.

6． 设 $f(x, y) = |x - y| \varphi(x, y)$，其中 $\varphi(x, y)$ 在点 $(0,0)$ 的某邻域内连续，欲使 $f_x(0,0)$

及 $f_y(0,0)$ 存在，问 $\varphi(x, y)$ 应满足什么条件？

解　$f_x(0,0) = \lim\limits_{\Delta x \to 0} \dfrac{f(\Delta x, 0) - f(0,0)}{\Delta x} = \lim\limits_{\Delta x \to 0} \dfrac{|\Delta x| \varphi(\Delta x, 0)}{\Delta x}$

$\qquad = \begin{cases} -\lim\limits_{\Delta x \to 0^-} \varphi(\Delta x, 0) = -\varphi(0,0), \\ \lim\limits_{\Delta x \to 0^+} \varphi(\Delta x, 0) = \varphi(0,0), \end{cases}$

若使 $f_x(0,0)$ 存在，则 $\varphi(0,0) = 0$.

$\qquad\qquad f_y(0,0) = \lim\limits_{\Delta y \to 0} \dfrac{f(0, \Delta y) - f(0,0)}{\Delta y} = \lim\limits_{\Delta y \to 0} \dfrac{|\Delta y| \varphi(0, \Delta y)}{\Delta y}$

$\qquad\qquad\qquad = \begin{cases} -\lim\limits_{\Delta y \to 0^-} \varphi(0, \Delta y) = -\varphi(0,0), \\ \lim\limits_{\Delta y \to 0^+} \varphi(0, \Delta y) = \varphi(0,0), \end{cases}$

若使 $f_y(0,0)$ 存在, 则 $\varphi(0,0)=0$.

综上, 欲使 $f_x(0,0)$ 及 $f_y(0,0)$ 存在, 则 $\varphi(0,0)=0$.

7. 确定 λ 的值, 使曲面 $xyz=\lambda$ 与曲面 $\dfrac{x^2}{a^2}+\dfrac{y^2}{b^2}+\dfrac{z^2}{c^2}=1$ 在某点相切.

解　曲面 $xyz=\lambda$ 在点 (x,y,z) 处的法向量为 $\boldsymbol{n}_1=(yz,xz,xy)$, 曲面 $\dfrac{x^2}{a^2}+\dfrac{y^2}{b^2}+\dfrac{z^2}{c^2}=1$ 在点 (x,y,z) 处的法向量为 $\boldsymbol{n}_2=\left(\dfrac{2x}{a^2},\dfrac{2y}{b^2},\dfrac{2z}{c^2}\right)$, 可令 $\dfrac{2x}{yza^2}=\dfrac{2y}{xzb^2}=\dfrac{2z}{xyc^2}=t$, 则 $\dfrac{2x^2}{xyza^2}=\dfrac{2y^2}{xyzb^2}=\dfrac{2z^2}{xyzc^2}=t$, 即 $\dfrac{2x^2}{\lambda a^2}=\dfrac{2y^2}{\lambda b^2}=\dfrac{2z^2}{\lambda c^2}=t$, 解得 $\lambda=\pm\dfrac{\sqrt{3}}{9}abc$.

8. 设 $f(u)$ 可微, 证明曲面 $z=xf\left(\dfrac{y}{x}\right)$ 上任一点处的切平面都通过原点.

证　曲面 $z=xf\left(\dfrac{y}{x}\right)$ 上点 (x_0,y_0,z_0) 处的切平面的法向量为

$$\boldsymbol{n}=\left(f\left(\dfrac{y_0}{x_0}\right)-\dfrac{y_0}{x_0}f'\left(\dfrac{y_0}{x_0}\right),f'\left(\dfrac{y_0}{x_0}\right),-1\right),$$

从而切平面方程为

$$\left[f\left(\dfrac{y_0}{x_0}\right)-\dfrac{y_0}{x_0}f'\left(\dfrac{y_0}{x_0}\right)\right](x-x_0)+f'\left(\dfrac{y_0}{x_0}\right)(y-y_0)-(z-z_0)=0,$$

化简为

$$\left[f\left(\dfrac{y_0}{x_0}\right)-\dfrac{y_0}{x_0}f'\left(\dfrac{y_0}{x_0}\right)\right]x+f'\left(\dfrac{y_0}{x_0}\right)y-z=0,$$

所以该平面通过原点.

9. 证明曲面 $F(x-my,z-ny)=0$ 的所有切平面恒与定直线平行, 其中 $F(u,v)$ 可微.

证　曲面的法向量为 $\boldsymbol{n}=(F_1',-mF_1'-nF_2',F_2')$, 该向量与常向量 $(m,1,n)$ 垂直, 即曲面的所有切平面恒与定直线平行.

10. 求函数 $u=x^2+y^2+z^2$ 在椭球面 $\dfrac{x^2}{a^2}+\dfrac{y^2}{b^2}+\dfrac{z^2}{c^2}=1$ 上点 $M(x_0,y_0,z_0)$ 处沿外法线方向的方向导数.

解　椭球面 $\dfrac{x^2}{a^2}+\dfrac{y^2}{b^2}+\dfrac{z^2}{c^2}=1$ 上点 $M(x_0,y_0,z_0)$ 处的外法向量为 $\boldsymbol{n}=\left(\dfrac{x_0}{a^2},\dfrac{y_0}{b^2},\dfrac{z_0}{c^2}\right)$, 其单位向量为

$$\boldsymbol{e}_n=(\cos\alpha,\cos\beta,\cos\gamma)=\dfrac{1}{\sqrt{\dfrac{x_0^2}{a^4}+\dfrac{y_0^2}{b^4}+\dfrac{z_0^2}{c^4}}}\left(\dfrac{x_0}{a^2},\dfrac{y_0}{b^2},\dfrac{z_0}{c^2}\right).$$

因为 $u_x(x_0,y_0,z_0)=2x_0$，$u_y(x_0,y_0,z_0)=2y_0$，$u_z(x_0,y_0,z_0)=2z_0$，所以所求方向导数为

$$\frac{\partial u}{\partial \boldsymbol{n}}\bigg|_{(x_0,y_0,z_0)}=u_x(x_0,y_0,z_0)\cos\alpha+u_y(x_0,y_0,z_0)\cos\beta+u_z(x_0,y_0,z_0)\cos\gamma$$

$$=\frac{1}{\sqrt{\dfrac{x_0^2}{a^4}+\dfrac{y_0^2}{b^4}+\dfrac{z_0^2}{c^4}}}\left(2x_0\cdot\frac{x_0}{a^2}+2y_0\cdot\frac{y_0}{b^2}+2z_0\cdot\frac{z_0}{c^2}\right)=\frac{2}{\sqrt{\dfrac{x_0^2}{a^4}+\dfrac{y_0^2}{b^4}+\dfrac{z_0^2}{c^4}}}.$$

11．求二元函数 $z=x^2y(4-x-y)$ 在直线 $x+y=6$，x 轴和 y 轴所围成的闭区域上的最值.

解　先求函数 $z=f(x,y)=x^2y(4-x-y)$ 在闭区域内部的驻点，解方程组

$$\begin{cases}z_x=8xy-3x^2y-2xy^2=0,\\ z_y=4x^2-x^3-2x^2y=0,\end{cases}$$

得闭区域内部的驻点为 $(2,1)$，相应地，$f(2,1)=4$；

在边界 $x=0$，$y=0$ 上，$z=x^2y(4-x-y)=0$；

在边界 $x+y=6$ 上，$z=x^2(6-x)\cdot(-2)=2x^3-12x^2$，令 $z_x=6x^2-24x=0$，得 $x=0$ 或 $x=4$，相应地，$f(0,6)=0$，$f(4,2)=-64$.

故函数 $z=x^2y(4-x-y)$ 在闭区域上的最大值为 $f(2,1)=4$，最小值为 $f(4,2)=-64$.

12．在椭球面 $x^2+y^2+\dfrac{z^2}{4}=1$ 的第 I 卦限部分上求一点，使椭球面在该点处的切平面在三个坐标轴上的截距的平方和最小.

解　椭球面 $x^2+y^2+\dfrac{z^2}{4}=1$ 在点 (x,y,z) $(x>0,y>0,z>0)$ 处的法向量为 $\boldsymbol{n}=\left(2x,2y,\dfrac{z}{2}\right)$，切平面方程为 $2x(X-x)+2y(Y-y)+\dfrac{z}{2}(Z-z)=0$，即 $xX+yY+\dfrac{z}{4}Z=1$，它在三个坐标轴上的截距分别为 $\dfrac{1}{x},\dfrac{1}{y},\dfrac{4}{z}$，记

$$d(x,y,z)=\left(\frac{1}{x}\right)^2+\left(\frac{1}{y}\right)^2+\left(\frac{4}{z}\right)^2=\frac{1}{x^2}+\frac{1}{y^2}+\frac{16}{z^2},$$

问题转化为函数 $d(x,y,z)$ 在条件 $x^2+y^2+\dfrac{z^2}{4}=1$ 下的极值问题. 令

$$L(x,y,z,\lambda)=\frac{1}{x^2}+\frac{1}{y^2}+\frac{16}{z^2}+\lambda\left(x^2+y^2+\frac{z^2}{4}-1\right),$$

$$\text{解方程组}\begin{cases} L_x = -\dfrac{2}{x^3} + 2\lambda x = 0, \\[2mm] L_y = -\dfrac{2}{y^3} + 2\lambda y = 0, \\[2mm] L_z = -\dfrac{32}{z^3} + \dfrac{\lambda z}{2} = 0, \\[2mm] L_\lambda = x^2 + y^2 + \dfrac{z^2}{4} - 1 = 0, \end{cases} \qquad \text{得唯一可能的极值点为} \left(\dfrac{1}{2}, \dfrac{1}{2}, \sqrt{2}\right).$$

由题意可知, 该截距的平方和一定存在最小值, 故点 $\left(\dfrac{1}{2}, \dfrac{1}{2}, \sqrt{2}\right)$ 即所求.

13. 设 $z = z(x, y)$ 由方程 $x^2 + y^2 + z^2 = yf\left(\dfrac{z}{y}\right)$ 确定, 其中 f 为可微函数, 求 $\mathrm{d}z$.

解 将方程两边分别微分, 得

$$2x\mathrm{d}x + 2y\mathrm{d}y + 2z\mathrm{d}z = f\left(\dfrac{z}{y}\right)\mathrm{d}y + yf'\left(\dfrac{z}{y}\right) \cdot \dfrac{y\mathrm{d}z - z\mathrm{d}y}{y^2},$$

化简得

$$2x\mathrm{d}x + \left[2y - f\left(\dfrac{z}{y}\right) + \dfrac{z}{y}f'\left(\dfrac{z}{y}\right)\right]\mathrm{d}y = \left[f'\left(\dfrac{z}{y}\right) - 2z\right]\mathrm{d}z,$$

所以

$$\mathrm{d}z = \dfrac{2xy\mathrm{d}x + \left[2y^2 - yf\left(\dfrac{z}{y}\right) + zf'\left(\dfrac{z}{y}\right)\right]\mathrm{d}y}{y\left[f'\left(\dfrac{z}{y}\right) - 2z\right]}.$$

14. 设 $z = z(x, y)$ 由方程 $F\left(x + \dfrac{z}{y}, y + \dfrac{z}{x}\right) = 0$ 确定, 其中 F 为可微函数, 证明:

$$x\dfrac{\partial z}{\partial x} + y\dfrac{\partial z}{\partial y} = z - xy.$$

证 将方程 $F\left(x + \dfrac{z}{y}, y + \dfrac{z}{x}\right) = 0$ 两边分别对 x, y 求偏导, 得

$$\left(1 + \dfrac{1}{y}\dfrac{\partial z}{\partial x}\right)F_1' + \left(-\dfrac{z}{x^2} + \dfrac{1}{x}\dfrac{\partial z}{\partial x}\right)F_2' = 0, \qquad \left(-\dfrac{z}{y^2} + \dfrac{1}{y}\dfrac{\partial z}{\partial y}\right)F_1' + \left(1 + \dfrac{1}{x}\dfrac{\partial z}{\partial y}\right)F_2' = 0,$$

从而

$$\dfrac{\partial z}{\partial x} = \dfrac{-F_1' + \dfrac{z}{x^2}F_2'}{\dfrac{1}{y}F_1' + \dfrac{1}{x}F_2'} = \dfrac{-x^2yF_1' + yzF_2'}{x^2F_1' + xyF_2'}, \qquad \dfrac{\partial z}{\partial y} = \dfrac{\dfrac{z}{y^2}F_1' - F_2'}{\dfrac{1}{y}F_1' + \dfrac{1}{x}F_2'} = \dfrac{xzF_1' - xy^2F_2'}{xyF_1' + y^2F_2'},$$

于是

$$x\frac{\partial z}{\partial x}+y\frac{\partial z}{\partial y}=x\cdot\frac{-x^2yF_1'+yzF_2'}{x^2F_1'+xyF_2'}+y\cdot\frac{xzF_1'-xy^2F_2'}{xyF_1'+y^2F_2'}$$

$$=\frac{xF_1'(z-xy)+yF_2'(z-xy)}{xF_1'+yF_2'}=z-xy.$$

15. 已知 $z=z(u)$ 且 $u=\varphi(u)+\displaystyle\int_y^x p(t)\mathrm{d}t$ ，其中 $z=z(u)$ 可微，$\varphi'(u)$ 存在且 $\varphi'(u)\neq1$ ，

$p(t)$ 连续. 证明：$p(y)\dfrac{\partial z}{\partial x}+p(x)\dfrac{\partial z}{\partial y}=0$.

证　将方程 $u=\varphi(u)+\displaystyle\int_y^x p(t)\mathrm{d}t$ 两边分别对 x,y 求偏导，得

$$\frac{\partial u}{\partial x}=\varphi'(u)\frac{\partial u}{\partial x}+p(x),\qquad\frac{\partial u}{\partial y}=\varphi'(u)\frac{\partial u}{\partial y}-p(y),$$

即 $\dfrac{\partial u}{\partial x}=\dfrac{p(x)}{1-\varphi'(u)}$，$\dfrac{\partial u}{\partial y}=\dfrac{-p(y)}{1-\varphi'(u)}$，于是，由 $z=z(u)$ 得

$$\frac{\partial z}{\partial x}=z'(u)\frac{\partial u}{\partial x}=\frac{z'(u)p(x)}{1-\varphi'(u)},\qquad\frac{\partial z}{\partial y}=z'(u)\frac{\partial u}{\partial y}=-\frac{z'(u)p(y)}{1-\varphi'(u)},$$

所以

$$p(y)\frac{\partial z}{\partial x}+p(x)\frac{\partial z}{\partial y}=p(y)\frac{z'(u)p(x)}{1-\varphi'(u)}+p(x)\left[-\frac{z'(u)p(y)}{1-\varphi'(u)}\right]=0.$$

16. 证明：当 $\xi=\dfrac{y}{x}$ ，$\eta=y$ 时，方程 $x^2\dfrac{\partial^2 u}{\partial x^2}+2xy\dfrac{\partial^2 u}{\partial x\partial y}+y^2\dfrac{\partial^2 u}{\partial y^2}=0$ 可化为 $\dfrac{\partial^2 u}{\partial \eta^2}=0$ ，其

中 u 有二阶连续偏导数.

证　因为 $u=F(\xi,\eta)$ ，$\xi=\dfrac{y}{x}$ ，$\eta=y$ ，且 u 有二阶连续偏导数，所以

$$\frac{\partial u}{\partial x}=\frac{\partial u}{\partial \xi}\frac{\partial \xi}{\partial x}=\frac{\partial u}{\partial \xi}\cdot\left(-\frac{y}{x^2}\right),\qquad\frac{\partial u}{\partial y}=\frac{\partial u}{\partial \xi}\frac{\partial \xi}{\partial y}+\frac{\partial u}{\partial \eta}\frac{\mathrm{d}\eta}{\mathrm{d}y}=\frac{\partial u}{\partial \xi}\cdot\frac{1}{x}+\frac{\partial u}{\partial \eta},$$

$$\frac{\partial^2 u}{\partial x^2}=\left(-\frac{y}{x^2}\right)\frac{\partial^2 u}{\partial \xi^2}\cdot\left(-\frac{y}{x^2}\right)+\frac{\partial u}{\partial \xi}\cdot\frac{2y}{x^3}=\frac{y^2}{x^4}\frac{\partial^2 u}{\partial \xi^2}+\frac{2y}{x^3}\frac{\partial u}{\partial \xi},$$

$$\frac{\partial^2 u}{\partial x\partial y}=\left(-\frac{y}{x^2}\right)\left(\frac{\partial^2 u}{\partial \xi^2}\cdot\frac{1}{x}+\frac{\partial^2 u}{\partial \xi\partial \eta}\right)-\frac{1}{x^2}\frac{\partial u}{\partial \xi}=-\frac{y}{x^3}\frac{\partial^2 u}{\partial \xi^2}-\frac{y}{x^2}\frac{\partial^2 u}{\partial \xi\partial \eta}-\frac{1}{x^2}\frac{\partial u}{\partial \xi},$$

$$\frac{\partial^2 u}{\partial y^2}=\frac{1}{x}\left(\frac{\partial^2 u}{\partial \xi^2}\cdot\frac{1}{x}+\frac{\partial^2 u}{\partial \xi\partial \eta}\right)+\left(\frac{\partial^2 u}{\partial \eta\partial \xi}\cdot\frac{1}{x}+\frac{\partial^2 u}{\partial \eta^2}\right)=\frac{1}{x^2}\frac{\partial^2 u}{\partial \xi^2}+\frac{2}{x}\frac{\partial^2 u}{\partial \xi\partial \eta}+\frac{\partial^2 u}{\partial \eta^2},$$

于是

$$x^2\frac{\partial^2 u}{\partial x^2}+2xy\frac{\partial^2 u}{\partial x\partial y}+y^2\frac{\partial^2 u}{\partial y^2}$$

$$= x^2\left(\frac{y^2}{x^4}\frac{\partial^2 u}{\partial \xi^2} + \frac{2y}{x^3}\frac{\partial u}{\partial \xi}\right) + 2xy\left(-\frac{y}{x^3}\frac{\partial^2 u}{\partial \xi^2} - \frac{y}{x^2}\frac{\partial^2 u}{\partial \xi \partial \eta} - \frac{1}{x^2}\frac{\partial u}{\partial \xi}\right) + y^2\left(\frac{1}{x^2}\frac{\partial^2 u}{\partial \xi^2} + \frac{2}{x}\frac{\partial^2 u}{\partial \xi \partial \eta} + \frac{\partial^2 u}{\partial \eta^2}\right)$$

$$= y^2\frac{\partial^2 u}{\partial \eta^2},$$

故方程 $x^2\dfrac{\partial^2 u}{\partial x^2} + 2xy\dfrac{\partial^2 u}{\partial x\partial y} + y^2\dfrac{\partial^2 u}{\partial y^2} = 0$ 可化为 $\dfrac{\partial^2 u}{\partial \eta^2} = 0$.

六、自 测 题

一、选择题(10 小题, 每小题 2 分, 共 20 分).

1. 二元函数 $z = \sqrt{\ln\dfrac{4}{x^2+y^2}} + \arcsin\dfrac{1}{x^2+y^2}$ 的定义域是( ).

  A. $\{(x,y)\big|1 \leqslant x^2+y^2 \leqslant 4\}$ B. $\{(x,y)\big|1 < x^2+y^2 \leqslant 4\}$

  C. $\{(x,y)\big|1 \leqslant x^2+y^2 < 4\}$ D. $\{(x,y)\big|1 < x^2+y^2 < 4\}$

2. 极限 $\lim\limits_{\substack{x\to 1 \\ y\to 0}}\dfrac{\sin(x-y-1)}{\sqrt{x}-\sqrt{y+1}} = ($).

  A. 0   B. 1   C. 2   D. 不存在

3. 设 $f_x(x_0,y_0)$ 及 $f_y(x_0,y_0)$ 都存在, 则 $f(x,y)$ 在 (x_0,y_0) 处( ).

  A. 可微   B. 连续   C. 不连续   D. 不一定可微

4. 已知 $f(x,y)$ 在 (a,b) 处的偏导数存在, 则 $\lim\limits_{h\to 0}\dfrac{f(a+h,b)-f(a-h,b)}{h} = ($).

  A. 0   B. $f_x(2a,b)$ C. $f_x(a,b)$ D. $2f_x(a,b)$

5. 设 $z = x^{y^2}$ $(x>0, -\infty < y < +\infty)$, 下列结论正确的是( ).

  A. $\dfrac{\partial^2 z}{\partial x\partial y} - \dfrac{\partial^2 z}{\partial y\partial x} > 0$ B. $\dfrac{\partial^2 z}{\partial x\partial y} - \dfrac{\partial^2 z}{\partial y\partial x} = 0$

  C. $\dfrac{\partial^2 z}{\partial x\partial y} - \dfrac{\partial^2 z}{\partial y\partial x} < 0$ D. $\dfrac{\partial^2 z}{\partial x\partial y} - \dfrac{\partial^2 z}{\partial y\partial x} \neq 0$

6. 二元函数 $z = f(x,y)$ 在 (x_0,y_0) 处可微的充分必要条件是( ).

  A. $f(x,y)$ 在 (x_0,y_0) 处连续

  B. $f_x(x,y)$, $f_y(x,y)$ 在 (x_0,y_0) 的某邻域内存在

  C. $\Delta z - f_x(x,y)\Delta x - f_y(x,y)\Delta y$ 是当 $(\Delta x,\Delta y)\to(0,0)$ 时的无穷小

  D. $\dfrac{\Delta z - f_x(x,y)\Delta x - f_y(x,y)\Delta y}{\sqrt{(\Delta x)^2 + (\Delta y)^2}}$ 是当 $(\Delta x,\Delta y)\to(0,0)$ 时的无穷小

7. 设函数 $f(x,y)=\begin{cases}\dfrac{xy}{\sqrt{x^2+y^2}}, & x^2+y^2\neq 0,\\ 0, & x^2+y^2=0,\end{cases}$ 则 $f(x,y)$ 在点 $(0,0)$ 处(　　).

A. 不连续　　　　　B. 偏导数不存在　　　C. 不可微　　　　D. 可微

8. 曲面 $z=x^2+y^2-1$ 在点 $(2,1,4)$ 处的切平面方程是(　　).

A. $\dfrac{x-2}{2}=\dfrac{y-1}{1}=\dfrac{z-4}{-1}$ 　　　　　　　B. $\dfrac{x-2}{4}=\dfrac{y-1}{2}=\dfrac{z-4}{-1}$

C. $4x+2y-z-6=0$ 　　　　　　　D. $x+y-z-1=0$

9. 函数 $z=xy(3-x-y)$ 的极值点是(　　).

A. $(0,0)$ 　　　　　B. $(1,1)$ 　　　　　C. $(3,0)$ 　　　　　D. $(0,3)$

10. 设 $u(x,y)=(x+y)^2+x-y+\displaystyle\int_{x-y}^{x+y}\psi(t)\mathrm{d}t$ ，其中，$\psi(t)$ 具有一阶导数，则(　　).

A. $\dfrac{\partial^2 u}{\partial x^2}=\dfrac{\partial^2 u}{\partial y^2}$ 　　　　　　　B. $\dfrac{\partial^2 u}{\partial x^2}=-\dfrac{\partial^2 u}{\partial y^2}$

C. $\dfrac{\partial^2 u}{\partial x^2}=\dfrac{\partial^2 u}{\partial x\partial y}$ 　　　　　　D. $\dfrac{\partial^2 u}{\partial y^2}=\dfrac{\partial^2 u}{\partial x\partial y}$

二、填空题(10 小题，每小题 2 分，共 20 分).

1. $\displaystyle\lim_{(x,y)\to(2,+\infty)}\left(1+\dfrac{x}{y}\right)^y=$ _____.

2. 设函数 $z=xy$ ，则它的全微分 $\mathrm{d}z=$ _____.

3. 设 $z=f(x,y)$ 由方程 $x+y+z=\mathrm{e}^{-(x+y+z)}$ 确定，则 $\dfrac{\partial z}{\partial x}=$ _____.

4. 设 $z=f(x,xy)$ ，f 具有一阶连续偏导数，则 $\mathrm{d}z=$ _____.

5. 设 z 是方程 $x+y-z=\mathrm{e}^z$ 所确定的 x,y 的隐函数，则 $\dfrac{\partial^2 z}{\partial x\partial y}=$ _____.

6. 设 $u=f\left(\dfrac{x}{y},\dfrac{y}{z}\right)$ ，f 具有一阶连续偏导数，求 $\mathrm{d}u=$ _____.

7. 曲线 $x=t,y=t^2,z=t^3$ 上平行于平面 $-9x+3y+z=4$ 的切线方程为_____.

8. 曲线 $x=t,y=t^2,z=t^3$ 在点 $(1,1,1)$ 处的法平面方程为_____.

9. 设 $f(x,y)=\dfrac{1}{x^2+y^2}$ ，则 $\mathbf{grad}f(1,1)=$ _____.

10. 函数 $f(x,y)=x^2+y^2$ 在点 $(1,2)$ 处增加最快的方向是_____，沿此方向的方向导数为_____.

三、计算与证明题(10 小题，每小题 6 分，共 60 分).

1. 已知 $u=\mathrm{e}^{\frac{x}{y}}\sin(yz)$ ，求 $\mathrm{d}u$.

2. 设 $z=z(x,y)$ 由方程 $F(2x-3z,2y-z)=0$ 所确定，其中 F 是可微函数，求 $\mathrm{d}z$.

3．求函数 $u = \ln(x + \sqrt{y^2 + z^2})$ 在点 $A(1,0,1)$ 沿 A 指向点 $B(3,-2,2)$ 的方向的方向导数．

4．设 $u = e^{3x}yz^2$，其中 $z = z(x,y)$ 是由方程 $2x + y - 3e^z + xyz + 3e^{-1} = 1$ 所确定的隐函数，求 $\left.\dfrac{\partial u}{\partial x}\right|_{(0,1,-1)}$．

5．已知函数 $u = yf\left(\dfrac{x}{y}\right) + xg\left(\dfrac{y}{x}\right)$，其中 f,g 具有二阶连续导数，求 $x\dfrac{\partial^2 u}{\partial x^2} + y\dfrac{\partial^2 u}{\partial x\partial y}$ 的值．

6．求二元函数 $z = f(x,y) = 3(x + y) - x^3 - y^3$ 的极值．

7．求函数 $z = f(x,y) = x^2y(2 - x - y)$ 在由直线 $x + y = 3, x = 0, y = 0$ 所围成的闭区域 D 上的最大值和最小值．

8．在椭圆 $x^2 + 4y^2 = 4$ 上求一点，使其到直线 $2x + 3y - 6 = 0$ 的距离最短．

9．验证函数 $f(x,y) = \begin{cases} (x^2 + y^2)\sin\dfrac{1}{x^2 + y^2}, & x^2 + y^2 \neq 0, \\ 0, & x^2 + y^2 = 0 \end{cases}$ 的偏导函数 $f_x(x,y)$ 及 $f_y(x,y)$ 在点 $(0,0)$ 不连续，但它在该点可微．

10．证明：曲面 $xyz = c^3\ (c > 0)$ 上任意点处的切平面与三坐标面所围成立体的体积为一定值．

自测题参考答案

一、1．A；　2．C；　3．D；　4．D；　5．B；
6．D；　7．C；　8．C；　9．B；　10．A．

二、1．e^2；　2．$y\mathrm{d}x + x\mathrm{d}y$；　3．$-1$；　4．$(f_1' + yf_2')\mathrm{d}x + xf_2'\mathrm{d}y$；

5．$-\dfrac{e^z}{(1 + e^z)^3}$；　6．$\dfrac{1}{y}f_1'\mathrm{d}x + \left(-\dfrac{x}{y^2}f_1' + \dfrac{1}{z}f_2'\right)\mathrm{d}y - \dfrac{y}{z^2}f_2'\mathrm{d}z$；

7．$\dfrac{x+3}{1} = \dfrac{y-9}{-6} = \dfrac{z+27}{27}$ 及 $\dfrac{x-1}{1} = \dfrac{y-1}{2} = \dfrac{z-1}{3}$；　8．$x + 2y + 3z - 6 = 0$；

9．$-\dfrac{1}{2}\boldsymbol{i} - \dfrac{1}{2}\boldsymbol{j}$；　10．$\boldsymbol{i} + 2\boldsymbol{j}$，$2\sqrt{5}$．

三、1．$\mathrm{d}u = \dfrac{\partial u}{\partial x}\mathrm{d}x + \dfrac{\partial u}{\partial y}\mathrm{d}y + \dfrac{\partial u}{\partial z}\mathrm{d}z$

$$= \dfrac{1}{y}e^{\frac{x}{y}}\sin(yz)\mathrm{d}x + \left[-\dfrac{x}{y^2}e^{\frac{x}{y}}\sin(yz) + ze^{\frac{x}{y}}\cos(yz)\right]\mathrm{d}y + ye^{\frac{x}{y}}\cos(yz)\mathrm{d}z.$$

2．$\mathrm{d}z = \dfrac{\partial z}{\partial x}\mathrm{d}x + \dfrac{\partial z}{\partial y}\mathrm{d}y = \dfrac{2F_1'\mathrm{d}x + 2F_2'\mathrm{d}y}{3F_1' + F_2'}$，或者由 $F_1'\cdot(2\mathrm{d}x - 3\mathrm{d}z) + F_2'\cdot(2\mathrm{d}y - \mathrm{d}z) = 0$，得

$$\mathrm{d}z = \dfrac{2F_1'\mathrm{d}x + 2F_2'\mathrm{d}y}{3F_1' + F_2'}.$$

3. $u = \ln(x + \sqrt{y^2 + z^2})$ 在点 $A(1,0,1)$ 处可微，且 $\left.\dfrac{\partial u}{\partial x}\right|_A = \left.\dfrac{1}{x + \sqrt{y^2 + z^2}}\right|_A = \dfrac{1}{2}$，

$$\left.\frac{\partial u}{\partial y}\right|_A = \left.\frac{1}{x + \sqrt{y^2 + z^2}} \cdot \frac{y}{\sqrt{y^2 + z^2}}\right|_A = 0, \qquad \left.\frac{\partial u}{\partial z}\right|_A = \left.\frac{1}{x + \sqrt{y^2 + z^2}} \cdot \frac{z}{\sqrt{y^2 + z^2}}\right|_A = \frac{1}{2},$$

而 $\boldsymbol{l} = \overrightarrow{AB} = (2, -2, 1)$，所以 $\cos\alpha = \dfrac{2}{3}, \cos\beta = -\dfrac{2}{3}, \cos\gamma = \dfrac{1}{3}$，故函数在点 A 沿 $\boldsymbol{l} = \overrightarrow{AB}$ 方向的

方向导数为 $\left.\dfrac{\partial u}{\partial \boldsymbol{l}}\right|_A = \dfrac{1}{2} \cdot \dfrac{2}{3} + 0 \cdot \left(-\dfrac{2}{3}\right) + \dfrac{1}{2} \cdot \dfrac{1}{3} = \dfrac{1}{2}$.

4. $\dfrac{\partial u}{\partial x} = 3\mathrm{e}^{3x}yz^2 + 2\mathrm{e}^{3x}yz\dfrac{\partial z}{\partial x} = 3\mathrm{e}^{3x}yz^2 + 2\mathrm{e}^{3x}yz \cdot \dfrac{2 + yz}{3\mathrm{e}^z - xy}$，$\left.\dfrac{\partial u}{\partial x}\right|_{(0,1,-1)} = 3 - \dfrac{2}{3}\mathrm{e}$.

5. $u = yf\left(\dfrac{x}{y}\right) + xg\left(\dfrac{y}{x}\right)$，$\dfrac{\partial u}{\partial x} = f'\left(\dfrac{x}{y}\right) + g\left(\dfrac{y}{x}\right) - \dfrac{y}{x}g'\left(\dfrac{y}{x}\right)$，

$$\frac{\partial^2 u}{\partial x^2} = \frac{1}{y}f''\left(\frac{x}{y}\right) - \frac{y}{x^2}g'\left(\frac{y}{x}\right) + \frac{y}{x^2}g'\left(\frac{y}{x}\right) + \frac{y^2}{x^3}g''\left(\frac{y}{x}\right) = \frac{1}{y}f''\left(\frac{x}{y}\right) + \frac{y^2}{x^3}g''\left(\frac{y}{x}\right),$$

$$\frac{\partial^2 u}{\partial x\partial y} = -\frac{x}{y^2}f''\left(\frac{x}{y}\right) + \frac{1}{x}g'\left(\frac{y}{x}\right) - \frac{1}{x}g'\left(\frac{y}{x}\right) - \frac{y}{x^2}g''\left(\frac{y}{x}\right) = -\frac{x}{y^2}f''\left(\frac{x}{y}\right) - \frac{y}{x^2}g''\left(\frac{y}{x}\right),$$

故 $x\dfrac{\partial^2 u}{\partial x^2} + y\dfrac{\partial^2 u}{\partial x\partial y} = 0$.

6. 解方程组 $\begin{cases} f_x(x,y) = 3 - 3x^2 = 0, \\ f_y(x,y) = 3 - 3y^2 = 0, \end{cases}$ 得驻点 $(1,1)$，$(1,-1)$，$(-1,1)$，$(-1,-1)$，

$A = f_{xx}(x,y) = -6x$，　　　$B = f_{xy}(x,y) = 0$，　　　$C = f_{yy}(x,y) = -6y$.

在点 $(1,1)$ 处，$AC - B^2 = 36 > 0$，又 $A = -6 < 0$，所以函数在 $(1,1)$ 处有极大值 $f(1,1) = 4$；

在点 $(1,-1)$ 和 $(-1,1)$ 处，$AC - B^2 = -36 < 0$，所以函数在 $(1,-1)$ 和 $(-1,1)$ 处均不取得极值；

在点 $(-1,-1)$ 处，$AC - B^2 = 36 > 0$，又 $A = 6 > 0$，所以函数在 $(-1,-1)$ 处有极小值 $f(-1,-1) = -4$.

7. 由 $\begin{cases} f_x(x,y) = xy(4 - 3x - 2y) = 0, \\ f_y(x,y) = x^2(2 - x - 2y) = 0, \end{cases}$ 解得函数在 D 内的驻点为 $\left(1, \dfrac{1}{2}\right)$，且 $f\left(1, \dfrac{1}{2}\right) = \dfrac{1}{4}$.

在 D 的边界 $x = 0$ 和 $y = 0$ 上，$f(x,y) = 0$.

在 D 的边界 $x + y = 3, x \geqslant 0, y \geqslant 0$ 上，$z = x^3 - 3x^2 \ (0 \leqslant x \leqslant 3)$. 令 $z_x = 3x^2 - 6x = 0$，得 $x = 0$ 或 $x = 2$，相应地，$y = 3$ 或 $y = 1$，且 $f(0,3) = 0$，$f(2,1) = -4$.

综上，$z = f(x,y)$ 在 D 上的最大值为 $f\left(1, \dfrac{1}{2}\right) = \dfrac{1}{4}$，最小值为 $f(2,1) = -4$.

8．设 (x,y) 为椭圆 $x^2+4y^2=4$ 上任一点，则该点到直线 $2x+3y-6=0$ 的距离为
$d=\dfrac{|2x+3y-6|}{\sqrt{13}}$．令 $L=(2x+3y-6)^2+\lambda(x^2+4y^2-4)$，解方程组

$$\begin{cases} L_x=4(2x+3y-6)+2\lambda x=0, \\ L_y=6(2x+3y-6)+8\lambda y=0, \\ x^2+4y^2-4=0, \end{cases}$$

得可能的极值点为 $M_1\left(\dfrac{8}{5},\dfrac{3}{5}\right)$，$M_2\left(-\dfrac{8}{5},-\dfrac{3}{5}\right)$，依题意，椭圆到直线一定有最短距离存在，

比较得 $d_{\min}=d\,|_{M_1}=\dfrac{|2x+3y-6|}{\sqrt{13}}\Bigg|_{M_1}=\dfrac{\sqrt{13}}{13}$，故所求的点为 $M_1\left(\dfrac{8}{5},\dfrac{3}{5}\right)$．

9．证明略．

10．设 $M(x_0,y_0,z_0)$ 是曲面 $xyz=c^3$ 上的，任意一点，则 $x_0y_0z_0=c^3$，曲面在该点处的

一个法向量为 $\boldsymbol{n}=(y_0z_0,z_0x_0,x_0y_0)=c^3\left(\dfrac{1}{x_0},\dfrac{1}{y_0},\dfrac{1}{z_0}\right)$，于是曲面在点 M 处的切平面方程为

$$\dfrac{1}{x_0}(x-x_0)+\dfrac{1}{y_0}(y-y_0)+\dfrac{1}{z_0}(z-z_0)=0,$$

即 $\dfrac{x}{3x_0}+\dfrac{y}{3y_0}+\dfrac{z}{3z_0}=1$，因而该切平面与三坐标面所围成的立体的体积为

$$V=\dfrac{1}{6}|3x_0|\cdot|3y_0|\cdot|3z_0|=\dfrac{9}{2}|x_0y_0z_0|=\dfrac{9}{2}c^3,$$

此为定值，故命题得证．

第九章 重积分

重积分是定积分的理论和方法在多元函数情形的一种推广, 是多元函数积分学的一部分. 本章学习二重积分和三重积分的定义、性质、计算方法及其应用.

一、知识框架

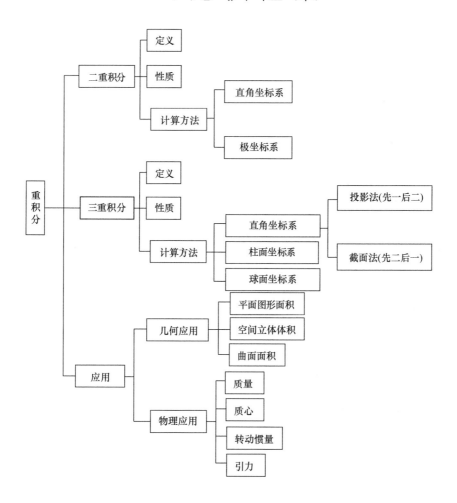

二、教学基本要求

(1) 理解二重积分、三重积分的概念，了解重积分的性质，了解二重积分的中值定理.

(2) 掌握二重积分(直角坐标、极坐标)的计算方法，会计算三重积分(直角坐标、柱面坐标、球面坐标).

(3) 会用重积分的微元法求一些几何量与物理量(平面图形的面积、空间立体的体积、曲面面积、质量、质心、转动惯量和引力等).

三、主要内容解读

（一）重积分的概念和性质

1．重积分的定义

设 $f(x,y)$ 是平面有界闭区域 D 上的有界函数，将闭区域 D 任意分成 n 个小闭区域 $\Delta\sigma_1,\Delta\sigma_2,\cdots,\Delta\sigma_n$，其中 $\Delta\sigma_i$ 既表示第 i 个小闭区域，也表示它的面积. 在每个 $\Delta\sigma_i$ 上任取一点 (ξ_i,η_i)，作乘积 $f(\xi_i,\eta_i)\Delta\sigma_i$ $(i=1,2,\cdots,n)$，并作和 $\sum_{i=1}^{n}f(\xi_i,\eta_i)\Delta\sigma_i$. 设 λ 为 n 个小闭区域的直径的最大值，如果极限 $\lim_{\lambda\to0}\sum_{i=1}^{n}f(\xi_i,\eta_i)\Delta\sigma_i$ 存在，则称此极限为函数 $f(x,y)$ 在闭区域 D 上的二重积分，记作 $\iint\limits_{D}f(x,y)\mathrm{d}\sigma$，即 $\iint\limits_{D}f(x,y)\mathrm{d}\sigma=\lim_{\lambda\to0}\sum_{i=1}^{n}f(\xi_i,\eta_i)\Delta\sigma_i$，其中 $f(x,y)$ 称为被积函数，$f(x,y)\mathrm{d}\sigma$ 称为被积表达式，$\mathrm{d}\sigma$ 称为面积元素，x 与 y 称为积分变量，D 称为积分区域，$\sum_{i=1}^{n}f(\xi_i,\eta_i)\Delta\sigma_i$ 称为积分和. 类似地，可定义空间有界闭区域 Ω 上的有界函数 $f(x,y,z)$ 的三重积分为

$$\iiint\limits_{\Omega}f(x,y,z)\mathrm{d}v=\lim_{\lambda\to0}\sum_{i=1}^{n}f(\xi_i,\eta_i,\zeta_i)\Delta v_i.$$

如果 $f(x,y)$ 在闭区域 D 上连续，那么 $f(x,y)$ 在 D 上的二重积分存在. 三重积分也有类似的结论.

直角坐标系中的面积元素 $\mathrm{d}\sigma$ 可记作 $\mathrm{d}x\mathrm{d}y$，二重积分可表示为 $\iint\limits_{D}f(x,y)\mathrm{d}x\mathrm{d}y$. 空间直角坐标系中的体积元素 $\mathrm{d}v$ 可记作 $\mathrm{d}x\mathrm{d}y\mathrm{d}z$，三重积分可表示为 $\iiint\limits_{\Omega}f(x,y,z)\mathrm{d}x\mathrm{d}y\mathrm{d}z$.

重积分的几何意义:

(1) 若在闭区域 D 上，$f(x,y) \geqslant 0$，则二重积分 $\iint\limits_{D} f(x,y)\mathrm{d}\sigma$ 在几何上表示以 xOy 面上的闭区域 D 为底，以准线为 D 的边界曲线、母线平行于 z 轴的柱面为侧面，以曲面 $z = f(x,y)$ 为顶的曲顶柱体的体积. 若在闭区域 D 上，$f(x,y) \leqslant 0$，则 $\iint\limits_{D} f(x,y)\mathrm{d}\sigma$ 等于曲顶柱体体积的负值. 一般地，若 $f(x,y)$ 在 D 上的符号不定，根据上正下负原则，$\iint\limits_{D} f(x,y)\mathrm{d}\sigma$ 表示体积的代数和.

(2) 当 $f(x,y) \equiv 1$ 时，$\iint\limits_{D} 1\mathrm{d}\sigma = \iint\limits_{D} \mathrm{d}\sigma = A$，其中 A 为闭区域 D 的面积.

(3) 当 $f(x,y,z) \equiv 1$ 时，$\iiint\limits_{\Omega} 1\mathrm{d}v = \iiint\limits_{\Omega} \mathrm{d}v = V$，其中 V 为闭区域 Ω 的体积.

2. 重积分的性质

二重积分的性质如下，三重积分的性质可类似给出.

(1) $\iint\limits_{D} [\alpha f(x,y) \pm \beta g(x,y)]\mathrm{d}\sigma = \alpha \iint\limits_{D} f(x,y)\mathrm{d}\sigma \pm \beta \iint\limits_{D} g(x,y)\mathrm{d}\sigma$，其中 α，β 为常数.

(2) 二重积分对于积分区域的可加性. 若 $D = D_1 \bigcup D_2$，且 D_1 与 D_2 无公共内点，则
$$\iint\limits_{D} f(x,y)\mathrm{d}\sigma = \iint\limits_{D_1} f(x,y)\mathrm{d}\sigma + \iint\limits_{D_2} f(x,y)\mathrm{d}\sigma.$$

(3) 若在 D 上，$f(x,y) \leqslant g(x,y)$，则有不等式 $\iint\limits_{D} f(x,y)\mathrm{d}\sigma \leqslant \iint\limits_{D} g(x,y)\mathrm{d}\sigma$.

(4) 二重积分的估值不等式. 设 M 与 m 分别是 $f(x,y)$ 在闭区域 D 上的最大值与最小值，σ 是 D 的面积，则
$$m\sigma \leqslant \iint\limits_{D} f(x,y)\mathrm{d}\sigma \leqslant M\sigma.$$

(5) 二重积分的中值定理. 设函数 $f(x,y)$ 在有界闭区域 D 上连续，σ 是 D 的面积，则在 D 上至少存在一点 (ξ,η)，使得 $\iint\limits_{D} f(x,y)\mathrm{d}\sigma = f(\xi,\eta)\cdot\sigma$.

(6) 对称性定理.
若 $f(x,y)$ 在 D 上连续，且 D 关于 x 轴对称，D_1 是 D 位于 x 轴上侧的部分区域，则
$$\iint\limits_{D} f(x,y)\mathrm{d}\sigma = \begin{cases} 2\iint\limits_{D_1} f(x,y)\mathrm{d}\sigma, & \text{在} D \text{上} f(x,-y) = f(x,y), \\ 0, & \text{在} D \text{上} f(x,-y) = -f(x,y). \end{cases}$$

若 $f(x,y)$ 在 D 上连续，且 D 关于 y 轴对称，D_2 是 D 位于 y 轴右侧的部分区域，则

$$\iint\limits_{D} f(x,y)\mathrm{d}\sigma = \begin{cases} 2\iint\limits_{D_2} f(x,y)\mathrm{d}\sigma, & 在D上f(-x,y)=f(x,y), \\ 0, & 在D上f(-x,y)=-f(x,y). \end{cases}$$

若 $f(x,y)$ 在 D 上连续, 且 D 关于原点对称, 则

$$\iint\limits_{D} f(x,y)\mathrm{d}\sigma = \begin{cases} 2\iint\limits_{D_3} f(x,y)\mathrm{d}\sigma, & 在D上f(-x,-y)=f(x,y), \\ 0, & 在D上f(-x,-y)=-f(x,y), \end{cases}$$

其中, $D_3 = \{D \mid y \geqslant 0\}$.

若 $f(x,y)$ 在 D 上连续, 且 D 关于直线 $y=x$ 对称, 则

$$\iint\limits_{D} f(x,y)\mathrm{d}\sigma = \iint\limits_{D} f(y,x)\mathrm{d}\sigma = \frac{1}{2}\iint\limits_{D}[f(x,y)+f(y,x)]\mathrm{d}\sigma .$$

在这种情况下, 若 $D = D_1 \bigcup D_2$, 其中 D_1, D_2 是对称于直线 $y=x$ 的两个部分区域, 则

$$\iint\limits_{D_1} f(x,y)\mathrm{d}\sigma = \iint\limits_{D_2} f(y,x)\mathrm{d}\sigma .$$

三重积分 $\iiint\limits_{\Omega} f(x,y,z)\mathrm{d}v$ 也有类似的对称性.

若 $f(x,y,z)$ 在 Ω 上连续, 且 Ω 关于 xOy 面对称, Ω_1 是 Ω 位于 xOy 面上侧的部分区域, 则

$$\iiint\limits_{\Omega} f(x,y,z)\mathrm{d}v = \begin{cases} 2\iiint\limits_{\Omega_1} f(x,y,z)\mathrm{d}v, & 在\Omega上f(x,y,-z)=f(x,y,z), \\ 0, & 在\Omega上f(x,y,-z)=-f(x,y,z). \end{cases}$$

同理可得三重积分其他的对称性情况.

若 $f(x,y,z)$ 在 Ω 上连续, 且 x, y, z 轮换后 Ω 不变, 则

$$\iiint\limits_{\Omega} f(x,y,z)\mathrm{d}v = \iiint\limits_{\Omega} f(y,z,x)\mathrm{d}v = \iiint\limits_{\Omega} f(z,x,y)\mathrm{d}v$$

$$= \frac{1}{3}\iiint\limits_{\Omega}[f(x,y,z)+f(y,z,x)+f(z,x,y)]\mathrm{d}v .$$

注　在利用对称性简化重积分的计算时, 要同时考虑积分区域的对称性和被积函数的奇偶性.

(二) 二重积分的计算

1. 直角坐标系中二重积分的计算

(1) 若积分区域 D 是 X 型区域, 可表示为 $D = \{(x,y) \mid \varphi_1(x) \leqslant y \leqslant \varphi_2(x), a \leqslant x \leqslant b\}$, 其中函数 $\varphi_1(x)$, $\varphi_2(x)$ 在 $[a,b]$ 上连续, 则

$$\iint\limits_{D} f(x,y)\mathrm{d}\sigma = \int_a^b\left[\int_{\varphi_1(x)}^{\varphi_2(x)} f(x,y)\mathrm{d}y\right]\mathrm{d}x = \int_a^b\mathrm{d}x\int_{\varphi_1(x)}^{\varphi_2(x)} f(x,y)\mathrm{d}y .$$

(2) 若积分区域是 Y 型区域, 可表示为 $D=\{(x,y)|\psi_1(y)\leqslant x\leqslant\psi_2(y),c\leqslant y\leqslant d\}$, 其中函数 $\psi_1(y)$, $\psi_2(y)$ 在 $[c,d]$ 上连续, 则

$$\iint\limits_{D} f(x,y)\mathrm{d}\sigma = \int_c^d\left[\int_{\psi_1(y)}^{\psi_2(y)} f(x,y)\mathrm{d}x\right]\mathrm{d}y = \int_c^d\mathrm{d}y\int_{\psi_1(y)}^{\psi_2(y)} f(x,y)\mathrm{d}x .$$

(3) 若积分区域 D 既是 X 型区域, 即 $D=\{(x,y)|\varphi_1(x)\leqslant y\leqslant\varphi_2(x),a\leqslant x\leqslant b\}$, 又是 Y 型区域, 即 $D=\{(x,y)|\psi_1(y)\leqslant x\leqslant\psi_2(y),c\leqslant y\leqslant d\}$, 则二重积分可化为两种不同次序的二次积分, 即

$$\iint\limits_{D} f(x,y)\mathrm{d}\sigma = \int_a^b\mathrm{d}x\int_{\varphi_1(x)}^{\varphi_2(x)} f(x,y)\mathrm{d}y = \int_c^d\mathrm{d}y\int_{\psi_1(y)}^{\psi_2(y)} f(x,y)\mathrm{d}x .$$

(4) 若积分区域 D 既不是 X 型区域, 又不是 Y 型区域, 则可将 D 分成若干部分闭区域, 使每个部分闭区域是 X 型区域或 Y 型区域, 利用前面所述的方法, 求出 $f(x,y)$ 在每个部分闭区域上的二重积分后, 根据二重积分对于积分区域的可加性, 它们的和就是 $f(x,y)$ 在 D 上的二重积分.

注 计算二重积分, 应先画出积分区域 D 的图形, 然后根据 D 的形状和被积函数 $f(x,y)$ 的特点进行计算. 若积分区域 D 为矩形、三角形或任意图形, 则考虑选择直角坐标进行计算. 在直角坐标系中将二重积分化为二次积分, 需要选择合适的积分次序. 这时, 也需要考虑积分区域 D 的形状和被积函数的特点.

(1) 在直角坐标系中计算二重积分, 若积分区域 D 的边界线中至少有一条平行于 x (或 y) 轴的直线段, 且平行 x (或 y) 轴穿过 D 内部的任何直线与 D 的边界曲线相交不多于两点, 则先对 x (或 y) 积分.

(2) 若积分区域的边界线中没有平行于坐标轴的直线段, 则一般以 D 不分块或少分块为原则, 选择积分次序.

(3) 若被积函数仅是一个变量的函数, 则通常选择先对另一个变量积分.

(4) 原函数不是初等函数的被积函数, 必须选择合适的积分次序.

2. 极坐标系中二重积分的计算

若二重积分的积分区域的边界曲线用极坐标方程表示比较方便(如积分区域是圆形、圆扇形、圆环形、环扇形等), 或被积函数用极坐标变量表示比较简单(被积函数形如 $f(x^2+y^2)$, $f\left(\dfrac{y}{x}\right)$ 或 $f\left(\dfrac{x}{y}\right)$ 的形式), 则可以考虑在极坐标系中计算二重积分. 极坐标系中的面积元素为 $\mathrm{d}\sigma=\rho\mathrm{d}\rho\mathrm{d}\theta$, 二重积分的变量从直角坐标变换为极坐标的变换公式为

$$\iint\limits_{D} f(x,y)\mathrm{d}x\mathrm{d}y = \iint\limits_{D} f(\rho\cos\theta,\rho\sin\theta)\rho\mathrm{d}\rho\mathrm{d}\theta .$$

一般而言, 极坐标系中二重积分化为二次积分的积分次序是"先 ρ 后 θ", 具体如下.

若极点 O 在积分区域 D 的内部, 即 $D=\{(\rho,\theta)\big|0\leqslant\rho\leqslant\varphi(\theta),0\leqslant\theta\leqslant2\pi\}$, 其中函数 $\rho=\varphi(\theta)$ 在 $[0,2\pi]$ 上连续, 则

$$\iint\limits_{D}f(\rho\cos\theta,\rho\sin\theta)\rho\mathrm{d}\rho\mathrm{d}\theta=\int_0^{2\pi}\mathrm{d}\theta\int_0^{\varphi(\theta)}f(\rho\cos\theta,\rho\sin\theta)\rho\mathrm{d}\rho.$$

若极点 O 不在积分区域 D 的内部, 即 $D=\{(\rho,\theta)\big|\varphi_1(\theta)\leqslant\rho\leqslant\varphi_2(\theta),\alpha\leqslant\theta\leqslant\beta\}$, 其中函数 $\rho=\varphi_1(\theta)$, $\rho=\varphi_2(\theta)$ 在 $[\alpha,\beta]$ 上连续, $\varphi_1(\theta)\leqslant\varphi_2(\theta)$, 则

$$\iint\limits_{D}f(\rho\cos\theta,\rho\sin\theta)\rho\mathrm{d}\rho\mathrm{d}\theta=\int_\alpha^\beta\mathrm{d}\theta\int_{\varphi_1(\theta)}^{\varphi_2(\theta)}f(\rho\cos\theta,\rho\sin\theta)\rho\mathrm{d}\rho.$$

若极点 O 在积分区域 D 的边界曲线上, 即 $D=\{(\rho,\theta)\big|0\leqslant\rho\leqslant\varphi(\theta),\alpha\leqslant\theta\leqslant\beta\}$, 其中函数 $\rho=\varphi(\theta)$ 在 $[\alpha,\beta]$ 上连续, 则

$$\iint\limits_{D}f(\rho\cos\theta,\rho\sin\theta)\rho\mathrm{d}\rho\mathrm{d}\theta=\int_\alpha^\beta\mathrm{d}\theta\int_0^{\varphi(\theta)}f(\rho\cos\theta,\rho\sin\theta)\rho\mathrm{d}\rho.$$

注　计算二重积分时, 若被积函数是分段函数

$$f(x,y)=\begin{cases}f_1(x,y),&(x,y)\in D_1,\\f_2(x,y),&(x,y)\in D_2,\end{cases}$$

则 $\iint\limits_{D}f(x,y)\mathrm{d}\sigma=\iint\limits_{D\cap D_1}f_1(x,y)\mathrm{d}\sigma+\iint\limits_{D\cap D_2}f_2(x,y)\mathrm{d}\sigma$.

被积函数含有绝对值符号、最值和取整符号的重积分, 实际上也是分段函数的积分. 需将积分区域适当划分为若干子区域, 使得这些子区域无公共内点, 并且在每个子区域上被积函数确定. 被积函数含有绝对值符号的重积分的具体计算方法如下.

(1) 常用被积函数中绝对值等于零的曲线将积分区域分为两部分, 再利用二重积分对区域的可加性便可求出所给的二重积分.

(2) 去掉绝对值符号的另一种方法是利用被积函数的奇偶性和积分区域的对称性.

（三）三重积分的计算

1. 直角坐标系中三重积分的计算

1) 投影法("先一后二"法)

若穿过闭区域 Ω 内部且平行于 z 轴的直线与 Ω 的边界曲面相交不多于两点, 则可将闭区域 Ω 投影到 xOy 面上, 记投影区域为 D_{xy}, 这时三重积分的积分区域 Ω 可表示为

$$\Omega=\{(x,y,z)\,|\,z_1(x,y)\leqslant z\leqslant z_2(x,y),(x,y)\in D_{xy}\},$$

若 $D_{xy}=\{(x,y)\,|\,y_1(x)\leqslant y\leqslant y_2(x),a\leqslant x\leqslant b\}$, 则三重积分化为三次积分的计算公式为

$$\iiint\limits_{\Omega}f(x,y,z)\mathrm{d}v=\int_a^b\mathrm{d}x\int_{y_1(x)}^{y_2(x)}\mathrm{d}y\int_{z_1(x,y)}^{z_2(x,y)}f(x,y,z)\mathrm{d}z.$$

如果平行于 x 轴或 y 轴且穿过闭区域 Ω 内部的直线与 Ω 的边界曲面相交不多于两点，也可把闭区域 Ω 投影到 yOz 面或 zOx 面上，这样便可将三重积分化为其他次序的三次积分．若平行于坐标轴且穿过闭区域 Ω 内部的直线与 Ω 的边界曲面的交点多于两个，可将 Ω 分成若干部分闭区域，且各部分闭区域满足上述对区域的要求，则在 Ω 上的三重积分等于各部分闭区域上的三重积分之和．

2) 截面法（"先二后一"法）

若积分区域 Ω 可表示为 $\Omega = \{(x,y,z)\,|\,(x,y)\in D_z, c_1 \leqslant z \leqslant c_2\}$，其中 D_z 是用竖坐标为 z 的平面截闭区域 Ω 所得的一个截面，则

$$\iiint\limits_{\Omega} f(x,y,z)\mathrm{d}v = \int_{c_1}^{c_2}\mathrm{d}z\iint\limits_{D_z} f(x,y,z)\mathrm{d}x\mathrm{d}y .$$

注 （1）若积分区域 Ω 在 xOy 面上的投影区域比较简单，通常可采用"先一后二"法．

（2）当截面 D_z 的形状比较简单，且被积函数与 x，y 无关，或 $\iint\limits_{D_z} f(x,y,z)\mathrm{d}x\mathrm{d}y$ 容易计算时，选用"先二后一"法．

2．**柱面坐标系中三重积分的计算**

柱面坐标系中的体积元素为 $\mathrm{d}v = \rho\mathrm{d}\rho\mathrm{d}\theta\mathrm{d}z$，三重积分的变量从直角坐标变换为柱面坐标的变换公式为

$$\iiint\limits_{\Omega} f(x,y,z)\mathrm{d}x\mathrm{d}y\mathrm{d}z = \iiint\limits_{\Omega} f(\rho\cos\theta,\rho\sin\theta,z)\rho\mathrm{d}\rho\mathrm{d}\theta\mathrm{d}z .$$

若积分区域 Ω 可表示为
$$\Omega = \{(\rho,\theta,z)\,|\,z_1(\rho,\theta)\leqslant z\leqslant z_2(\rho,\theta), \varphi_1(\theta)\leqslant\rho\leqslant\varphi_2(\theta), \alpha\leqslant\theta\leqslant\beta\},$$
则三重积分化为三次积分的计算公式为
$$\iiint\limits_{\Omega} f(\rho\cos\theta,\rho\sin\theta,z)\rho\mathrm{d}\rho\mathrm{d}\theta\mathrm{d}z = \int_{\alpha}^{\beta}\mathrm{d}\theta\int_{\varphi_1(\theta)}^{\varphi_2(\theta)}\rho\mathrm{d}\rho\int_{z_1(\rho,\theta)}^{z_2(\rho,\theta)} f(\rho\cos\theta,\rho\sin\theta,z)\mathrm{d}z .$$

3．**球面坐标系中三重积分的计算**

球面坐标系中的体积元素为 $\mathrm{d}v = r^2\sin\varphi\mathrm{d}r\mathrm{d}\varphi\mathrm{d}\theta$，三重积分的变量从直角坐标变换为球面坐标的变换公式为

$$\iiint\limits_{\Omega} f(x,y,z)\mathrm{d}x\mathrm{d}y\mathrm{d}z = \iiint\limits_{\Omega} f(r\sin\varphi\cos\theta,r\sin\varphi\sin\theta,r\cos\varphi)r^2\sin\varphi\mathrm{d}r\mathrm{d}\varphi\mathrm{d}\theta .$$

若积分区域 Ω 可表示为
$$\Omega = \{(r,\varphi,\theta)\,|\,r_1(\varphi,\theta)\leqslant r\leqslant r_2(\varphi,\theta), \varphi_1(\theta)\leqslant\varphi\leqslant\varphi_2(\theta), \alpha\leqslant\theta\leqslant\beta\},$$
则三重积分化为三次积分的计算公式为

$$\iiint\limits_{\Omega} f(r\sin\varphi\cos\theta, r\sin\varphi\sin\theta, r\cos\varphi) r^2\sin\varphi \mathrm{d}r\mathrm{d}\varphi\mathrm{d}\theta$$

$$= \int_{\alpha}^{\beta} \mathrm{d}\theta \int_{\varphi_1(\theta)}^{\varphi_2(\theta)} \sin\varphi \mathrm{d}\varphi \int_{r_1(\varphi,\theta)}^{r_2(\varphi,\theta)} f(r\sin\varphi\cos\theta, r\sin\varphi\sin\theta, r\cos\varphi) r^2\mathrm{d}r .$$

注 在计算三重积分时, 为使计算简便, 坐标系的选择是关键, 同时要考虑积分区域 Ω 的形状和被积函数 $f(x,y,z)$ 的特点, 具体如下:

(1) 当积分区域 Ω 是长方体、四面体或其他形体时, 可用直角坐标系计算;

(2) 当积分区域 Ω 是圆柱体、圆锥体或由圆柱面、圆锥面、旋转抛物面与其他曲面所围成的空间立体, 或被积函数形如 $f(x^2+y^2)$, $zf\left(\dfrac{x}{y}\right)$ 或 $zf\left(\dfrac{y}{x}\right)$ 时, 可用柱面坐标系计算.

(3) 当积分区域 Ω 是球体或球体的一部分、圆锥体, 且被积函数形如 $f(x^2+y^2+z^2)$ 时, 可用球面坐标系计算.

(四) 重积分的应用

1. 几何应用

1) 平面图形的面积

当 $f(x,y)\equiv 1$ 时, $A = \iint\limits_{D} 1\mathrm{d}\sigma = \iint\limits_{D} \mathrm{d}\sigma$, 其中 A 为积分区域 D 的面积.

2) 空间立体的体积

若 D 为 xOy 面上的闭区域, 函数 $f(x,y)$ 在 D 上连续且 $f(x,y)\geqslant 0$, 则以 D 为底, 以曲面 $z=f(x,y)$ 为顶的曲顶柱体的体积可用二重积分表示为 $V = \iint\limits_{D} f(x,y)\mathrm{d}\sigma$. 另外, 空间立体的体积也可用三重积分来计算, 即 $V = \iiint\limits_{\Omega} 1\mathrm{d}v = \iiint\limits_{\Omega} \mathrm{d}v$, 其中 V 为积分区域 Ω 的体积.

3) 曲面的面积

设曲面 Σ 由方程 $z=f(x,y)$ 给出, 曲面 Σ 在 xOy 面上的投影区域为 D_{xy}, 函数 $f(x,y)$ 在 D_{xy} 上具有连续偏导数, 则曲面 Σ 的面积 $A = \iint\limits_{D_{xy}} \sqrt{1+\left(\dfrac{\partial z}{\partial x}\right)^2+\left(\dfrac{\partial z}{\partial y}\right)^2}\,\mathrm{d}x\mathrm{d}y$.

类似地, 若曲面 Σ 的方程为 $x=g(y,z)$ 或 $y=h(z,x)$, 曲面 Σ 在 yOz 面或 zOx 面上的投影区域分别为 D_{yz} 或 D_{zx}, 则曲面 Σ 的面积为

$$A = \iint\limits_{D_{yz}} \sqrt{1+\left(\frac{\partial x}{\partial y}\right)^2+\left(\frac{\partial x}{\partial z}\right)^2}\,\mathrm{d}y\mathrm{d}z$$

或

$$A = \iint\limits_{D_{zx}} \sqrt{1 + \left(\frac{\partial y}{\partial z}\right)^2 + \left(\frac{\partial y}{\partial x}\right)^2} \, \mathrm{d}z \mathrm{d}x \, .$$

2. 物理应用

1) 质量

一平面薄片占有 xOy 面上的有界闭区域 D , 在点 (x,y) 处的面密度为 $\mu(x,y)$ $(\mu(x,y) > 0)$, 且 $\mu(x,y)$ 在 D 上连续, 则该平面薄片的质量 $M = \iint\limits_D \mu(x,y)\mathrm{d}\sigma$. 一空间物体, 占有空间有界闭区域 Ω , 它在 (x,y,z) 处的密度为 $\rho(x,y,z)$ $(\rho(x,y,z) > 0)$, 且 $\rho(x,y,z)$ 在 Ω 上连续, 则该空间物体的质量 $M = \iiint\limits_\Omega \rho(x,y,z)\mathrm{d}v$.

2) 质心

设一平面薄片, 占有 xOy 面上的有界闭区域 D , 在点 (x,y) 处的面密度为 $\mu(x,y)$ $(\mu(x,y) > 0)$, 且 $\mu(x,y)$ 在 D 上连续, 则该平面薄片的质心 $(\bar{x}, \bar{y})$ 的坐标为

$$\bar{x} = \frac{M_y}{M} = \frac{\iint\limits_D x\mu(x,y)\mathrm{d}\sigma}{\iint\limits_D \mu(x,y)\mathrm{d}\sigma} , \qquad \bar{y} = \frac{M_x}{M} = \frac{\iint\limits_D y\mu(x,y)\mathrm{d}\sigma}{\iint\limits_D \mu(x,y)\mathrm{d}\sigma} .$$

若薄片是均匀的, 即面密度为常量, 则 $\bar{x} = \frac{1}{A}\iint\limits_D x\mathrm{d}\sigma$, $\bar{y} = \frac{1}{A}\iint\limits_D y\mathrm{d}\sigma$, 其中 $A = \iint\limits_D \mathrm{d}\sigma$ 为积分区域 D 的面积. 这时薄片的质心完全由有界闭区域 D 的形状所决定.

在应用中, 要注意考察均匀平面薄片的对称性, 若其所占有界闭区域 D 关于某坐标轴对称, 则其质心就在该坐标轴上; 若 D 关于直线 $y = x$ 对称, 则其重心就在该直线上.

类似地, 一物体占有空间有界闭区域 Ω , 在点 (x,y,z) 处的密度为 $\rho(x,y,z)$ $(\rho(x,y,z) > 0)$, 且 $\rho(x,y,z)$ 在 Ω 上连续, 则该物体的质心坐标为

$$\bar{x} = \frac{1}{M}\iiint\limits_\Omega x\rho(x,y,z)\mathrm{d}v , \qquad \bar{y} = \frac{1}{M}\iiint\limits_\Omega y\rho(x,y,z)\mathrm{d}v , \qquad \bar{z} = \frac{1}{M}\iiint\limits_\Omega z\rho(x,y,z)\mathrm{d}v ,$$

其中, $M = \iiint\limits_\Omega \rho(x,y,z)\mathrm{d}v$ 为该物体的质量.

3) 转动惯量

设一平面薄片, 占有 xOy 面上的有界闭区域 D , 在点 (x,y) 处的面密度为 $\mu(x,y)$ $(\mu(x,y) > 0)$, 且 $\mu(x,y)$ 在 D 上连续, 则该薄片对于 x 轴, y 轴及原点 O 的转动惯量 I_x , I_y 及 I_O 分别为

$$I_x = \iint\limits_D y^2\mu(x,y)\mathrm{d}\sigma , \qquad I_y = \iint\limits_D x^2\mu(x,y)\mathrm{d}\sigma , \qquad I_O = \iint\limits_D (x^2 + y^2)\mu(x,y)\mathrm{d}\sigma .$$

类似地, 一物体占有空间有界闭区域 Ω , 在点 (x,y,z) 处的密度为 $\rho(x,y,z)$

$(\rho(x,y,z)>0)$，且 $\rho(x,y,z)$ 在 Ω 上连续，则该物体对于 x 轴，y 轴，z 轴及原点 O 的转动惯量分别为

$$I_x = \iiint\limits_{\Omega}(y^2+z^2)\rho(x,y,z)\mathrm{d}v,\qquad I_y = \iiint\limits_{\Omega}(z^2+x^2)\rho(x,y,z)\mathrm{d}v,$$

$$I_z = \iiint\limits_{\Omega}(x^2+y^2)\rho(x,y,z)\mathrm{d}v,\qquad I_O = \iiint\limits_{\Omega}(x^2+y^2+z^2)\rho(x,y,z)\mathrm{d}v.$$

4) 引力

设物体占有空间有界闭区域 Ω，它在点 $P(x,y,z)$ 处的密度为 $\rho(x,y,z)$ $(\rho(x,y,z)>0)$，且 $\rho(x,y,z)$ 在 Ω 上连续，在 Ω 外一点 $P_0(x_0,y_0,z_0)$ 处有一质量为 M 的质点，则物体对该质点的引力为

$$\boldsymbol{F}=(F_x,F_y,F_z)$$
$$=\left(\iiint\limits_{\Omega}\frac{GM\rho(x,y,z)(x-x_0)}{r^3}\mathrm{d}v,\iiint\limits_{\Omega}\frac{GM\rho(x,y,z)(y-y_0)}{r^3}\mathrm{d}v,\iiint\limits_{\Omega}\frac{GM\rho(x,y,z)(z-z_0)}{r^3}\mathrm{d}v\right),$$

其中，G 为引力常数，r 为点 P 与点 P_0 间的距离.

注　用重积分的微元法求某些量，关键是得到所求量的微元表达式.

四、典型例题解析

例 1　当积分区域 D 为(　　)时，$\iint\limits_{D}\mathrm{d}\sigma=1$.

A.　$x^2+y^2\leqslant 1$　　　　　　　　B.　x 轴，y 轴及 $x=4,y=2$ 所围

C.　$|x|=\dfrac{1}{2}$ 及 $y=0,y=2$ 所围　　　D.　x 轴，y 轴及 $2x+y-2=0$ 所围

思路分析　当被积函数 $f(x,y)=1$ 时，二重积分的值等于积分区域的面积. 本题只需考虑各选项中积分区域的面积即可.

解　由题意可知，该积分区域的面积为 1，符合条件的只有选项 D.

例 2　记 $I_1=\iint\limits_{x^2+y^2\leqslant 1}|xy|\mathrm{d}\sigma$，$I_2=\iint\limits_{|x|+|y|\leqslant 1}|xy|\mathrm{d}\sigma$，$I_3=\iint\limits_{x+y\leqslant 1}|xy|\mathrm{d}\sigma$，则下列关系式成立的是(　　).

A.　$I_1<I_2<I_3$　　B.　$I_1<I_3<I_2$　　　　C.　$I_2<I_1<I_3$　　　D.　$I_2<I_3<I_1$

解　由于被积函数 $f(x,y)=|xy|$ 在各积分区域上都非负，故只需比较这三个积分的积分区域 D_1,D_2,D_3 的大小. 显然 D_3 是无界区域，而 $D_2\subset D_1$，因此选项 C 正确.

例 3　设 D 是第二象限的一个有界闭区域，且 $0<y<1$，则 $I_1=\iint\limits_{D}yx^3\mathrm{d}\sigma$，

$I_2 = \iint\limits_{D} y^2 x^3 \mathrm{d}\sigma$，$I_3 = \iint\limits_{D} y^{\frac{1}{2}} x^3 \mathrm{d}\sigma$ 的大小顺序为(　　).

A. $I_1 < I_2 < I_3$　　　B. $I_2 < I_1 < I_3$　　　　　C. $I_3 < I_2 < I_1$　　　D. $I_3 < I_1 < I_2$

解　因为积分区域是一样的, 所以只需比较在该区域上三个积分的被积函数的大小即可. 显然当 $x < 0$, $0 < y < 1$ 时, 有 $y^{\frac{1}{2}} x^3 < y x^3 < y^2 x^3$, 因此选项 D 正确.

小结　在比较二重积分的大小时, 既要注意积分区域, 又要观察被积函数. 当积分区域相同时, 要比较被积函数在该区域上的大小关系; 当被积函数相同时, 就需比较积分区域的大小.

例 4　将二重积分 $I = \iint\limits_{D} f(x,y)\mathrm{d}\sigma$ 化为累次积分(两种不同次序), 其中 D 给定如下.

(1) 由 $y^2 = 8x$ 与 $x^2 = 8y$ 所围区域.

(2) 由 $x = 3$, $x = 5$, $x - 2y + 1 = 0$ 及 $x - 2y + 7 = 0$ 所围区域.

(3) 由 $x^2 + y^2 \leqslant 1$, $y \geqslant x$ 及 $x \geqslant 0$ 所围区域.

(4) 由 $|x| + |y| \leqslant 1$ 所围区域.

思路分析　若积分区域 D 既是 X 型区域, 即 $D = \{(x,y) | \varphi_1(x) \leqslant y \leqslant \varphi_2(x), a \leqslant x \leqslant b\}$, 又是 Y 型区域, 即 $D = \{(x,y) | \psi_1(y) \leqslant x \leqslant \psi_2(y), c \leqslant y \leqslant d\}$, 则二重积分可化为两种不同次序的二次积分, 即

$$\iint\limits_{D} f(x,y)\mathrm{d}\sigma = \int_a^b \mathrm{d}x \int_{\varphi_1(x)}^{\varphi_2(x)} f(x,y)\mathrm{d}y = \int_c^d \mathrm{d}y \int_{\psi_1(y)}^{\psi_2(y)} f(x,y)\mathrm{d}x.$$

解　(1) 如图 9-1 所示,

$$I = \iint\limits_{D} f(x,y)\mathrm{d}\sigma = \int_0^8 \mathrm{d}x \int_{\frac{x^2}{8}}^{2\sqrt{2x}} f(x,y)\mathrm{d}y = \int_0^8 \mathrm{d}y \int_{\frac{y^2}{8}}^{2\sqrt{2y}} f(x,y)\mathrm{d}x.$$

(2) 如图 9-2 所示,

$$I = \iint\limits_{D} f(x,y)\mathrm{d}\sigma = \int_3^5 \mathrm{d}x \int_{\frac{x+1}{2}}^{\frac{x+7}{2}} f(x,y)\mathrm{d}y$$

$$= \int_2^3 \mathrm{d}y \int_3^{2y-1} f(x,y)\mathrm{d}x + \int_3^5 \mathrm{d}y \int_3^5 f(x,y)\mathrm{d}x + \int_5^6 \mathrm{d}y \int_{2y-7}^5 f(x,y)\mathrm{d}x.$$

(3) 如图 9-3 所示,

$$I = \iint\limits_{D} f(x,y)\mathrm{d}\sigma = \int_0^{\frac{\sqrt{2}}{2}} \mathrm{d}x \int_x^{\sqrt{1-x^2}} f(x,y)\mathrm{d}y$$

$$= \int_0^{\frac{\sqrt{2}}{2}} \mathrm{d}y \int_0^y f(x,y)\mathrm{d}x + \int_{\frac{\sqrt{2}}{2}}^1 \mathrm{d}y \int_0^{\sqrt{1-y^2}} f(x,y)\mathrm{d}x.$$

(4) 如图 9-4 所示,

$$I = \iint\limits_{D} f(x,y)\mathrm{d}\sigma = \int_{-1}^{0}\mathrm{d}x\int_{-x-1}^{x+1}f(x,y)\mathrm{d}y + \int_{0}^{1}\mathrm{d}x\int_{x-1}^{1-x}f(x,y)\mathrm{d}y$$

$$= \int_{-1}^{0}\mathrm{d}y\int_{-y-1}^{y+1}f(x,y)\mathrm{d}x + \int_{0}^{1}\mathrm{d}y\int_{y-1}^{1-y}f(x,y)\mathrm{d}x .$$

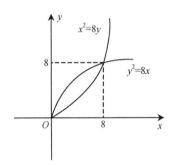

图 9-1

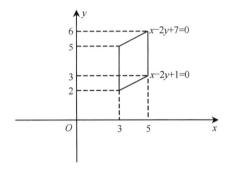

图 9-2

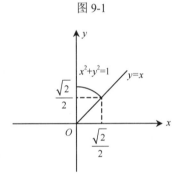

图 9-3

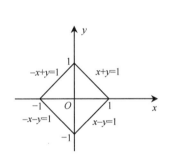

图 9-4

例 5　改变下列二次积分的积分次序.

(1) $\displaystyle\int_{0}^{a}\mathrm{d}x\int_{\frac{a^2-x^2}{2a}}^{\sqrt{a^2-x^2}}f(x,y)\mathrm{d}y$; 　　　　(2) $\displaystyle\int_{0}^{1}\mathrm{d}x\int_{0}^{x^2}f(x,y)\mathrm{d}y + \int_{1}^{3}\mathrm{d}x\int_{0}^{\frac{3-x}{2}}f(x,y)\mathrm{d}y$.

思路分析　交换二次积分的积分次序, 首先要根据原积分次序画出图形, 明确积分区域, 然后写出新的积分次序的上下限.

解　(1) 如图 9-5 所示,

$$\int_{0}^{a}\mathrm{d}x\int_{\frac{a^2-x^2}{2a}}^{\sqrt{a^2-x^2}}f(x,y)\mathrm{d}y = \int_{0}^{\frac{a}{2}}\mathrm{d}y\int_{\sqrt{a^2-2ay}}^{\sqrt{a^2-y^2}}f(x,y)\mathrm{d}x + \int_{\frac{a}{2}}^{a}\mathrm{d}y\int_{0}^{\sqrt{a^2-y^2}}f(x,y)\mathrm{d}x .$$

(2) 如图 9-6 所示,

$$\int_{0}^{1}\mathrm{d}x\int_{0}^{x^2}f(x,y)\mathrm{d}y + \int_{1}^{3}\mathrm{d}x\int_{0}^{\frac{3-x}{2}}f(x,y)\mathrm{d}y = \int_{0}^{1}\mathrm{d}y\int_{\sqrt{y}}^{3-2y}f(x,y)\mathrm{d}x .$$

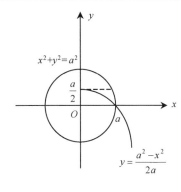

图 9-5

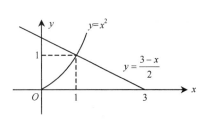

图 9-6

例 6 计算下列积分.

(1) 计算积分 $I = \iint\limits_{D} e^{\max(x^2, y^2)} dxdy$，其中 $D = \{(x, y) | 0 \leqslant x \leqslant 1, 0 \leqslant y \leqslant 1\}$.

(2) $\int_{1}^{2} dx \int_{\sqrt{x}}^{x} \sin \frac{\pi x}{2y} dy + \int_{2}^{4} dx \int_{\sqrt{x}}^{2} \sin \frac{\pi x}{2y} dy$.

(3) $\int_{0}^{1} dx \int_{0}^{\sqrt{x}} e^{-\frac{y^2}{2}} dy$.

解 (1) $I = \iint\limits_{D} e^{\max(x^2, y^2)} dxdy = \int_{0}^{1} dx \int_{0}^{x} e^{x^2} dy + \int_{0}^{1} dx \int_{x}^{1} e^{y^2} dy$

$$= \int_{0}^{1} x e^{x^2} dx + \int_{0}^{1} dy \int_{0}^{y} e^{y^2} dx = \frac{1}{2}(e-1) + \frac{1}{2}(e-1) = e-1.$$

(2) 这里若直接先对 y 积分, 计算难度太大, 可以考虑先交换积分次序, 再来计算. 积分区域如图 9-7 所示,

$$\int_{1}^{2} dx \int_{\sqrt{x}}^{x} \sin \frac{\pi x}{2y} dy + \int_{2}^{4} dx \int_{\sqrt{x}}^{2} \sin \frac{\pi x}{2y} dy$$

$$= \int_{1}^{2} dy \int_{y}^{y^2} \sin \frac{\pi x}{2y} dx$$

$$= -\frac{2}{\pi} \int_{1}^{2} y \left[\cos \frac{\pi x}{2y} \right]_{y}^{y^2} dy = -\frac{2}{\pi} \int_{1}^{2} y \cos \frac{\pi y}{2} dy$$

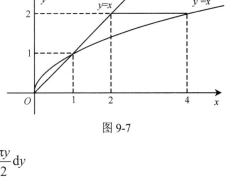

图 9-7

$$= -\frac{4}{\pi^2} \int_{1}^{2} y d\left(\sin \frac{\pi y}{2} \right) = \left[-\frac{4}{\pi^2} y \sin \frac{\pi y}{2} \right]_{1}^{2} + \frac{4}{\pi^2} \int_{1}^{2} \sin \frac{\pi y}{2} dy$$

$$= \frac{4}{\pi^2} - \frac{8}{\pi^3} \left[\cos \frac{\pi y}{2} \right]_{1}^{2} = \frac{4}{\pi^3}(\pi + 2).$$

(3) 注意到被积函数关于 y 的原函数不是初等函数, 从而考虑先交换积分次序, 再进行计算.

$$\int_{0}^{1} dx \int_{0}^{\sqrt{x}} e^{-\frac{y^2}{2}} dy = \int_{0}^{1} e^{-\frac{y^2}{2}} dy \int_{y^2}^{1} dx = \int_{0}^{1} e^{-\frac{y^2}{2}} dy - \int_{0}^{1} y^2 e^{-\frac{y^2}{2}} dy$$

$$= \int_0^1 e^{-\frac{y^2}{2}} dy + \int_0^1 y d\left(e^{-\frac{y^2}{2}}\right) = \int_0^1 e^{-\frac{y^2}{2}} dy + \left[ye^{-\frac{y^2}{2}} \right]_0^1 - \int_0^1 e^{-\frac{y^2}{2}} dy = e^{-\frac{1}{2}}.$$

例 7　将二重积分 $I = \iint\limits_D f(x,y)\mathrm{d}\sigma$ 化为极坐标形式的二次积分, 其中:

(1) $D = \{(x,y)\,|\,a^2 \leqslant x^2 + y^2 \leqslant b^2,\ y \geqslant 0\}$　$(b > a > 0)$;

(2) $D = \{(x,y)\,|\,x^2 + y^2 \leqslant y,\ x \geqslant 0\}$;

(3) $D = \{(x,y)\,|\,0 \leqslant x + y \leqslant 1,\ 0 \leqslant x \leqslant 1\}$.

思路分析　将直角坐标系中的二重积分转换为极坐标系中的二次积分, 首先要画出积分区域的图形, 用关于 ρ 和 θ 的不等式组将其表示出来, 然后写出相应结果.

解　(1) $D = \left\{(\rho,\theta)\,|\,a \leqslant \rho \leqslant b,\ 0 \leqslant \theta \leqslant \pi\right\}$, 于是

$$I = \iint\limits_D f(x,y)\mathrm{d}\sigma = \int_0^\pi \mathrm{d}\theta \int_a^b f(\rho\cos\theta, \rho\sin\theta)\rho\mathrm{d}\rho.$$

(2) $D = \left\{(\rho,\theta)\,\middle|\,0 \leqslant \rho \leqslant \sin\theta,\ 0 \leqslant \theta \leqslant \dfrac{\pi}{2}\right\}$, 于是

$$I = \iint\limits_D f(x,y)\mathrm{d}\sigma = \int_0^{\frac{\pi}{2}} \mathrm{d}\theta \int_0^{\sin\theta} f(\rho\cos\theta, \rho\sin\theta)\rho\mathrm{d}\rho.$$

(3) $D = \left\{(\rho,\theta)\,\middle|\,0 \leqslant \rho \leqslant \dfrac{1}{\cos\theta},\ -\dfrac{\pi}{4} \leqslant \theta \leqslant 0\right\} \cup \left\{(\rho,\theta)\,\middle|\,0 \leqslant \rho \leqslant \dfrac{1}{\cos\theta + \sin\theta},\ 0 \leqslant \theta \leqslant \dfrac{\pi}{2}\right\}$,

$$I = \iint\limits_D f(x,y)\mathrm{d}\sigma = \int_{-\frac{\pi}{4}}^0 \mathrm{d}\theta \int_0^{\frac{1}{\cos\theta}} f(\rho\cos\theta, \rho\sin\theta)\rho\mathrm{d}\rho$$

$$+ \int_0^{\frac{\pi}{2}} \mathrm{d}\theta \int_0^{\frac{1}{\cos\theta + \sin\theta}} f(\rho\cos\theta, \rho\sin\theta)\rho\mathrm{d}\rho.$$

例 8　计算下列二重积分.

(1) $\displaystyle\iint\limits_D \frac{xy}{x^2 + y^2}\mathrm{d}x\mathrm{d}y$, 其中 $D = \left\{(x,y)\,\middle|\,1 \leqslant x^2 + y^2 \leqslant 2,\ y \geqslant x\right\}$;

(2) $\displaystyle\iint\limits_D \sqrt{\frac{1 - x^2 - y^2}{1 + x^2 + y^2}}\mathrm{d}x\mathrm{d}y$, 其中 $D = \left\{(x,y)\,\middle|\,x^2 + y^2 \leqslant 1,\ x \geqslant 0,\ y \geqslant 0\right\}$.

解　(1) 利用极坐标计算, $D = \left\{(\rho,\theta)\,\middle|\,1 \leqslant \rho \leqslant \sqrt{2},\ \dfrac{\pi}{4} \leqslant \theta \leqslant \dfrac{5\pi}{4}\right\}$,

$$\iint\limits_D \frac{xy}{x^2 + y^2}\mathrm{d}x\mathrm{d}y = \iint\limits_D \frac{\rho^2 \cos\theta\sin\theta}{\rho^2}\rho\mathrm{d}\rho\mathrm{d}\theta$$

$$= \int_{\frac{\pi}{4}}^{\frac{5\pi}{4}} \sin\theta\cos\theta\mathrm{d}\theta \int_1^{\sqrt{2}} \rho\mathrm{d}\rho = 0.$$

(2) 利用极坐标计算, $D = \left\{(\rho,\theta)\,\middle|\,0 \leqslant \rho \leqslant 1,\ 0 \leqslant \theta \leqslant \dfrac{\pi}{2}\right\}$,

$$\iint_D \sqrt{\frac{1-x^2-y^2}{1+x^2+y^2}} dxdy = \iint_D \sqrt{\frac{1-\rho^2}{1+\rho^2}} \rho d\rho d\theta = \int_0^{\frac{\pi}{2}} d\theta \int_0^1 \sqrt{\frac{1-\rho^2}{1+\rho^2}} \rho d\rho = \frac{\pi}{4} \int_0^1 \sqrt{\frac{1-\rho^2}{1+\rho^2}} d(\rho^2),$$

令 $\rho^2 = t$，则

$$\frac{\pi}{4} \int_0^1 \sqrt{\frac{1-\rho^2}{1+\rho^2}} d(\rho^2) = \frac{\pi}{4} \int_0^1 \sqrt{\frac{1-t}{1+t}} dt = \frac{\pi}{4} \int_0^1 \frac{1-t}{\sqrt{1-t^2}} dt = \frac{\pi}{4} \int_0^1 \frac{1}{\sqrt{1-t^2}} dt + \frac{\pi}{8} \int_0^1 \frac{d(1-t^2)}{\sqrt{1-t^2}}$$

$$= \frac{\pi}{4} [\arcsin t]_0^1 + \frac{\pi}{4} \left[\sqrt{1-t^2} \right]_0^1 = \frac{\pi}{8}(\pi - 2).$$

例 9 计算 $\iint_D e^{-x^2-y^2} dxdy$，其中 D 是由圆心在原点，半径为 a 的圆周所围成的闭区域.

解 由于 $\int e^{-x^2} dx$ 不能用初等函数表示, 故利用极坐标计算.

$$D = \left\{ (\rho, \theta) \middle| 0 \leqslant \rho \leqslant a, 0 \leqslant \theta \leqslant 2\pi \right\},$$

$$\iint_D e^{-x^2-y^2} dxdy = \iint_D e^{-\rho^2} \rho d\rho d\theta = \int_0^{2\pi} d\theta \int_0^a e^{-\rho^2} \rho d\rho = -\pi \int_0^a e^{-\rho^2} d(-\rho^2)$$

$$= -\pi [e^{-\rho^2}]_0^a = \pi(1 - e^{-a^2}).$$

例 10 计算二重积分 $\iint_D |x^2 + y^2 - 2| dxdy$，其中 $D = \{(x,y) | x^2 + y^2 \leqslant 3\}$.

解 将圆域 D 分成两个部分区域 D_1 和 D_2，

$$D_1 = \{(x,y) | x^2 + y^2 \leqslant 2\}, \qquad D_2 = \{(x,y) | 2 \leqslant x^2 + y^2 \leqslant 3\},$$

$$\iint_D |x^2 + y^2 - 2| dxdy = \iint_{D_1} (2 - x^2 - y^2) dxdy + \iint_{D_2} (x^2 + y^2 - 2) dxdy$$

$$= \iint_{D_1} (2 - \rho^2) \rho d\rho d\theta + \iint_{D_2} (\rho^2 - 2) \rho d\rho d\theta$$

$$= \int_0^{2\pi} d\theta \int_0^{\sqrt{2}} (2 - \rho^2) \rho d\rho + \int_0^{2\pi} d\theta \int_{\sqrt{2}}^{\sqrt{3}} (\rho^2 - 2) \rho d\rho = \frac{5}{2}\pi.$$

例 11 设 m, n 均为正整数, 其中至少有一个是奇数, 证明：$\displaystyle\iint_{x^2+y^2 \leqslant a^2} x^m y^n dxdy = 0$.

证 区域 D 关于 x 轴对称, 也关于 y 轴对称.

当 m 为奇数时，$x^m y^n$ 关于 x 是奇函数, 所以 $\displaystyle\iint_{x^2+y^2 \leqslant a^2} x^m y^n dxdy = 0$；

当 n 为奇数时，$x^m y^n$ 关于 y 是奇函数, 所以 $\displaystyle\iint_{x^2+y^2 \leqslant a^2} x^m y^n dxdy = 0$；

当 m, n 均为奇数时，$x^m y^n$ 关于 x，y 均为奇函数, 所以 $\displaystyle\iint_{x^2+y^2 \leqslant a^2} x^m y^n dxdy = 0$.

例 12 设函数 $f(x)$ 在 $[0, t]$ 上连续, 令 $F(t) = \int_0^t dz \int_0^z dy \int_0^y (y-z)^2 f(x) dx$，证明：

$$\frac{\mathrm{d}F}{\mathrm{d}t} = \frac{1}{3}\int_0^t (t-x)^3 f(x)\mathrm{d}x .$$

证 因为

$$\int_0^z \mathrm{d}y \int_0^y (y-z)^2 f(x)\mathrm{d}x = \int_0^z f(x)\mathrm{d}x \int_x^z (y-z)^2 \mathrm{d}y = \frac{1}{3}\int_0^z f(x)[(y-z)^3]_x^z \mathrm{d}x$$

$$= \frac{1}{3}\int_0^z (z-x)^3 f(x)\mathrm{d}x ,$$

所以 $\dfrac{\mathrm{d}F}{\mathrm{d}t} = \dfrac{\mathrm{d}}{\mathrm{d}t}\left\{ \int_0^t \left[\dfrac{1}{3}\int_0^z (z-x)^3 f(x)\mathrm{d}x \right]\mathrm{d}z \right\} = \dfrac{1}{3}\int_0^t (t-x)^3 f(x)\mathrm{d}x .$

例 13 计算三重积分 $\displaystyle\iiint\limits_{\Omega} x\mathrm{d}x\mathrm{d}y\mathrm{d}z$, 其中 Ω 为三个坐标面及平面 $x+2y+z=1$ 所围成

的闭区域.

解 如图 9-8 所示, Ω 在 xOy 面上的投影区域为

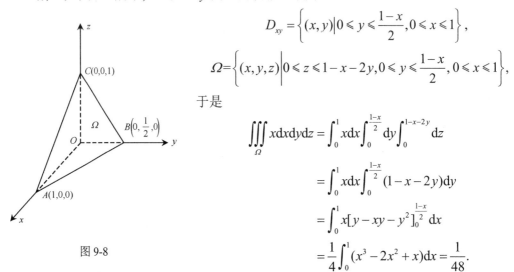

$$D_{xy} = \left\{ (x,y) \Big| 0 \leqslant y \leqslant \frac{1-x}{2}, 0 \leqslant x \leqslant 1 \right\},$$

$$\Omega = \left\{ (x,y,z) \Big| 0 \leqslant z \leqslant 1-x-2y, 0 \leqslant y \leqslant \frac{1-x}{2}, 0 \leqslant x \leqslant 1 \right\},$$

于是

$$\iiint\limits_{\Omega} x\mathrm{d}x\mathrm{d}y\mathrm{d}z = \int_0^1 x\mathrm{d}x \int_0^{\frac{1-x}{2}} \mathrm{d}y \int_0^{1-x-2y} \mathrm{d}z$$

$$= \int_0^1 x\mathrm{d}x \int_0^{\frac{1-x}{2}} (1-x-2y)\mathrm{d}y$$

$$= \int_0^1 x[y-xy-y^2]_0^{\frac{1-x}{2}} \mathrm{d}x$$

$$= \frac{1}{4}\int_0^1 (x^3 - 2x^2 + x)\mathrm{d}x = \frac{1}{48}.$$

图 9-8

例 14 计算 $\displaystyle\int_0^1 \mathrm{d}x \int_0^x \mathrm{d}y \int_0^y \frac{\sin z}{1-z}\mathrm{d}z$.

解 因为 $\displaystyle\int \frac{\sin z}{1-z}\mathrm{d}z$ 不能用初等函数形式表示, 所以考虑交换积分次序. 四面体 $A\text{-}OBC$ 为所求的积分区域, 如图 9-9 所示,

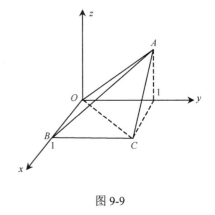

$$\int_0^1 \mathrm{d}x \int_0^x \mathrm{d}y \int_0^y \frac{\sin z}{1-z}\mathrm{d}z = \iint\limits_{D_{yz}} \frac{\sin z}{1-z} \int_y^1 \mathrm{d}x = \iint\limits_{D_{yz}} \frac{\sin z}{1-z}(1-y)\mathrm{d}y\mathrm{d}z$$

$$= \int_0^1 \frac{\sin z}{1-z}\mathrm{d}z \int_z^1 (1-y)\mathrm{d}y$$

$$= \frac{1}{2}\int_0^1 (1-z)\sin z\mathrm{d}z = \frac{1}{2}(1-\sin 1).$$

图 9-9

例 15　计算 $\iiint\limits_{\Omega} e^{x+y+z}dv$，其中 Ω 为平面 $y=1$，$y=-x$，$x=0$，$z=0$ 及 $z=-x$ 所围立体.

解　如图 9-10 所示，四面体 O-$ABCD$ 为积分区域，在 xOy 面上的投影区域为
$D_{xy}=\{(x,y)|-y\leqslant x\leqslant 0,0\leqslant y\leqslant 1\}$，于是

$$\iiint\limits_{\Omega} e^{x+y+z}dv=\iint\limits_{D_{xy}}e^{x+y}dxdy\int_0^{-x}e^z dz$$

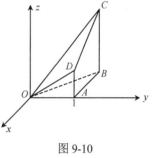

图 9-10

$$=\iint\limits_{D_{xy}}e^{x+y}(e^{-x}-1)dxdy=\iint\limits_{D_{xy}}(e^y-e^{x+y})dxdy$$

$$=\int_0^1 dy\int_{-y}^0(e^y-e^{x+y})dx=\int_0^1[xe^y-e^{x+y}]_{-y}^0 dy$$

$$=\int_0^1(ye^y-e^y+1)dy=3-e.$$

例 16　计算 $\iiint\limits_{\Omega}xydv$，其中 Ω 为 $z=xy$，$x+y=1$ 及 $z=0$ 所围成的立体.

解　如图 9-11 所示，积分区域 Ω 在 xOy 面上的投影区域为
$$D_{xy}=\{(x,y)|0\leqslant y\leqslant 1-x,\ 0\leqslant x\leqslant 1\},$$
$$\Omega=\{(x,y,z)\,|\,0\leqslant z\leqslant xy,0\leqslant y\leqslant 1-x,0\leqslant x\leqslant 1\},$$

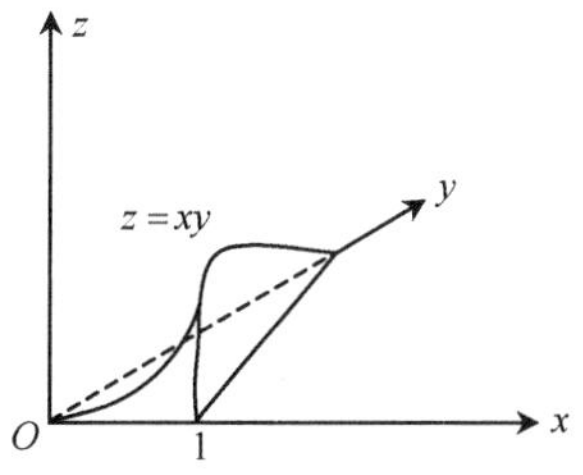

于是

图 9-11

$$\iiint\limits_{\Omega}xydv=\int_0^1 xdx\int_0^{1-x}ydy\int_0^{xy}dz$$

$$=\int_0^1 x^2 dx\int_0^{1-x}y^2 dy=\frac{1}{3}\int_0^1 x^2(1-x)^3 dx$$

$$=\frac{1}{3}\int_0^1(x^2-3x^3+3x^4-x^5)dx=\frac{1}{180}.$$

例 17　计算三重积分 $\iiint\limits_{\Omega}zdxdydz$，其中 Ω 是由曲面 $z=x^2+y^2$ 与平面 $z=4$ 所围成的闭区域.

解　方法一：利用柱面坐标计算，积分区域 Ω 可表示为
$$\Omega=\{(\rho,\theta,z)|\rho^2\leqslant z\leqslant 4,0\leqslant\rho\leqslant 2,0\leqslant\theta\leqslant 2\pi\},$$

$$\iiint\limits_{\Omega}zdxdydz=\iiint\limits_{\Omega}z\rho d\rho d\theta dz=\int_0^{2\pi}d\theta\int_0^2\rho d\rho\int_{\rho^2}^4 zdz=2\pi\int_0^2\rho\left[\frac{1}{2}z^2\right]_{\rho^2}^4 d\rho$$

$$=\pi\int_0^2(16\rho-\rho^5)d\rho=\frac{64}{3}\pi.$$

方法二：在直角坐标系中，用截面法计算. 截面 $D_z=\{(x,y)|x^2+y^2\leqslant z\}$，
$$\Omega=\{(x,y,z)|(x,y)\in D_z,0\leqslant z\leqslant 4\},$$

$$\iiint\limits_{\Omega}zdxdydz=\int_0^4 zdz\iint\limits_{D_z}dxdy=\int_0^4 z\cdot\pi zdz=\frac{64}{3}\pi.$$

例 18　计算 $\iiint\limits_{\Omega} z\sqrt{x^2+y^2+z^2}\mathrm{d}v$，其中 Ω 为 $x^2+y^2+z^2=1$ 与 $z=\sqrt{3(x^2+y^2)}$ 围成的

空间闭区域.

解　如图 9-12 所示，利用球面坐标计算，令 $x=r\sin\varphi\cos\theta, y=r\sin\varphi\sin\theta, z=r\cos\varphi$，

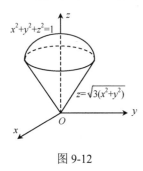

图 9-12

$$\Omega=\left\{(r,\varphi,\theta)\left|0\leqslant r\leqslant 1,0\leqslant\varphi\leqslant\frac{\pi}{6},0\leqslant\theta\leqslant 2\pi\right.\right\},$$

$$\iiint\limits_{\Omega} z\sqrt{x^2+y^2+z^2}\mathrm{d}v=\iiint\limits_{\Omega} r\cos\varphi\cdot r\cdot r^2\sin\varphi\mathrm{d}r\mathrm{d}\varphi\mathrm{d}\theta$$

$$=\int_0^{2\pi}\mathrm{d}\theta\int_0^{\frac{\pi}{6}}\sin\varphi\cos\varphi\mathrm{d}\varphi\int_0^1 r^4\mathrm{d}r$$

$$=2\pi\left[\frac{\sin^2\varphi}{2}\right]_0^{\frac{\pi}{6}}\cdot\left[\frac{1}{5}r^5\right]_0^1=\frac{\pi}{20}.$$

例 19　计算 $\iiint\limits_{\Omega}(2y+\sqrt{x^2+z^2})\mathrm{d}x\mathrm{d}y\mathrm{d}z$，其中 Ω 是由曲面 $x^2+y^2+z^2=a^2$，

$x^2+y^2+z^2=4a^2$ 及 $x^2-y^2+z^2=0$ $(y\geqslant 0,a>0)$ 所围成的空间立体.

解　利用球面坐标计算，令 $x=r\sin\varphi\sin\theta, y=r\cos\varphi, z=r\sin\varphi\cos\theta$，

$$\Omega=\left\{(r,\varphi,\theta)\left|a\leqslant r\leqslant 2a,0\leqslant\varphi\leqslant\frac{\pi}{4},0\leqslant\theta\leqslant 2\pi\right.\right\},$$

$$\iiint\limits_{\Omega}(2y+\sqrt{x^2+z^2})\mathrm{d}x\mathrm{d}y\mathrm{d}z=\int_0^{2\pi}\mathrm{d}\theta\int_0^{\frac{\pi}{4}}\mathrm{d}\varphi\int_a^{2a}(2r\cos\varphi+r\sin\varphi)r^2\sin\varphi\mathrm{d}r$$

$$=2\pi\cdot\left[\frac{r^4}{4}\right]_a^{2a}\int_0^{\frac{\pi}{4}}(2\cos\varphi\sin\varphi+\sin^2\varphi)\mathrm{d}\varphi$$

$$=\frac{15}{2}\pi a^4\left[\sin^2\varphi+\frac{\varphi}{2}-\frac{\sin 2\varphi}{4}\right]_0^{\frac{\pi}{4}}=\frac{15}{16}\pi a^4(2+\pi).$$

例 20　求由曲线 $xy=a^2,x+y=\frac{5}{2}a$　$(a>0)$ 所

围平面图形的面积.

解　解方程组 $\begin{cases}xy=a^2,\\x+y=\dfrac{5}{2}a,\end{cases}$ 得 $x=\dfrac{a}{2}$，或 $x=2a$，

如图 9-13 所示. 所以此平面图形的面积为

$$A=\iint\limits_{D}\mathrm{d}x\mathrm{d}y=\int_{\frac{a}{2}}^{2a}\mathrm{d}x\int_{\frac{a^2}{x}}^{\frac{5}{2}a-x}\mathrm{d}y$$

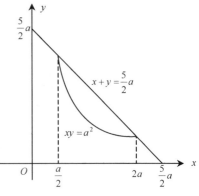

图 9-13

$$= \int_{\frac{a}{2}}^{2a}\left(\frac{5}{2}a - x - \frac{a^2}{x}\right)\mathrm{d}x = \left[\frac{5}{2}ax - \frac{1}{2}x^2 - a^2\ln x\right]_{\frac{a}{2}}^{2a} = \frac{15}{8}a^2 - 2a^2\ln 2.$$

例 21 求曲面 $z = \sqrt{x^2 + y^2}$ 夹在曲面 $x^2 + y^2 = y$ 和 $x^2 + y^2 = 2y$ 之间的部分的面积.

解 该曲面在 xOy 面上的投影区域为 $D_{xy} = \{(x,y) \big| y \leqslant x^2 + y^2 \leqslant 2y\}$,如图 9-14 所示,于是所求面积为

$$S = \iint_{D_{xy}} \sqrt{1 + \left(\frac{\partial z}{\partial x}\right)^2 + \left(\frac{\partial z}{\partial y}\right)^2}\, \mathrm{d}x\mathrm{d}y$$

$$= \iint_{D_{xy}} \sqrt{1 + \frac{x^2}{x^2 + y^2} + \frac{y^2}{x^2 + y^2}}\, \mathrm{d}x\mathrm{d}y$$

$$= \iint_{D_{xy}} \sqrt{2}\,\mathrm{d}x\mathrm{d}y = \sqrt{2}\left(\pi - \frac{\pi}{4}\right) = \frac{3\sqrt{2}}{4}\pi.$$

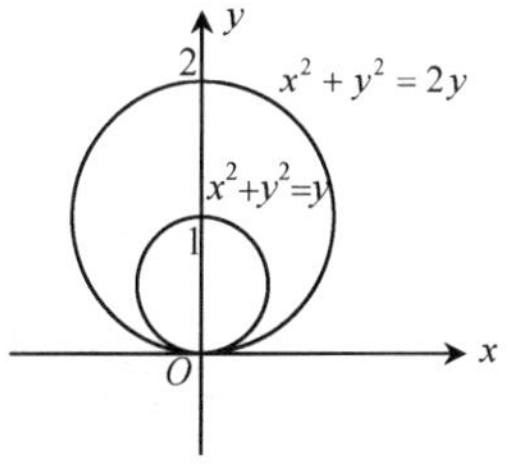

图 9-14

例 22 求由曲面 $z = x^2 + y^2$,$x^2 + y^2 = x$,$x^2 + y^2 = 2x$ 及 $z = 0$ 所围成的立体体积.

解 该曲面在 xOy 面上的投影区域为 $D_{xy} = \{(x,y)\big| x \leqslant x^2 + y^2 \leqslant 2x\}$,在极坐标系中可表示为 $D_{xy} = \left\{(\rho,\theta) \big| \cos\theta \leqslant \rho \leqslant 2\cos\theta, -\frac{\pi}{2} \leqslant \theta \leqslant \frac{\pi}{2}\right\}$,所求体积为

$$V = \iint_{D_{xy}} (x^2 + y^2)\mathrm{d}x\mathrm{d}y = \int_{-\frac{\pi}{2}}^{\frac{\pi}{2}}\mathrm{d}\theta \int_{\cos\theta}^{2\cos\theta} \rho^3 \mathrm{d}\rho$$

$$= \frac{15}{2}\int_0^{\frac{\pi}{2}} \cos^4\theta\,\mathrm{d}\theta = \frac{15}{2}\cdot\frac{3}{4}\cdot\frac{1}{2}\cdot\frac{\pi}{2} = \frac{45}{32}\pi.$$

例 23 求由曲面 $z = 8 - x^2 - y^2$,$z = x^2 + y^2$ 所围成的立体体积.

解 如图 9-15 所示,所求体积为

$$V = \iiint_\Omega \mathrm{d}v,$$

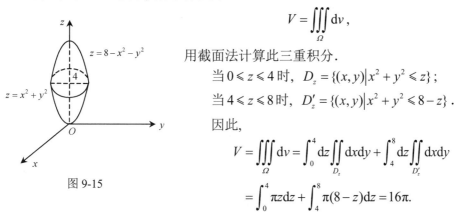

图 9-15

用截面法计算此三重积分.

当 $0 \leqslant z \leqslant 4$ 时,$D_z = \{(x,y)\big| x^2 + y^2 \leqslant z\}$;

当 $4 \leqslant z \leqslant 8$ 时,$D_z' = \{(x,y)\big| x^2 + y^2 \leqslant 8 - z\}$.

因此,

$$V = \iiint_\Omega \mathrm{d}v = \int_0^4 \mathrm{d}z \iint_{D_z} \mathrm{d}x\mathrm{d}y + \int_4^8 \mathrm{d}z \iint_{D_z'} \mathrm{d}x\mathrm{d}y$$

$$= \int_0^4 \pi z \mathrm{d}z + \int_4^8 \pi(8-z)\mathrm{d}z = 16\pi.$$

例 24 轮换 x, y, z 的积分次序,确定 $I = \iiint_\Omega f(x,y,z)\mathrm{d}v$ 的积分限,其中 Ω 是由 $x = 0$,$z = 0$,$z = h\ (h > 0)$,$x + 2y = a$ 及 $x^2 + y^2 = a^2\ (a > 0)$ 所围成的立体.

解 将 Ω 分别向 xOy 面, zOx 面及 yOz 面投影, 分别如图 9-16(a)~(c)所示,

$$I = \iiint\limits_{\Omega} f(x,y,z)\mathrm{d}v = \int_0^a \mathrm{d}x \int_{\frac{a-x}{2}}^{\sqrt{a^2-x^2}} \mathrm{d}y \int_0^h f(x,y,z)\mathrm{d}z,$$

$$I = \iiint\limits_{\Omega} f(x,y,z)\mathrm{d}v = \int_0^h \mathrm{d}z \int_0^a \mathrm{d}x \int_{\frac{a-x}{2}}^{\sqrt{a^2-x^2}} f(x,y,z)\mathrm{d}y,$$

$$I = \iiint\limits_{\Omega} f(x,y,z)\mathrm{d}v = \int_0^{\frac{a}{2}} \mathrm{d}y \int_0^h \mathrm{d}z \int_{a-2y}^{\sqrt{a^2-y^2}} f(x,y,z)\mathrm{d}x + \int_{\frac{a}{2}}^a \mathrm{d}y \int_0^h \mathrm{d}z \int_0^{\sqrt{a^2-y^2}} f(x,y,z)\mathrm{d}x.$$

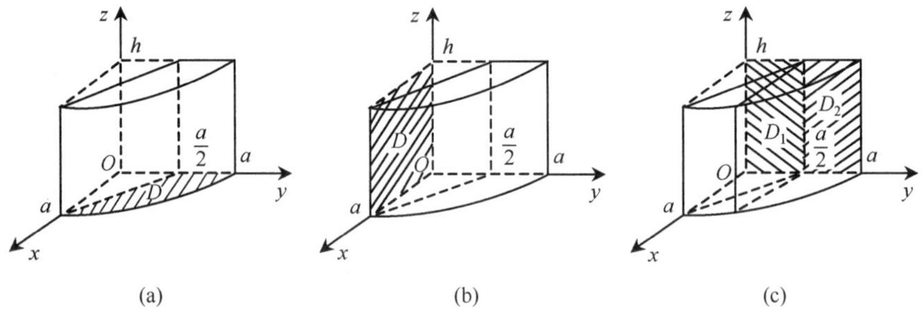

图 9-16

例 25 设 $f(x)$ 在 $[0,1]$ 上连续, 试证:

$$\int_0^1 \mathrm{d}x \int_x^1 \mathrm{d}y \int_x^y f(x)f(y)f(z)\mathrm{d}z = \frac{1}{6}\left[\int_0^1 f(x)\mathrm{d}x\right]^3.$$

证 设 $F(x) = \int_0^x f(t)\mathrm{d}t$, 即 $F(x)$ 是 $f(x)$ 的一个原函数, 且 $F(1) = \int_0^1 f(x)\mathrm{d}x$, $F(0) = 0$.

$$\int_0^1 \mathrm{d}x \int_x^1 \mathrm{d}y \int_x^y f(x)f(y)f(z)\mathrm{d}z$$

$$= \int_0^1 f(x)\mathrm{d}x \int_x^1 f(y)\mathrm{d}y \int_x^y f(z)\mathrm{d}z$$

$$= \int_0^1 f(x)\mathrm{d}x \int_x^1 [F(y)-F(x)]\mathrm{d}(F(y))$$

$$= \int_0^1 f(x)\left[\frac{1}{2}F^2(y)-F(x)F(y)\right]_x^1 \mathrm{d}x$$

$$= \int_0^1 \left[\frac{1}{2}F^2(1)-F(x)F(1)+\frac{1}{2}F^2(x)\right]\mathrm{d}(F(x))$$

$$= \left[\frac{1}{2}F^2(1)F(x)-\frac{1}{2}F(1)F^2(x)+\frac{1}{6}F^3(x)\right]_0^1$$

$$= \frac{1}{6}F^3(1) = \frac{1}{6}\left[\int_0^1 f(x)\mathrm{d}x\right]^3.$$

例 26 已知质量为 M, 半径为 R 的球上任一点的密度与该点到球心的距离成正比, 求球关于该球切线的转动惯量.

思路分析　若直线 l 和 z 轴平行, l 和 xOy 面的交点坐标为 (x_1, y_1), 则物体绕 l 的转动惯量为 $I_l = \iiint\limits_{\Omega}[(x-x_1)^2+(y-y_1)^2]\rho(x,y,z)\mathrm{d}x\mathrm{d}y\mathrm{d}z$.

解　球体 $\Omega = \{(x,y,z)\,|\,x^2+y^2+z^2 \leqslant R^2\}$, 由题意, 球上任一点 (x,y,z) 的密度为 $\rho(x,y,z)=k\sqrt{x^2+y^2+z^2}\ (k>0)$, 因为球的质量为 M,

$$M = \iiint\limits_{\Omega}k\sqrt{x^2+y^2+z^2}\mathrm{d}x\mathrm{d}y\mathrm{d}z = k\int_0^{2\pi}\mathrm{d}\theta\int_0^{\pi}\sin\varphi\mathrm{d}\varphi\int_0^R rr^2\mathrm{d}r = k\pi R^4,$$

所以 $k = \dfrac{M}{\pi R^4}$, $\rho(x,y,z) = \dfrac{M}{\pi R^4}\sqrt{x^2+y^2+z^2}$.

不妨取球的切线平行于 z 轴, 且与 xOy 面的交点坐标为 $(0,R)$, 该切线为 l, 球体绕 l 转动的转动惯量为

$$I_l = \iiint\limits_{\Omega}[(x^2+(y-R)^2]k\sqrt{x^2+y^2+z^2}\mathrm{d}x\mathrm{d}y\mathrm{d}z$$

$$= \iiint\limits_{\Omega}(x^2+y^2-2Ry+R^2)k\sqrt{x^2+y^2+z^2}\mathrm{d}x\mathrm{d}y\mathrm{d}z$$

$$= R^2\iiint\limits_{\Omega}k\sqrt{x^2+y^2+z^2}\mathrm{d}x\mathrm{d}y\mathrm{d}z + \iiint\limits_{\Omega}k\sqrt{x^2+y^2+z^2}(x^2+y^2)\mathrm{d}x\mathrm{d}y\mathrm{d}z$$

$$= MR^2 + k\int_0^{2\pi}\mathrm{d}\theta\int_0^{\pi}\sin^3\varphi\mathrm{d}\varphi\int_0^R r^5\mathrm{d}r$$

$$= MR^2 + 2k\pi\cdot\frac{R^6}{6}\cdot2\int_0^{\frac{\pi}{2}}\sin^3\varphi\mathrm{d}\varphi = MR^2 + \frac{4}{9}k\pi R^6$$

$$= MR^2 + \frac{4}{9}\frac{M}{\pi R^4}\pi R^6 = \frac{13}{9}MR^2.$$

五、习 题 选 解

习题 9-1　重积分的概念与性质

1. 利用二重积分的几何意义, 求下列积分值.

(1) $\iint\limits_D(1-x-y)\mathrm{d}\sigma$, 其中 D 是以 $(0,0)$, $(1,0)$ 及 $(0,1)$ 为顶点的三角形闭区域;

(2) $\iint\limits_D(\sqrt{1-x^2-y^2}+1)\mathrm{d}\sigma$, 其中 $D=\{(x,y)\,|\,x^2+y^2\leqslant1\}$.

解　(1) 由二重积分的几何意义, $\iint\limits_D(1-x-y)\mathrm{d}\sigma$ 表示四面体 $OABC$ 的体积, 其中 $O(0,0,0)$, $A(1,0,0)$, $B(0,1,0)$, $C(0,0,1)$, 所以 $\iint\limits_D(1-x-y)\mathrm{d}x\mathrm{d}y=\dfrac{1}{6}$.

(2) $\iint\limits_{D}(\sqrt{1-x^2-y^2}+1)\mathrm{d}\sigma=\iint\limits_{D}\sqrt{1-x^2-y^2}\mathrm{d}\sigma+\iint\limits_{D}\mathrm{d}\sigma$,

上式中 $\iint\limits_{D}\sqrt{1-x^2-y^2}\mathrm{d}\sigma$ 在几何上表示球心在原点, 半径为 1 的上半球体的体积, $\iint\limits_{D}\mathrm{d}\sigma$

表示积分区域 D 的面积, 故

$$\iint\limits_{D}(\sqrt{1-x^2-y^2}+1)\mathrm{d}\sigma=\frac{2}{3}\pi+\pi=\frac{5}{3}\pi.$$

2. 比较下列各组积分值的大小.

(1) $\iint\limits_{D}(x+y)\mathrm{d}\sigma$ 与 $\iint\limits_{D}(x+y)^3\mathrm{d}\sigma$, 其中 $D=\{(x,y)\mid(x-2)^2+(y-1)^2\leqslant 2\}$;

(3) $\iiint\limits_{\Omega}(x+y+z)\mathrm{d}v$ 与 $\iiint\limits_{\Omega}(x+y+z)^2\mathrm{d}v$, 其中 Ω 是由平面 $x+y+z=1$ 与三个坐标

面围成的四面体.

解 (1)因为直线 $x+y=1$ 与圆 $(x-2)^2+(y-1)^2=2$ 相切, 在 D 上 $x+y\geqslant 1$, 且
$(x+y)^3\geqslant x+y$, 故 $\iint\limits_{D}(x+y)\mathrm{d}\sigma\leqslant\iint\limits_{D}(x+y)^3\mathrm{d}\sigma$.

(3) 在 Ω 上 $x+y+z\leqslant 1$, 于是 $x+y+z\geqslant(x+y+z)^2$, 故

$$\iiint\limits_{\Omega}(x+y+z)\mathrm{d}v\geqslant\iiint\limits_{\Omega}(x+y+z)^2\mathrm{d}v.$$

3. 估计下列积分值.

(1) $I=\iint\limits_{D}(x^2+4y^2+9)\mathrm{d}\sigma$, 其中 $D=\{(x,y)\mid x^2+y^2\leqslant 4\}$;

(3) $I=\iint\limits_{D}\dfrac{1}{\ln(4+x+y)}\mathrm{d}\sigma$, 其中 $D=\{(x,y)\mid 0\leqslant x\leqslant 3,0\leqslant y\leqslant 6\}$.

解 (1) 在 D 上 $9\leqslant x^2+4y^2+9\leqslant 25$, 故 $9\times 4\pi\leqslant I\leqslant 25\times 4\pi$, 即 $36\pi\leqslant I\leqslant 100\pi$.

(3) 在 D 上 $\dfrac{1}{\ln 13}\leqslant\dfrac{1}{\ln(4+x+y)}\leqslant\dfrac{1}{2\ln 2}$, 故 $\dfrac{18}{\ln 13}\leqslant I\leqslant\dfrac{9}{\ln 2}$.

习题 9-2 二重积分的计算法

2. 设 $f(x,y)$ 为连续函数, 交换下列二次积分的积分次序.

(1) $\displaystyle\int_0^2\mathrm{d}y\int_{\frac{y}{2}}^y f(x,y)\mathrm{d}x$; (3) $\displaystyle\int_0^1\mathrm{d}y\int_{-\sqrt{1-y^2}}^{\sqrt{1-y^2}}f(x,y)\mathrm{d}x$;

(5) $\displaystyle\int_0^1\mathrm{d}x\int_0^{x^2}f(x,y)\mathrm{d}y+\int_1^3\mathrm{d}x\int_0^{\frac{3-x}{2}}f(x,y)\mathrm{d}y$.

解 (1) 如图 9-17 所示, $\displaystyle\int_0^2\mathrm{d}y\int_{\frac{y}{2}}^y f(x,y)\mathrm{d}x=\int_0^1\mathrm{d}x\int_x^{2x}f(x,y)\mathrm{d}y+\int_1^2\mathrm{d}x\int_x^2 f(x,y)\mathrm{d}y$;

(3) 如图 9-18 所示，$\int_0^1 dy \int_{-\sqrt{1-y^2}}^{\sqrt{1-y^2}} f(x,y)dx = \int_{-1}^1 dx \int_0^{\sqrt{1-x^2}} f(x,y)dy$；

(5) 如图 9-19 所示，$\int_0^1 dx \int_0^{x^2} f(x,y)dy + \int_1^3 dx \int_0^{\frac{3-x}{2}} f(x,y)dy = \int_0^1 dy \int_{\sqrt{y}}^{3-2y} f(x,y)dx$．

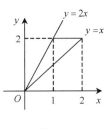

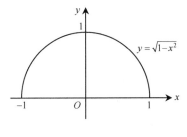

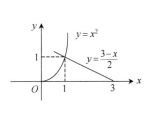

图 9-17   图 9-18   图 9-19

3. 如果二重积分 $\iint\limits_D f(x,y)dxdy$ 的被积函数 $f(x,y)$ 是两个函数 $f_1(x)$ 及 $f_2(y)$ 的乘积，即 $f(x,y) = f_1(x) \cdot f_2(y)$，积分区域 $D = \{(x,y) \mid a \leqslant x \leqslant b, c \leqslant y \leqslant d\}$，证明这个二重积分等于两个定积分的乘积，即

$$\iint\limits_D f_1(x) \cdot f_2(y)dxdy = \left[\int_a^b f_1(x)dx\right] \cdot \left[\int_c^d f_2(y)dy\right].$$

证 积分区域是矩形区域，将二重积分化为二次积分，

$$\iint\limits_D f_1(x) \cdot f_2(y)dxdy = \int_a^b dx \int_c^d f_1(x)f_2(y)dy,$$

又因为 $f_1(x)$ 与积分变量 y 无关，所以上述积分又可化为

$$\iint\limits_D f_1(x) \cdot f_2(y)dxdy = \int_a^b f_1(x)dx \int_c^d f_2(y)dy = \int_a^b f_1(x) \cdot \left[\int_c^d f_2(y)dy\right]dx,$$

而 $\int_c^d f_2(y)dy$ 为一常数，与积分变量 x 无关，同样可以提到第一个积分号外，故

$$\iint\limits_D f_1(x) \cdot f_2(y)dxdy = \left[\int_a^b f_1(x)dx\right] \cdot \left[\int_c^d f_2(y)dy\right].$$

4. 计算下列二重积分．

(1) $\iint\limits_D xyd\sigma$，其中 D 是由曲线 $y = x^2$，直线 $y = 0$ 与 $x = 2$ 所围成的闭区域；

(3) $\iint\limits_D \cos(x+y)d\sigma$，其中 D 是由直线 $x = 0$，$y = \pi$ 和 $y = x$ 所围成的闭区域；

(5) $\iint\limits_D xd\sigma$，其中 D 是由抛物线 $y = \frac{x^2}{2}$ 及直线 $y = x + 4$ 所围成的闭区域；

(7) $\iint\limits_D (x-1)yd\sigma$，其中 D 是由曲线 $x = 1 + \sqrt{y}$，$y = 1 - x$ 及 $y = 1$ 所围成的闭区域；

(9) $\displaystyle\iint\limits_{D} x\mathrm{d}\sigma$，其中 $D = \{(x,y)\,|\,x^2 + y^2 \leqslant 2, x \geqslant y^2\}$；

(10) $\displaystyle\iint\limits_{D} \mathrm{e}^{x^2}\mathrm{d}\sigma$，其中 D 是第一象限中由 $y = x$ 和 $y = x^3$ 所围成的闭区域.

解 (1) 积分区域 $D = \{(x,y)\,|\,0 \leqslant y \leqslant x^2, 0 \leqslant x \leqslant 2\}$，于是

$$\iint\limits_{D} xy\mathrm{d}\sigma = \int_0^2 \mathrm{d}x \int_0^{x^2} xy\mathrm{d}y = \int_0^2 x\left[\frac{y^2}{2}\right]_0^{x^2}\mathrm{d}x = \int_0^2 \frac{1}{2}x^5\mathrm{d}x = \left[\frac{x^6}{12}\right]_0^2 = \frac{16}{3}.$$

(3) 积分区域 $D = \{(x,y)\,|\,0 \leqslant x \leqslant y, 0 \leqslant y \leqslant \pi\}$，于是

$$\iint\limits_{D} \cos(x+y)\mathrm{d}\sigma = \int_0^\pi \mathrm{d}y \int_0^y \cos(x+y)\mathrm{d}x$$

$$= \int_0^\pi [\sin(x+y)]_0^y \mathrm{d}y = \int_0^\pi (\sin 2y - \sin y)\mathrm{d}y$$

$$= \left[-\frac{1}{2}\cos 2y + \cos y\right]_0^\pi = -2.$$

(5) $y = \dfrac{x^2}{2}$ 与 $y = x + 4$ 的交点为 $A(-2, 2)$，$B(4, 8)$，积分区域 D 如图 9-20 所示，

$$D = \left\{(x,y)\,\middle|\,\frac{x^2}{2} \leqslant y \leqslant x + 4, -2 \leqslant x \leqslant 4\right\},$$

于是

$$\iint\limits_{D} x\mathrm{d}\sigma = \int_{-2}^4 \mathrm{d}x \int_{\frac{x^2}{2}}^{x+4} x\mathrm{d}y = \int_{-2}^4 x\left(x + 4 - \frac{x^2}{2}\right)\mathrm{d}x = \left[\frac{x^3}{3} + 2x^2 - \frac{x^4}{8}\right]_{-2}^4 = 18.$$

(7) 积分区域 D 如图 9-21 所示，$D = \left\{(x,y)\,|\,1 - y \leqslant x \leqslant 1 + \sqrt{y}, 0 \leqslant y \leqslant 1\right\}$，于是

$$\iint\limits_{D} (x-1)y\mathrm{d}\sigma = \int_0^1 \mathrm{d}y \int_{1-y}^{1+\sqrt{y}} (x-1)y\mathrm{d}x = \int_0^1 y \cdot \left[\frac{(x-1)^2}{2}\right]_{1-y}^{1+\sqrt{y}} \mathrm{d}y$$

$$= \int_0^1 \frac{1}{2}y(y - y^2)\mathrm{d}y = \frac{1}{2}\left[\frac{1}{3}y^3 - \frac{1}{4}y^4\right]_0^1 = \frac{1}{24}.$$

(9) 积分区域 D 如图 9-22 所示，曲线 $x^2 + y^2 = 2$ 与 $x = y^2$ 的交点为 $A(1, -1)$，$B(1, 1)$，$D = \{(x,y)\,|\,y^2 \leqslant x \leqslant \sqrt{2 - y^2}, -1 \leqslant y \leqslant 1\}$，于是

$$\iint\limits_{D} x\mathrm{d}\sigma = \int_{-1}^1 \mathrm{d}y \int_{y^2}^{\sqrt{2-y^2}} x\mathrm{d}x = \int_{-1}^1 \left[\frac{x^2}{2}\right]_{y^2}^{\sqrt{2-y^2}} \mathrm{d}y$$

$$= \int_{-1}^1 \frac{1}{2}(2 - y^2 - y^4)\mathrm{d}y = \int_0^1 (2 - y^2 - y^4)\mathrm{d}y = \frac{22}{15}.$$

(10) $D = \{(x,y) \mid x^3 \leqslant y \leqslant x, 0 \leqslant x \leqslant 1\}$,

$$\iint\limits_D e^{x^2} d\sigma = \int_0^1 dx \int_{x^3}^x e^{x^2} dy = \int_0^1 (x - x^3) e^{x^2} dx = \frac{1}{2}[e^{x^2}]_0^1 - \frac{1}{2}\int_0^1 x^2 d(e^{x^2})$$

$$= \frac{1}{2}(e-1) - \frac{1}{2}[x^2 e^{x^2}]_0^1 + \frac{1}{2}[e^{x^2}]_0^1 = \frac{e}{2} - 1.$$

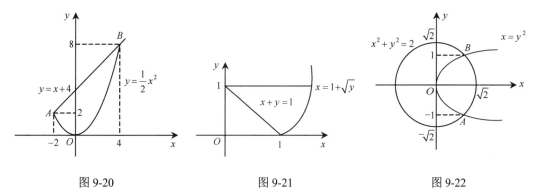

图 9-20　　　　　　　　　图 9-21　　　　　　　　　图 9-22

5. 化二重积分 $I = \iint\limits_D f(x,y)d\sigma$ 为二次积分(分别列出对两个变量先后次序不同的两个二次积分), 其中积分区域 D 如下.

(1) 由直线 $y = x$ 及抛物线 $y^2 = 4x$ 所围成的闭区域;

(3) 由直线 $y = x$, $x = 2$ 及双曲线 $y = \dfrac{1}{x}$ ($x > 0$)所围成的闭区域.

解　(1) 积分区域 D 如图 9-23 所示, 先 y 后 x, 则 $D = \{(x,y) \mid x \leqslant y \leqslant 2\sqrt{x}, 0 \leqslant x \leqslant 4\}$,

$$\iint\limits_D f(x,y)d\sigma = \int_0^4 dx \int_x^{2\sqrt{x}} f(x,y)dy,$$

先 x 后 y, 则 $D = \left\{(x,y) \,\middle|\, \dfrac{y^2}{4} \leqslant x \leqslant y, 0 \leqslant y \leqslant 4\right\}$,

$$\iint\limits_D f(x,y)d\sigma = \int_0^4 dy \int_{\frac{y^2}{4}}^y f(x,y)dx.$$

(3) 积分区域 D 如图 9-24 所示, 先 y 后 x, 则 $D = \left\{(x,y) \,\middle|\, \dfrac{1}{x} \leqslant y \leqslant x, 1 \leqslant x \leqslant 2\right\}$,

$$\iint\limits_D f(x,y)d\sigma = \int_1^2 dx \int_{\frac{1}{x}}^x f(x,y)dy,$$

先 x 后 y, 则 $D = \left\{(x,y) \,\middle|\, \dfrac{1}{y} \leqslant x \leqslant 2, \dfrac{1}{2} \leqslant y \leqslant 1\right\} \bigcup \{(x,y) \mid y \leqslant x \leqslant 2, 1 \leqslant y \leqslant 2\}$,

$$\iint\limits_D f(x,y)d\sigma = \int_{\frac{1}{2}}^1 dy \int_{\frac{1}{y}}^2 f(x,y)dx + \int_1^2 dy \int_y^2 f(x,y)dx.$$

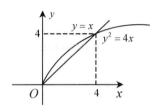

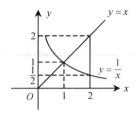

图 9-23　　　　　　　　　　　　　　　　　　图 9-24

6．化下列二次积分为极坐标形式的二次积分.

(1) $\displaystyle\int_0^{2a}\mathrm{d}x\int_0^{\sqrt{2ax-x^2}}f(x,y)\mathrm{d}y$；

(3) $\displaystyle\int_0^1\mathrm{d}x\int_0^{\sqrt{3}x}f\left(\frac{y}{x}\right)\mathrm{d}y$．

解　(1) 积分区域 D 如图 9-25 所示，在极坐标系中，

$$D=\left\{(\rho,\theta)\left|\,0\leqslant\rho\leqslant 2a\cos\theta,0\leqslant\theta\leqslant\frac{\pi}{2}\right.\right\},$$

$$\int_0^{2a}\mathrm{d}x\int_0^{\sqrt{2ax-x^2}}f(x,y)\mathrm{d}y=\int_0^{\frac{\pi}{2}}\mathrm{d}\theta\int_0^{2a\cos\theta}f(\rho\cos\theta,\rho\sin\theta)\rho\mathrm{d}\rho\,.$$

(3) 积分区域 D 如图 9-26 所示，在极坐标系中，$D=\left\{(\rho,\theta)\left|\,0\leqslant\rho\leqslant\dfrac{1}{\cos\theta},0\leqslant\theta\leqslant\dfrac{\pi}{3}\right.\right\}$，

$$\int_0^1\mathrm{d}x\int_0^{\sqrt{3}x}f\left(\frac{y}{x}\right)\mathrm{d}y=\int_0^{\frac{\pi}{3}}\mathrm{d}\theta\int_0^{\frac{1}{\cos\theta}}f(\tan\theta)\rho\mathrm{d}\rho\,.$$

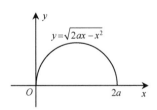

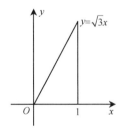

图 9-25　　　　　　　　　　　　　　　　　　图 9-26

7．在极坐标系中计算下列二重积分或二次积分.

(1) $\displaystyle\int_{-2}^2\mathrm{d}x\int_0^{\sqrt{4-x^2}}\sqrt{x^2+y^2}\mathrm{d}y$；

(3) $\displaystyle\iint\limits_D\ln(1+x^2+y^2)\mathrm{d}\sigma$，其中 $D=\{(x,y)\,|\,x^2+y^2\leqslant 1,x\geqslant 0,y\geqslant 0\}$；

(5) $\displaystyle\iint\limits_D\sin(x^2+y^2)\mathrm{d}\sigma$，其中 $D=\{(x,y)\,|\,\pi^2\leqslant x^2+y^2\leqslant 4\pi^2\}$．

解 (1) 在极坐标系中, 积分区域可表示为 $D = \{(\rho,\theta) \,|\, 0 \leqslant \rho \leqslant 2, 0 \leqslant \theta \leqslant \pi\}$,

$$\int_{-2}^{2} dx \int_{0}^{\sqrt{4-x^2}} \sqrt{x^2+y^2}\, dy = \int_{0}^{\pi} d\theta \int_{0}^{2} \rho^2 d\rho = \frac{8}{3}\pi \,.$$

(3) 在极坐标系中, 积分区域可表示为 $D = \left\{(\rho,\theta) \,\middle|\, 0 \leqslant \rho \leqslant 1, 0 \leqslant \theta \leqslant \frac{\pi}{2}\right\}$,

$$\iint_{D} \ln(1+x^2+y^2)\, d\sigma = \iint_{D} \ln(1+\rho^2)\rho\, d\rho\, d\theta = \int_{0}^{\frac{\pi}{2}} d\theta \int_{0}^{1} \ln(1+\rho^2)\rho\, d\rho$$

$$= \frac{\pi}{4} \int_{0}^{1} \ln(1+\rho^2)\, d(1+\rho^2)$$

$$= \frac{\pi}{4} \left[(1+\rho^2)\ln(1+\rho^2) \right]_{0}^{1} - \frac{\pi}{4} \int_{0}^{1} (1+\rho^2)\frac{2\rho}{1+\rho^2}\, d\rho$$

$$= \frac{\pi}{4} \cdot 2\ln 2 - \frac{\pi}{4}[\rho^2]_{0}^{1} = \frac{\pi}{4}(2\ln 2 - 1) \,.$$

(5) 在极坐标系中, 积分区域可表示为 $D = \{(\rho,\theta) \,|\, \pi \leqslant \rho \leqslant 2\pi, 0 \leqslant \theta \leqslant 2\pi\}$,

$$\iint_{D} \sin(x^2+y^2)\, d\sigma = \iint_{D} \sin(\rho^2)\rho\, d\rho\, d\theta = \int_{0}^{2\pi} d\theta \int_{\pi}^{2\pi} \rho\sin(\rho^2)\, d\rho$$

$$= \pi \int_{\pi}^{2\pi} \sin(\rho^2)\, d(\rho^2) = -\pi[\cos(\rho^2)]_{\pi}^{2\pi} = \pi(\cos\pi^2 - \cos 4\pi^2) \,.$$

8. 选择合适的坐标系计算下列二重积分.

(1) $\displaystyle\iint_{D} \frac{\sin x}{x}\, d\sigma$, 其中 D 是由 $y = x^2$, $y = 0$ 及 $x = 1$ 所围成的闭区域;

(2) $\displaystyle\iint_{D} xy\, d\sigma$, 其中 D 是由 $(x-2)^2 + y^2 = 1$ 的上半圆周和 x 轴所围成的闭区域;

(3) $\displaystyle\iint_{D} \frac{y^2}{x^2}\, d\sigma$, 其中 D 是由曲线 $x^2 + y^2 = 2x$ 所围成的闭区域;

(4) $\displaystyle\iint_{D} \sin\sqrt{x^2+y^2}\, d\sigma$, 其中 $D = \{(x,y) \,|\, 1 \leqslant x^2+y^2 \leqslant 4, x \geqslant 0, y \geqslant 0\}$.

解 (1) 利用直角坐标计算, $D = \{(x,y) \,|\, 0 \leqslant y \leqslant x^2, 0 \leqslant x \leqslant 1\}$,

$$\iint_{D} \frac{\sin x}{x}\, d\sigma = \int_{0}^{1} dx \int_{0}^{x^2} \frac{\sin x}{x}\, dy = \int_{0}^{1} x\sin x\, dx = -\int_{0}^{1} x\, d(\cos x)$$

$$= -[x\cos x]_{0}^{1} + \int_{0}^{1} \cos x\, dx = \sin 1 - \cos 1 \,.$$

(2) 利用直角坐标计算, $D = \left\{(x,y) \,\middle|\, 0 \leqslant y \leqslant \sqrt{1-(x-2)^2}, 1 \leqslant x \leqslant 3\right\}$,

$$\iint_{D} xy\, d\sigma = \int_{1}^{3} dx \int_{0}^{\sqrt{1-(x-2)^2}} xy\, dy = \int_{1}^{3} x\left[\frac{y^2}{2}\right]_{0}^{\sqrt{1-(x-2)^2}} dx = -\frac{1}{2}\int_{1}^{3} (x^3 - 4x^2 + 3x)\, dx$$

$$= -\frac{1}{2}\left[\frac{1}{4}x^4 - \frac{4}{3}x^3 + \frac{3}{2}x^2\right]_1^3 = \frac{4}{3}.$$

(3) 利用极坐标计算，$D = \left\{(\rho,\theta)\left|0 \leqslant \rho \leqslant 2\cos\theta, -\frac{\pi}{2} \leqslant \theta \leqslant \frac{\pi}{2}\right.\right\}$,

$$\iint\limits_D \frac{y^2}{x^2}\mathrm{d}\sigma = \iint\limits_D \rho\tan^2\theta\,\mathrm{d}\rho\mathrm{d}\theta = \int_{-\frac{\pi}{2}}^{\frac{\pi}{2}}\mathrm{d}\theta\int_0^{2\cos\theta}\rho\tan^2\theta\,\mathrm{d}\rho = 2\int_{-\frac{\pi}{2}}^{\frac{\pi}{2}}\tan^2\theta\cos^2\theta\,\mathrm{d}\theta$$

$$= 4\int_0^{\frac{\pi}{2}}\sin^2\theta\,\mathrm{d}\theta = 4\cdot\frac{1}{2}\cdot\frac{\pi}{2} = \pi.$$

(4) 利用极坐标计算，$D = \left\{(\rho,\theta)\left|1 \leqslant \rho \leqslant 2, 0 \leqslant \theta \leqslant \frac{\pi}{2}\right.\right\}$,

$$\iint\limits_D \sin\sqrt{x^2+y^2}\,\mathrm{d}\sigma = \iint\limits_D \rho\sin\rho\,\mathrm{d}\rho\mathrm{d}\theta = \int_0^{\frac{\pi}{2}}\mathrm{d}\theta\int_1^2\rho\sin\rho\,\mathrm{d}\rho$$

$$= -\frac{\pi}{2}\int_1^2\rho\mathrm{d}(\cos\rho) = -\frac{\pi}{2}[\rho\cos\rho]_1^2 + \frac{\pi}{2}\int_1^2\cos\rho\,\mathrm{d}\rho$$

$$= \frac{\pi}{2}(\sin2 - \sin1 + \cos1 - 2\cos2).$$

9. 利用对称性，简化下列二重积分的计算.

(1) $\displaystyle\iint\limits_D |xy|\mathrm{d}\sigma$，其中 $D = \{(x,y)\,|\,|x|+|y| \leqslant 1\}$;

(3) $\displaystyle\iint\limits_D (x^2+3x-y+4)\mathrm{d}\sigma$，其中 $D = \{(x,y)\,|\,x^2+y^2 \leqslant a^2\}$.

解 (1) 如图 9-27 所示，积分区域 D 关于坐标轴都是对称的，且被积函数关于变量 x 或 y 均为偶函数，所以由二重积分的对称性，$\displaystyle\iint\limits_D |xy|\mathrm{d}\sigma = 4\iint\limits_{D_1} xy\mathrm{d}\sigma$，其中

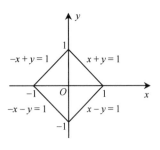

图 9-27

$$D_1 = \{(x,y)\,|\,x+y \leqslant 1, x \geqslant 0, y \geqslant 0\},$$

$$\iint\limits_D |xy|\mathrm{d}\sigma = 4\int_0^1\mathrm{d}x\int_0^{1-x}xy\mathrm{d}y$$

$$= 4\int_0^1\frac{x}{2}(1-x)^2\mathrm{d}x = 2\int_0^1(x^3-2x^2+x)\mathrm{d}x = \frac{1}{6}.$$

(3) 显然积分区域 D 关于坐标轴均对称，$\displaystyle\iint\limits_D 3x\mathrm{d}\sigma = 0$，

$\displaystyle\iint\limits_D y\mathrm{d}\sigma = 0$，而由二重积分的性质，$\displaystyle\iint\limits_D 4\mathrm{d}\sigma = 4\pi a^2$，所以

$$\iint\limits_D (x^2+3x-y+4)\mathrm{d}\sigma = 4\pi a^2 + \iint\limits_D x^2\mathrm{d}\sigma，\text{在极坐标系中，}$$

$$D = \{(\rho, \theta) \mid 0 \leqslant \rho \leqslant a, 0 \leqslant \theta \leqslant 2\pi\},$$

其中

$$\iint\limits_{D} x^2 \mathrm{d}\sigma = \frac{1}{2} \iint\limits_{D} (x^2 + y^2) \mathrm{d}\sigma = \frac{1}{2} \int_0^{2\pi} \mathrm{d}\theta \int_0^a \rho^3 \mathrm{d}\rho = \frac{\pi}{4} a^4,$$

所以

$$\iint\limits_{D} (x^2 + 3x - y + 4) \mathrm{d}\sigma = 4\pi a^2 + \frac{\pi}{4} a^4.$$

10．设平面薄片所占的闭区域 D 由直线 $x + y = 1$，$y = x$ 和 x 轴所围成，它的面密度 $\mu(x, y) = 2(x^2 + y^2)$，求该薄片的质量.

解 如图 9-28 所示，积分区域 D 可表示为

$$D = \left\{(x, y) \,\middle|\, y \leqslant x \leqslant 1 - y, 0 \leqslant y \leqslant \frac{1}{2}\right\},$$

$$M = \iint\limits_{D} 2(x^2 + y^2) \mathrm{d}\sigma$$

$$= 2\int_0^{\frac{1}{2}} \mathrm{d}y \int_y^{1-y} (x^2 + y^2) \mathrm{d}x = 2\int_0^{\frac{1}{2}} \left[\frac{1}{3} x^3 + y^2 x\right]_y^{1-y} \mathrm{d}y$$

$$= 2\int_0^{\frac{1}{2}} \left(-\frac{8}{3} y^3 + 2y^2 - y + \frac{1}{3}\right) \mathrm{d}y = \frac{1}{6}.$$

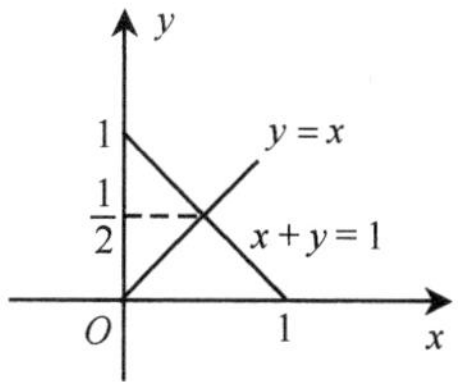

图 9-28

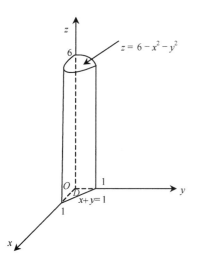

图 9-29

11．求由平面 $x = 0$，$y = 0$，$x + y = 1$ 所围成的柱体被平面 $z = 0$ 及抛物面 $x^2 + y^2 = 6 - z$ 截得的立体的体积.

解 此曲顶柱体的底为 xOy 面上的三角形闭区域 D，如图 9-29 所示，可表示为

$$D = \{(x, y) \mid 0 \leqslant y \leqslant 1 - x, 0 \leqslant x \leqslant 1\},$$

顶为抛物面 $x^2 + y^2 = 6 - z$，故体积

$$V = \iint\limits_{D} (6 - x^2 - y^2) \mathrm{d}\sigma = \int_0^1 \mathrm{d}x \int_0^{1-x} (6 - x^2 - y^2) \mathrm{d}y$$

$$= \int_0^1 \left(\frac{4}{3} x^3 - 2x^2 - 5x + \frac{17}{3}\right) \mathrm{d}x = \frac{17}{6}.$$

12．求半球面 $z = \sqrt{2a^2 - x^2 - y^2}$ 与旋转抛物面 $x^2 + y^2 = az$（$a > 0$）所围立体的体积.

解 如图 9-30 所示，两曲面所围立体在 xOy 面的投影区域为

$$D = \{(x, y) \mid x^2 + y^2 \leqslant a^2\},$$

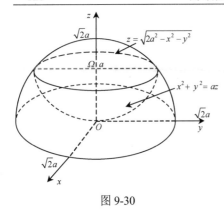

图 9-30

$$V = \iint_D \left(\sqrt{2a^2 - x^2 - y^2} - \frac{x^2 + y^2}{a} \right) \mathrm{d}\sigma$$

$$= \int_0^{2\pi} \mathrm{d}\theta \int_0^a \left(\sqrt{2a^2 - \rho^2} - \frac{\rho^2}{a} \right) \rho \mathrm{d}\rho$$

$$= 2\pi \left[\int_0^a (2a^2 - \rho^2)^{\frac{1}{2}} \rho \mathrm{d}\rho - \frac{1}{a} \int_0^a \rho^3 \mathrm{d}\rho \right]$$

$$= -\pi \int_0^a (2a^2 - \rho^2)^{\frac{1}{2}} \mathrm{d}(2a^2 - \rho^2) - \frac{\pi}{2} a^3$$

$$= -\frac{2\pi}{3} \left[(2a^2 - \rho^2)^{\frac{3}{2}} \right]_0^a - \frac{\pi}{2} a^3 = \left(\frac{4\sqrt{2}}{3} - \frac{7}{6} \right) \pi a^3.$$

习题 9-3   三重积分的计算法

1. 化三重积分 $I = \iiint\limits_{\Omega} f(x,y,z)\mathrm{d}x\mathrm{d}y\mathrm{d}z$ 为三次积分, 其中积分区域 Ω 分别如下.

(1) 由锥面 $z = \sqrt{x^2 + y^2}$ 与平面 $z = 1$ 围成的闭区域;

(3) 由曲面 $z = x^2 + 2y^2$ 及 $z = 2 - x^2$ 围成的闭区域.

解   (1) 积分区域 Ω 可表示为

$$\Omega = \{(x,y,z) \mid \sqrt{x^2 + y^2} \leqslant z \leqslant 1, -\sqrt{1-x^2} \leqslant y \leqslant \sqrt{1-x^2}, -1 \leqslant x \leqslant 1\},$$

$$\iiint\limits_{\Omega} f(x,y,z)\mathrm{d}x\mathrm{d}y\mathrm{d}z = \int_{-1}^1 \mathrm{d}x \int_{-\sqrt{1-x^2}}^{\sqrt{1-x^2}} \mathrm{d}y \int_{\sqrt{x^2+y^2}}^1 f(x,y,z)\mathrm{d}z .$$

(3) 曲面 $z = x^2 + 2y^2$ 与 $z = 2 - x^2$ 的交线在 xOy 面上的投影为 $x^2 + y^2 = 1, z = 0$, 积分区域 Ω 可表示为

$$\Omega = \{(x,y,z) \mid x^2 + 2y^2 \leqslant z \leqslant 2 - x^2, -\sqrt{1-x^2} \leqslant y \leqslant \sqrt{1-x^2}, -1 \leqslant x \leqslant 1\},$$

$$\iiint\limits_{\Omega} f(x,y,z)\mathrm{d}x\mathrm{d}y\mathrm{d}z = \int_{-1}^1 \mathrm{d}x \int_{-\sqrt{1-x^2}}^{\sqrt{1-x^2}} \mathrm{d}y \int_{x^2+2y^2}^{2-x^2} f(x,y,z)\mathrm{d}z .$$

2. 如果三重积分 $\iiint\limits_{\Omega} f(x,y,z)\mathrm{d}x\mathrm{d}y\mathrm{d}z$ 的被积函数 $f(x,y,z)$ 是三个函数 $f_1(x)$, $f_2(y)$, $f_3(z)$ 的乘积, 即 $f(x,y,z) = f_1(x) \cdot f_2(y) \cdot f_3(z)$, 积分区域 $\Omega = \{(x,y,z) \mid a \leqslant x \leqslant b, c \leqslant y \leqslant d, l \leqslant z \leqslant m\}$, 证明这个三重积分等于三个定积分的乘积, 即

$$\iiint\limits_{\Omega} f(x,y,z)\mathrm{d}x\mathrm{d}y\mathrm{d}z = \left[\int_a^b f_1(x)\mathrm{d}x \right] \cdot \left[\int_c^d f_2(y)\mathrm{d}y \right] \cdot \left[\int_l^m f_3(z)\mathrm{d}z \right].$$

证 $I = \iiint\limits_{\Omega} f(x,y,z)\mathrm{d}x\mathrm{d}y\mathrm{d}z = \int_a^b \mathrm{d}x \int_c^d \mathrm{d}y \int_l^m f_1(x)f_2(y)f_3(z)\mathrm{d}z$, $f_1(x), f_2(y)$ 与积分变量

z 无关, 故可以提到积分号之外, 即

$$I = \int_a^b f_1(x)\mathrm{d}x \int_c^d f_2(y)\mathrm{d}y \int_l^m f_3(z)\mathrm{d}z ,$$

而 $\int_l^m f_3(z)\mathrm{d}z$ 为常数, 所以

$$I = \left[\int_l^m f_3(z)\mathrm{d}z \right] \int_a^b f_1(x)\mathrm{d}x \int_c^d f_2(y)\mathrm{d}y.$$

同理, $\int_c^d f_2(y)\mathrm{d}y$ 也是常数, 故

$$I = \left[\int_l^m f_3(z)\mathrm{d}z \right] \left[\int_c^d f_2(y)\mathrm{d}y \right] \int_a^b f_1(x)\mathrm{d}x = \left[\int_a^b f_1(x)\mathrm{d}x \right] \cdot \left[\int_c^d f_2(y)\mathrm{d}y \right] \cdot \left[\int_l^m f_3(z)\mathrm{d}z \right].$$

3. 计算下列三重积分.

(1) $\iiint\limits_{\Omega} xz\mathrm{d}x\mathrm{d}y\mathrm{d}z$, 其中 Ω 是由曲面 $z = xy$, 平面 $z = 0$, $x + y = 1$ 所围成的闭区域;

(3) $\iiint\limits_{\Omega} \dfrac{\mathrm{d}v}{(1 + x + y + z)^3}$, 其中 Ω 是由平面 $x + y + z = 1$ 与三个坐标面所围成的闭区域;

(5) $\iiint\limits_{\Omega} \sin z\mathrm{d}x\mathrm{d}y\mathrm{d}z$, 其中 Ω 是由锥面 $z = \sqrt{x^2 + y^2}$ 与平面 $z = \pi$ 所围成的闭区域.

解 (1) 如图 9-31 所示, 积分区域 Ω 可表示为

$$\Omega = \{(x,y,z) \mid 0 \leqslant z \leqslant xy, 0 \leqslant y \leqslant 1 - x, 0 \leqslant x \leqslant 1\} ,$$

$$\begin{aligned}
\iiint\limits_{\Omega} xz\mathrm{d}x\mathrm{d}y\mathrm{d}z &= \int_0^1 \mathrm{d}x \int_0^{1-x} \mathrm{d}y \int_0^{xy} xz\mathrm{d}z \\
&= \int_0^1 x\mathrm{d}x \int_0^{1-x} \left[\frac{z^2}{2} \right]_0^{xy} \mathrm{d}y = \frac{1}{2} \int_0^1 x^3\mathrm{d}x \int_0^{1-x} y^2\mathrm{d}y \\
&= \frac{1}{6} \int_0^1 x^3 (1-x)^3 \mathrm{d}x \\
&= \frac{1}{6} \int_0^1 (x^3 - 3x^4 + 3x^5 - x^6)\mathrm{d}x = \frac{1}{840}.
\end{aligned}$$

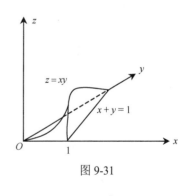

图 9-31

(3) 积分区域 Ω 可表示为 $\Omega = \{(x,y,z) \mid 0 \leqslant z \leqslant 1 - x - y, 0 \leqslant y \leqslant 1 - x, 0 \leqslant x \leqslant 1\}$,

$$\begin{aligned}
\iiint\limits_{\Omega} \frac{\mathrm{d}v}{(1 + x + y + z)^3} &= \int_0^1 \mathrm{d}x \int_0^{1-x} \mathrm{d}y \int_0^{1-x-y} \frac{1}{(1 + x + y + z)^3} \mathrm{d}z \\
&= -\frac{1}{2} \int_0^1 \mathrm{d}x \int_0^{1-x} \left[\frac{1}{(1 + x + y + z)^2} \right]_0^{1-x-y} \mathrm{d}y \\
&= \int_0^1 \mathrm{d}x \int_0^{1-x} \left[-\frac{1}{8} + \frac{1}{2(1 + x + y)^2} \right] \mathrm{d}y = \int_0^1 \left[-\frac{y}{8} - \frac{1}{2(1 + x + y)} \right]_0^{1-x} \mathrm{d}x \\
&= -\int_0^1 \left[\frac{1-x}{8} + \frac{1}{4} - \frac{1}{2(1 + x)} \right] \mathrm{d}x = \frac{1}{2} \left(\ln 2 - \frac{5}{8} \right).
\end{aligned}$$

(5) 用截面法计算, z 的变化区间为 $[0,\pi]$, 在区间 $[0,\pi]$ 上任取一点 z, 过该点作垂直于 z 轴的平面, 该平面截 Ω 所得的截面 D_z 为圆形闭区域, D_z 可表示为

$$D_z = \{(x,y) \big| x^2 + y^2 \leqslant z^2\},$$

于是 Ω 可表示为

$$\Omega = \{(x,y,z) \,|\, (x,y) \in D_z, 0 \leqslant z \leqslant \pi\},$$

$$\iiint\limits_{\Omega} \sin z \, dx dy dz = \int_0^\pi \sin z \, dz \iint\limits_{D_z} dx dy = \int_0^\pi \sin z \cdot \pi z^2 \, dz = -\pi \int_0^\pi z^2 \, d(\cos z)$$

$$= -\pi[z^2 \cos z]_0^\pi + 2\pi \int_0^\pi z \cos z \, dz = \pi^3 + 2\pi \int_0^\pi z \, d(\sin z)$$

$$= \pi^3 + 2\pi[z \sin z]_0^\pi - 2\pi \int_0^\pi \sin z \, dz = \pi^3 + 2\pi[\cos z]_0^\pi = \pi^3 - 4\pi.$$

4. 在柱面坐标系中计算下列三重积分.

(1) $\iiint\limits_{\Omega} z \, dv$, 其中 Ω 是由曲面 $z = \sqrt{2 - x^2 - y^2}$ 与 $x^2 + y^2 = z$ 所围成的闭区域;

(2) $\iiint\limits_{\Omega} (x + y + z) \, dv$, 其中 Ω 是由圆锥面 $z = 1 - \sqrt{x^2 + y^2}$ 与平面 $z = 0$ 所围成的闭区域;

(4) $\iiint\limits_{\Omega} \sqrt{x^2 + y^2} \, dv$, 其中 $\Omega = \{(x,y,z) \,|\, 0 \leqslant z \leqslant 9 - x^2 - y^2\}$.

解 (1) 曲面 $z = \sqrt{2 - x^2 - y^2}$ 与 $x^2 + y^2 = z$ 的交线在 xOy 面的投影为 $\begin{cases} x^2 + y^2 = 1, \\ z = 0, \end{cases}$ 如

图 9-32 所示, 在柱面坐标系中, 积分区域 Ω 可表示为

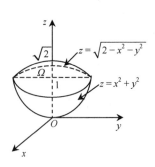

图 9-32

$$\Omega = \{(\rho, \theta, z) \,|\, \rho^2 \leqslant z \leqslant \sqrt{2 - \rho^2}, 0 \leqslant \rho \leqslant 1, 0 \leqslant \theta \leqslant 2\pi\},$$

$$\iiint\limits_{\Omega} z \, dv = \iiint\limits_{\Omega} z \rho \, d\rho d\theta dz = \int_0^{2\pi} d\theta \int_0^1 \rho \, d\rho \int_{\rho^2}^{\sqrt{2-\rho^2}} z \, dz$$

$$= 2\pi \int_0^1 \rho \cdot \frac{1}{2}(2 - \rho^2 - \rho^4) \, d\rho$$

$$= \pi \int_0^1 (2\rho - \rho^3 - \rho^5) \, d\rho = \frac{7}{12}\pi.$$

(2) 如图 9-33 所示, Ω 分别关于 yOz 面, zOx 面对称, 故

$$\iiint\limits_{\Omega} x \, dv = 0, \qquad \iiint\limits_{\Omega} y \, dv = 0,$$

在柱面坐标系中, 积分区域 Ω 可表示为

$$\Omega = \{(\rho, \theta, z) \,|\, 0 \leqslant z \leqslant 1 - \rho, 0 \leqslant \rho \leqslant 1, 0 \leqslant \theta \leqslant 2\pi\},$$

$$\iiint\limits_{\Omega}(x+y+z)\mathrm{d}v = \iiint\limits_{\Omega}z\mathrm{d}v = \iiint\limits_{\Omega}z\rho\mathrm{d}\rho\mathrm{d}\theta\mathrm{d}z = \int_{0}^{2\pi}\mathrm{d}\theta\int_{0}^{1}\rho\mathrm{d}\rho\int_{0}^{1-\rho}z\mathrm{d}z$$

$$= 2\pi\int_{0}^{1}\rho\left[\frac{z^{2}}{2}\right]_{0}^{1-\rho}\mathrm{d}\rho = \pi\int_{0}^{1}(\rho-2\rho^{2}+\rho^{3})\mathrm{d}\rho = \frac{\pi}{12}.$$

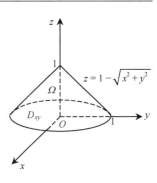

(4) 如图 9-34 所示, 在柱面坐标系中, 积分区域 Ω 可表示为

$$\Omega = \{(\rho,\theta,z) \mid 0\leqslant z\leqslant 9-\rho^{2}, 0\leqslant\rho\leqslant3, 0\leqslant\theta\leqslant2\pi\},$$

$$\iiint\limits_{\Omega}\sqrt{x^{2}+y^{2}}\mathrm{d}v = \iiint\limits_{\Omega}\rho^{2}\mathrm{d}\rho\mathrm{d}\theta\mathrm{d}z = \int_{0}^{2\pi}\mathrm{d}\theta\int_{0}^{3}\rho^{2}\mathrm{d}\rho\int_{0}^{9-\rho^{2}}\mathrm{d}z$$

$$= 2\pi\int_{0}^{3}\rho^{2}(9-\rho^{2})\mathrm{d}\rho = \frac{324}{5}\pi.$$

图 9-33

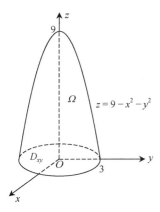

5. 在球面坐标系中计算下列三重积分.

(1) $\iiint\limits_{\Omega}(x^{2}+y^{2}+z^{2})\mathrm{d}v$, 其中积分区域

$$\Omega = \{(x,y,\ z) \mid x^{2}+y^{2}+z^{2}\leqslant1\};$$

(2) $\iiint\limits_{\Omega}\dfrac{1}{\sqrt{x^{2}+y^{2}+z^{2}}}\mathrm{d}v$, 其中积分区域

$$\Omega = \{(x,y,\ z) \mid x^{2}+y^{2}+z^{2}\leqslant1, z\geqslant\sqrt{3(x^{2}+y^{2})}\};$$

(4) $\iiint\limits_{\Omega}\sqrt{x^{2}+y^{2}+z^{2}}\mathrm{d}v$, 其中积分区域 Ω 是锥面 $\varphi = \dfrac{\pi}{6}$

上方, 上半球面 $r=2$ 下方的部分.

图 9-34

解　(1) 积分区域 Ω 是一个球心在原点, 半径为 1 的球体, 在球面坐标系中可表示为

$$\Omega = \{(r,\varphi,\theta) \mid 0\leqslant r\leqslant1, 0\leqslant\varphi\leqslant\pi, 0\leqslant\theta\leqslant2\pi\},$$

$$\iiint\limits_{\Omega}(x^{2}+y^{2}+z^{2})\mathrm{d}v = \iiint\limits_{\Omega}r^{4}\sin\varphi\mathrm{d}r\mathrm{d}\varphi\mathrm{d}\theta = \int_{0}^{2\pi}\mathrm{d}\theta\int_{0}^{\pi}\sin\varphi\mathrm{d}\varphi\int_{0}^{1}r^{4}\mathrm{d}r = \frac{4}{5}\pi.$$

(2) 如图 9-35 所示, 在球面坐标系中, 积分区域 Ω 可表示为

$$\Omega = \left\{(r,\varphi,\theta) \,\middle|\, 0\leqslant r\leqslant1, 0\leqslant\varphi\leqslant\frac{\pi}{6}, 0\leqslant\theta\leqslant2\pi\right\},$$

$$\iiint\limits_{\Omega}\frac{1}{\sqrt{x^{2}+y^{2}+z^{2}}}\mathrm{d}v = \iiint\limits_{\Omega}\frac{1}{r}r^{2}\sin\varphi\mathrm{d}r\mathrm{d}\varphi\mathrm{d}\theta$$

$$= \int_{0}^{2\pi}\mathrm{d}\theta\int_{0}^{\frac{\pi}{6}}\sin\varphi\mathrm{d}\varphi\int_{0}^{1}\frac{1}{r}\cdot r^{2}\mathrm{d}r$$

$$= \pi\int_{0}^{\frac{\pi}{6}}\sin\varphi\mathrm{d}\varphi = \left(1-\frac{\sqrt{3}}{2}\right)\pi.$$

(4) 在球面坐标系中, 积分区域 Ω 可表示为

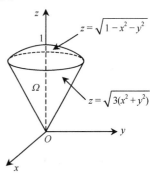

图 9-35

$$\Omega = \left\{ (r,\varphi,\theta) \middle| 0 \leqslant r \leqslant 2, 0 \leqslant \varphi \leqslant \frac{\pi}{6}, 0 \leqslant \theta \leqslant 2\pi \right\},$$

$$\iiint_{\Omega} \sqrt{x^2 + y^2 + z^2} \, \mathrm{d}v = \iiint_{\Omega} r \cdot r^2 \sin\varphi \, \mathrm{d}r \mathrm{d}\varphi \mathrm{d}\theta = \int_0^{2\pi} \mathrm{d}\theta \int_0^{\frac{\pi}{6}} \sin\varphi \, \mathrm{d}\varphi \int_0^2 r^3 \mathrm{d}r = (8 - 4\sqrt{3})\pi \;.$$

6. 选用适当的坐标系计算下列三重积分.

(1) $\iiint_{\Omega} xy^2 z^3 \mathrm{d}v$，其中 Ω 是由曲面 $z = xy$ 与平面 $y = x$，$x = 1$，$z = 0$ 所围成的闭区域;

(3) $\iiint_{\Omega} (x^2 + y^2) \mathrm{d}v$，其中 Ω 是由圆锥面 $4z^2 = 25(x^2 + y^2)$ 及平面 $z = 5$ 所围成的闭区域;

(4) $\iiint_{\Omega} (x^2 + y^2 + z^2) \mathrm{d}v$，其中积分区域 $\Omega = \{(x,y,z) \mid a^2 \leqslant x^2 + y^2 + z^2 \leqslant b^2, z \geqslant 0\}$;

(5) $\iiint_{\Omega} xy \mathrm{d}v$，其中 Ω 是由柱面 $x^2 + y^2 = 1$ 与平面 $z = 1$，$z = 0$，$x = 0$，$y = 0$ 所围成的在第 I 卦限内的闭区域.

解 (1) 如图 9-36 所示, 利用直角坐标计算, 积分区域 Ω 可表示为

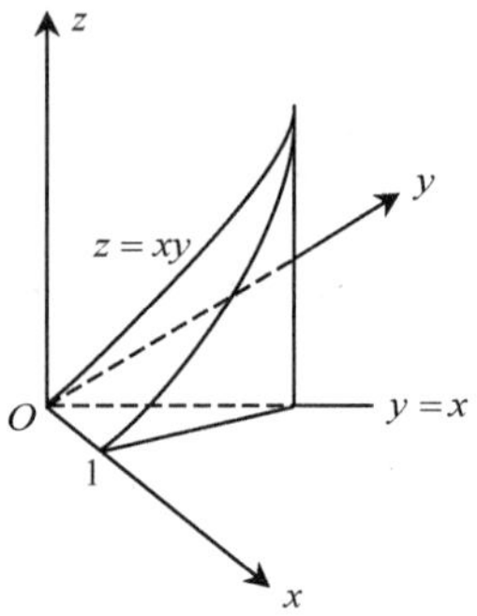

$$\Omega = \{(x,y,z) \mid 0 \leqslant z \leqslant xy, 0 \leqslant y \leqslant x, 0 \leqslant x \leqslant 1\},$$

$$\iiint_{\Omega} xy^2 z^3 \mathrm{d}v = \int_0^1 \mathrm{d}x \int_0^x \mathrm{d}y \int_0^{xy} xy^2 z^3 \mathrm{d}z = \int_0^1 \mathrm{d}x \int_0^x xy^2 \left[\frac{z^4}{4} \right]_0^{xy} \mathrm{d}y$$

$$= \frac{1}{4} \int_0^1 x^5 \mathrm{d}x \int_0^x y^6 \mathrm{d}y = \frac{1}{28} \int_0^1 x^5 [y^7]_0^x \mathrm{d}x = \frac{1}{28} \int_0^1 x^{12} \mathrm{d}x = \frac{1}{364}.$$

(3) 如图 9-37 所示, 利用柱面坐标计算, 积分区域 Ω 可表示为

$$\Omega = \left\{ (\rho,\theta,z) \middle| \frac{5}{2}\rho \leqslant z \leqslant 5, 0 \leqslant \rho \leqslant 2, 0 \leqslant \theta \leqslant 2\pi \right\},$$

图 9-36

$$\iiint_{\Omega} (x^2 + y^2) \mathrm{d}v = \iiint_{\Omega} \rho^3 \mathrm{d}\rho \mathrm{d}\theta \mathrm{d}z = \int_0^{2\pi} \mathrm{d}\theta \int_0^2 \rho^3 \mathrm{d}\rho \int_{\frac{5}{2}\rho}^5 \mathrm{d}z$$

$$= 2\pi \int_0^2 \rho^3 \left(5 - \frac{5}{2}\rho \right) \mathrm{d}\rho = 8\pi.$$

(4) 利用球面坐标计算, 积分区域 Ω 可表示为

$$\Omega = \left\{ (r,\varphi,\theta) \middle| a \leqslant r \leqslant b, 0 \leqslant \varphi \leqslant \frac{\pi}{2}, 0 \leqslant \theta \leqslant 2\pi \right\},$$

$$\iiint_{\Omega} (x^2 + y^2 + z^2) \mathrm{d}v = \iiint_{\Omega} r^4 \sin\varphi \, \mathrm{d}r \mathrm{d}\varphi \mathrm{d}\theta$$

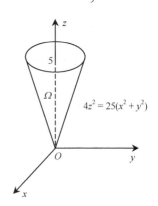

图 9-37

$$= \int_0^{2\pi} \mathrm{d}\theta \int_0^{\frac{\pi}{2}} \sin\varphi \, \mathrm{d}\varphi \int_a^b r^4 \mathrm{d}r = \frac{2\pi}{5} (b^5 - a^5)$$

(5) 如图 9-38 所示, 利用柱面坐标计算, 积分区域 Ω 可表示为

$$\Omega = \left\{(\rho,\theta,z)\middle| 0 \leqslant z \leqslant 1, 0 \leqslant \rho \leqslant 1, 0 \leqslant \theta \leqslant \frac{\pi}{2}\right\},$$

$$\iiint_{\Omega} xy\mathrm{d}v = \iiint_{\Omega} \rho^3 \sin\theta\cos\theta\mathrm{d}\rho\mathrm{d}\theta\mathrm{d}z = \int_0^{\frac{\pi}{2}} \sin\theta\cos\theta\mathrm{d}\theta\int_0^1 \rho^3\mathrm{d}\rho\int_0^1 \mathrm{d}z$$

$$= \frac{1}{4}\int_0^{\frac{\pi}{2}} \sin\theta\cos\theta\mathrm{d}\theta = \frac{1}{8}.$$

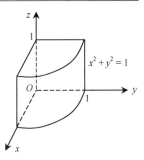

图 9-38

7．求下列曲面所围成的立体体积.

(1) $z = \sqrt{x^2 + y^2}$ 与 $z = x^2 + y^2$；　　　　　(2) $z = x^2 + y^2$ 与 $z = 18 - x^2 - y^2$.

解　(1) 如图 9-39 所示，曲面 $z = \sqrt{x^2 + y^2}$ 与 $z = x^2 + y^2$ 的交线在 xOy 面上的投影为 $\begin{cases} x^2 + y^2 = 1, \\ z = 0, \end{cases}$ 所以在柱面坐标系中，两曲面所围的立体 Ω 可表示为

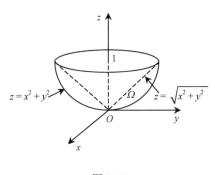

图 9-39

$$\Omega = \{(\rho,\theta,z)\mid \rho^2 \leqslant z \leqslant \rho, 0 \leqslant \rho \leqslant 1, 0 \leqslant \theta \leqslant 2\pi\},$$

$$V = \iiint_{\Omega} \mathrm{d}v = \iiint_{\Omega} \rho\mathrm{d}\rho\mathrm{d}\theta\mathrm{d}z = \int_0^{2\pi} \mathrm{d}\theta\int_0^1 \rho\mathrm{d}\rho\int_{\rho^2}^{\rho} \mathrm{d}z$$

$$= 2\pi\int_0^1 \rho(\rho - \rho^2)\mathrm{d}\rho = \frac{\pi}{6}.$$

(2) 如图 9-40 所示，曲面 $z = x^2 + y^2$ 与 $z = 18 - x^2 - y^2$ 的交线在 xOy 面上的投影为 $\begin{cases} x^2 + y^2 = 9, \\ z = 0, \end{cases}$ 所以在柱面坐标系中，两曲面所围的立体 Ω 可表示为

$$\Omega = \{(\rho,\theta,z)\mid \rho^2 \leqslant z \leqslant 18 - \rho^2, 0 \leqslant \rho \leqslant 3, 0 \leqslant \theta \leqslant 2\pi\},$$

$$V = \iiint_{\Omega} \mathrm{d}v = \iiint_{\Omega} \rho\mathrm{d}\rho\mathrm{d}\theta\mathrm{d}z = \int_0^{2\pi} \mathrm{d}\theta\int_0^3 \rho\mathrm{d}\rho\int_{\rho^2}^{18-\rho^2} \mathrm{d}z$$

$$= 2\pi\int_0^3 \rho(18 - 2\rho^2)\mathrm{d}\rho = 81\pi.$$

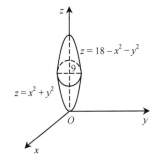

图 9-40

8．球心在原点，半径为 a 的球体，在其上任意一点的密度的大小与该点到球心的距离成正比，比例系数 $k > 0$，求该球体的质量.

解　密度为 $\rho(x,y,z) = k\sqrt{x^2 + y^2 + z^2}$，$k$ 为常数，且 $k > 0$，球体所围的闭区域为 Ω，则球体的质量为

$$M = \iiint_{\Omega} k\sqrt{x^2 + y^2 + z^2}\,\mathrm{d}v = \iiint_{\Omega} kr \cdot r^2 \sin\varphi\mathrm{d}r\mathrm{d}\varphi\mathrm{d}\theta = \int_0^{2\pi} \mathrm{d}\theta\int_0^{\pi} \mathrm{d}\varphi\int_0^a kr^3 \sin\varphi\mathrm{d}r$$

$$=\frac{k}{2}a^4\pi\int_0^\pi\sin\varphi\mathrm{d}\varphi=k\pi a^4.$$

习题 9-4　重积分的应用

1. 求平面 $\dfrac{x}{a}+\dfrac{y}{b}+\dfrac{z}{c}=1$ 被三坐标面所割出的有限部分的面积.

解　$z=c-\dfrac{c}{a}x-\dfrac{c}{b}y,$　　　$\mathrm{d}A=\sqrt{1+\left(\dfrac{\partial z}{\partial x}\right)^2+\left(\dfrac{\partial z}{\partial y}\right)^2}\mathrm{d}x\mathrm{d}y=\sqrt{1+\dfrac{c^2}{a^2}+\dfrac{c^2}{b^2}}\mathrm{d}x\mathrm{d}y,$

故

$$A=\iint\limits_{D_{xy}}\sqrt{1+\frac{c^2}{a^2}+\frac{c^2}{b^2}}\mathrm{d}x\mathrm{d}y=\frac{1}{2}|ab|\cdot\sqrt{1+\frac{c^2}{a^2}+\frac{c^2}{b^2}}=\frac{1}{2}\sqrt{a^2b^2+b^2c^2+c^2a^2}\ .$$

2. 求圆柱面 $x^2+y^2=a^2$ 与 $x^2+z^2=a^2$ ($a>0$，$x\geqslant0$，$y\geqslant0$，$z\geqslant0$)所包围的空间立体的体积.

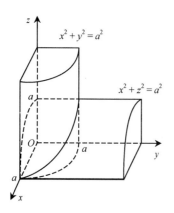

图 9-41

解　所围立体在第 I 卦限，其图形如图 9-41 所示，

$$V=\iint\limits_{D_{xy}}\sqrt{a^2-x^2}\mathrm{d}\sigma$$

$$=\int_0^a\mathrm{d}x\int_0^{\sqrt{a^2-x^2}}\sqrt{a^2-x^2}\mathrm{d}y$$

$$=\int_0^a(a^2-x^2)\mathrm{d}x=\frac{2}{3}a^3\ .$$

3. 求半径为 a 的球的表面积.

解　上半球面可以表示为 $z=\sqrt{a^2-x^2-y^2}$ ，它在 xOy 面上的投影区域为 $D=\{(x,y)\big|x^2+y^2\leqslant a^2\}$，

$$\sqrt{1+\left(\frac{\partial z}{\partial x}\right)^2+\left(\frac{\partial z}{\partial y}\right)^2}=\frac{a}{\sqrt{a^2-x^2-y^2}}\ ,$$

因为该函数在闭区域 D 上无界，所以不能直接应用曲面面积公式. 先取区域 $D_1=\{(x,y)\big|x^2+y^2\leqslant b^2\}$（$0<b<a$）为积分区域，算出相应于 D_1 上的球面面积 A_1 后，令 $b\to a$，取 A_1 的极限就得到半球面的面积. 因为

$$A_1=\iint\limits_{D_1}\frac{a}{\sqrt{a^2-x^2-y^2}}\mathrm{d}x\mathrm{d}y=a\int_0^{2\pi}\mathrm{d}\theta\int_0^b\frac{\rho}{\sqrt{a^2-\rho^2}}\mathrm{d}\rho$$

$$=2\pi a\int_0^b\frac{\rho}{\sqrt{a^2-\rho^2}}\mathrm{d}\rho=2\pi a(a-\sqrt{a^2-b^2})\ ,$$

所以 $\lim\limits_{b\to a}A_1=\lim\limits_{b\to a}2\pi a(a-\sqrt{a^2-b^2})=2\pi a^2$，因此整个球面的面积为 $A=4\pi a^2$.

4. 求锥面 $z = \sqrt{x^2 + y^2}$ 被柱面 $z^2 = 2x$ 截得的有限部分的曲面面积.

解 由 $\begin{cases} z = \sqrt{x^2 + y^2}, \\ z^2 = 2x \end{cases}$ 解得 $x^2 + y^2 = 2x$，故所截曲面在 xOy 面的投影区域为

$$D_{xy} = \{(x, y) \big| (x-1)^2 + y^2 \leqslant 1\},$$

被割曲面的方程为 $z = \sqrt{x^2 + y^2}$，所以

$$dA = \sqrt{1 + \left(\frac{\partial z}{\partial x}\right)^2 + \left(\frac{\partial z}{\partial y}\right)^2} dxdy = \sqrt{1 + \frac{x^2}{x^2 + y^2} + \frac{y^2}{x^2 + y^2}} dxdy = \sqrt{2} dxdy,$$

$$A = \iint\limits_{D_{xy}} \sqrt{2} dxdy = \sqrt{2}\pi.$$

5. 设一空间立体由曲面 $z = \sqrt{1 - x^2 - y^2}$ 与 $z = \sqrt{x^2 + y^2}$ 围成，其密度为 $\rho(x, y, z) = x^2 + y^2 + z^2$，求该立体的质量.

解 该立体的质量为

$$M = \iiint\limits_{\Omega} (x^2 + y^2 + z^2) dv,$$

其中，$\Omega = \left\{(r, \varphi, \theta) \Big| 0 \leqslant r \leqslant 1, 0 \leqslant \varphi \leqslant \frac{\pi}{4}, 0 \leqslant \theta \leqslant 2\pi\right\}$，所以

$$M = \int_0^{2\pi} d\theta \int_0^{\frac{\pi}{4}} \sin\varphi d\varphi \int_0^1 r^4 dr = \frac{2\pi}{5} \int_0^{\frac{\pi}{4}} \sin\varphi d\varphi = \frac{2 - \sqrt{2}}{5}\pi.$$

6. 求下列均匀薄片的质心，设薄片所占的闭区域 D 分别如下.

(1) D 是由 $y = 0$，$y = x$ 与 $x = 1$ 所围成的闭区域;

(3) D 是介于两圆 $\rho = a\sin\theta$ 与 $\rho = b\sin\theta\,(0 < a < b)$ 之间的闭区域.

解 (1) 均匀薄片所占闭区域 D 的面积为 $A = \frac{1}{2}$，

$$\bar{x} = \frac{1}{A} \iint\limits_{D} x d\sigma = 2\int_0^1 dx \int_0^x x dy = 2\int_0^1 x^2 dx = \frac{2}{3},$$

$$\bar{y} = \frac{1}{A} \iint\limits_{D} y d\sigma = 2\int_0^1 dx \int_0^x y dy = \int_0^1 x^2 dx = \frac{1}{3},$$

即质心为 $\left(\frac{2}{3}, \frac{1}{3}\right)$.

(3) 如图 9-42 所示，$D = \{(\rho, \theta) \big| a\sin\theta \leqslant \rho \leqslant b\sin\theta, 0 \leqslant \theta \leqslant \pi\}$，因为 D 关于 y 轴对称，所以 $\bar{x} = 0$，闭区域 D 的面积为 $A = \frac{\pi}{4}(b^2 - a^2)$，故

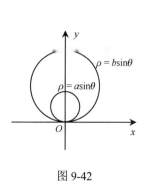

图 9-42

$$\overline{y} = \frac{1}{A}\iint_D y\mathrm{d}\sigma = \frac{4}{\pi(b^2-a^2)}\int_0^\pi \sin\theta\mathrm{d}\theta\int_{a\sin\theta}^{b\sin\theta}\rho^2\mathrm{d}\rho$$

$$= \frac{4(b^3-a^3)}{3\pi(b^2-a^2)}\int_0^\pi \sin^4\theta\mathrm{d}\theta$$

$$= \frac{4}{3\pi}\cdot\frac{b^2+ab+a^2}{b+a}\int_0^\pi \sin^4\theta\mathrm{d}\theta$$

$$= \frac{8}{3\pi}\cdot\frac{b^2+ab+a^2}{b+a}\int_0^{\frac{\pi}{2}}\sin^4\theta\mathrm{d}\theta$$

$$= \frac{8}{3\pi}\cdot\frac{b^2+ab+a^2}{b+a}\cdot\frac{3}{4}\cdot\frac{1}{2}\cdot\frac{\pi}{2} = \frac{a^2+ab+b^2}{2(a+b)},$$

所以质心为 $\left(0,\dfrac{a^2+ab+b^2}{2(a+b)}\right)$.

7. 设球体占有闭区域 $\Omega = \{(x,y,z)\mid x^2+y^2+z^2 \leqslant 2Rz\}$，它在内部各点处的密度大小等于该点到坐标原点的距离的平方，试求该球体的质心.

解 由题意，该球体的密度为 $\rho(x,y,z) = x^2+y^2+z^2$，由对称性知 $\overline{x} = \overline{y} = 0$，

$$\overline{z} = \frac{\iiint\limits_\Omega (x^2+y^2+z^2)\cdot z\mathrm{d}v}{\iiint\limits_\Omega (x^2+y^2+z^2)\mathrm{d}v},$$

在球面坐标系下 Ω 可表示为 $\Omega = \left\{(r,\varphi,\theta)\,\middle|\,0\leqslant r\leqslant 2R\cos\varphi, 0\leqslant\varphi\leqslant\frac{\pi}{2}, 0\leqslant\theta\leqslant 2\pi\right\}$，故

$$\iiint\limits_\Omega (x^2+y^2+z^2)\mathrm{d}v = \int_0^{2\pi}\mathrm{d}\theta\int_0^{\frac{\pi}{2}}\sin\varphi\mathrm{d}\varphi\int_0^{2R\cos\varphi}r^4\mathrm{d}r$$

$$= \frac{64}{5}\pi R^5\int_0^{\frac{\pi}{2}}\sin\varphi\cos^5\varphi\mathrm{d}\varphi = \frac{32}{15}\pi R^5,$$

$$\iiint\limits_\Omega (x^2+y^2+z^2)z\mathrm{d}v = \int_0^{2\pi}\mathrm{d}\theta\int_0^{\frac{\pi}{2}}\sin\varphi\cos\varphi\mathrm{d}\varphi\int_0^{2R\cos\varphi}r^5\mathrm{d}r$$

$$= \frac{64}{3}\pi R^6\int_0^{\frac{\pi}{2}}\sin\varphi\cos^7\varphi\mathrm{d}\varphi = \frac{8}{3}\pi R^6,$$

$$\overline{z} = \frac{\iiint\limits_\Omega (x^2+y^2+z^2)\cdot z\mathrm{d}v}{\iiint\limits_\Omega (x^2+y^2+z^2)\mathrm{d}v} = \frac{\frac{8}{3}\pi R^6}{\frac{32}{15}\pi R^5} = \frac{5}{4}R,$$

即质心为 $\left(0,0,\dfrac{5}{4}R\right)$.

8. 求由 $z = \sqrt{A^2 - x^2 - y^2}$，$z = \sqrt{a^2 - x^2 - y^2}$（$A > a > 0$）与 $z = 0$ 所围成立体的质心（设密度 $\rho = 1$）.

解 立体由两个同心的上半球面和 xOy 面所围成，关于 z 轴对称，又由于它是匀质的，故其质心在 z 轴上，即 $\bar{x} = \bar{y} = 0$. 由 $\rho = 1$，知 $M = V = \frac{2}{3}\pi(A^3 - a^3)$，故

$$\bar{z} = \frac{1}{M}\iiint\limits_{\Omega} z\mathrm{d}v,$$

在球面坐标系下 Ω 可表示为 $\Omega = \left\{ (r,\varphi,\theta) \middle| a \leqslant r \leqslant A, 0 \leqslant \varphi \leqslant \frac{\pi}{2}, 0 \leqslant \theta \leqslant 2\pi \right\}$，故

$$\iiint\limits_{\Omega} z\mathrm{d}v = \int_0^{2\pi}\mathrm{d}\theta\int_0^{\frac{\pi}{2}}\sin\varphi\cos\varphi\mathrm{d}\varphi\int_a^A r^3\mathrm{d}r = 2\pi\left[\frac{1}{2}\sin^2\varphi\right]_0^{\frac{\pi}{2}} \cdot \frac{A^4 - a^4}{4} = \frac{A^4 - a^4}{4}\pi,$$

所以

$$\bar{z} = \frac{\iiint\limits_{\Omega} z\mathrm{d}v}{M} = \frac{\frac{A^4 - a^4}{4}\pi}{\frac{2}{3}\pi(A^3 - a^3)} = \frac{3(A^3 + Aa^2 + A^2a + a^3)}{8(A^2 + Aa + a^2)},$$

质心为 $\left(0, 0, \dfrac{3(A^3 + Aa^2 + A^2a + a^3)}{8(A^2 + Aa + a^2)} \right)$.

9. 设均匀薄片（面密度为常数 1）所占闭区域 D 分别如下，求指定的转动惯量.

(1) $D = \{(x,y) \mid 0 \leqslant x \leqslant a, 0 \leqslant y \leqslant b\}$，求 I_x 和 I_y；

(2) D 由抛物线 $y^2 = \dfrac{9}{2}x$ 与直线 $x = 2$ 所围成，求 I_x 和 I_y.

解 (1) $I_x = \iint\limits_D y^2\mathrm{d}x\mathrm{d}y = \int_0^a\mathrm{d}x\int_0^b y^2\mathrm{d}y = \dfrac{ab^3}{3}$，$\qquad I_y = \iint\limits_D x^2\mathrm{d}x\mathrm{d}y = \int_0^a x^2\mathrm{d}x\int_0^b\mathrm{d}y = \dfrac{a^3b}{3}$.

(2) 积分区域 D 可表示为 $D = \left\{ (x,y) \middle| \dfrac{2}{9}y^2 \leqslant x \leqslant 2, -3 \leqslant y \leqslant 3 \right\}$，于是

$$I_x = \iint\limits_D y^2\mathrm{d}x\mathrm{d}y = \int_{-3}^3 y^2\mathrm{d}y\int_{\frac{2}{9}y^2}^2\mathrm{d}x = 2\int_0^3 y^2\left(2 - \frac{2y^2}{9}\right)\mathrm{d}y = \left[\frac{4}{3}y^3 - \frac{4}{45}y^5\right]_0^3 = \frac{72}{5},$$

$$I_y = \iint\limits_D x^2\mathrm{d}x\mathrm{d}y = \int_{-3}^3\mathrm{d}y\int_{\frac{2}{9}y^2}^2 x^2\mathrm{d}x = \int_{-3}^3\left[\frac{x^3}{3}\right]_{\frac{2}{9}y^2}^2\mathrm{d}y = \frac{2}{3}\int_0^3\left(8 - \frac{8}{729}y^6\right)\mathrm{d}y$$

$$= \frac{16}{3}\int_0^3\left(1 - \frac{y^6}{729}\right)\mathrm{d}y = \frac{96}{7}.$$

10. yOz 面上的曲线 $z = y^2$ 绕 z 轴旋转一周得一旋转曲面，这个曲面与平面 $z = 2$ 所围立体上任一点处的密度为 $\rho(x,y,z) = \sqrt{x^2 + y^2}$，求该立体绕 z 轴转动的转动惯量 I_z.

解 yOz 面上的曲线 $z = y^2$ 绕 z 轴旋转一周所得旋转曲面的方程为 $z = x^2 + y^2$，此曲面与平面 $z = 2$ 所围立体 Ω 在柱面坐标系中可表示为

$$\Omega = \{(\rho,\theta,z)\,|\,\rho^2 \leqslant z \leqslant 2, 0 \leqslant \rho \leqslant \sqrt{2}, 0 \leqslant \theta \leqslant 2\pi\},$$

$$I_z = \iiint\limits_{\Omega} (x^2 + y^2)\sqrt{x^2 + y^2}\,\mathrm{d}v = \int_0^{2\pi}\mathrm{d}\theta\int_0^{\sqrt{2}}\rho^4\mathrm{d}\rho\int_{\rho^2}^2\mathrm{d}z$$

$$= 2\pi\int_0^{\sqrt{2}}\rho^4(2-\rho^2)\mathrm{d}\rho = \frac{32}{35}\sqrt{2}\pi.$$

11. 设半径为 R 的匀质球(其密度为 ρ_0)占有空间闭区域 $\Omega = \{(x,y,z)\,|\,x^2 + y^2 + z^2 \leqslant R^2\}$，求它对位于 $M_0(0,0,a)$ $(a > R)$ 处的单位质量的质点的引力.

解 由球体的对称性及质量分布的均匀性知 $F_x = 0, F_y = 0$，所求引力沿 z 轴的分量为

$$F_z = \iiint\limits_{\Omega} G\rho_0 \frac{z-a}{[x^2+y^2+(z-a)^2]^{\frac{3}{2}}}\mathrm{d}v = G\rho_0\int_{-R}^{R}(z-a)\mathrm{d}z\iint\limits_{x^2+y^2\leqslant R^2-z^2}\frac{\mathrm{d}x\mathrm{d}y}{[x^2+y^2+(z-a)^2]^{\frac{3}{2}}}$$

$$= G\rho_0\int_{-R}^{R}(z-a)\mathrm{d}z\int_0^{2\pi}\mathrm{d}\theta\int_0^{\sqrt{R^2-z^2}}\frac{\rho\mathrm{d}\rho}{[\rho^2+(z-a)^2]^{\frac{3}{2}}}$$

$$= 2\pi G\rho_0\int_{-R}^{R}(z-a)\left(\frac{1}{a-z} - \frac{1}{\sqrt{R^2-2az+a^2}}\right)\mathrm{d}z$$

$$= 2\pi G\rho_0\left[-2R + \frac{1}{a}\int_{-R}^{R}(z-a)\mathrm{d}(\sqrt{R^2-2az+a^2})\right]$$

$$= 2\pi G\rho_0\left(-2R + 2R - \frac{2R^3}{3a^2}\right) = -\frac{4\pi G\rho_0 R^3}{3a^2} = -\frac{GM}{a^2} \quad \left(M = \frac{4}{3}\pi R^3\rho_0, M\text{为球的质量}\right).$$

12. 设 xOy 面上的均匀薄片(其密度为常数 μ)占有平面闭区域 $D = \{(x,y)\,|\,x^2 + y^2 \leqslant R^2\}$，求其对 z 轴上的点 $(0,0,a)$ $(a > 0)$ 处的单位质量的质点的引力.

解 由薄片的对称性及质量分布的均匀性知 $F_x = 0, F_y = 0$，

$$F_z = -aG\mu\iint\limits_{D}\frac{1}{(x^2+y^2+a^2)^{\frac{3}{2}}}\mathrm{d}\sigma = -aG\mu\int_0^{2\pi}\mathrm{d}\theta\int_0^R\frac{\rho}{(\rho^2+a^2)^{\frac{3}{2}}}\mathrm{d}\rho$$

$$= -\pi aG\mu\int_0^R(\rho^2+a^2)^{-\frac{3}{2}}\mathrm{d}(\rho^2+a^2) = -2\pi G\mu\left(1 - \frac{a}{\sqrt{R^2+a^2}}\right).$$

13. 求由曲面 $z = x^2 + y^2$ 与 $z = 2 - \sqrt{x^2 + y^2}$ 所围成的立体的体积与表面积.

解 如图 9-43 所示，曲面 $z = x^2 + y^2$ 与 $z = 2 - \sqrt{x^2 + y^2}$ 所围成的立体在 xOy 面的投影区域为 $D_{xy} = \{(x,y)\,|\,x^2 + y^2 \leqslant 1\}$，所围成的立体 Ω 可表示为

$$\Omega = \{(\rho,\theta,z)\,|\,\rho^2 \leqslant z \leqslant 2 - \rho, 0 \leqslant \rho \leqslant 1, 0 \leqslant \theta \leqslant 2\pi\},$$

故两曲面所围成的立体体积为

$$V = \iiint\limits_{\Omega} \mathrm{d}v = \int_0^{2\pi} \mathrm{d}\theta \int_0^1 \rho\mathrm{d}\rho \int_{\rho^2}^{2-\rho} \mathrm{d}z$$

$$= 2\pi \int_0^1 \rho(2-\rho-\rho^2)\mathrm{d}\rho = \frac{5}{6}\pi.$$

再求表面积, 先计算 $S_{锥面}$, $z = 2 - \sqrt{x^2+y^2}$,

$$\mathrm{d}A = \sqrt{1 + \left(\frac{\partial z}{\partial x}\right)^2 + \left(\frac{\partial z}{\partial y}\right)^2}\, \mathrm{d}x\mathrm{d}y = \sqrt{2}\mathrm{d}x\mathrm{d}y,$$

$$S_{锥面} = \iint\limits_{D_{xy}} \sqrt{2}\mathrm{d}x\mathrm{d}y = \sqrt{2}\pi,$$

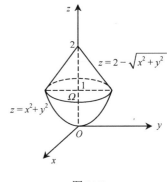

图 9-43

然后计算 $S_{抛物面}$, $z = x^2 + y^2$,

$$\mathrm{d}A = \sqrt{1 + \left(\frac{\partial z}{\partial x}\right)^2 + \left(\frac{\partial z}{\partial y}\right)^2}\, \mathrm{d}x\mathrm{d}y = \sqrt{1 + 4x^2 + 4y^2}\mathrm{d}x\mathrm{d}y,$$

$$S_{抛物面} = \iint\limits_{D_{xy}} \sqrt{1 + 4x^2 + 4y^2}\mathrm{d}x\mathrm{d}y = \int_0^{2\pi} \mathrm{d}\theta \int_0^1 \sqrt{1 + 4\rho^2}\rho\mathrm{d}\rho$$

$$= \frac{\pi}{4} \int_0^1 (1 + 4\rho^2)^{\frac{1}{2}} \mathrm{d}(1 + 4\rho^2) = \frac{\pi}{6}\left[(1 + 4\rho^2)^{\frac{3}{2}}\right]_0^1 = \frac{\pi}{6}(5\sqrt{5} - 1),$$

所求表面积为

$$S_{表} = \sqrt{2}\pi + \frac{\pi}{6}(5\sqrt{5} - 1) = \frac{5\sqrt{5} + 6\sqrt{2} - 1}{6}\pi.$$

总 习 题 九

1. 填空题.

(2) 设区域 D 是 $x^2 + y^2 \leqslant 1$ 与 $x^2 + y^2 \leqslant 2x$ 的公共部分, 在极坐标系中, $\displaystyle\iint\limits_{D} f(x,y)\mathrm{d}\sigma$ 化为二次积分的形式为_____.

(4) 设 $f(x)$ 连续, $f(0) = 1$, 令 $F(t) = \displaystyle\iint\limits_{x^2+y^2 \leqslant t^2} f(x^2 + y^2)\mathrm{d}x\mathrm{d}y$, $t \geqslant 0$, 则 $F''(0) =$ _____.

(5) 设函数 $f(u)$ 连续, 在 $u = 0$ 处可导, 且 $f(0) = 0, f'(0) = -3$, 则 $\displaystyle\lim_{t \to 0^+} \frac{1}{\pi t^4} \iiint\limits_{x^2+y^2+z^2 \leqslant t^2} f(\sqrt{x^2+y^2+z^2})\mathrm{d}x\mathrm{d}y\mathrm{d}z =$ _____.

解 (2) 积分区域如图 9-44 所示, 在极坐标系中, 圆 $x^2 + y^2 = 1$ 与 $x^2 + y^2 = 2x$ 的交点坐标为 $\left(1, -\dfrac{\pi}{3}\right)$ 和 $\left(1, \dfrac{\pi}{3}\right)$, 故

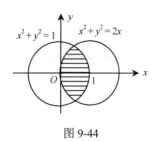

图 9-44

$$\iint_D f(x,y)\mathrm{d}\sigma = \int_{-\frac{\pi}{2}}^{-\frac{\pi}{3}} \mathrm{d}\theta \int_0^{2\cos\theta} f(\rho\cos\theta,\rho\sin\theta)\rho\mathrm{d}\rho$$

$$+ \int_{-\frac{\pi}{3}}^{\frac{\pi}{3}} \mathrm{d}\theta \int_0^1 f(\rho\cos\theta,\rho\sin\theta)\rho\mathrm{d}\rho$$

$$+ \int_{\frac{\pi}{3}}^{\frac{\pi}{2}} \mathrm{d}\theta \int_0^{2\cos\theta} f(\rho\cos\theta,\rho\sin\theta)\rho\mathrm{d}\rho \ .$$

(4) 利用极坐标系计算,

$$F(t) = \iint_{x^2+y^2\leqslant t^2} f(x^2+y^2)\mathrm{d}x\mathrm{d}y = \int_0^{2\pi}\mathrm{d}\theta\int_0^t f(\rho^2)\rho\mathrm{d}\rho = 2\pi\int_0^t f(\rho^2)\rho\mathrm{d}\rho \ ,$$

$F'(t) = 2\pi t f(t^2)$,利用导数定义,

$$F''(0) = \lim_{t\to 0}\frac{F'(t)-F'(0)}{t-0} = \lim_{t\to 0}\frac{2\pi t f(t^2)-0}{t} = \lim_{t\to 0}2\pi f(t^2) = 2\pi f(0) = 2\pi \ .$$

(5) $\displaystyle\lim_{t\to 0^+}\frac{1}{\pi t^4}\iiint_{x^2+y^2+z^2\leqslant t^2} f(\sqrt{x^2+y^2+z^2})\mathrm{d}x\mathrm{d}y\mathrm{d}z$

$$= \lim_{t\to 0^+}\frac{1}{\pi t^4}\int_0^{2\pi}\mathrm{d}\theta\int_0^{\pi}\sin\varphi\mathrm{d}\varphi\int_0^t r^2 f(r)\mathrm{d}r = \lim_{t\to 0^+}\frac{1}{\pi t^4}\cdot 4\pi\int_0^t r^2 f(r)\mathrm{d}r$$

$$= \lim_{t\to 0^+}\frac{4t^2 f(t)}{4t^3} = \lim_{t\to 0^+}\frac{f(t)}{t} = \lim_{t\to 0^+}\frac{f(t)-f(0)}{t-0} = f'(0) = -3 \ .$$

2. 选择题.

(1) 设 $I_1 = \iint_D [\ln(x+y)]^7 \mathrm{d}\sigma$, $I_2 = \iint_D (x+y)^7 \mathrm{d}\sigma$, $I_3 = \iint_D \sin^7(x+y)\mathrm{d}\sigma$,其中 D 是由

$x=0$,$y=0$,$x+y=\dfrac{1}{2}$,$x+y=1$ 所围成的闭区域,则 I_1,I_2,I_3 的大小顺序是(   ).

A. $I_1 < I_2 < I_3$　　　　B. $I_3 < I_2 < I_1$　　C. $I_1 < I_3 < I_2$　　　　　D. $I_3 < I_1 < I_2$

(4) 设 D 是 xOy 面上以 $(1,1)$,$(-1,1)$ 和 $(-1,-1)$ 为顶点的三角形闭区域,D_1 是 D 在

第一象限的部分,则 $\displaystyle\iint_D (xy+\cos x\sin y)\mathrm{d}x\mathrm{d}y = ($ $)$.

A. $2\displaystyle\iint_{D_1}\cos x\sin y\mathrm{d}x\mathrm{d}y$　B. $2\displaystyle\iint_{D_1}xy\mathrm{d}x\mathrm{d}y$　　C. $4\displaystyle\iint_{D_1}(xy+\cos x\sin y)\mathrm{d}x\mathrm{d}y$　　D. 0

(5) 设空间闭区域 $\Omega_1 = \{(x,y,z)\,|\,x^2+y^2+z^2\leqslant R^2, z\geqslant 0\}$,

$\Omega_2 = \{(x,y,z)\,|\,x^2+y^2+z^2\leqslant R^2,\ x\geqslant 0,y\geqslant 0,z\geqslant 0\}$,则(   ).

A. $\displaystyle\iiint_{\Omega_1}x\mathrm{d}v = 4\iiint_{\Omega_2}x\mathrm{d}v$　　　　　　　　B. $\displaystyle\iiint_{\Omega_1}y\mathrm{d}v = 4\iiint_{\Omega_2}y\mathrm{d}v$

C. $\displaystyle\iiint_{\Omega_1}z\mathrm{d}v = 4\iiint_{\Omega_2}z\mathrm{d}v$　　　　　　　　D. $\displaystyle\iiint_{\Omega_1}xyz\mathrm{d}v = 4\iiint_{\Omega_2}xyz\mathrm{d}v$

解 (1) 在 D 上有 $\ln(x+y) < \sin(x+y) < x+y$,故选 C.

(4) 记 D 的三个顶点分别为 $A(1,1)$,$B(-1,1)$ 和 $C(-1,-1)$,如图 9-45 所示,连接 OB,因为 $\triangle COB$ 关于 x 轴对称,$\triangle AOB$ 关于 y 轴对称,而函数 xy 关于 y 和 x 均是奇函数,从而有

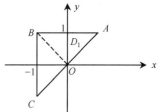

$$\iint\limits_{D} xy\mathrm{d}x\mathrm{d}y = \iint\limits_{\triangle AOB} xy\mathrm{d}x\mathrm{d}y + \iint\limits_{\triangle COB} xy\mathrm{d}x\mathrm{d}y = 0+0 = 0,$$

又由于函数 $\cos x \sin y$ 关于 y 是奇函数,关于 x 是偶函数,从而有

$$\iint\limits_{D} \cos x \sin y\mathrm{d}x\mathrm{d}y = \iint\limits_{\triangle AOB} \cos x \sin y\mathrm{d}x\mathrm{d}y + \iint\limits_{\triangle COB} \cos x \sin y\mathrm{d}x\mathrm{d}y$$

$$= 2\iint\limits_{D_1} \cos x \sin y\mathrm{d}x\mathrm{d}y,$$

图 9-45

故选 A.

(5) 由于 Ω_1 关于 yOz 面对称,而被积函数 x 关于 x 是奇函数,故 $\iiint\limits_{\Omega_1} x\mathrm{d}v = 0$,而 $\iiint\limits_{\Omega_2} x\mathrm{d}v \neq 0$,故 A 不正确. 类似可说明 B 和 D 不正确.

因为 Ω_1 关于 yOz 面对称,且被积函数 z 关于 x 是偶函数,又因为 Ω_1 关于 zOx 面对称,且被积函数 z 关于 y 是偶函数,所以 $\iiint\limits_{\Omega_1} z\mathrm{d}v = 4\iiint\limits_{\Omega_2} z\mathrm{d}v$,因此应选 C.

3. 计算下列二重积分.

(1) $\iint\limits_{D} \dfrac{1}{1+x^4}\mathrm{d}x\mathrm{d}y$,其中 D 是由 $y=x$,$y=0$,$x=1$ 所围成的闭区域;

(3) $\iint\limits_{D} f(x,y)\mathrm{d}\sigma$,其中 $f(x,y) = \begin{cases} \mathrm{e}^{x^2+y^2}, & x>0,y>0, \\ 0, & \text{其他}, \end{cases}$ 且闭区域 $D = \{(x,y)\,|\,x^2+y^2 \leqslant a^2\}$

$(a>0)$.

解 (1) $D = \{(x,y)\,|\,0 \leqslant y \leqslant x, 0 \leqslant x \leqslant 1\}$,

$$\iint\limits_{D} \frac{1}{1+x^4}\mathrm{d}x\mathrm{d}y = \int_0^1 \mathrm{d}x \int_0^x \frac{1}{1+x^4}\mathrm{d}y$$

$$= \int_0^1 \frac{x}{1+x^4}\mathrm{d}x = \frac{1}{2}\int_0^1 \frac{1}{1+(x^2)^2}\mathrm{d}(x^2) = \frac{1}{2}[\arctan x^2]_0^1 = \frac{\pi}{8}.$$

(3) 设 $D_1 = \left\{ (\rho,\theta)\,\middle|\,0 \leqslant \rho \leqslant a, 0 \leqslant \theta \leqslant \frac{\pi}{2} \right\}$,且 $f(x,y) = \mathrm{e}^{x^2+y^2}$,$(x,y) \in D_1$,

$$\iint\limits_{D} f(x,y)\mathrm{d}\sigma = \int_0^{\frac{\pi}{2}} \mathrm{d}\theta \int_0^a \mathrm{e}^{\rho^2}\rho\mathrm{d}\rho$$

$$= \frac{\pi}{4}\int_0^a e^{\rho^2} d(\rho^2) = \left[\frac{\pi}{4} e^{\rho^2}\right]_0^a = \frac{\pi}{4}(e^{a^2}-1).$$

4. 交换积分次序 $I = \int_0^{2a} dx \int_{\sqrt{2ax-x^2}}^{\sqrt{2ax}} f(x,y) dy \ (a>0)$.

解　积分区域如图 9-46 所示, 将积分区域分成 3 个 Y 型区域, 原积分可写为

$$I = \int_0^a dy \int_{\frac{y^2}{2a}}^{a-\sqrt{a^2-y^2}} f(x,y)dx + \int_0^a dy \int_{a+\sqrt{a^2-y^2}}^{2a} f(x,y)dx + \int_a^{2a} dy \int_{\frac{y^2}{2a}}^{2a} f(x,y)dx.$$

5. 将二次积分 $I = \int_0^2 dx \int_{\sqrt{2x-x^2}}^{\sqrt{4x-x^2}} f(x,y)dy + \int_2^4 dx \int_0^{\sqrt{4x-x^2}} f(x,y)dy$ 化为极坐标系中二次积分的形式.

解　积分区域如图 9-47 所示, 在极坐标系中, 可将二次积分化为

$$I = \int_0^{\frac{\pi}{2}} d\theta \int_{2\cos\theta}^{4\cos\theta} f(\rho\cos\theta, \rho\sin\theta)\rho d\rho.$$

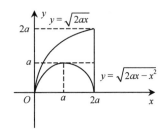

图 9-46

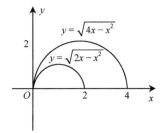

图 9-47

6. 计算二重积分 $I = \iint\limits_D \left(2x^3 + 3\sin\frac{x}{y} + 7\right) dxdy$, 其中 $D = \{(x,y) | 1 \leqslant x^2 + y^2 \leqslant 4\}$.

解　因为 $2x^3 + 3\sin\frac{x}{y}$ 关于 x 是奇函数, 积分区域 D 关于 y 轴对称, 所以

$$\iint\limits_D \left(2x^3 + 3\sin\frac{x}{y}\right) dxdy = 0,$$

于是, $I = \iint\limits_D \left(2x^3 + 3\sin\frac{x}{y} + 7\right) dxdy = 7\iint\limits_D dxdy = 21\pi$.

7. 计算二次积分 $I = \int_0^1 dx \int_{\sqrt{x}}^1 \frac{\sin y}{y} dy$.

解　因为 $\int \frac{\sin y}{y} dy$ 无法用初等函数表示, 所以交换积分次序,

$$I = \int_0^1 dx \int_{\sqrt{x}}^1 \frac{\sin y}{y} dy = \int_0^1 dy \int_0^{y^2} \frac{\sin y}{y} dx$$

$$= \int_0^1 y\sin y \mathrm{d}y = -\int_0^1 y\mathrm{d}(\cos y) = [-y\cos y]_0^1 + \int_0^1 \cos y \mathrm{d}y$$

$$= \sin 1 - \cos 1 .$$

8. 计算 $I = \iint\limits_D \left(\dfrac{x^2}{a^2} + \dfrac{y^2}{b^2} + 4\sin x - 3y^3 + 4\right)\mathrm{d}x\mathrm{d}y$，其中 $D = \{(x,y)\,|\,x^2 + y^2 \leqslant R^2\}$ $(R>0)$.

解　利用被积函数的奇偶性和积分区域 D 关于坐标轴的对称性，得

$$I = \iint\limits_D \left(\dfrac{x^2}{a^2} + \dfrac{y^2}{b^2} + 4\sin x - 3y^3 + 4\right)\mathrm{d}x\mathrm{d}y = \iint\limits_D \left(\dfrac{x^2}{a^2} + \dfrac{y^2}{b^2} + 4\right)\mathrm{d}x\mathrm{d}y$$

$$= \int_0^{2\pi} \mathrm{d}\theta \int_0^R \left(\dfrac{\rho^2\cos^2\theta}{a^2} + \dfrac{\rho^2\sin^2\theta}{b^2}\right)\rho\mathrm{d}\rho + 4\pi R^2$$

$$= \dfrac{R^4}{4}\int_0^{2\pi}\left(\dfrac{\cos^2\theta}{a^2} + \dfrac{\sin^2\theta}{b^2}\right)\mathrm{d}\theta + 4\pi R^2 = \dfrac{\pi R^4}{4}\left(\dfrac{1}{a^2} + \dfrac{1}{b^2}\right) + 4\pi R^2 .$$

9. 计算下列三重积分.

(1) $\iiint\limits_\Omega \dfrac{x\ln(x^2+y^2+z^2)}{1+x^2+y^2+z^2}\mathrm{d}v$，其中积分区域 $\Omega = \{(x,y,z)\,|\,x^2+y^2+z^2 \leqslant 1\}$；

(2) $\iiint\limits_\Omega (x^2+xy)\mathrm{d}v$，其中 Ω 是由 $z = \dfrac{1}{2}(x^2+y^2)$，$z=1$，$z=2$ 所围成的闭区域；

(4) $\iiint\limits_\Omega (x^2+y^2+z^2+xy^2z^2+x^2yz^2+x^2y^2z)\mathrm{d}v$，其中 $\Omega = \{(x,y,z)\,|\,x^2+y^2+z^2 \leqslant a^2\}$.

解　(1) 积分区域 Ω 关于 yOz 面对称，被积函数 $\dfrac{x\ln(x^2+y^2+z^2)}{1+x^2+y^2+z^2}$ 关于 x 是奇函数，故

$$\iiint\limits_\Omega \dfrac{x\ln(x^2+y^2+z^2)}{1+x^2+y^2+z^2}\mathrm{d}v = 0 .$$

(2) 如图 9-48 所示，积分区域 Ω 关于 zOx 面对称，被积函数 xy 关于 y 是奇函数，所以 $\iiint\limits_\Omega xy\mathrm{d}v = 0$.

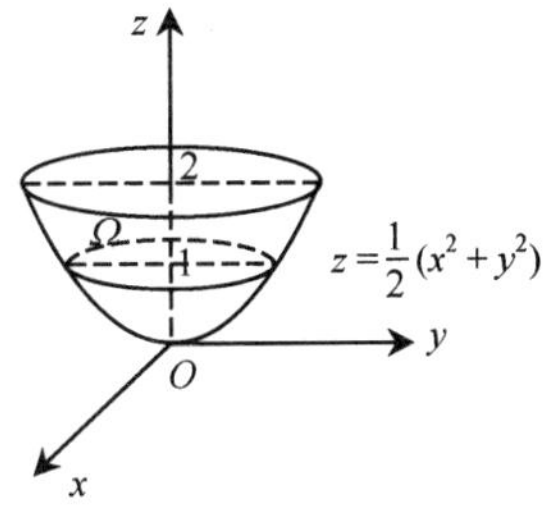

记 $\Omega_1 = \left\{(\rho,\theta,z)\left|\dfrac{\rho^2}{2} \leqslant z \leqslant 2, 0 \leqslant \rho \leqslant 2, 0 \leqslant \theta \leqslant 2\pi\right.\right\}$，

$\Omega_2 = \left\{(\rho,\theta,z)\left|\dfrac{\rho^2}{2} \leqslant z \leqslant 1, 0 \leqslant \rho \leqslant \sqrt{2}, 0 \leqslant \theta \leqslant 2\pi\right.\right\}$，

$$\iiint\limits_{\Omega_1} x^2\mathrm{d}v = \int_0^{2\pi}\mathrm{d}\theta\int_0^2 \rho^3\cos^2\theta\mathrm{d}\rho\int_{\frac{\rho^2}{2}}^2 \mathrm{d}z$$

$$= \int_0^{2\pi}\cos^2\theta\mathrm{d}\theta\int_0^2 \rho^3\left(2-\dfrac{\rho^2}{2}\right)\mathrm{d}\rho = \pi\left[\dfrac{1}{2}\rho^4 - \dfrac{1}{12}\rho^6\right]_0^2 = \dfrac{8}{3}\pi .$$

图 9-48

同理,

$$\iiint\limits_{\Omega_2} x^2 \mathrm{d}v = \int_0^{2\pi} \mathrm{d}\theta \int_0^{\sqrt{2}} \rho^3 \cos^2\theta \mathrm{d}\rho \int_{\frac{\rho^2}{2}}^1 \mathrm{d}z$$

$$= \int_0^{2\pi} \cos^2\theta \mathrm{d}\theta \int_0^{\sqrt{2}} \rho^3 \left(1 - \frac{\rho^2}{2}\right) \mathrm{d}\rho$$

$$= \pi \left[\frac{1}{4}\rho^4 - \frac{1}{12}\rho^6 \right]_0^{\sqrt{2}} = \frac{\pi}{3}.$$

因此, $\iiint\limits_{\Omega}(x^2 + xy)\mathrm{d}v = \iiint\limits_{\Omega} x^2 \mathrm{d}v = \frac{8}{3}\pi - \frac{\pi}{3} = \frac{7}{3}\pi$.

(4) 利用三重积分的对称性,

$$\iiint\limits_{\Omega}(x^2 + y^2 + z^2 + xy^2z^2 + x^2yz^2 + x^2y^2z)\mathrm{d}v$$

$$= \iiint\limits_{\Omega}(x^2 + y^2 + z^2)\mathrm{d}v$$

$$= \int_0^{2\pi} \mathrm{d}\theta \int_0^{\pi} \sin\varphi \mathrm{d}\varphi \int_0^a r^4 \mathrm{d}r = 2\pi \cdot 2 \cdot \frac{1}{5}a^5 = \frac{4}{5}\pi a^5.$$

10. 设 $f(x,y)$ 在闭区域 $D = \{(x,y) \mid x^2 + y^2 \leqslant y, x \geqslant 0\}$ 上连续, 且

$$f(x,y) = \sqrt{1 - x^2 - y^2} - \frac{8}{\pi} \iint\limits_D f(x,y)\mathrm{d}x\mathrm{d}y,$$

求 $f(x,y)$.

解 令 $k = \iint\limits_D f(x,y)\mathrm{d}x\mathrm{d}y$, 因为 $f(x,y) = \sqrt{1 - x^2 - y^2} - \frac{8}{\pi}k$, 两边在闭区域 D 上积分, 得

$$k = \iint\limits_D f(x,y)\mathrm{d}\sigma = \iint\limits_D \sqrt{1 - x^2 - y^2}\mathrm{d}\sigma - \frac{8}{\pi}k \cdot \frac{\pi}{2} \cdot \left(\frac{1}{2}\right)^2,$$

即

$$k = \frac{1}{2}\iint\limits_D \sqrt{1 - x^2 - y^2}\mathrm{d}\sigma = \frac{1}{2}\int_0^{\frac{\pi}{2}} \mathrm{d}\theta \int_0^{\sin\theta} \rho\sqrt{1 - \rho^2}\mathrm{d}\rho$$

$$= \frac{1}{6}\int_0^{\frac{\pi}{2}}(1 - \cos^3\theta)\mathrm{d}\theta = \frac{\pi}{12} - \frac{1}{9},$$

所以 $f(x,y) = \sqrt{1 - x^2 - y^2} - \frac{8}{\pi}\left(\frac{\pi}{12} - \frac{1}{9}\right) = \sqrt{1 - x^2 - y^2} - \frac{2}{3} + \frac{8}{9\pi}$.

11. 设 $f(x)$ 在 $[0,1]$ 上连续, 证明:

$$2\int_0^1 \mathrm{d}x \int_x^1 f(x)f(y)\mathrm{d}y = \left[\int_0^1 f(x)\mathrm{d}x\right]^2.$$

证　$\int_0^1 \mathrm{d}x \int_x^1 f(x)f(y)\mathrm{d}y = \int_0^1 \mathrm{d}y \int_0^y f(x)f(y)\mathrm{d}x = \int_0^1 \mathrm{d}x \int_0^x f(x)f(y)\mathrm{d}y$，

所以

$$2\int_0^1 \mathrm{d}x \int_x^1 f(x)f(y)\mathrm{d}y = \int_0^1 \mathrm{d}x \int_0^1 f(x)f(y)\mathrm{d}y$$

$$= \int_0^1 f(x)\mathrm{d}x \int_0^1 f(y)\mathrm{d}y = \left[\int_0^1 f(x)\mathrm{d}x \right]^2.$$

12. 设 $f(x)$ 在 $[a,b]$ 上连续且 $f(x) > 0$，利用二重积分证明：

$$\int_a^b f(x)\mathrm{d}x \cdot \int_a^b \frac{1}{f(x)}\mathrm{d}x \geqslant (b-a)^2.$$

证　$\int_a^b f(x)\mathrm{d}x \cdot \int_a^b \frac{1}{f(x)}\mathrm{d}x = \int_a^b f(x)\mathrm{d}x \cdot \int_a^b \frac{1}{f(y)}\mathrm{d}y = \iint\limits_D \frac{f(x)}{f(y)}\mathrm{d}x\mathrm{d}y$，

$$\int_a^b f(x)\mathrm{d}x \cdot \int_a^b \frac{1}{f(x)}\mathrm{d}x = \int_a^b f(y)\mathrm{d}y \cdot \int_a^b \frac{1}{f(x)}\mathrm{d}x = \iint\limits_D \frac{f(y)}{f(x)}\mathrm{d}x\mathrm{d}y,$$

其中，$D = \left\{ (x,y) \mid a \leqslant x \leqslant b, a \leqslant y \leqslant b \right\}$，所以

$$\int_a^b f(x)\mathrm{d}x \cdot \int_a^b \frac{1}{f(x)}\mathrm{d}x = \frac{1}{2}\iint\limits_D \left[\frac{f(x)}{f(y)} + \frac{f(y)}{f(x)} \right]\mathrm{d}x\mathrm{d}y$$

$$\geqslant \frac{1}{2}\iint\limits_D 2\sqrt{\frac{f(x)}{f(y)} \cdot \frac{f(y)}{f(x)}}\mathrm{d}x\mathrm{d}y = \iint\limits_D \mathrm{d}x\mathrm{d}y = (b-a)^2.$$

13. 设函数 $f(x)$ 的三阶导数连续，且 $f(0) = f'(0) = f''(0) = -1$，$f(2) = -\dfrac{1}{2}$，求

$$\int_0^2 \mathrm{d}x \int_0^x \sqrt{(2-x)(2-y)}f'''(y)\mathrm{d}y.$$

解　交换积分次序，

$$\int_0^2 \mathrm{d}x \int_0^x \sqrt{(2-x)(2-y)}f'''(y)\mathrm{d}y$$

$$= \int_0^2 \sqrt{2-y}f'''(y)\mathrm{d}y \int_y^2 \sqrt{2-x}\mathrm{d}x$$

$$= \frac{2}{3}\int_0^2 (y-2)^2 f'''(y)\mathrm{d}y = \frac{2}{3}\int_0^2 (y-2)^2 \mathrm{d}(f''(y))$$

$$= \frac{2}{3}[(y-2)^2 f''(y)]_0^2 - \frac{4}{3}\int_0^2 f''(y)(y-2)\mathrm{d}y$$

$$= -\frac{8}{3}f''(0) - \frac{4}{3}\int_0^2 (y-2)\mathrm{d}(f'(y)) = \frac{8}{3} - \frac{4}{3}[(y-2)f'(y)]_0^2 + \frac{4}{3}\int_0^2 f'(y)\mathrm{d}y$$

$$= \frac{8}{3} + \frac{8}{3} + \frac{4}{3}[f(2) - f(0)] = 6.$$

14. 设 $f(u)$ 连续，证明：

$$\iiint\limits_\Omega f(z)\mathrm{d}v = \pi \int_{-1}^1 f(u)(1-u^2)\mathrm{d}u,$$

其中，$\Omega = \{(x,y,z)\mid x^2 + y^2 + z^2 \leqslant 1\}$．

证 用竖坐标为 z 的平面截 Ω，截面为 $D_z = \{(x,y)\mid x^2 + y^2 \leqslant 1-z^2\}$，$z \in [-1,1]$，故

$$\iiint_{\Omega} f(z)\mathrm{d}v = \int_{-1}^{1} f(z)\mathrm{d}z \iint_{D_z} \mathrm{d}x\mathrm{d}y = \pi \int_{-1}^{1} f(z)(1-z^2)\mathrm{d}z = \pi \int_{-1}^{1} f(u)(1-u^2)\mathrm{d}u .$$

15. 设 f 为一元连续函数，$F(t) = \iiint_{\Omega} [z^2 + f(x^2 + y^2)]\mathrm{d}v$，$\Omega = \{(x,y,z)\mid x^2 + y^2 \leqslant t^2,$

$0 \leqslant z \leqslant h\}$，证明：

$$\lim_{t \to 0} \frac{F(t)}{t^2} = \frac{\pi}{3}h^3 + \pi h f(0) .$$

证 $F(t) = \iiint_{\Omega} [z^2 + f(x^2 + y^2)]\mathrm{d}v = \int_0^{2\pi} \mathrm{d}\theta \int_0^t \rho \mathrm{d}\rho \int_0^h [z^2 + f(\rho^2)]\mathrm{d}z$

$$= 2\pi \int_0^t \left[\frac{1}{3}h^3 + f(\rho^2)h\right]\rho \mathrm{d}\rho = \frac{\pi}{3}h^3 t^2 + 2\pi h \int_0^t f(\rho^2)\rho \mathrm{d}\rho ,$$

$$\lim_{t \to 0} \frac{F(t)}{t^2} = \lim_{t \to 0} \left[\frac{\pi}{3}h^3 + \frac{2\pi h \int_0^t f(\rho^2)\rho \mathrm{d}\rho}{t^2}\right]$$

$$= \frac{\pi}{3}h^3 + \lim_{t \to 0} \frac{2\pi h f(t^2)t}{2t} = \frac{\pi}{3}h^3 + \pi h f(0) .$$

16. 求由曲面 $\dfrac{x^2 + y^2}{4} = 8 - z$ 与 $z = \sqrt{x^2 + y^2}$ 所围空间立体的体积．

解 两曲面所围空间立体在 xOy 面的投影区域为 $D_{xy} = \{(x,y)\mid x^2 + y^2 \leqslant 16\}$，所求体积为

$$V = \iint_{D_{xy}} \left(8 - \frac{x^2 + y^2}{4} - \sqrt{x^2 + y^2}\right)\mathrm{d}x\mathrm{d}y = \int_0^{2\pi} \mathrm{d}\theta \int_0^4 \left(8 - \frac{\rho^2}{4} - \rho\right)\rho \mathrm{d}\rho$$

$$= 2\pi \left[4\rho^2 - \frac{1}{16}\rho^4 - \frac{1}{3}\rho^3\right]_0^4 = \frac{160}{3}\pi .$$

17. 求由半球面 $z = \sqrt{12 - x^2 - y^2}$ 与旋转抛物面 $x^2 + y^2 = 4z$ 所围立体的表面积．

解 两曲面所围空间立体在 xOy 面的投影区域为 $D_{xy} = \{(x,y)\mid x^2 + y^2 \leqslant 8\}$，$S = S_1 + S_2$，其中 S_1 表示半球面的面积，S_2 表示旋转抛物面的面积，

$$S_1 = \iint_{D_{xy}} \sqrt{1 + \left(\frac{\partial z}{\partial x}\right)^2 + \left(\frac{\partial z}{\partial y}\right)^2}\, \mathrm{d}x\mathrm{d}y = 2\sqrt{3} \iint_{D_{xy}} \frac{1}{\sqrt{12 - x^2 - y^2}}\mathrm{d}x\mathrm{d}y$$

$$= 2\sqrt{3} \int_0^{2\pi} \mathrm{d}\theta \int_0^{2\sqrt{2}} \frac{1}{\sqrt{12 - \rho^2}}\rho \mathrm{d}\rho = -2\sqrt{3}\pi \int_0^{2\sqrt{2}} (12 - \rho^2)^{-\frac{1}{2}}\mathrm{d}(12 - \rho^2)$$

$$=-4\sqrt{3}\pi[(12-\rho^2)^{\frac{1}{2}}]_0^{2\sqrt{2}}=(24-8\sqrt{3})\pi,$$

$$S_2=\iint\limits_{D_{xy}}\sqrt{1+\left(\frac{\partial z}{\partial x}\right)^2+\left(\frac{\partial z}{\partial y}\right)^2}\mathrm{d}x\mathrm{d}y=\iint\limits_{D_{xy}}\sqrt{1+\frac{x^2}{4}+\frac{y^2}{4}}\mathrm{d}x\mathrm{d}y$$

$$=\int_0^{2\pi}\mathrm{d}\theta\int_0^{2\sqrt{2}}\rho\sqrt{1+\frac{\rho^2}{4}}\mathrm{d}\rho=4\pi\int_0^{2\sqrt{2}}\left(1+\frac{\rho^2}{4}\right)^{\frac{1}{2}}\mathrm{d}\left(1+\frac{\rho^2}{4}\right)$$

$$=\frac{8\pi}{3}\left[\left(1+\frac{\rho^2}{4}\right)^{\frac{3}{2}}\right]_0^{2\sqrt{2}}=\left(8\sqrt{3}-\frac{8}{3}\right)\pi,$$

$$S=S_1+S_2=(24-8\sqrt{3})\pi+\left(8\sqrt{3}-\frac{8}{3}\right)\pi=\frac{64}{3}\pi.$$

六、自　测　题

一、选择题(10 小题, 每小题 2 分, 共 20 分).

1. 设 $f(x,y)$ 是连续函数, 当 $t\to0$ 时, $\iint\limits_{x^2+y^2\le t^2}f(x,y)\mathrm{d}x\mathrm{d}y=3t^2+o(t^2)$, 则 $f(0,0)=$

( ).

A. 3　　　　　　B. $\dfrac{3}{\pi}$　　　　　　C. 0　　　　　　D. $\dfrac{1}{3}$

2. 设 $D=\{(x,y)\big|x^2+y^2\le a^2,y\ge0\}$, $D_1=\{(x,y)\big|x^2+y^2\le a^2,x\ge0,y\ge0\}$, 则下列命题不正确的是( ).

A. $\iint\limits_D x^2y\mathrm{d}\sigma=2\iint\limits_{D_1}x^2y\mathrm{d}\sigma$　　　　　　B. $\iint\limits_D x^2y\mathrm{d}\sigma=2\iint\limits_{D_1}xy^2\mathrm{d}\sigma$

C. $\iint\limits_D xy^2\mathrm{d}\sigma=2\iint\limits_{D_1}xy^2\mathrm{d}\sigma$　　　　　　D. $\iint\limits_D xy^2\mathrm{d}\sigma=0$

3. 设 $D=\{(x,y)\big|(x-2)^2+(y-1)^2\le1\}$, 若 $I_1=\iint\limits_D(x+y)^2\mathrm{d}\sigma$, $I_2=\iint\limits_D(x+y)^3\mathrm{d}\sigma$, 则有

( ).

A. $I_1<I_2$　　　　B. $I_1=I_2$　　　　C. $I_1>I_2$　　　　D. 不能比较

4. 若积分区域 D 由曲线 $y=x^2$ 及 $y=2-x^2$ 所围成, 则 $\iint\limits_D f(x,y)\mathrm{d}\sigma=($).

A. $\int_{-1}^1\mathrm{d}x\int_{x^2}^{2-x^2}f(x,y)\mathrm{d}y$　　　　　　B. $\int_{-1}^1\mathrm{d}x\int_{2-x^2}^{x^2}f(x,y)\mathrm{d}y$

C. $\int_0^1 \mathrm{d}y \int_{\sqrt{2-y}}^{\sqrt{y}} f(x,y)\mathrm{d}x$ 　　　　　　　D. $\int_{x^2}^{2-x^2} \mathrm{d}y \int_{-1}^1 f(x,y)\mathrm{d}x$

5．设 $D = \{(x,y) \mid 1 \leqslant x^2 + y^2 \leqslant 4\}$ ，f 在 D 上连续，则在极坐标系中，
$\iint\limits_D f(\sqrt{x^2+y^2})\mathrm{d}\sigma = (\quad)$．

A. $2\pi \int_1^2 \rho f(\rho)\mathrm{d}\rho$ 　　　　　　　　B. $2\pi \int_1^2 \rho f(\rho^2)\mathrm{d}\rho$

C. $2\pi \left[\int_0^2 \rho^2 f(\rho)\mathrm{d}\rho - \int_0^1 \rho^2 f(\rho)\mathrm{d}\rho \right]$ 　　　D. $2\pi \left[\int_0^2 \rho f(\rho^2)\mathrm{d}\rho - \int_0^1 \rho f(\rho^2)\mathrm{d}\rho \right]$

6．累次积分 $\int_0^{\frac{\pi}{2}} \mathrm{d}\theta \int_0^{\cos\theta} f(\rho\cos\theta, \rho\sin\theta)\rho\mathrm{d}\rho$ 可写成(　　)．

A. $\int_0^1 \mathrm{d}y \int_0^{\sqrt{y-y^2}} f(x,y)\mathrm{d}x$ 　　　　　B. $\int_0^1 \mathrm{d}y \int_0^{\sqrt{1-y^2}} f(x,y)\mathrm{d}x$

C. $\int_0^1 \mathrm{d}x \int_0^1 f(x,y)\mathrm{d}y$ 　　　　　　D. $\int_0^1 \mathrm{d}x \int_0^{\sqrt{x-x^2}} f(x,y)\mathrm{d}y$

7．球面 $x^2 + y^2 + z^2 = 4a^2$ 与柱面 $x^2 + y^2 = 2ax$ 所围成的立体体积 $V = (\quad)$．

A. $4\int_0^{\frac{\pi}{2}} \mathrm{d}\theta \int_0^{2a\cos\theta} \sqrt{4a^2 - \rho^2}\mathrm{d}\rho$ 　　　B. $4\int_0^{\frac{\pi}{2}} \mathrm{d}\theta \int_0^{2a\cos\theta} \rho\sqrt{4a^2 - \rho^2}\mathrm{d}\rho$

C. $8\int_0^{\frac{\pi}{2}} \mathrm{d}\theta \int_0^{2a\cos\theta} \rho\sqrt{4a^2 - \rho^2}\mathrm{d}\rho$ 　　　D. $\int_{-\frac{\pi}{2}}^{\frac{\pi}{2}} \mathrm{d}\theta \int_0^{2a\cos\theta} \rho\sqrt{4a^2 - \rho^2}\mathrm{d}\rho$

8．设 Ω 由 $x = 0$ ，$y = 0$ ，$z = 0$ 及 $x + 2y + z = 1$ 所围成，则三重积分 $\iiint\limits_\Omega xf(x,y,z)\mathrm{d}v = $
(　　)．

A. $\int_0^1 \mathrm{d}x \int_0^{\frac{1-y}{2}} \mathrm{d}z \int_0^{1-x-2y} xf(x,y,z)\mathrm{d}y$ 　　B. $\int_0^1 \mathrm{d}x \int_0^1 \mathrm{d}y \int_0^{1-x-2y} xf(x,y,z)\mathrm{d}z$

C. $\int_0^1 \mathrm{d}x \int_0^{\frac{1-x}{2}} \mathrm{d}y \int_0^{1-x-2y} xf(x,y,z)\mathrm{d}z$ 　　D. $\int_0^1 \mathrm{d}x \int_0^1 \mathrm{d}y \int_0^1 xf(x,y,z)\mathrm{d}z$

9．设 $\Omega = \{(x,y,z) \mid x^2 + y^2 + z^2 \leqslant 1\}$ ，则三重积分 $\iiint\limits_\Omega \mathrm{e}^{|x|}\mathrm{d}v = (\quad)$．

A. $\dfrac{\pi}{2}$ 　　　　　B. π 　　　　　C. $\dfrac{3\pi}{2}$ 　　　　　D. 2π

10．设 Ω 是由球面 $z = \sqrt{a^2 - x^2 - y^2}$ 和 $z = 0$ 所围成的空间闭区域，则
$\iiint\limits_\Omega (x^2 + y^2 + z^2)\mathrm{d}v = (\quad)$．

A. $\int_0^{2\pi} \mathrm{d}\theta \int_0^{\frac{\pi}{2}} \mathrm{d}\varphi \int_0^a r^2\mathrm{d}r$ 　　　　　B. $\int_0^{2\pi} \mathrm{d}\theta \int_0^{\frac{\pi}{2}} \mathrm{d}\varphi \int_0^a r^4\sin\varphi\mathrm{d}r$

C. $\iiint\limits_\Omega a^2\mathrm{d}v$ 　　　　　　D. $\int_0^{\pi} \mathrm{d}\theta \int_0^{\frac{\pi}{2}} \mathrm{d}\varphi \int_0^a r^4\sin\varphi\mathrm{d}r$

二、填空题(10 小题, 每小题 2 分, 共 20 分).

1. 由二重积分的几何意义, $\iint\limits_{D}\sqrt{4-x^2-y^2}\,\mathrm{d}\sigma = $ _____, 其中积分区域 $D = \{(x,y)\,|\,x^2+y^2 \leqslant 4\}$.

2. 由曲线 $y = \ln x$ 及直线 $x+y = \mathrm{e}+1$, $y = 0$ 所围图形的面积用二次积分表示为 _____, 其值为 _____.

3. 设 $f(u)$ 为可微函数, 且 $f(0) = 0$, 则 $\lim\limits_{t \to 0^+}\dfrac{1}{\pi t^3}\iint\limits_{x^2+y^2 \leqslant t^2} f(\sqrt{x^2+y^2})\,\mathrm{d}\sigma = $ _____.

4. 交换 $\int_0^1 \mathrm{d}y \int_y^{\sqrt{y}} f(x,y)\,\mathrm{d}x$ 的积分次序为 _____.

5. 设 $I = \int_0^2 \mathrm{d}x \int_x^{2x} f(x,y)\,\mathrm{d}y$, 交换积分次序后, $I = $ _____.

6. 设 $D = \{(x,y)\,|\,|x|+|y| \leqslant 1\}$, 则二重积分 $\iint\limits_{D}(x+|y|)\,\mathrm{d}x\mathrm{d}y = $ _____.

7. 二重积分 $\iint\limits_{x^2+y^2 \leqslant 1}(\mathrm{e}^{|x|}+\cos y^2)xy\,\mathrm{d}x\mathrm{d}y = $ _____.

8. 设 $D = \{(x,y)\,|\,x^2+y^2 \leqslant 2x\}$, f 为连续函数, $\iint\limits_{D} f(x^2+y^2)\,\mathrm{d}\sigma$ 在极坐标系下的二次积分形式为 _____.

9. 设 Ω 为曲面 $z = 1-x^2-y^2$ 与平面 $z = 0$ 所围成的立体, 将 $\iiint\limits_{\Omega} f(x,y,z)\,\mathrm{d}v$ 化为先对 z, 再对 y, 最后对 x 的三次积分为 _____.

10. 设 Ω 是由圆柱面 $x^2+y^2 = 4$ 与平面 $z = 0$ 和 $z = 4$ 所围成的立体, 则 $\iiint\limits_{\Omega}(x^2+y^2)\,\mathrm{d}v = $ _____.

三、计算题(10 小题, 每小题 6 分, 共 60 分).

1. 计算 $\iint\limits_{D}(x^2+xy+y^2)\,\mathrm{d}\sigma$, 其中 D 由直线 $x = 0$, $y = 0$ 及 $x+y = 1$ 所围成.

2. 计算 $\iint\limits_{D}|\sin x - \sin y|\,\mathrm{d}x\mathrm{d}y$, 其中 $D = \left\{(x,y)\,\middle|\,0 \leqslant x \leqslant \dfrac{\pi}{2}, 0 \leqslant y \leqslant \dfrac{\pi}{2}\right\}$.

3. 计算 $\iint\limits_{D}(x^2+xy+1)\,\mathrm{d}x\mathrm{d}y$, 其中 $D = \{(x,y)\,|\,x^2+y^2 \leqslant 1, x \geqslant 0\}$.

4. 计算 $\int_0^{\frac{1}{2}} \mathrm{d}x \int_{\frac{1}{2}}^{1-x} \dfrac{1}{y^3}\mathrm{e}^{\frac{x}{y}}\,\mathrm{d}y$.

5. 计算 $\iint\limits_{D}\dfrac{af(x)+bf(y)}{f(x)+f(y)}\,\mathrm{d}\sigma$, 其中 $D = \{(x,y)\,|\,x^2+y^2 \leqslant R^2\}$.

6. 求由椭圆抛物面 $z = x^2+2y^2$ 和抛物柱面 $z = 8-x^2$ 所围成的立体的体积.

7. 计算 $\iiint\limits_{\Omega}(x+y+z+1)\mathrm{d}v$，其中 $\Omega=\{(x,y,z)\big|x^2+y^2+z^2\leqslant R^2\}$.

8. 计算 $\iiint\limits_{\Omega}z\mathrm{d}x\mathrm{d}y\mathrm{d}z$，其中 Ω 是由曲面 $z=4-x^2-y^2$ 和平面 $z=0$ 所围成的闭区域.

9. 设 $f(x)$ 在 $[a,b]$ 上连续，试利用二重积分证明：$\left[\int_a^b f(x)\mathrm{d}x\right]^2\leqslant(b-a)\int_a^b f^2(x)\mathrm{d}x$.

10. 求抛物面 $z=4+x^2+y^2$ 的切平面 Π，使得 Π 与该抛物面间并介于柱面 $(x-1)^2+y^2=1$ 内部的部分的体积为最小.

自测题参考答案

一、1. B； 2. C； 3. A； 4. A； 5. A；

6. D； 7. B； 8. C； 9. D； 10. B.

二、1. $\dfrac{16}{3}\pi$； 2. $\int_0^1 \mathrm{d}y\int_{\mathrm{e}^y}^{\mathrm{e}+1-y}\mathrm{d}x$，$\dfrac{3}{2}$； 3. $\dfrac{2}{3}f'(0)$； 4. $\int_0^1 \mathrm{d}x\int_{x^2}^x f(x,y)\mathrm{d}y$；

5. $\int_0^2 \mathrm{d}y\int_{\frac{y}{2}}^y f(x,y)\mathrm{d}x+\int_2^4 \mathrm{d}y\int_{\frac{y}{2}}^2 f(x,y)\mathrm{d}x$； 6. $\dfrac{2}{3}$； 7. 0；

8. $\int_{-\frac{\pi}{2}}^{\frac{\pi}{2}}\mathrm{d}\theta\int_0^{2\cos\theta}f(\rho^2)\rho\mathrm{d}\rho$； 9. $\int_{-1}^1 \mathrm{d}x\int_{-\sqrt{1-x^2}}^{\sqrt{1-x^2}}\mathrm{d}y\int_0^{1-x^2-y^2}f(x,y,z)\mathrm{d}z$； 10. 32π.

三、1. $\displaystyle\iint\limits_{D}(x^2+xy+y^2)\mathrm{d}\sigma=\int_0^1 \mathrm{d}x\int_0^{1-x}(x^2+xy+y^2)\mathrm{d}y=\int_0^1\left(-\dfrac{5}{6}x^3+x^2-\dfrac{x}{2}+\dfrac{1}{3}\right)\mathrm{d}x=\dfrac{5}{24}$.

2. $\displaystyle\iint\limits_{D}|\sin x-\sin y|\mathrm{d}x\mathrm{d}y=\int_0^{\frac{\pi}{2}}\mathrm{d}x\int_0^x(\sin x-\sin y)\mathrm{d}y+\int_0^{\frac{\pi}{2}}\mathrm{d}x\int_x^{\frac{\pi}{2}}(\sin y-\sin x)\mathrm{d}y$

$$=2-\dfrac{\pi}{2}+2-\dfrac{\pi}{2}=4-\pi.$$

3. $\displaystyle\iint\limits_{D}(x^2+xy+1)\mathrm{d}x\mathrm{d}y=\iint\limits_{D}x^2\mathrm{d}x\mathrm{d}y+\dfrac{\pi}{2}$

$$=\int_{-\frac{\pi}{2}}^{\frac{\pi}{2}}\mathrm{d}\theta\int_0^1\rho^3\cos^2\theta\mathrm{d}\rho+\dfrac{\pi}{2}=\dfrac{\pi}{8}+\dfrac{\pi}{2}=\dfrac{5}{8}\pi.$$

4. $\displaystyle\int_0^{\frac{1}{2}}\mathrm{d}x\int_{\frac{1}{2}}^{1-x}\dfrac{1}{y^3}\mathrm{e}^{\frac{x}{y}}\mathrm{d}y=\int_{\frac{1}{2}}^1 \mathrm{d}y\int_0^{1-y}\dfrac{1}{y^3}\mathrm{e}^{\frac{x}{y}}\mathrm{d}x=\int_{\frac{1}{2}}^1\dfrac{1}{y^2}\mathrm{d}y\int_0^{1-y}\mathrm{e}^{\frac{x}{y}}\mathrm{d}\left(\dfrac{x}{y}\right)$

$$=\int_{\frac{1}{2}}^1\dfrac{1}{y^2}\left[\mathrm{e}^{\frac{x}{y}}\right]_0^{1-y}\mathrm{d}y=\int_{\frac{1}{2}}^1\dfrac{1}{y^2}\left(\mathrm{e}^{\frac{1}{y}-1}-1\right)\mathrm{d}y=\mathrm{e}-2.$$

5. 因为积分区域 D 关于直线 $y=x$ 对称，所以

$$I=\iint\limits_{D}\dfrac{af(x)+bf(y)}{f(x)+f(y)}\mathrm{d}\sigma=\iint\limits_{D}\dfrac{af(y)+bf(x)}{f(y)+f(x)}\mathrm{d}\sigma,$$

故 $I = \dfrac{1}{2}\left[\iint\limits_{D}\dfrac{af(x)+bf(y)}{f(x)+f(y)}\mathrm{d}\sigma + \iint\limits_{D}\dfrac{af(y)+bf(x)}{f(y)+f(x)}\mathrm{d}\sigma\right] = \dfrac{1}{2}\iint\limits_{D}(a+b)\mathrm{d}\sigma = \dfrac{1}{2}(a+b)\pi R^2$.

6. 所围立体 Ω 在 xOy 面上的投影区域为 $D = \{(x,y)\,|\,x^2+y^2 \leqslant 4\}$,

$$V = \iiint\limits_{\Omega}\mathrm{d}v = \iint\limits_{D_{xy}}\mathrm{d}x\mathrm{d}y\int_{x^2+2y^2}^{8-x^2}\mathrm{d}z = \iint\limits_{D_{xy}}(8-2x^2-2y^2)\mathrm{d}x\mathrm{d}y$$

$$= \int_0^{2\pi}\mathrm{d}\theta\int_0^2(8-2\rho^2)\rho\mathrm{d}\rho = 16\pi .$$

7. 因为 Ω 关于三个坐标面都对称,所以 $\iiint\limits_{\Omega}x\mathrm{d}v = \iiint\limits_{\Omega}y\mathrm{d}v = \iiint\limits_{\Omega}z\mathrm{d}v = 0$,

$$\iiint\limits_{\Omega}(x+y+z+1)\mathrm{d}v = \iiint\limits_{\Omega}\mathrm{d}v = \dfrac{4}{3}\pi R^3 .$$

8. 利用柱面坐标系计算,$\iiint\limits_{\Omega}z\mathrm{d}x\mathrm{d}y\mathrm{d}z = \int_0^{2\pi}\mathrm{d}\theta\int_0^2\rho\mathrm{d}\rho\int_0^{4-\rho^2}z\mathrm{d}z = \dfrac{32\pi}{3}$. 或者利用截面法计

算,$\iiint\limits_{\Omega}z\mathrm{d}x\mathrm{d}y\mathrm{d}z = \int_0^4 z\mathrm{d}z\iint\limits_{D_z}\mathrm{d}x\mathrm{d}y = \pi\int_0^4 z(4-z)\mathrm{d}z = \dfrac{32\pi}{3}$,其中,$D_z = \{(x,y)\,|\,x^2+y^2 \leqslant 4-z\}$.

9. 记 $D = \{(x,y)\,|\,a \leqslant x \leqslant b, a \leqslant y \leqslant b\}$,

$$\left[\int_a^b f(x)\mathrm{d}x\right]^2 = \left[\int_a^b f(x)\mathrm{d}x\right]\cdot\left[\int_a^b f(y)\mathrm{d}y\right] = \iint\limits_{D}f(x)f(y)\mathrm{d}x\mathrm{d}y$$

$$\leqslant \dfrac{1}{2}\iint\limits_{D}[f^2(x)+f^2(y)]\mathrm{d}x\mathrm{d}y = \iint\limits_{D}f^2(x)\mathrm{d}x\mathrm{d}y$$

$$= \int_a^b f^2(x)\mathrm{d}x\int_a^b\mathrm{d}y = (b-a)\int_a^b f^2(x)\mathrm{d}x .$$

10. 因为介于抛物面 $z = 4+x^2+y^2$,柱面 $(x-1)^2+y^2=1$ 及平面 $z=0$ 之间的立体体积为定值,所以只要介于切平面 Π ,柱面 $(x-1)^2+y^2=1$ 及平面 $z=0$ 之间的立体体积 V 为最大即可. 设 Π 与 $z = 4+x^2+y^2$ 切于点 $P(x_0,y_0,z_0)$,则 Π 的法向量 $\boldsymbol{n} = (2x_0,2y_0,-1)$,且 $z_0 = 4+x_0^2+y_0^2$,切平面方程为 $2x_0(x-x_0)+2y_0(y-y_0)-(z-z_0)=0$,即

$$z = 2x_0 x + 2y_0 y + 4 - x_0^2 - y_0^2 ,$$

于是

$$V = \iint\limits_{(x-1)^2+y^2\leqslant 1}(2x_0 x + 2y_0 y + 4 - x_0^2 - y_0^2)\mathrm{d}\sigma$$

$$= \int_{-\frac{\pi}{2}}^{\frac{\pi}{2}}\mathrm{d}\theta\int_0^{2\cos\theta}\rho(2x_0\rho\cos\theta + 2y_0\rho\sin\theta + 4 - x_0^2 - y_0^2)\mathrm{d}\rho = \pi(2x_0 + 4 - x_0^2 - y_0^2) ,$$

由 $\begin{cases} \dfrac{\partial V}{\partial x_0} = \pi(2 - 2x_0) = 0, \\[3mm] \dfrac{\partial V}{\partial y_0} = -2\pi y_0 = 0, \end{cases}$ 得驻点 $(1,0)$，且 $V\big|_{(1,0)} = 5\pi$，$z_0 = 5$．

因为实际问题有解，而驻点唯一，所以当切点为 $(1,0,5)$ 时，题中所求体积为最小，此时的切平面 Π 为 $2x - z + 3 = 0$．

第十章 曲线积分与曲面积分

在重积分中, 已经把积分域从数轴上的区间推广到了平面上的区域和空间中的区域, 本章进一步把积分域推广到曲线和曲面的情形, 主要学习曲线积分和曲面积分的概念、性质、计算方法及简单应用.

一、知 识 框 架

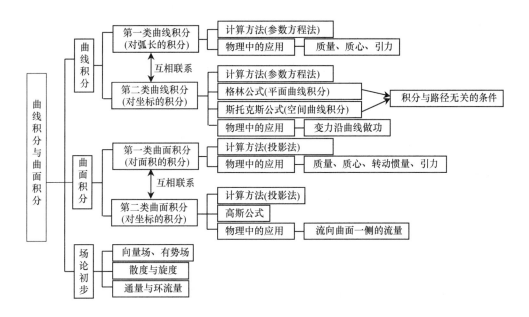

二、教学基本要求

(1) 理解两类曲线积分的概念, 了解两类曲线积分的性质及两类曲线积分的联系.

(2) 掌握计算两类曲线积分的方法.

(3) 掌握格林公式并会运用平面曲线积分与路径无关的条件, 求全微分的原函数.

(4) 了解两类曲面积分的概念、性质及两类曲面积分的联系, 掌握计算两类曲面积分的方法, 了解高斯公式、斯托克斯公式, 会用高斯公式计算曲面积分.

(5) 了解通量、散度、环流量与旋度的概念, 并会计算.

(6) 会用曲线积分和曲面积分求一些几何量与物理量(平面图形的面积、曲面面积、弧长、质量、质心、转动惯量、引力、功及流量等).

三、主要内容解读

(一) 曲线积分

1. 对弧长的曲线积分的概念与性质

1) 对弧长的曲线积分的概念

设 L 为 xOy 面内的一条光滑曲线弧, 函数 $f(x,y)$ 在 L 上有界, 在 L 上任意插入点 M_1, M_2, $\cdots$, M_{n-1}, 把 L 分成 n 个小弧段 $\Delta s_1, \Delta s_2, \cdots, \Delta s_n$, 其中 Δs_i 既表示第 i 个小弧段, 又表示它的长度, 在 Δs_i 上任取一点 (ξ_i, η_i), 作乘积 $f(\xi_i, \eta_i)\Delta s_i$ $(i=1,2,\cdots,n)$, 并作和 $\sum_{i=1}^{n} f(\xi_i,\eta_i)\Delta s_i$, 用 λ 表示 n 个小弧段的最大长度, 若 $\lim_{\lambda \to 0}\sum_{i=1}^{n} f(\xi_i,\eta_i)\Delta s_i$ 总存在, 则称此极限为函数 $f(x,y)$ 在曲线弧 L 上对弧长的曲线积分或第一类曲线积分, 记作 $\int_L f(x,y)\mathrm{d}s$, 即 $\int_L f(x,y)\mathrm{d}s = \lim_{\lambda \to 0}\sum_{i=1}^{n} f(\xi_i,\eta_i)\Delta s_i$, 其中 $f(x,y)$ 称为被积函数, L 称为积分弧段.

若函数 $f(x,y)$ 在光滑曲线弧 L 上连续, 则对弧长的曲线积分 $\int_L f(x,y)\mathrm{d}s$ 存在.

此概念可推广到积分弧段为空间曲线 Γ 的情形, 即

$$\int_\Gamma f(x,y,z)\mathrm{d}s = \lim_{\lambda \to 0}\sum_{i=1}^{n} f(\xi_i,\eta_i,\zeta_i)\Delta s_i.$$

对弧长的曲线积分的几何意义:

(1) 当 $f(x,y) \equiv 1$ 时, $\int_L \mathrm{d}s = s$, 其中 s 为积分弧段 L 的弧长.

(2) 当 $f(x,y,z) \equiv 1$ 时, $\int_\Gamma \mathrm{d}s = s$, 其中 s 为积分弧段 Γ 的弧长.

2) 对弧长的曲线积分的性质

(1) 设 α, β 为常数, 则

$$\int_L [\alpha f(x,y) + \beta g(x,y)]\mathrm{d}s = \alpha \int_L f(x,y)\mathrm{d}s + \beta \int_L g(x,y)\mathrm{d}s.$$

(2) 若 L 由 L_1 和 L_2 两段光滑曲线弧组成(记作 $L = L_1 + L_2$), 则

$$\int_L f(x,y)\mathrm{d}s = \int_{L_1} f(x,y)\mathrm{d}s + \int_{L_2} f(x,y)\mathrm{d}s.$$

(3) 设在 L 上 $f(x,y) \leqslant g(x,y)$, 则 $\int_L f(x,y)\mathrm{d}s \leqslant \int_L g(x,y)\mathrm{d}s$.

(4) (对称性)设被积函数 $f(x,y)$ 在积分弧段 L 上连续.

若曲线 L 关于 y 轴对称, 则

$$\int_L f(x,y)\mathrm{d}s = \begin{cases} 0, & f(-x,y) = -f(x,y), \\ 2\int_{L_1} f(x,y)\mathrm{d}s, & f(-x,y) = f(x,y), \end{cases}$$

其中, L_1 是 L 位于 y 轴右半平面的部分.

若曲线 L 关于 x 轴对称, 则

$$\int_L f(x,y)\mathrm{d}s = \begin{cases} 0, & f(x,-y) = -f(x,y), \\ 2\int_{L_2} f(x,y)\mathrm{d}s, & f(x,-y) = f(x,y), \end{cases}$$

其中, L_2 是 L 位于 x 轴上半平面的部分.

若 $f(x,y)$ 在分段光滑曲线 L 上连续, 且 L 关于原点对称, 则

$$\int_L f(x,y)\mathrm{d}s = \begin{cases} 0, & f(-x,-y) = -f(x,y), \\ 2\int_{L_3} f(x,y)\mathrm{d}s, & f(-x,-y) = f(x,y), \end{cases}$$

其中, L_3 是 L 位于右半平面或上半平面的部分.

若曲线 L 关于直线 $y=x$ 对称, 则

$$\int_L f(x,y)\mathrm{d}s = \int_L f(y,x)\mathrm{d}s = \frac{1}{2}\int_L [f(x,y)+f(y,x)]\mathrm{d}s.$$

若空间曲线 Γ 方程中的三个变量 x, y, z 具有轮换对称性, 则

$$\oint_\Gamma x\mathrm{d}s = \oint_\Gamma y\mathrm{d}s = \oint_\Gamma z\mathrm{d}s = \frac{1}{3}\oint_\Gamma (x+y+z)\mathrm{d}s,$$

$$\oint_\Gamma x^2\mathrm{d}s = \oint_\Gamma y^2\mathrm{d}s = \oint_\Gamma z^2\mathrm{d}s = \frac{1}{3}\oint_\Gamma (x^2+y^2+z^2)\mathrm{d}s.$$

2. 对坐标的曲线积分的概念与性质

1) 对坐标的曲线积分的概念

设 L 为 xOy 面内从点 A 到点 B 的一条有向光滑曲线弧, 函数 $P(x,y)$, $Q(x,y)$ 在 L 上有界, 在曲线 L 上沿 L 的方向任意插入点列 $M_1(x_1,y_1),M_2(x_2,y_2),\cdots,M_{n-1}(x_{n-1},y_{n-1})$, 把 L 分成 n 个有向小弧段 $\widehat{M_{i-1}M_i}$ $(i=1,2,\cdots,n,M_0=A,M_n=B)$, 设 $\Delta x_i = x_i - x_{i-1}$, $\Delta y_i = y_i - y_{i-1}$, 在弧 $\widehat{M_{i-1}M_i}$ 上任取一点 (ξ_i,η_i), 用 λ 表示 n 个小弧段长度的最大值, 如果 $\lim_{\lambda\to0}\sum_{i=1}^n P(\xi_i,\eta_i)\Delta x_i$ 总存在, 那么称此极限为函数 $P(x,y)$ 在有向曲线弧 L 上对坐标 x 的曲线积分, 记作 $\int_L P(x,y)\mathrm{d}x$, 即 $\int_L P(x,y)\mathrm{d}x = \lim_{\lambda\to0}\sum_{i=1}^n P(\xi_i,\eta_i)\Delta x_i$.

类似地, 若 $\lim_{\lambda\to0}\sum_{i=1}^n Q(\xi_i,\eta_i)\Delta y_i$ 总存在, 则称此极限为函数 $Q(x,y)$ 在有向曲线弧 L 上

对坐标 y 的曲线积分, 记作 $\int_L Q(x,y)\mathrm{d}y$, 即 $\int_L Q(x,y)\mathrm{d}y = \lim\limits_{\lambda \to 0}\sum\limits_{i=1}^{n} Q(\xi_i,\eta_i)\Delta y_i$, 其中 $P(x,y)$,

$Q(x,y)$ 称为被积函数, L 称为积分弧段, 以上两个积分也称为第二类曲线积分.

若函数 $P(x,y)$, $Q(x,y)$ 在有向光滑曲线弧 L 上连续, 则对坐标的曲线积分 $\int_L P(x,y)\mathrm{d}x$ 与 $\int_L Q(x,y)\mathrm{d}y$ 都存在.

上述定义可类似地推广到积分弧段为空间有向曲线弧 Γ 的情形, 如

$$\int_\Gamma P(x,y,z)\mathrm{d}x = \lim\limits_{\lambda \to 0}\sum\limits_{i=1}^{n} P(\xi_i,\eta_i,\zeta_i)\Delta x_i.$$

在实际应用中, 经常出现组合形式 $\int_L P(x,y)\mathrm{d}x + \int_L Q(x,y)\mathrm{d}y$, 为简单起见, 简记为

$$\int_L P(x,y)\mathrm{d}x + Q(x,y)\mathrm{d}y,$$

也可以写成向量形式 $\int_L \boldsymbol{F}(x,y)\cdot \mathrm{d}\boldsymbol{r}$, 其中, $\boldsymbol{F}(x,y) = P(x,y)\boldsymbol{i} + Q(x,y)\boldsymbol{j}$ 为向量值函数,

$\mathrm{d}\boldsymbol{r} = \mathrm{d}x\boldsymbol{i} + \mathrm{d}y\boldsymbol{j}$. 类似地, $\int_\Gamma P(x,y,z)\mathrm{d}x + \int_\Gamma Q(x,y,z)\mathrm{d}y + \int_\Gamma R(x,y,z)\mathrm{d}z$ 可简记成

$$\int_\Gamma P(x,y,z)\mathrm{d}x + Q(x,y,z)\mathrm{d}y + R(x,y,z)\mathrm{d}z \quad \left(\text{或} \int_\Gamma \boldsymbol{A}(x,y,z)\cdot \mathrm{d}\boldsymbol{r}\right),$$

其中, $\boldsymbol{A}(x,y,z) = P(x,y,z)\boldsymbol{i} + Q(x,y,z)\boldsymbol{j} + R(x,y,z)\boldsymbol{k}$ 为向量值函数, $\mathrm{d}\boldsymbol{r} = \mathrm{d}x\boldsymbol{i} + \mathrm{d}y\boldsymbol{j} + \mathrm{d}z\boldsymbol{k}$.

2) 对坐标的曲线积分的性质

(1) 设 α, β 为常数, 则

$$\int_L [\alpha \boldsymbol{F}_1(x,y) + \beta \boldsymbol{F}_2(x,y)]\cdot \mathrm{d}\boldsymbol{r} = \alpha\int_L \boldsymbol{F}_1(x,y)\cdot \mathrm{d}\boldsymbol{r} + \beta\int_L \boldsymbol{F}_2(x,y)\cdot \mathrm{d}\boldsymbol{r}.$$

(2) 若 L 由 L_1 和 L_2 两段光滑曲线组成(记作 $L = L_1 + L_2$), 则

$$\int_L \boldsymbol{F}(x,y)\cdot \mathrm{d}\boldsymbol{r} = \int_{L_1} \boldsymbol{F}(x,y)\cdot \mathrm{d}\boldsymbol{r} + \int_{L_2} \boldsymbol{F}(x,y)\cdot \mathrm{d}\boldsymbol{r}.$$

(3) 设 L 是有向曲线弧, L^- 是与 L 方向相反的有向曲线弧, 则

$$\int_{L^-} \boldsymbol{F}(x,y)\cdot \mathrm{d}\boldsymbol{r} = -\int_L \boldsymbol{F}(x,y)\cdot \mathrm{d}\boldsymbol{r},$$

即第二类曲线积分与积分弧段的方向有关.

(4) (对称性)设 L 为平面上分段光滑的有向曲线, $P(x,y)$, $Q(x,y)$ 在 L 上连续.

若 L 关于 x 轴对称, 则

$$\int_L P(x,y)\mathrm{d}x = \begin{cases} 0, & P(x,-y) = P(x,y), \\ 2\int_{L_2} P(x,y)\mathrm{d}x, & P(x,-y) = -P(x,y), \end{cases}$$

其中, L_2 是 L 位于 x 轴上半平面的部分.

若 L 关于 y 轴对称, 则

$$\int_L Q(x,y)\mathrm{d}y = \begin{cases} 0, & Q(-x,y) = Q(x,y), \\ 2\int_{L_1} Q(x,y)\mathrm{d}y, & Q(-x,y) = -Q(x,y), \end{cases}$$

其中，L_1 是 L 位于 y 轴右半平面的部分.

3. 两类曲线积分的联系

设函数 $P(x,y)$, $Q(x,y)$ 在有向光滑曲线弧 L 上连续，L 的参数方程为 $x = \varphi(t)$，$y = \psi(t)$，平面曲线 L 上的两类曲线积分有如下联系：

$$\int_L P(x,y)\mathrm{d}x + Q(x,y)\mathrm{d}y = \int_L [P(x,y)\cos\alpha + Q(x,y)\cos\beta]\mathrm{d}s ,$$

其中，α, β 为有向曲线弧 L 上点 (x,y) 处的切向量的方向角.

类似地，对于空间曲线 Γ，有

$$\int_\Gamma P(x,y,z)\mathrm{d}x + Q(x,y,z)\mathrm{d}y + R(x,y,z)\mathrm{d}z$$
$$= \int_\Gamma [P(x,y,z)\cos\alpha + Q(x,y,z)\cos\beta + R(x,y,z)\cos\gamma]\mathrm{d}s,$$

其中，α, β, γ 为有向曲线弧 Γ 上点 (x,y,z) 处切向量的方向角.

4. 曲线积分的计算

1) 对弧长的曲线积分的计算

设函数 $f(x,y)$ 在曲线弧 L 上连续.

(1) L 的参数方程为 $x = \varphi(t), y = \psi(t)(\alpha \leqslant t \leqslant \beta)$，其中 $\varphi(t)$，$\psi(t)$ 在 $[\alpha, \beta]$ 上具有一阶连续导数，且 $[\varphi'(t)]^2 + [\psi'(t)]^2 \neq 0$，则曲线积分 $\int_L f(x,y)\mathrm{d}s$ 存在，且

$$\int_L f(x,y)\mathrm{d}s = \int_\alpha^\beta f[\varphi(t), \psi(t)]\sqrt{[\varphi'(t)]^2 + [\psi'(t)]^2}\,\mathrm{d}t .$$

注 积分限必须满足 $\alpha < \beta$.

(2) 若曲线 L 的方程为 $y = \psi(x)\,(a \leqslant x \leqslant b)$，则

$$\int_L f(x,y)\,\mathrm{d}s = \int_a^b f[x, \psi(x)]\sqrt{1 + [\psi'(x)]^2}\,\mathrm{d}x .$$

(3) 若曲线 L 的方程为 $x = \varphi(y)\,(c \leqslant y \leqslant d)$，则

$$\int_L f(x,y)\,\mathrm{d}s = \int_c^d f[\varphi(y), y]\sqrt{1 + [\varphi'(y)]^2}\,\mathrm{d}y .$$

(4) 若曲线 L 的方程为极坐标形式 $\rho = \rho(\theta)\,(\alpha \leqslant \theta \leqslant \beta)$，则

$$\int_L f(x,y)\,\mathrm{d}s = \int_\alpha^\beta f[\rho(\theta)\cos\theta, \rho(\theta)\sin\theta]\sqrt{\rho^2(\theta) + [\rho'(\theta)]^2}\,\mathrm{d}\theta .$$

(5) 若空间曲线弧 Γ 的参数方程为 $x = \varphi(t), y = \psi(t), z = \omega(t)\,(\alpha \leqslant t \leqslant \beta)$，则

$$\int_\Gamma f(x,y,z)\,\mathrm{d}s = \int_\alpha^\beta f[\varphi(t), \psi(t), \omega(t)]\sqrt{[\varphi'(t)]^2 + [\psi'(t)]^2 + [\omega'(t)]^2}\,\mathrm{d}t .$$

注 计算对弧长的曲线积分常用以下方法或技巧:

(1) 化为参变量的定积分, 此时选择合适的参数是关键, 且定积分的下限必须小于上限.

(2) 利用对弧长曲线积分的几何意义或物理意义计算.

(3) 利用对称性或将积分弧段的方程代入被积函数中, 以简化计算.

2) 对坐标的曲线积分的计算

设函数 $P(x,y)$, $Q(x,y)$ 在有向曲线弧 L 上连续.

(1) L 的参数方程为 $x=\varphi(t)$, $y=\psi(t)$, 当参数 t 单调地由 α 变到 β 时, 对应的点 $M(x,y)$ 从 L 的起点 A 沿 L 运动到终点 B, $\varphi(t)$, $\psi(t)$ 在以 α, β 为端点的闭区间上具有一阶连续导数, 且 $[\varphi'(t)]^2+[\psi'(t)]^2\neq 0$, 则

$$\int_L P(x,y)\mathrm{d}x+Q(x,y)\mathrm{d}y=\int_\alpha^\beta\{P[\varphi(t),\psi(t)]\varphi'(t)+Q[\varphi(t),\psi(t)]\psi'(t)\}\mathrm{d}t\,.$$

注 下限 α 对应于 L 的起点, 上限 β 对应于 L 的终点, α 不一定小于 β.

(2) 若曲线 L 的方程为 $y=\psi(x)$, x 从 a 变到 b, 则

$$\int_L P(x,y)\mathrm{d}x+Q(x,y)\mathrm{d}y=\int_a^b\{P[x,\psi(x)]+Q[x,\psi(x)]\psi'(x)\}\mathrm{d}x\,.$$

(3) 若曲线 L 的方程为 $x=\varphi(y)$, y 从 c 变到 d, 则

$$\int_L P(x,y)\mathrm{d}x+Q(x,y)\mathrm{d}y=\int_c^d\{P[\varphi(y),y]\varphi'(y)+Q[\varphi(y),y]\}\mathrm{d}y\,.$$

(4) 对坐标的曲线积分还可推广到空间曲线 Γ 的情形, 若 Γ 的参数方程为 $x=\varphi(t)$, $y=\psi(t)$, $z=\omega(t)$, 则

$$\int_\Gamma P(x,y,z)\mathrm{d}x+Q(x,y,z)\mathrm{d}y+R(x,y,z)\mathrm{d}z$$
$$=\int_\alpha^\beta\{P[\varphi(t),\psi(t),\omega(t)]\varphi'(t)+Q[\varphi(t),\psi(t),\omega(t)]\psi'(t)+R[\varphi(t),\psi(t),\omega(t)]\omega'(t)\}\mathrm{d}t,$$

其中, 下限 α 对应于 Γ 的起点, β 对应于 Γ 的终点.

(5) 设 Γ 是空间分段光滑的曲线, 则

$$\int_\Gamma P(x,y,z)\mathrm{d}x=0\,, \quad \Gamma\text{ 位于与 }x\text{ 轴垂直的平面上}.$$

$$\int_\Gamma Q(x,y,z)\mathrm{d}y=0\,, \quad \Gamma\text{ 位于与 }y\text{ 轴垂直的平面上}.$$

$$\int_\Gamma R(x,y,z)\mathrm{d}z=0\,, \quad \Gamma\text{ 位于与 }z\text{ 轴垂直的平面上}.$$

5. 格林公式及其应用

1) 格林公式

设闭区域 D 由光滑或分段光滑的曲线 L 围成, 函数 $P(x,y)$, $Q(x,y)$ 在 D 上具有一阶连续偏导数, 则有 $\iint_D\left(\dfrac{\partial Q}{\partial x}-\dfrac{\partial P}{\partial y}\right)\mathrm{d}x\mathrm{d}y=\oint_L P\mathrm{d}x+Q\mathrm{d}y$, 其中, L 是 D 的取正向的边界曲线.

注　在应用格林公式时, 要满足函数 $P(x,y)$, $Q(x,y)$ 在闭区域 D 上具有一阶连续偏导数, 以及曲线的封闭性及方向性的条件.

2) 平面上曲线积分与路径无关的等价条件

设 D 是单连通区域, 函数 $P(x,y)$, $Q(x,y)$ 在 D 内具有一阶连续偏导数, 则以下四个条件等价:

(1) 沿 D 中任意分段光滑闭曲线 L, 有 $\oint_L P\mathrm{d}x + Q\mathrm{d}y = 0$.

(2) 对 D 中任一分段光滑曲线 L, 曲线积分 $\int_L P\mathrm{d}x + Q\mathrm{d}y$ 与路径无关, 只与起止点有关, 即点 A , B 为单连通区域 D 内任意指定的两点, L_1 , L_2 为 D 内任意两条由 A 到 B 的有向分段光滑曲线, 则 $\int_{L_1} P\mathrm{d}x + Q\mathrm{d}y = \int_{L_2} P\mathrm{d}x + Q\mathrm{d}y$.

(3) $P\mathrm{d}x + Q\mathrm{d}y$ 在 D 内是某一函数 $u(x,y)$ 的全微分, 即

$$\mathrm{d}u(x,y) = P(x,y)\mathrm{d}x + Q(x,y)\mathrm{d}y ,$$

且有 $u(x,y) = \int_{(x_0,y_0)}^{(x,y)} P(x,y)\mathrm{d}x + Q(x,y)\mathrm{d}y$.

(4) 在 D 内每一点都有 $\dfrac{\partial P}{\partial y} = \dfrac{\partial Q}{\partial x}$.

注　计算对坐标的曲线积分常用以下方法或技巧:

(1) 转化为参变量的定积分, 此时应注意积分路径的起点对应于定积分的下限, 终点对应于定积分的上限.

(2) 若曲线 L 非闭合, $P(x,y)$, $Q(x,y)$ 在包含 L 的区域 D 内具有一阶连续偏导数, 且 $\dfrac{\partial P}{\partial y} = \dfrac{\partial Q}{\partial x}$, 则可利用曲线积分与路径无关计算, 即

$$\int_L P\mathrm{d}x + Q\mathrm{d}y = \int_{A(x_0,y_0)}^{B(x_1,y_1)} P\mathrm{d}x + Q\mathrm{d}y = \int_{x_0}^{x_1} P(x,y_0)\mathrm{d}x + \int_{y_0}^{y_1} Q(x_1,y)\mathrm{d}y ,$$

其中, 起点 $A(x_0,y_0) \in D$, 终点 $B(x_1,y_1) \in D$.

(3) 利用格林公式计算

$$\oint_L P\mathrm{d}x + Q\mathrm{d}y = \iint_D \left(\frac{\partial Q}{\partial x} - \frac{\partial P}{\partial y} \right)\mathrm{d}x\mathrm{d}y ,$$

当 L 为非闭曲线时, 注意添加辅助线 L_1, 使 $L \bigcup L_1$ 为闭曲线, 则

$$\int_L P\mathrm{d}x + Q\mathrm{d}y = \oint_{L \bigcup L_1} P\mathrm{d}x + Q\mathrm{d}y - \int_{L_1} P\mathrm{d}x + Q\mathrm{d}y$$

$$= \iint_D \left(\frac{\partial Q}{\partial x} - \frac{\partial P}{\partial y} \right)\mathrm{d}x\mathrm{d}y - \int_{L_1} P\mathrm{d}x + Q\mathrm{d}y.$$

(4) 如果曲线 L 非闭合, 可尝试用全微分的原函数计算, 即若 $P(x,y)$, $Q(x,y)$ 在包含 L 的区域 D 内具有一阶连续偏导数, 且 $\dfrac{\partial P}{\partial y} = \dfrac{\partial Q}{\partial x}$, 那么

$$P(x,y)\mathrm{d}x + Q(x,y)\mathrm{d}y = \mathrm{d}u(x,y),$$

其中 $u(x,y)=\int_{(x_0,y_0)}^{(x,y)} P\mathrm{d}x + Q\mathrm{d}y$，所以

$$\int_L P\mathrm{d}x + Q\mathrm{d}y = \int_{(x_1,y_1)}^{(x_2,y_2)} \mathrm{d}u(x,y) = u(x_2,y_2) - u(x_1,y_1),$$

其中，点 (x_0,y_0)，(x_1,y_1)，(x_2,y_2) 均在区域 D 内.

(5) 计算空间曲线 Γ 上的第二类曲线积分，可用参数法化为定积分计算或用斯托克斯公式计算.

(二) 曲面积分

1. 对面积的曲面积分的概念与性质

1) 对面积的曲面积分的概念

设函数 $f(x,y,z)$ 在光滑曲面 Σ 上有界，把 Σ 任意分成 n 小块 $\Delta S_1, \Delta S_2, \cdots, \Delta S_n$，其中 ΔS_i 既表示第 i 小块曲面，又表示它的面积，在 ΔS_i 上任取一点 (ξ_i, η_i, ζ_i)，作乘积 $f(\xi_i, \eta_i, \zeta_i)\cdot \Delta S_i\ (i=1,2,\cdots,n)$，并作和 $\sum_{i=1}^{n} f(\xi_i, \eta_i, \zeta_i)\cdot \Delta S_i$，用 λ 表示 n 小块曲面的直径的最大值，若 $\lim_{\lambda\to 0}\sum_{i=1}^{n} f(\xi_i, \eta_i, \zeta_i)\Delta S_i$ 总存在，则称此极限为 $f(x,y,z)$ 在 Σ 上对面积的曲面积分或第一类曲面积分，记为 $\iint_{\Sigma} f(x,y,z)\mathrm{d}S$，即

$$\iint_{\Sigma} f(x,y,z)\mathrm{d}S = \lim_{\lambda\to 0}\sum_{i=1}^{n} f(\xi_i, \eta_i, \zeta_i)\Delta S_i,$$

其中，$f(x,y,z)$ 称为被积函数，Σ 称为积分曲面.

若函数 $f(x,y,z)$ 在光滑曲面 Σ 上连续，则对面积的曲面积分 $\iint_{\Sigma} f(x,y,z)\mathrm{d}S$ 存在.

对面积的曲面积分的几何意义：

当 $f(x,y,z)\equiv 1$ 时，$\iint_{\Sigma}\mathrm{d}S = S$，其中 S 为积分曲面 Σ 的面积.

2) 对面积的曲面积分的性质

(1) $\iint_{\Sigma}[\alpha f(x,y,z)+\beta g(x,y,z)]\mathrm{d}S = \alpha\iint_{\Sigma} f(x,y,z)\mathrm{d}S + \beta\iint_{\Sigma} g(x,y,z)\mathrm{d}S$ (α,β 为常数).

(2) 若曲面 Σ 可分成两片光滑曲面 Σ_1 及 Σ_2 (记作 $\Sigma = \Sigma_1 + \Sigma_2$)，则

$$\iint_{\Sigma} f(x,y,z)\mathrm{d}S = \iint_{\Sigma_1} f(x,y,z)\mathrm{d}S + \iint_{\Sigma_2} f(x,y,z)\mathrm{d}S.$$

(3) 设在曲面 Σ 上 $f(x,y,z)\leqslant g(x,y,z)$，则 $\iint_{\Sigma} f(x,y,z)\mathrm{d}S \leqslant \iint_{\Sigma} g(x,y,z)\mathrm{d}S$.

(4)(对称性)若函数 $f(x,y,z)$ 在光滑曲面 Σ 上连续, 且 Σ 关于 xOy 面对称, 则

$$\iint_{\Sigma} f(x,y,z)\mathrm{d}S = \begin{cases} 0, & f(x,y,-z)=-f(x,y,z), \\ 2\iint_{\Sigma_1} f(x,y,z)\mathrm{d}S, & f(x,y,-z)=f(x,y,z), \end{cases}$$

其中, Σ_1 是 Σ 位于 xOy 面上方的部分. 曲面 Σ 关于其他坐标面对称的情况可类似给出.

2. 对坐标的曲面积分的概念与性质

1) 对坐标的曲面积分的概念

设函数 $R(x,y,z)$ 在有向光滑曲面 Σ 上有界, 把 Σ 任意分成 n 小块 ΔS_i $(i=1,2,\cdots,n)$, ΔS_i 在 xOy 面上的投影为 $(\Delta S_i)_{xy}$, 在 ΔS_i 上任取一点 (ξ_i,η_i,ζ_i), 用 λ 表示 n 小块曲面的直径的最大值, 若 $\lim\limits_{\lambda \to 0} \sum\limits_{i=1}^{n} R(\xi_i,\eta_i,\zeta_i)(\Delta S_i)_{xy}$ 总存在, 则称此极限为函数 $R(x,y,z)$ 在有向曲面 Σ 上对坐标 x, y 的曲面积分, 记为 $\iint_{\Sigma} R(x,y,z)\mathrm{d}x\mathrm{d}y$, 即

$$\iint_{\Sigma} R(x,y,z)\mathrm{d}x\mathrm{d}y = \lim_{\lambda \to 0} \sum_{i=1}^{n} R(\xi_i,\eta_i,\zeta_i)(\Delta S_i)_{xy},$$

其中, $R(x,y,z)$ 称为被积函数, Σ 称为积分曲面.

类似地, 可定义函数 $P(x,y,z)$ 在有向曲面 Σ 上对坐标 y,z 的曲面积分 $\iint_{\Sigma} P(x,y,z)\mathrm{d}y\mathrm{d}z$ 及函数 $Q(x,y,z)$ 在有向曲面 Σ 上对坐标 z,x 的曲面积分 $\iint_{\Sigma} Q(x,y,z)\mathrm{d}z\mathrm{d}x$ 分别为

$$\iint_{\Sigma} P(x,y,z)\mathrm{d}y\mathrm{d}z = \lim_{\lambda \to 0} \sum_{i=1}^{n} P(\xi_i,\eta_i,\zeta_i)(\Delta S_i)_{yz},$$

$$\iint_{\Sigma} Q(x,y,z)\mathrm{d}z\mathrm{d}x = \lim_{\lambda \to 0} \sum_{i=1}^{n} Q(\xi_i,\eta_i,\zeta_i)(\Delta S_i)_{zx},$$

以上三个曲面积分也称为第二类曲面积分.

若函数 $P(x,y,z)$, $Q(x,y,z)$ 和 $R(x,y,z)$ 在有向光滑曲面 Σ 上连续, 则对坐标的曲面积分 $\iint_{\Sigma} P(x,y,z)\mathrm{d}y\mathrm{d}z$, $\iint_{\Sigma} Q(x,y,z)\mathrm{d}z\mathrm{d}x$ 和 $\iint_{\Sigma} R(x,y,z)\mathrm{d}x\mathrm{d}y$ 都存在.

在实际应用中, 经常出现组合形式

$$\iint_{\Sigma} P(x,y,z)\mathrm{d}y\mathrm{d}z + \iint_{\Sigma} Q(x,y,z)\mathrm{d}z\mathrm{d}x + \iint_{\Sigma} R(x,y,z)\mathrm{d}x\mathrm{d}y,$$

为简单起见, 简记为 $\iint_{\Sigma} P(x,y,z)\mathrm{d}y\mathrm{d}z + Q(x,y,z)\mathrm{d}z\mathrm{d}x + R(x,y,z)\mathrm{d}x\mathrm{d}y$.

2) 对坐标的曲面积分的性质

(1) 若曲面 Σ 可分成两片光滑曲面 Σ_1 及 Σ_2 (记作 $\Sigma=\Sigma_1+\Sigma_2$), 则

$$\iint\limits_{\varSigma} P\mathrm{d}y\mathrm{d}z + Q\mathrm{d}z\mathrm{d}x + R\mathrm{d}x\mathrm{d}y$$

$$= \iint\limits_{\varSigma_1} P\mathrm{d}y\mathrm{d}z + Q\mathrm{d}z\mathrm{d}x + R\mathrm{d}x\mathrm{d}y + \iint\limits_{\varSigma_2} P\mathrm{d}y\mathrm{d}z + Q\mathrm{d}z\mathrm{d}x + R\mathrm{d}x\mathrm{d}y.$$

(2) 设 $\varSigma$ 是有向曲面, $\varSigma^-$ 是与 $\varSigma$ 取相反侧的有向曲面, 则

$$\iint\limits_{\varSigma^-} P\mathrm{d}y\mathrm{d}z + Q\mathrm{d}z\mathrm{d}x + R\mathrm{d}x\mathrm{d}y = -\iint\limits_{\varSigma} P\mathrm{d}y\mathrm{d}z + Q\mathrm{d}z\mathrm{d}x + R\mathrm{d}x\mathrm{d}y,$$

即第二类曲面积分与积分曲面的侧有关.

(3) (对称性)若函数 $R(x,y,z)$ 在光滑曲面 $\varSigma$ 上连续, 且 $\varSigma$ 关于 xOy 面对称, 则

$$\iint\limits_{\varSigma} R(x,y,z)\mathrm{d}x\mathrm{d}y = \begin{cases} 0, & R(x,y,-z) = R(x,y,z), \\ 2\iint\limits_{\varSigma_1} R(x,y,z)\mathrm{d}x\mathrm{d}y, & R(x,y,-z) = -R(x,y,z), \end{cases}$$

其中, $\varSigma_1$ 是 $\varSigma$ 位于 xOy 面上方的部分. 曲面 $\varSigma$ 关于其他坐标面对称的情况可类似给出.

3. 两类曲面积分的联系

设函数 $R(x,y,z)$ 在有向光滑曲面 $\varSigma$ 上连续, $\varSigma$ 的方程为 $z = z(x,y)$, 它在 xOy 面上的投影区域为 D_{xy}, 且 $z = z(x,y)$ 在 D_{xy} 上具有连续偏导数, 则

$$\iint\limits_{\varSigma} R(x,y,z)\mathrm{d}x\mathrm{d}y = \iint\limits_{\varSigma} R(x,y,z)\cos\gamma\mathrm{d}S,$$

类似地,

$$\iint\limits_{\varSigma} P(x,y,z)\mathrm{d}y\mathrm{d}z = \iint\limits_{\varSigma} P(x,y,z)\cos\alpha\mathrm{d}S,$$

$$\iint\limits_{\varSigma} Q(x,y,z)\mathrm{d}z\mathrm{d}x = \iint\limits_{\varSigma} Q(x,y,z)\cos\beta\mathrm{d}S.$$

综合起来有

$$\iint\limits_{\varSigma} P\mathrm{d}y\mathrm{d}z + Q\mathrm{d}z\mathrm{d}x + R\mathrm{d}x\mathrm{d}y = \iint\limits_{\varSigma}(P\cos\alpha + Q\cos\beta + R\cos\gamma)\mathrm{d}S,$$

其中, $\cos\alpha$, $\cos\beta$, $\cos\gamma$ 是有向曲面 $\varSigma$ 上点 (x,y,z) 处的法向量的方向余弦.

4. 曲面积分的计算

1) 对面积的曲面积分的计算

设函数 $f(x,y,z)$ 在光滑曲面 $\varSigma$ 上连续.

(1) 曲面 $\varSigma$ 的方程为 $z = z(x,y)$, 它在 xOy 面上的投影区域为 D_{xy}, 且 $z = z(x,y)$ 在 D_{xy} 上具有连续偏导数, 则

$$\iint\limits_{\Sigma} f(x,y,z)\mathrm{d}S = \iint\limits_{D_{xy}} f[x,y,z(x,y)]\sqrt{1+z_x^2(x,y)+z_y^2(x,y)}\mathrm{d}x\mathrm{d}y .$$

(2) 若曲面 Σ 的方程为 $x = x(y,z)$，它在 yOz 面上的投影区域为 D_{yz}，且 $x = x(y,z)$ 在 D_{yz} 上具有连续偏导数，则

$$\iint\limits_{\Sigma} f(x,y,z)\mathrm{d}S = \iint\limits_{D_{yz}} f[x(y,z),y,z]\sqrt{1+x_y^2(y,z)+x_z^2(y,z)}\mathrm{d}y\mathrm{d}z .$$

(3) 若曲面 Σ 的方程为 $y = y(z,x)$，它在 zOx 面上的投影区域为 D_{zx}，且 $y = y(z,x)$ 在 D_{zx} 上具有连续偏导数，则

$$\iint\limits_{\Sigma} f(x,y,z)\mathrm{d}S = \iint\limits_{D_{zx}} f[x,y(z,x),z]\sqrt{1+y_z^2(z,x)+y_x^2(z,x)}\mathrm{d}z\mathrm{d}x .$$

注 计算对面积的曲面积分，首先应考虑能否将曲面方程代入被积函数或利用对称性定理进行简化(特别是当积分曲面由多片光滑曲面组成，或积分曲面的方程是多值函数时，此时曲面积分在分片计算时就需要考虑技巧)，然后用投影法将曲面积分化为投影区域上的二重积分.

2) 对坐标的曲面积分的计算

首先，介绍直接投影法.

(1) 设函数 $R(x,y,z)$ 在有向光滑曲面 Σ 上连续，曲面 Σ 的方程为 $z = z(x,y)$，它在 xOy 面上的投影区域为 D_{xy}，且 $z = z(x,y)$ 在 D_{xy} 上具有连续偏导数，则

$$\iint\limits_{\Sigma} R(x,y,z)\mathrm{d}x\mathrm{d}y = \pm\iint\limits_{D_{xy}} R[x,y,z(x,y)]\mathrm{d}x\mathrm{d}y ,$$

如果积分曲面 Σ 取上侧，那么取正号；如果积分曲面 Σ 取下侧，那么取负号.

(2) 若函数 $P(x,y,z)$ 在 Σ 上连续，Σ 的方程为 $x = x(y,z)$，它在 yOz 面上的投影区域为 D_{yz}，且 $x = x(y,z)$ 在 D_{yz} 上具有连续偏导数，则

$$\iint\limits_{\Sigma} P(x,y,z)\mathrm{d}y\mathrm{d}z = \pm\iint\limits_{D_{yz}} P[x(y,z),y,z]\mathrm{d}y\mathrm{d}z ,$$

如果积分曲面 Σ 取前侧，那么取正号；如果积分曲面 Σ 取后侧，那么取负号.

(3) 若函数 $Q(x,y,z)$ 在 Σ 上连续，曲面 Σ 的方程为 $y = y(z,x)$，它在 zOx 面上的投影区域为 D_{zx}，且 $y = y(z,x)$ 在 D_{zx} 上具有连续偏导数，则

$$\iint\limits_{\Sigma} Q(x,y,z)\mathrm{d}z\mathrm{d}x = \pm\iint\limits_{D_{zx}} Q[x,y(z,x),z]\mathrm{d}z\mathrm{d}x ,$$

如果积分曲面 Σ 取右侧，那么取正号；如果积分曲面 Σ 取左侧，那么取负号.

然后，介绍利用两类曲面积分的联系进行计算.

在计算组合型的曲面积分时，若积分曲面 Σ 在某一个坐标面上的投影区域比较简单，则可利用两类曲面积分的联系将其化为单一型的曲面积分. 例如，若积分曲面 Σ 在 xOy 面

上的投影区域 D_{xy} 较为简单, 则将 Σ 的方程写成 $z = z(x, y)$ 的形式, 求出 z_x, z_y, 有

$$\iint\limits_{\Sigma} P\mathrm{d}y\mathrm{d}z + Q\mathrm{d}z\mathrm{d}x + R\mathrm{d}x\mathrm{d}y = \iint\limits_{\Sigma} \left(P\frac{\cos\alpha}{\cos\gamma} + Q\frac{\cos\beta}{\cos\gamma} + R \right)\mathrm{d}x\mathrm{d}y$$

$$= \iint\limits_{\Sigma} [P \cdot (-z_x) + Q \cdot (-z_y) + R]\mathrm{d}x\mathrm{d}y.$$

最后, 介绍曲面积分有关垂直性的结论.

设 Σ 是分片光滑的曲面, 则:

$$\iint\limits_{\Sigma} P(x, y, z)\mathrm{d}y\mathrm{d}z = 0, \ \Sigma \text{ 垂直于 } yOz \text{ 面, 即 } \Sigma \text{ 的法向量与 } yOz \text{ 面平行;}$$

$$\iint\limits_{\Sigma} Q(x, y, z)\mathrm{d}z\mathrm{d}x = 0, \ \Sigma \text{ 垂直于 } zOx \text{ 面;}$$

$$\iint\limits_{\Sigma} R(x, y, z)\mathrm{d}x\mathrm{d}y = 0, \ \Sigma \text{ 垂直于 } xOy \text{ 面.}$$

5. 高斯公式与斯托克斯公式

1) 高斯公式

设空间有界闭区域 Ω 由光滑或分片光滑的闭曲面 Σ 所围成, 函数 $P(x, y, z)$, $Q(x, y, z)$, $R(x, y, z)$ 在 Ω 上具有一阶连续偏导数, 则有

$$\iiint\limits_{\Omega} \left(\frac{\partial P}{\partial x} + \frac{\partial Q}{\partial y} + \frac{\partial R}{\partial z} \right)\mathrm{d}v = \oiint\limits_{\Sigma} P\mathrm{d}y\mathrm{d}z + Q\mathrm{d}z\mathrm{d}x + R\mathrm{d}x\mathrm{d}y$$

$$= \oiint\limits_{\Sigma} (P\cos\alpha + Q\cos\beta + R\cos\gamma)\mathrm{d}S,$$

其中, Σ 是 Ω 的整个边界曲面的外侧, $\cos\alpha$, $\cos\beta$, $\cos\gamma$ 是有向曲面 Σ 上点 (x, y, z) 处的外法线的方向余弦.

注 计算对坐标的曲面积分常用以下方法或技巧:

(1) 用直接投影法化为二重积分计算, 在使用时要注意符号的确定与积分曲面的侧有关.

(2) 利用两类曲面积分的联系, 化为对面积的曲面积分计算, 或者将组合型的曲面积分化为单一型的曲面积分, 在使用时要注意选择投影区域较为简单的投影面.

(3) 利用高斯公式, 在使用高斯公式时必须满足函数 $P(x, y, z)$, $Q(x, y, z)$, $R(x, y, z)$ 在 Ω 上具有一阶连续偏导数, 以及 Σ 是 Ω 的整个边界曲面的外侧的条件, 如果积分曲面不是封闭曲面, 要补充辅助曲面使其成为封闭曲面后再用高斯公式. 另外, 在使用高斯公式时, 有时可将曲面方程代入被积函数以简化积分的计算, 但对高斯公式另一边的三重积分, 不能将曲面的方程代入被积函数进行化简.

2) 斯托克斯公式

设 Γ 为光滑或分段光滑的空间有向闭曲线, Σ 是以 Γ 为边界的分片光滑的有向曲面, Γ 的正向与 Σ 的侧符合右手规则, 函数 $P(x, y, z)$, $Q(x, y, z)$, $R(x, y, z)$ 在包含曲面

Σ 在内的一个空间区域内具有一阶连续偏导数, 则有

$$\iint_{\Sigma}\left(\frac{\partial R}{\partial y}-\frac{\partial Q}{\partial z}\right)\mathrm{d}y\mathrm{d}z+\left(\frac{\partial P}{\partial z}-\frac{\partial R}{\partial x}\right)\mathrm{d}z\mathrm{d}x+\left(\frac{\partial Q}{\partial x}-\frac{\partial P}{\partial y}\right)\mathrm{d}x\mathrm{d}y=\oint_{\Gamma}P\mathrm{d}x+Q\mathrm{d}y+R\mathrm{d}z.$$

为了便于记忆, 斯托克斯公式常写成如下形式:

$$\iint_{\Sigma}\begin{vmatrix}\mathrm{d}y\mathrm{d}z & \mathrm{d}z\mathrm{d}x & \mathrm{d}x\mathrm{d}y\\ \dfrac{\partial}{\partial x} & \dfrac{\partial}{\partial y} & \dfrac{\partial}{\partial z}\\ P & Q & R\end{vmatrix}=\oint_{\Gamma}P\mathrm{d}x+Q\mathrm{d}y+R\mathrm{d}z,$$

或

$$\iint_{\Sigma}\begin{vmatrix}\cos\alpha & \cos\beta & \cos\gamma\\ \dfrac{\partial}{\partial x} & \dfrac{\partial}{\partial y} & \dfrac{\partial}{\partial z}\\ P & Q & R\end{vmatrix}\mathrm{d}S=\oint_{\Gamma}P\mathrm{d}x+Q\mathrm{d}y+R\mathrm{d}z.$$

其中, $\boldsymbol{n}=(\cos\alpha,\cos\beta,\cos\gamma)$ 为有向曲面 Σ 在点 (x,y,z) 处的单位法向量.

3) 高斯公式与斯托克斯公式在向量场中的应用

(1) 散度. 设 $\boldsymbol{A}(x,y,z)=(P(x,y,z),Q(x,y,z),R(x,y,z))$ 为空间区域 Ω 内的向量值函数, 其中 $P(x,y,z)$, $Q(x,y,z)$, $R(x,y,z)$ 具有一阶连续偏导数, 对于空间任一点 (x,y,z), 定义数量函数 $\mathrm{div}\boldsymbol{A}=\dfrac{\partial P}{\partial x}+\dfrac{\partial Q}{\partial y}+\dfrac{\partial R}{\partial z}$ 为 $\boldsymbol{A}$ 在点 (x,y,z) 的散度, 并称由 $\boldsymbol{A}$ 的散度所定义的数量场为散度场. 显然, $\mathrm{div}\boldsymbol{A}=\nabla\cdot\boldsymbol{A}$.

(2) 通量. 设 $\boldsymbol{A}(x,y,z)=(P(x,y,z),Q(x,y,z),R(x,y,z))$ 为空间区域 Ω 内的向量值函数, 其中 $P(x,y,z)$, $Q(x,y,z)$, $R(x,y,z)$ 具有一阶连续偏导数, Σ 是场内的一片有向曲面, $\boldsymbol{n}$ 是 Σ 上点 (x,y,z) 处的单位法向量, 称曲面积分 $\iint_{\Sigma}\boldsymbol{A}\cdot\boldsymbol{n}\mathrm{d}S$ 为 $\boldsymbol{A}$ 通过曲面 Σ 指定侧的通量(或流量). 由两类曲面积分的联系知, 通量可写为

$$\iint_{\Sigma}\boldsymbol{A}\cdot\boldsymbol{n}\mathrm{d}S=\iint_{\Sigma}\boldsymbol{A}\cdot\mathrm{d}\boldsymbol{S}=\iint_{\Sigma}P\mathrm{d}y\mathrm{d}z+Q\mathrm{d}z\mathrm{d}x+R\mathrm{d}x\mathrm{d}y.$$

(3) 高斯公式的物理意义. 若 $\boldsymbol{A}(x,y,z)=(P(x,y,z),Q(x,y,z),R(x,y,z))$ 为空间闭区域 Ω 的向量场, Σ 是 Ω 的边界曲面的外侧, $\boldsymbol{n}$ 是 Σ 上点 (x,y,z) 处的单位法向量, $\mathrm{div}\boldsymbol{A}$ 为 $\boldsymbol{A}$ 的散度, 则由高斯公式可知 $\oiint_{\Sigma}\boldsymbol{A}\cdot\boldsymbol{n}\mathrm{d}S=\iiint_{\Omega}\mathrm{div}\boldsymbol{A}\mathrm{d}v$.

(4) 旋度. 设 $\boldsymbol{A}(x,y,z)=(P(x,y,z),Q(x,y,z),R(x,y,z))$ 为空间区域 Ω 内的向量值函数, 其中 $P(x,y,z)$, $Q(x,y,z)$, $R(x,y,z)$ 具有一阶连续偏导数, 对于空间任一点 (x,y,z), 定义向量值函数 $\mathbf{rot}\,\boldsymbol{A}=\left(\dfrac{\partial R}{\partial y}-\dfrac{\partial Q}{\partial z},\dfrac{\partial P}{\partial z}-\dfrac{\partial R}{\partial x},\dfrac{\partial Q}{\partial x}-\dfrac{\partial P}{\partial y}\right)$ 为 $\boldsymbol{A}$ 在点 (x,y,z) 的旋度, 并称由 $\boldsymbol{A}$ 的旋度所定义的向量场为旋度场. 显然, $\mathbf{rot}\,\boldsymbol{A}=\nabla\times\boldsymbol{A}$.

旋度也可以写成如下便于记忆的形式:

$$\mathbf{rot}\,A = \begin{vmatrix} \boldsymbol{i} & \boldsymbol{j} & \boldsymbol{k} \\ \dfrac{\partial}{\partial x} & \dfrac{\partial}{\partial y} & \dfrac{\partial}{\partial z} \\ P & Q & R \end{vmatrix}.$$

(5) 环流量. 设 $A(x,y,z) = (P(x,y,z),Q(x,y,z),R(x,y,z))$ 为空间区域 Ω 内的向量值函数, 其中 $P(x,y,z)$, $Q(x,y,z)$, $R(x,y,z)$ 具有一阶连续偏导数, Γ 是场内的一条分段光滑的有向闭曲线, $\boldsymbol{\tau}$ 是 Γ 上点 (x,y,z) 处的单位切向量, 称曲线积分 $\oint_{\Gamma} A \cdot \boldsymbol{\tau} \mathrm{d}s$ 为 A 沿有向闭曲线 Γ 的环流量.

由两类曲线积分的联系, 环流量可写为

$$\oint_{\Gamma} A \cdot \boldsymbol{\tau} \mathrm{d}s = \oint_{\Gamma} A \cdot \mathrm{d}\boldsymbol{r} = \oint_{\Gamma} P\mathrm{d}x + Q\mathrm{d}y + R\mathrm{d}z .$$

(6) 斯托克斯公式的物理意义. 设 Σ 为分片光滑的有向曲面, Γ 为 Σ 的边界曲线, Γ 的正向与 Σ 的侧符合右手规则, 若 $A(x,y,z) = (P(x,y,z),Q(x,y,z),R(x,y,z))$ 为包含曲面 Σ 的空间上的向量场, $\boldsymbol{\tau}$ 是 Γ 上点 (x,y,z) 处的单位切向量, $\boldsymbol{n}$ 是 Σ 的单位法向量, $\mathbf{rot}\,A$ 为 A 的旋度, 则由斯托克斯公式可知

$$\oint_{\Gamma} A \cdot \boldsymbol{\tau}\mathrm{d}s = \iint_{\Sigma} \mathbf{rot}A \cdot \boldsymbol{n}\mathrm{d}S = \iint_{\Sigma} (\mathbf{rot}A)_n \,\mathrm{d}S .$$

(三) 曲线积分、曲面积分的应用

1. 几何应用

(1) 若 $f(x,y) \equiv 1$, 则 $\int_L \mathrm{d}s = s$ (s 为积分弧段 L 的弧长).

(2) 由分段光滑闭曲线 L 所围成的平面区域 D 的面积 $A = \dfrac{1}{2}\oint_L x\mathrm{d}y - y\mathrm{d}x$.

(3) 设 $z = f(x,y)$ 为非负连续函数, 则以曲线 L 为底, 以 $z = f(x,y)$ 为高的柱面的侧面积为 $S = \int_L z\,\mathrm{d}s$.

(4) 当 $f(x,y,z) \equiv 1$ 时, $\iint_{\Sigma} \mathrm{d}S = S$, 其中 S 为积分曲面 Σ 的面积.

(5) 设 Σ 为分片光滑的闭曲面, 取外侧, 由 Σ 所围成的空间立体为 Ω, $P(x,y,z)$, $Q(x,y,z)$, $R(x,y,z)$ 在 Ω 上具有一阶连续偏导数, 且 $\dfrac{\partial P}{\partial x} + \dfrac{\partial Q}{\partial y} + \dfrac{\partial R}{\partial z} = k \neq 0$, 则 Ω 的体积为

$$V = \frac{1}{k}\iint_{\Sigma} P\,\mathrm{d}y\mathrm{d}z + Q\,\mathrm{d}z\mathrm{d}x + R\,\mathrm{d}x\mathrm{d}y .$$

2．物理应用

1) 构件的质量

曲线形构件的质量　设曲线形构件在 xOy 面所占弧段为 L，其线密度为 $\mu(x,y)$ $(\mu(x,y) > 0)$，且 $\mu(x,y)$ 在 L 上连续，则此曲线形构件的质量为 $M = \int_L \mu(x,y)\mathrm{d}s$．

曲面形构件的质量　设曲面形构件在空间占有曲面 Σ，其面密度为 $\rho(x,y,z)$ $(\rho(x,y,z) > 0)$，且 $\rho(x,y,z)$ 在 Σ 上连续，则此曲面形构件的质量为

$$M = \iint\limits_{\Sigma} \rho(x,y,z)\mathrm{d}S .$$

2) 质心坐标

曲线形构件的质心　设曲线形构件在 xOy 面所占弧段为 L，其线密度为 $\mu(x,y)$ $(\mu(x,y) > 0)$，且 $\mu(x,y)$ 在 L 上连续，则此曲线形构件的质心坐标为

$$\bar{x} = \frac{\int_L x\mu(x,y)\mathrm{d}s}{\int_L \mu(x,y)\mathrm{d}s}, \qquad \bar{y} = \frac{\int_L y\mu(x,y)\mathrm{d}s}{\int_L \mu(x,y)\mathrm{d}s} .$$

曲面形构件的质心　设曲面形构件在空间占有曲面 Σ，其面密度为 $\rho(x,y,z)$ $(\rho(x,y,z) > 0)$，且 $\rho(x,y,z)$ 在 Σ 上连续，则此曲面形构件的质心坐标为

$$\bar{x} = \frac{\iint\limits_{\Sigma} x\rho(x,y,z)\mathrm{d}S}{\iint\limits_{\Sigma} \rho(x,y,z)\mathrm{d}S}, \qquad \bar{y} = \frac{\iint\limits_{\Sigma} y\rho(x,y,z)\mathrm{d}S}{\iint\limits_{\Sigma} \rho(x,y,z)\mathrm{d}S}, \qquad \bar{z} = \frac{\iint\limits_{\Sigma} z\rho(x,y,z)\mathrm{d}S}{\iint\limits_{\Sigma} \rho(x,y,z)\mathrm{d}S} .$$

3) 转动惯量

设曲线形构件在 xOy 面所占弧段为 L，其线密度为 $\mu(x,y)$ $(\mu(x,y) > 0)$，且 $\mu(x,y)$ 在 L 上连续，则此曲线形构件关于 x 轴，y 轴及原点的转动惯量分别为

$$I_x = \int_L y^2\mu(x,y)\mathrm{d}s, \qquad I_y = \int_L x^2\mu(x,y)\mathrm{d}s, \qquad I_O = \int_L (x^2 + y^2)\mu(x,y)\mathrm{d}s .$$

设曲面形构件在空间占有曲面 Σ，其面密度为 $\rho(x,y,z)$ $(\rho(x,y,z) > 0)$，且 $\rho(x,y,z)$ 在 Σ 上连续，则此曲面形构件关于坐标轴及原点的转动惯量为

$$I_x = \iint\limits_{\Sigma} (y^2 + z^2)\rho(x,y,z)\mathrm{d}S, \qquad I_y = \iint\limits_{\Sigma} (x^2 + z^2)\rho(x,y,z)\mathrm{d}S,$$

$$I_z = \iint\limits_{\Sigma} (x^2 + y^2)\rho(x,y,z)\mathrm{d}S, \qquad I_O = \iint\limits_{\Sigma} (x^2 + y^2 + z^2)\rho(x,y,z)\mathrm{d}S .$$

4) 变力沿曲线做的功

xOy 面内的一质点，在力 $\boldsymbol{F}(x,y) = P(x,y)\boldsymbol{i} + Q(x,y)\boldsymbol{j}$ 的作用下，从点 A 沿有向光滑曲线弧 L 移动到点 B，其中 $P(x,y)$，$Q(x,y)$ 在 L 上连续，则在移动过程中变力 $\boldsymbol{F}(x,y)$ 沿曲线所做的功为 $W = \int_L P(x,y)\mathrm{d}x + Q(x,y)\mathrm{d}y$ 或 $W = \int_L \boldsymbol{F}(x,y) \cdot \mathrm{d}\boldsymbol{r}$．

5) 引力

设曲线形构件在空间所占弧段为 Γ，其线密度为 $\rho(x,y,z)$ ($\rho(x,y,z)>0$)，且 $\rho(x,y,z)$ 在 Γ 上连续，则此曲线形构件对位于点 (x_0,y_0,z_0) 处的质量为 M_0 的质点的引力为 $\boldsymbol{F}=(F_x,F_y,F_z)$，其中

$$F_x=G\int_\Gamma \frac{\rho M_0(x-x_0)}{r^3}\mathrm{d}s,\qquad F_y=G\int_\Gamma \frac{\rho M_0(y-y_0)}{r^3}\mathrm{d}s,\qquad F_z=G\int_\Gamma \frac{\rho M_0(z-z_0)}{r^3}\mathrm{d}s,$$

其中，$r=\sqrt{(x-x_0)^2+(y-y_0)^2+(z-z_0)^2}$，$G$ 为引力常数.

设曲面形构件在空间所占曲面为 Σ，其面密度为 $\rho(x,y,z)$ ($\rho(x,y,z)>0$)，且 $\rho(x,y,z)$ 在 Σ 上连续，则此曲面形构件对位于点 (x_0,y_0,z_0) 处的质量为 M_0 的质点的引力为 $\boldsymbol{F}=(F_x,F_y,F_z)$，其中

$$F_x=G\iint_\Sigma \frac{\rho M_0(x-x_0)}{r^3}\mathrm{d}S,\qquad F_y=G\iint_\Sigma \frac{\rho M_0(y-y_0)}{r^3}\mathrm{d}S,\qquad F_z=G\iint_\Sigma \frac{\rho M_0(z-z_0)}{r^3}\mathrm{d}S,$$

其中，$r=\sqrt{(x-x_0)^2+(y-y_0)^2+(z-z_0)^2}$，$G$ 为引力常数.

注 利用曲线积分与曲面积分，可以求曲线的弧长，曲面的面积，立体的体积，物体的质量、质心、转动惯量，物体对质点的引力，变力沿曲线所做的功，流量等，用微元法求这些几何量与物理量，与重积分的应用问题一样，关键是得到所求量的微元表达式.

四、典型例题解析

例 1 计算下列对弧长的曲线积分.

(1) $\oint_L x\mathrm{d}s$，其中 L 为由直线 $y=x$ 及抛物线 $y=x^2$ 所围成的区域的整个边界.

(2) $\int_\Gamma x^2 yz\mathrm{d}s$，其中 Γ 为折线 $ABCD$，这里 A，B，C，D 依次为点 $(0,0,0)$，$(0,0,2)$，$(1,0,2)$，$(1,3,2)$.

思路分析 对弧长的曲线积分的计算方法一般是参数方程法，并给出弧长元素 $\mathrm{d}s$ 的表达式.

解 (1)直线 $y=x$ 及抛物线 $y=x^2$ 的交点为 $O(0,0)$，$A(1,1)$，如图 10-1 所示.

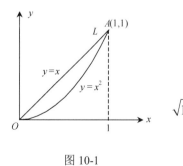

图 10-1

在线段 OA 上，$y=x$，$0\leqslant x\leqslant 1$，$\mathrm{d}s=\sqrt{2}\mathrm{d}x$，于是

$$\int_{OA} x\mathrm{d}s=\int_0^1 x\sqrt{2}\mathrm{d}x=\frac{\sqrt{2}}{2};$$

在弧段 $\widehat{OA}$ 上，$y=x^2$，$0\leqslant x\leqslant 1$，$\mathrm{d}s=\sqrt{1+(y')^2}\mathrm{d}x=\sqrt{1+4x^2}\mathrm{d}x$，于是

$$\int_{\widehat{OA}} x\mathrm{d}s=\int_0^1 x\sqrt{1+4x^2}\mathrm{d}x=\frac{1}{12}(5\sqrt{5}-1).$$

因此，

$$\oint_L x\mathrm{d}s = \int_{OA} x\mathrm{d}s + \int_{\widehat{OA}} x\mathrm{d}s = \frac{\sqrt{2}}{2} + \frac{1}{12}(5\sqrt{5}-1) = \frac{1}{12}(5\sqrt{5}+6\sqrt{2}-1).$$

(2) 线段 AB 的方程为 $x=0, y=0, z=t, 0 \leqslant t \leqslant 2$，于是 $\int_{AB} x^2 yz\mathrm{d}s = 0$；

线段 BC 的方程为 $x=t, y=0, z=2, 0 \leqslant t \leqslant 1$，于是 $\int_{BC} x^2 yz\mathrm{d}s = 0$；

线段 CD 的方程为 $x=1, y=t, z=2, 0 \leqslant t \leqslant 3$，于是 $\int_{CD} x^2 yz\mathrm{d}s = \int_0^3 2t\mathrm{d}t = 9$.

因此，

$$\int_{\Gamma} x^2 yz\mathrm{d}s = \int_{AB} x^2 yz\mathrm{d}s + \int_{BC} x^2 yz\mathrm{d}s + \int_{CD} x^2 yz\mathrm{d}s = 9.$$

例2　计算曲线积分 $\int_{\Gamma}(x^2 + y^2 + z^2)\mathrm{d}s$，其中 Γ 为螺旋线 $x = a\cos t$，$y = a\sin t$，$z = k t$ $(a>0)$ 上相应于 t 从 0 到 2π 的一段弧.

思路分析　当空间曲线弧 Γ 为参数方程 $x = \varphi(t), y = \psi(t), z = \omega(t)$ $(\alpha \leqslant t \leqslant \beta)$ 时，采用公式 $\int_{\Gamma} f(x,y,z)\,\mathrm{d}s = \int_{\alpha}^{\beta} f[\varphi(t),\psi(t),\omega(t)]\sqrt{[\varphi'(t)]^2 + [\psi'(t)]^2 + [\omega'(t)]^2}\,\mathrm{d}t$.

解　$\displaystyle\int_{\Gamma}(x^2 + y^2 + z^2)\mathrm{d}s = \int_0^{2\pi}(a^2 + k^2 t^2)\sqrt{(-a\sin t)^2 + (a\cos t)^2 + k^2}\mathrm{d}t$

$$= \sqrt{a^2 + k^2}\int_0^{2\pi}(a^2 + k^2 t^2)\mathrm{d}t = \sqrt{a^2 + k^2}\left[a^2 t + \frac{1}{3}k^2 t^3\right]_0^{2\pi}$$

$$= 2\pi\sqrt{a^2 + k^2}\left(a^2 + \frac{4}{3}k^2\pi^2\right).$$

小结　对弧长的曲线积分的计算方法主要是化为参变量的定积分，然后进行计算.

例3　计算 $\int_L y\mathrm{d}x + \sin x\mathrm{d}y$，其中 L 为 $y = \sin x$ $(0 \leqslant x \leqslant \pi)$ 与 x 轴所围的闭曲线，依顺时针方向.

思路分析　计算对坐标的曲线积分，关键是选取适当的积分曲线参数方程，将其化为定积分计算.

解　设 $A(\pi,0)$，积分路径如图 10-2 所示，则

$$\int_L y\mathrm{d}x + \sin x\mathrm{d}y = \int_{\widehat{OA}} y\mathrm{d}x + \sin x\mathrm{d}y + \int_{AO} y\mathrm{d}x + \sin x\mathrm{d}y,$$

其中，AO 为 $y=0$，x 从 π 变到 0；$\widehat{OA}$ 为 $y = \sin x$，x 从 0 变到 π.

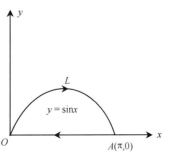

图 10-2

$$\int_{AO} y\mathrm{d}x + \sin x\mathrm{d}y = 0,$$

$$\int_{\widehat{OA}} y\mathrm{d}x + \sin x\mathrm{d}y = \int_0^{\pi}(\sin x + \sin x\cos x)\mathrm{d}x = 2,$$

所以 $\int_L y\mathrm{d}x + \sin x\mathrm{d}y = 2$.

例 4 设有一平面力场，其场力的大小与作用点向径的长度成正比，而从向径方向按逆时针旋转 $\dfrac{\pi}{2}$ 为场力的方向，试求当质点沿曲线 L 从点 $A(a,0)$ 移动到点 $B(0,a)$ 时场力所做的功（$a>0$），其中 L 分别如下.

(1) 圆周 $x^2+y^2=a^2$ 在第一象限的弧段.

(2) 星形线 $x^{\frac{2}{3}}+y^{\frac{2}{3}}=a^{\frac{2}{3}}$ 在第一象限的弧段.

思路分析 此题是变力沿曲线做功问题，是第二类曲线积分的应用题. 首先要把力 $\boldsymbol{F}(x,y)$ 的表达式求出来，再由对坐标的曲线积分写出变力做功的积分表达式.

解 设作用点为 $P(x,y)$，向径 $\overrightarrow{OP}=(x,y)$，逆时针旋转 $\dfrac{\pi}{2}$，得向量 $(-y,x)$，单位化得 $\dfrac{1}{\sqrt{x^2+y^2}}(-y,x)$. 由题意可知，场力 $\boldsymbol{F}$ 的大小为 $|\boldsymbol{F}|=k\sqrt{x^2+y^2}$（$k>0$），所以

$$\boldsymbol{F}=k\sqrt{x^2+y^2}\cdot\dfrac{1}{\sqrt{x^2+y^2}}(-y,x)=k(-y,x),$$

又 $\mathrm{d}\boldsymbol{r}=(\mathrm{d}x,\mathrm{d}y)$.

(1) L 的参数方程为 $\begin{cases} x=a\cos\theta, \\ y=a\sin\theta, \end{cases}$ θ 从 0 变到 $\dfrac{\pi}{2}$，于是

$$W=\int_L \boldsymbol{F}\cdot\mathrm{d}\boldsymbol{r}=k\int_L -y\mathrm{d}x+x\mathrm{d}y$$

$$=k\int_0^{\frac{\pi}{2}} a^2(\sin^2\theta+\cos^2\theta)\mathrm{d}\theta=\dfrac{1}{2}k\pi a^2.$$

(2) L 的参数方程为 $\begin{cases} x=a\cos^3\theta, \\ y=a\sin^3\theta, \end{cases}$ θ 从 0 变到 $\dfrac{\pi}{2}$，于是

$$W=\int_L \boldsymbol{F}\cdot\mathrm{d}\boldsymbol{r}=k\int_L -y\mathrm{d}x+x\mathrm{d}y$$

$$=3ka^2\int_0^{\frac{\pi}{2}}(\sin^4\theta\cos^2\theta+\cos^4\theta\sin^2\theta)\mathrm{d}\theta=3ka^2\int_0^{\frac{\pi}{2}}\sin^2\theta\cos^2\theta\mathrm{d}\theta$$

$$=\dfrac{3}{4}ka^2\int_0^{\frac{\pi}{2}}\dfrac{1-\cos4\theta}{2}\mathrm{d}\theta=\dfrac{3}{16}k\pi a^2.$$

小结 解决这一类问题的关键是要把实际问题转化为数学问题，需要掌握第二类曲线积分的物理意义.

例 5 计算 $\oint_L (\mathrm{e}^x\sin y-3y+x^2)\mathrm{d}x+(\mathrm{e}^x\cos y-x)\mathrm{d}y$，其中 L 为由点 $A(3,0)$ 经椭圆 $\begin{cases} x=3\cos t, \\ y=2\sin t \end{cases}$ 的上半弧到点 $B(-3,0)$ 再沿直线回到 A 的路径.

思路分析 若利用参数方程法计算该积分，被积表达式过于复杂，难以计算，所以尝试用格林公式来求解.

解　L 为封闭曲线，将 L 所围成的闭区域记为 D．令 $P = \mathrm{e}^x \sin y - 3y + x^2$，$Q = \mathrm{e}^x \cos y - x$，$\dfrac{\partial Q}{\partial x} - \dfrac{\partial P}{\partial y} = (\mathrm{e}^x \cos y - 1) - (\mathrm{e}^x \cos y - 3) = 2$，由格林公式得

$$\oint_L (\mathrm{e}^x \sin y - 3y + x^2)\mathrm{d}x + (\mathrm{e}^x \cos y - x)\mathrm{d}y = \iint_D 2\mathrm{d}x\mathrm{d}y = 2 \cdot \frac{1}{2}\pi \cdot 3 \cdot 2 = 6\pi.$$

例 6　利用格林公式计算 $\iint_D \mathrm{e}^{-y^2}\mathrm{d}x\mathrm{d}y$，其中 D 是以 $O(0,0)$，$A(1,1)$，$B(0,1)$ 为顶点的三角形闭区域，如图 10-3 所示.

思路分析　由于被积函数的原函数不能用初等函数表示，可以尝试用格林公式将二重积分转化为曲线积分来计算.

解　令 $P = 0$，$Q = x\mathrm{e}^{-y^2}$，则

$$\frac{\partial Q}{\partial x} - \frac{\partial P}{\partial y} = \mathrm{e}^{-y^2},$$

利用格林公式，有

$$\iint_D \mathrm{e}^{-y^2}\mathrm{d}x\mathrm{d}y = \oint_{\partial D} x\mathrm{e}^{-y^2}\mathrm{d}y = \int_{OA} x\mathrm{e}^{-y^2}\mathrm{d}y$$

$$= \int_0^1 y\mathrm{e}^{-y^2}\mathrm{d}y = \frac{1}{2}(1 - \mathrm{e}^{-1}),$$

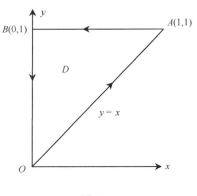

图 10-3

其中，∂D 表示区域 D 的正向边界.

小结　用格林公式将二重积分转化为曲线积分来计算，首先要满足相应的条件，然后是要找到恰当的 P，Q，使得 $\dfrac{\partial Q}{\partial x} - \dfrac{\partial P}{\partial y}$ 正好是被积函数.

例 7　利用曲线积分，求微分表达式 $\dfrac{x\mathrm{d}y - y\mathrm{d}x}{x^2 + y^2}$ $(x > 0)$ 的原函数.

解　这里 $P = \dfrac{-y}{x^2 + y^2}$，$Q = \dfrac{x}{x^2 + y^2}$ $(x > 0)$，因为 $\dfrac{\partial P}{\partial y} = \dfrac{y^2 - x^2}{(x^2 + y^2)^2} = \dfrac{\partial Q}{\partial x}$，所以存在原函数 $u(x,y)$，且

$$u(x,y) = \int_{(1,0)}^{(x,y)} \frac{x\mathrm{d}y - y\mathrm{d}x}{x^2 + y^2} + C = -\int_1^x 0\mathrm{d}x + x\int_0^y \frac{\mathrm{d}y}{x^2 + y^2} + C = \arctan\frac{y}{x} + C.$$

例 8　解微分方程 $(5x^4 + 3xy^2 - y^3)\mathrm{d}x + (3x^2y - 3xy^2 + y^2)\mathrm{d}y = 0$．

解　设 $P(x,y) = 5x^4 + 3xy^2 - y^3$，$Q(x,y) = 3x^2y - 3xy^2 + y^2$，因为

$$\frac{\partial P}{\partial y} = 6xy - 3y^2 = \frac{\partial Q}{\partial x},$$

所以存在原函数 $u(x,y)$，使

$$\mathrm{d}u(x,y) = (5x^4 + 3xy^2 - y^3)\mathrm{d}x + (3x^2y - 3xy^2 + y^2)\mathrm{d}y = 0.$$

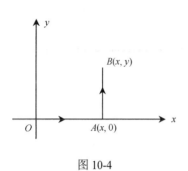

图 10-4

取 $x_0 = 0, y_0 = 0$, 积分路径如图 10-4 所示, 则有

$$u(x,y) = \int_{(0,0)}^{(x,y)} (5x^4 + 3xy^2 - y^3)dx + (3x^2y - 3xy^2 + y^2)dy$$

$$= \int_0^x 5x^4 dx + \int_0^y (3x^2y - 3xy^2 + y^2)dy$$

$$= x^5 + \frac{3}{2}x^2y^2 - xy^3 + \frac{1}{3}y^3,$$

于是, 该微分方程的通解为

$$x^5 + \frac{3}{2}x^2y^2 - xy^3 + \frac{1}{3}y^3 = C.$$

小结　若 $P(x,y)$, $Q(x,y)$ 在包含 L 的区域内具有一阶连续偏导数, 且 $\dfrac{\partial P}{\partial y} = \dfrac{\partial Q}{\partial x}$, 则 $P(x,y)dx + Q(x,y)dy$ 是某个函数 $u(x,y)$ 的全微分.

在求原函数 $u(x,y) = \int_{(x_0,y_0)}^{(x,y)} P(x,y)dx + Q(x,y)dy$ 时, 一般选取从 (x_0,y_0) 到 (x,y) 的平行于坐标轴的直角折线, 也可用偏积分法或凑微分法求原函数.

本题用偏积分法求解全微分方程的过程如下.

由于 $\dfrac{\partial u}{\partial x} = 5x^4 + 3xy^2 - y^3$, 故

$$u(x,y) = \int (5x^4 + 3xy^2 - y^3)dx = x^5 + \frac{3}{2}x^2y^2 - xy^3 + \varphi(y),$$

则 $\dfrac{\partial u}{\partial y} = 3x^2y - 3xy^2 + \varphi'(y)$, 又 $\dfrac{\partial u}{\partial y} = 3x^2y - 3xy^2 + y^2$, 从而 $\varphi'(y) = y^2$, 故 $\varphi(y) = \dfrac{1}{3}y^3 + C_1$, 于是 $u(x,y) = x^5 + \dfrac{3}{2}x^2y^2 - xy^3 + \dfrac{1}{3}y^3 + C_1$, 方程的通解为

$$x^5 + \frac{3}{2}x^2y^2 - xy^3 + \frac{1}{3}y^3 = C.$$

例 9　计算 $I = \int_{\overparen{ABC}} (a_1x + a_2y + a_3)dx + (b_1x + b_2y + b_3)dy$, 方向如图 10-5 所示. 其中 $a_i, b_i\ (i=1,2,3)$ 为常数, $A(-1,0)$, $B(0,1)$, $C(1,0)$, $\overparen{AB}$ 为 $y = 1 - x^2$ 上的一段弧, $\overparen{BC}$ 为 $x^2 + y^2 = 1$ 上的一段弧.

解　补充 CA 为 $y = 0$, x 从 1 变到 -1, CA 与 $\overparen{ABC}$ 组成封闭曲线, 并设其所围闭区域为 D.

令 $P = a_1x + a_2y + a_3$, $Q = b_1x + b_2y + b_3$, 则

$$I = \int_{\overparen{ABC}} (a_1x + a_2y + a_3)dx + (b_1x + b_2y + b_3)dy$$

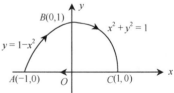

图 10-5

$$= -\iint_D \left(\frac{\partial Q}{\partial x} - \frac{\partial P}{\partial y} \right) \mathrm{d}x\mathrm{d}y - \int_{CA} (a_1 x + a_2 y + a_3)\mathrm{d}x + (b_1 x + b_2 y + b_3)\mathrm{d}y$$

$$= -\iint_D (b_1 - a_2)\mathrm{d}x\mathrm{d}y - \int_1^{-1} (a_1 x + a_3)\mathrm{d}x$$

$$= (a_2 - b_1)\frac{\pi}{4} + (a_2 - b_1)\int_{-1}^0 \mathrm{d}x \int_0^{1-x^2} \mathrm{d}y + 2a_3 = (a_2 - b_1)\left(\frac{\pi}{4} + \frac{2}{3} \right) + 2a_3.$$

小结　在使用格林公式时，要求 L 为封闭曲线，且取正方向. 若 L 不是闭曲线，则添加辅助线 L_1，使 $L + L_1$ 成为封闭曲线，再使用格林公式. 一般 L_1 的选取尽可能简单，既有利于计算在由 L 与 L_1 所围成区域上的二重积分，又有利于计算 L_1 上的曲线积分.

例 10　计算 $I = \int_L \left(\sin\frac{x}{y} + \frac{x}{y}\cos\frac{x}{y} \right)\mathrm{d}x - \frac{x^2}{y^2}\cos\frac{x}{y}\mathrm{d}y$，其中 L 为连接 $A(\pi, 1)$ 到 $B(\pi, 2)$ 的曲线弧段.

解　令 $P = \sin\frac{x}{y} + \frac{x}{y}\cos\frac{x}{y}$，$Q = -\frac{x^2}{y^2}\cos\frac{x}{y}$，由于

$$\frac{\partial P}{\partial y} = -\frac{2x}{y^2}\cos\frac{x}{y} + \frac{x^2}{y^3}\sin\frac{x}{y}, \qquad \frac{\partial Q}{\partial x} = -\frac{2x}{y^2}\cos\frac{x}{y} + \frac{x^2}{y^3}\sin\frac{x}{y},$$

有 $\frac{\partial Q}{\partial x} = \frac{\partial P}{\partial y}$，于是积分与路径无关. 选择积分路径为直线 $AB: x = \pi$，y 由 1 变到 2，于是

$$I = \int_L \left(\sin\frac{x}{y} + \frac{x}{y}\cos\frac{x}{y} \right)\mathrm{d}x - \frac{x^2}{y^2}\cos\frac{x}{y}\mathrm{d}y = -\int_1^2 \frac{\pi^2}{y^2}\cos\frac{\pi}{y}\mathrm{d}y$$

$$= \pi\int_1^2 \cos\frac{\pi}{y}\mathrm{d}\left(\frac{\pi}{y} \right) = \pi\left[\sin\frac{\pi}{y} \right]_1^2 = \pi.$$

例 11　计算 $I = \lim\limits_{a \to +\infty} \int_L (\mathrm{e}^{y^2 - x^2}\cos 2xy - 3y)\mathrm{d}x + (\mathrm{e}^{y^2 - x^2}\sin 2xy - b^2)\mathrm{d}y$，其中 L 是依次连接 $A(a, 0), B\left(a, \frac{\pi}{a} \right), E\left(0, \frac{\pi}{a} \right), O(0, 0)$ 的有向折线，$a > 0$，$b > 0$.

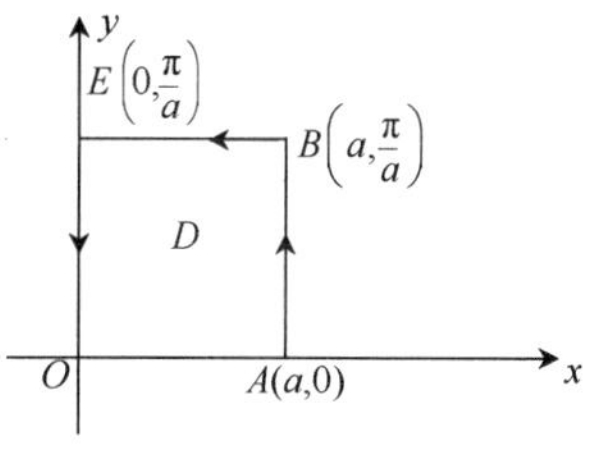

解　如图 10-6 所示，这里 $P = \mathrm{e}^{y^2 - x^2}\cos 2xy - 3y$，$Q = \mathrm{e}^{y^2 - x^2}\sin 2xy - b^2$，由于 $\frac{\partial Q}{\partial x} - \frac{\partial P}{\partial y} = 3$，于是补充 $OA: y = 0$，x 从 0 变到 a，OA 与 L 组成封闭曲线，并设其所围闭区域为 D.

图 10-6

$$\int_L (\mathrm{e}^{y^2 - x^2}\cos 2xy - 3y)\mathrm{d}x + (\mathrm{e}^{y^2 - x^2}\sin 2xy - b^2)\mathrm{d}y$$

$$= \iint_D \left(\frac{\partial Q}{\partial x} - \frac{\partial P}{\partial y} \right)\mathrm{d}x\mathrm{d}y - \int_{OA} (\mathrm{e}^{y^2 - x^2}\cos 2xy - 3y)\mathrm{d}x + (\mathrm{e}^{y^2 - x^2}\sin 2xy - b^2)\mathrm{d}y$$

$$= \iint\limits_{D} 3\mathrm{d}x\mathrm{d}y - \int_{0}^{a} \mathrm{e}^{-x^2}\mathrm{d}x = 3\pi - \int_{0}^{a} \mathrm{e}^{-x^2}\mathrm{d}x,$$

注意到 $\int_{0}^{+\infty} \mathrm{e}^{-x^2}\mathrm{d}x = \dfrac{\sqrt{\pi}}{2}$，于是

$$I = \lim_{a \to +\infty} \int_{L} (\mathrm{e}^{y^2-x^2}\cos 2xy - 3y)\mathrm{d}x + (\mathrm{e}^{y^2-x^2}\sin 2xy - b^2)\mathrm{d}y$$

$$= \lim_{a \to +\infty} (3\pi - \int_{0}^{a} \mathrm{e}^{-x^2}\mathrm{d}x) = 3\pi - \int_{0}^{+\infty} \mathrm{e}^{-x^2}\mathrm{d}x = 3\pi - \frac{\sqrt{\pi}}{2}.$$

例 12　计算 $I = \displaystyle\int_{L} \dfrac{(x+4y)\mathrm{d}y + (x-y)\mathrm{d}x}{x^2+4y^2}$，其中 L 为单位圆周 $x^2+y^2=1$，逆时针方向.

思路分析　L 虽为闭曲线，但 P,Q 在原点 O 处不具有一阶连续偏导数，可考虑采用"挖洞"的方法来使用格林公式.

解　积分曲线如图 10-7 所示，这里 $P = \dfrac{x-y}{x^2+4y^2}$，$Q = \dfrac{x+4y}{x^2+4y^2}$，显然 P,Q 在原点 O 处不连续，故不能直接用格林公式. 在 L 包围的区域内作小椭圆周 $L_1: x^2+4y^2 = \varepsilon^2$，方向取顺时针方向，于是在 L 与 L_1 包围的闭区域 D 上，因为

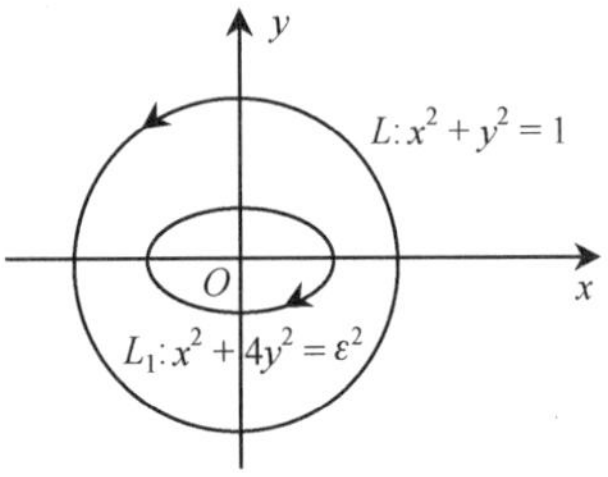

$$\frac{\partial Q}{\partial x} = \frac{4y^2 - 8xy - x^2}{(x^2+4y^2)^2} = \frac{\partial P}{\partial y},$$

由格林公式得

$$\int_{L+L_1} \frac{(x+4y)\mathrm{d}y + (x-y)\mathrm{d}x}{x^2+4y^2} = \iint\limits_{D} \left(\frac{\partial Q}{\partial x} - \frac{\partial P}{\partial y} \right)\mathrm{d}x\mathrm{d}y = 0,$$

图 10-7

所以

$$I = \int_{L} \frac{(x+4y)\mathrm{d}y + (x-y)\mathrm{d}x}{x^2+4y^2} = -\int_{L_1} \frac{(x+4y)\mathrm{d}y + (x-y)\mathrm{d}x}{x^2+4y^2},$$

在 L_1 上，令 $x = \varepsilon\cos\theta, y = \dfrac{\varepsilon}{2}\sin\theta$，$\theta$ 从 2π 变到 0，于是

$$I = -\int_{L_1} \frac{(x+4y)\mathrm{d}y + (x-y)\mathrm{d}x}{x^2+4y^2}$$

$$= \int_{0}^{2\pi} \frac{\left(\varepsilon\cos\theta + 4\cdot\dfrac{\varepsilon}{2}\sin\theta\right)\cdot\dfrac{\varepsilon}{2}\cos\theta + \left(\varepsilon\cos\theta - \dfrac{\varepsilon}{2}\sin\theta\right)\cdot(-\varepsilon\sin\theta)}{\varepsilon^2}\mathrm{d}\theta$$

$$= \int_{0}^{2\pi} \frac{1}{2}\mathrm{d}\theta = \pi.$$

例 13　确定常数 λ，使向量 $\boldsymbol{A}(x,y) = 2xy(x^4+y^2)^{\lambda}\boldsymbol{i} - x^2(x^4+y^2)^{\lambda}\boldsymbol{j}$ 在右半平面 $(x>0)$ 为某二元函数 $u(x,y)$ 的梯度，并求 $u(x,y)$.

思路分析　在平面单连通区域 G 内，向量场 $\boldsymbol{A} = P\boldsymbol{i} + Q\boldsymbol{j}$ 为某二元函数 $u(x,y)$ 的梯度

⇔ 积分 $\int_L P\mathrm{d}x + Q\mathrm{d}y$ 在 G 内与路径无关

⇔ 在 G 内存在原函数 $u(x,y)$, 使 $\mathrm{d}u = P\mathrm{d}x + Q\mathrm{d}y$

⇔ 在 G 内, $\dfrac{\partial Q}{\partial x} = \dfrac{\partial P}{\partial y}$.

由此可确定 λ, 再取特殊路径积分或凑微分可得 $u(x,y)$.

解　设 $P = 2xy(x^4 + y^2)^{\lambda}$, $Q = -x^2(x^4 + y^2)^{\lambda}$, 则

$$\frac{\partial P}{\partial y} = 2x \cdot (x^4 + y^2)^{\lambda} + 2\lambda xy(x^4 + y^2)^{\lambda-1} \cdot 2y = (x^4 + y^2)^{\lambda-1}[2x^5 + (2+4\lambda)xy^2],$$

$$\frac{\partial Q}{\partial x} = -2x \cdot (x^4 + y^2)^{\lambda} - x^2 \lambda (x^4 + y^2)^{\lambda-1} \cdot 4x^3 = (x^4 + y^2)^{\lambda-1}(-2x^5 - 2xy^2 - 4\lambda x^5),$$

令 $\dfrac{\partial P}{\partial y} = \dfrac{\partial Q}{\partial x}$, 有

$$(x^4 + y^2)^{\lambda-1}[2x^5 + (2+4\lambda)xy^2] = (x^4 + y^2)^{\lambda-1}(-2x^5 - 2xy^2 - 4\lambda x^5),$$

得 $\lambda = -1$, 此时 $A(x,y)$ 为某二元函数 $u(x,y)$ 的梯度, 且

$$u(x,y) = \int_{(1,0)}^{(x,y)} P\mathrm{d}x + Q\mathrm{d}y + C = \int_{(1,0)}^{(x,y)} \frac{2xy\mathrm{d}x - x^2\mathrm{d}y}{x^4 + y^2} + C$$

$$= \int_0^y \frac{-x^2\mathrm{d}y}{x^4 + y^2} = -\arctan\frac{y}{x^2} + C.$$

小结　设积分 $\int_L P\mathrm{d}x + Q\mathrm{d}y$ 在某单连通域 G 内与路径无关, 求微分表达式 $P\mathrm{d}x + Q\mathrm{d}y$ 的原函数常用的方法如下.

(1) 曲线积分法: 在区域 G 内任取一特殊点 (x_0, y_0) 作为积分路径的起点, 则有

$$u(x,y) = \int_{(x_0, y_0)}^{(x,y)} P(x,y)\mathrm{d}x + Q(x,y)\mathrm{d}y + C$$

$$= \int_{x_0}^x P(x, y_0)\mathrm{d}x + \int_{y_0}^y Q(x,y)\mathrm{d}y + C,$$

或

$$u(x,y) = \int_{y_0}^y Q(x_0, y)\mathrm{d}y + \int_{x_0}^x P(x,y)\mathrm{d}x + C .$$

(2) 凑微分法: 将 $P\mathrm{d}x + Q\mathrm{d}y$ 凑成某二元函数 $u(x,y)$ 的全微分 $\mathrm{d}u(x,y)$.

(3) 偏积分法: 将 $\dfrac{\partial u}{\partial x} = P$ $\left(\text{或} \dfrac{\partial u}{\partial y} = Q\right)$ 两边对 x (或 y)积分, 得

$$u(x,y) = \int P(x,y)\mathrm{d}x + C(y) \left(\text{或} u(x,y) = \int Q(x,y)\mathrm{d}y + C(x)\right),$$

再由 $\dfrac{\partial u}{\partial y} = Q$ $\left(\text{或} \dfrac{\partial u}{\partial x} = P\right)$ 确定 $C(y)$ (或 $C(x)$), 便可求得原函数 $u(x,y)$.

例 14　设平面 $z=y$ 与椭圆柱面 $\dfrac{x^2}{5}+\dfrac{y^2}{9}=1$ 相截，求其在 $z\geqslant0,y\geqslant0$ 及 xOy 面之间的椭圆柱面的侧面积.

解　椭圆 $\dfrac{x^2}{5}+\dfrac{y^2}{9}=1$ 的参数方程为 $\begin{cases}x=\sqrt5\cos t,\\ y=3\sin t,\end{cases}$ 且

$$ds=\sqrt{[x'(t)]^2+[y'(t)]^2}\,dt=\sqrt{5\sin^2 t+9\cos^2 t}\,dt,$$

于是所求侧面积为

$$A=\int_L|z|ds=\int_0^\pi 3\sin t\sqrt{5\sin^2 t+9\cos^2 t}\,dt=3\int_0^\pi\sin t\sqrt{5+4\cos^2 t}\,dt$$

$$=-3\int_0^\pi\sqrt{5+4\cos^2 t}\,d(\cos t)\xlongequal{\text{令}\cos t=u}-3\int_1^{-1}\sqrt{5+4u^2}\,du=6\int_0^1\sqrt{5+4u^2}\,du.$$

令 $u=\dfrac{\sqrt5}{2}y$,

$$6\int_0^1\sqrt{5+4u^2}\,du=15\int_0^{\frac{2}{\sqrt5}}\sqrt{1+y^2}\,dy$$

$$=15\left[\frac{y}{2}\sqrt{1+y^2}+\frac12\ln(y+\sqrt{1+y^2})\right]_0^{\frac{2}{\sqrt5}}=9+\frac{15}{4}\ln5.$$

例 15　计算 $\oiint\limits_{\Sigma}xdS$，其中 Σ 是圆柱面 $x^2+y^2=1$，平面 $z=x+2$ 及 $z=0$ 所围成的空间立体的表面.

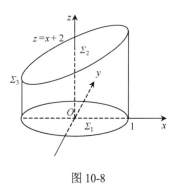

图 10-8

解　如图 10-8 所示，$\oiint\limits_{\Sigma}xdS=\iint\limits_{\Sigma_1}xdS+\iint\limits_{\Sigma_2}xdS+\iint\limits_{\Sigma_3}xdS$，

Σ_1 与 Σ_2 在 xOy 面上的投影区域均为 $D_{xy}=\{(x,y)|x^2+y^2\leqslant1\}$，于是 $\iint\limits_{\Sigma_1}xdS=\iint\limits_{D_{xy}}xdxdy=0$，$\iint\limits_{\Sigma_2}xdS=\iint\limits_{D_{xy}}x\sqrt{1+1}dxdy=0$，因为 Σ_3 关于 zOx 面对称，被积函数关于 y 是偶函数，所以 $\iint\limits_{\Sigma_3}xdS=2\iint\limits_{\Sigma_{31}}xdS$，其中 $\Sigma_{31}:y=\sqrt{1-x^2}$，将其投影到 zOx 面上，得投影区域 $D_{zx}=\{(z,x)|0\leqslant z\leqslant x+2,-1\leqslant x\leqslant1\}$，于是

$$\iint\limits_{\Sigma_3}xdS=2\iint\limits_{D_{zx}}x\sqrt{1+y_x^2+y_z^2}\,dzdx=2\iint\limits_{D_{zx}}x\sqrt{1+\frac{x^2}{1-x^2}}\,dzdx=2\iint\limits_{D_{zx}}\frac{x}{\sqrt{1-x^2}}\,dzdx$$

$$=2\int_{-1}^1\frac{x}{\sqrt{1-x^2}}dx\int_0^{x+2}dz=2\int_{-1}^1\frac{x^2+2x}{\sqrt{1-x^2}}dx=4\int_0^1\frac{x^2}{\sqrt{1-x^2}}dx=\pi,$$

所以 $\displaystyle\oiint_{\Sigma} x \mathrm{d}S = 0 + 0 + \pi = \pi$.

例 16 计算 $\displaystyle\oiint_{\Sigma}(x^2 + y^2 + z^2)\mathrm{d}S$，其中 Σ 是 $x^2 + y^2 + z^2 = a^2$

$(x \geqslant 0, y \geqslant 0)$ 及坐标平面 $x = 0, y = 0$ 所围成的闭曲面.

解 如图 10-9 所示，$\Sigma = \Sigma_1 + \Sigma_2 + \Sigma_3$，则

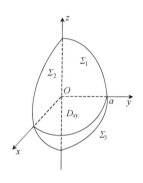

图 10-9

$$\oiint_{\Sigma}(x^2 + y^2 + z^2)\mathrm{d}S = \left(\iint_{\Sigma_1} + \iint_{\Sigma_2} + \iint_{\Sigma_3}\right)(x^2 + y^2 + z^2)\mathrm{d}S,$$

其中 $\Sigma_1 : x = 0$，Σ_1 在 yOz 面上的投影为

$$D_{yz} = \{(y,z)\,\big|\,y^2 + z^2 \leqslant a^2\}\ (y \geqslant 0),$$

用极坐标表示，则为 $y = \rho\cos\theta, z = \rho\sin\theta$，即 $D_{yz} = \left\{(\rho,\theta)\,\Big|\,0 \leqslant \rho \leqslant a, -\dfrac{\pi}{2} \leqslant \theta \leqslant \dfrac{\pi}{2}\right\}$，

$\mathrm{d}S = \sqrt{1 + x_y^2 + x_z^2}\,\mathrm{d}y\mathrm{d}z = \mathrm{d}y\mathrm{d}z$，于是

$$\iint_{\Sigma_1}(x^2 + y^2 + z^2)\mathrm{d}S = \iint_{D_{yz}}(0^2 + y^2 + z^2)\mathrm{d}y\mathrm{d}z$$

$$= \int_{-\frac{\pi}{2}}^{\frac{\pi}{2}}\mathrm{d}\theta\int_0^a \rho^2 \cdot \rho\mathrm{d}\rho = \left[\pi \cdot \frac{1}{4}\rho^4\right]_0^a = \frac{1}{4}\pi a^4,$$

同理可得 $\displaystyle\iint_{\Sigma_2}(x^2 + y^2 + z^2)\mathrm{d}S = \frac{1}{4}\pi a^4$.

对于 $\displaystyle\iint_{\Sigma_3}(x^2 + y^2 + z^2)\mathrm{d}S$，因为 Σ_3 是球面一部分，方程为 $x^2 + y^2 + z^2 = a^2$，在化为二

重积分运算时，可向不同的坐标面投影，故可有不同的计算途径.

方法一：Σ_3 向 xOy 面投影. Σ_3 关于 xOy 面对称，被积函数 $f(x,y,z) = x^2 + y^2 + z^2$ 关

于 z 是偶函数，利用对称性，$\displaystyle\iint_{\Sigma_3}(x^2 + y^2 + z^2)\mathrm{d}S = 2\iint_{\Sigma_{3上}}(x^2 + y^2 + z^2)\mathrm{d}S$，其中

$$\Sigma_{3上} : z = \sqrt{a^2 - x^2 - y^2}$$

在 xOy 面上的投影区域为 $D_{xy} = \{(x,y)\,\big|\,x^2 + y^2 \leqslant a^2, x \geqslant 0, y \geqslant 0\}$，用极坐标表示，即

$$D_{xy} = \left\{(\rho,\theta)\,\Big|\,0 \leqslant \rho \leqslant a, 0 \leqslant \theta \leqslant \frac{\pi}{2}\right\},$$

$$\mathrm{d}S = \sqrt{1 + z_x^2 + z_y^2}\,\mathrm{d}x\mathrm{d}y$$

$$= \sqrt{1 + \left(\frac{-x}{\sqrt{a^2 - x^2 - y^2}}\right)^2 + \left(\frac{-y}{\sqrt{a^2 - x^2 - y^2}}\right)^2}\,\mathrm{d}x\mathrm{d}y = \frac{a}{\sqrt{a^2 - x^2 - y^2}}\,\mathrm{d}x\mathrm{d}y,$$

于是

$$\iint\limits_{\Sigma_3} (x^2 + y^2 + z^2)\mathrm{d}S = 2\iint\limits_{D_{xy}} a^2 \cdot \frac{a}{\sqrt{a^2 - x^2 - y^2}}\mathrm{d}x\mathrm{d}y$$

$$= 2a^3 \int_0^{\frac{\pi}{2}} \mathrm{d}\theta \int_0^a \frac{1}{\sqrt{a^2 - \rho^2}} \cdot \rho\mathrm{d}\rho$$

$$= 2a^3 \cdot \frac{\pi}{2} \cdot \left(-\frac{1}{2}\right) \cdot 2[\sqrt{a^2 - \rho^2}\,]_0^a = \pi a^4.$$

方法二: Σ_3 向 yOz 面投影. 因为 Σ_3: $x = \sqrt{a^2 - y^2 - z^2}$, 且 Σ_3 在 yOz 面上的投影区域为 $D_{yz} = \{(y,z)\big| y^2 + z^2 \leqslant a^2, y \geqslant 0\}$, 用极坐标表示为 $y = \rho\cos\theta, z = \rho\sin\theta$, 则

$$D_{yz} = \left\{(\rho,\theta)\bigg| 0 \leqslant \rho \leqslant a, -\frac{\pi}{2} \leqslant \theta \leqslant \frac{\pi}{2}\right\},$$

$$\mathrm{d}S = \sqrt{1 + x_y^2 + x_z^2}\,\mathrm{d}y\mathrm{d}z$$

$$= \sqrt{1 + \left(\frac{-y}{\sqrt{a^2 - y^2 - z^2}}\right)^2 + \left(\frac{-z}{\sqrt{a^2 - y^2 - z^2}}\right)^2}\,\mathrm{d}y\mathrm{d}z = \frac{a}{\sqrt{a^2 - y^2 - z^2}}\mathrm{d}y\mathrm{d}z,$$

$$\iint\limits_{\Sigma_3} (x^2 + y^2 + z^2)\mathrm{d}S = \iint\limits_{D_{yz}} a^2 \cdot \frac{a}{\sqrt{a^2 - y^2 - z^2}}\,\mathrm{d}y\mathrm{d}z$$

$$= a^3 \iint\limits_{D_{yz}} \frac{1}{\sqrt{a^2 - y^2 - z^2}}\,\mathrm{d}y\mathrm{d}z = a^3 \int_{-\frac{\pi}{2}}^{\frac{\pi}{2}} \mathrm{d}\theta \int_0^a \frac{1}{\sqrt{a^2 - \rho^2}} \cdot \rho\mathrm{d}\rho$$

$$= a^3 \cdot \pi \cdot \left(-\frac{1}{2}\right) \cdot 2[\sqrt{a^2 - \rho^2}\,]_0^a = \pi a^4.$$

同理也可投影到 zOx 面来计算.

方法三: 因为 Σ_3 是球面 $x^2 + y^2 + z^2 = a^2$ 一部分, 而被积函数定义在 Σ_3 上, 有 $f(x,y,z) = x^2 + y^2 + z^2 = a^2$, 所以

$$\iint\limits_{\Sigma_3} (x^2 + y^2 + z^2)\mathrm{d}S = \iint\limits_{\Sigma_3} a^2 \mathrm{d}S = a^2 \cdot \frac{4\pi a^2}{4} = \pi a^4.$$

最后,

$$\oiint\limits_{\Sigma} (x^2 + y^2 + z^2)\mathrm{d}S = \left(\iint\limits_{\Sigma_1} + \iint\limits_{\Sigma_2} + \iint\limits_{\Sigma_3}\right)(x^2 + y^2 + z^2)\mathrm{d}S$$

$$= \frac{1}{4}\pi a^4 + \frac{1}{4}\pi a^4 + \pi a^4 = \frac{3}{2}\pi a^4.$$

注　利用被积函数 $f(x,y,z) = x^2 + y^2 + z^2$ 定义在 Σ_3 上, 则 $x^2 + y^2 + z^2 = a^2$, 代入简化积分运算. 这是常用的一种简化运算的方法.

例 17 计算 $\iint\limits_{\Sigma} z\mathrm{d}x\mathrm{d}y + x\mathrm{d}y\mathrm{d}z + y\mathrm{d}z\mathrm{d}x$，其中 Σ 是柱面 $x^2 + y^2 = 1$ 被平面 $z = 0$ 及 $z = 3$

所截得的在第 I 卦限内的部分的前侧.

解 如图 10-10 所示，由于柱面与 xOy 面垂直，故

$\iint\limits_{\Sigma} z\mathrm{d}x\mathrm{d}y = 0$，将 Σ 分别向 yOz 面，zOx 面投影，得矩形域

$$D_{yz} = \{(y,z) \mid 0 \leqslant y \leqslant 1, 0 \leqslant z \leqslant 3\},$$
$$D_{zx} = \{(z,x) \mid 0 \leqslant z \leqslant 3, 0 \leqslant x \leqslant 1\},$$

于是

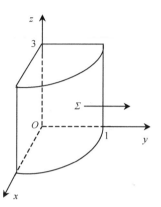

图 10-10

$$
\begin{aligned}
\iint\limits_{\Sigma} z\mathrm{d}x\mathrm{d}y + x\mathrm{d}y\mathrm{d}z + y\mathrm{d}z\mathrm{d}x &= \iint\limits_{\Sigma} x\mathrm{d}y\mathrm{d}z + \iint\limits_{\Sigma} y\mathrm{d}z\mathrm{d}x \\
&= \iint\limits_{D_{yz}} \sqrt{1-y^2}\,\mathrm{d}y\mathrm{d}z + \iint\limits_{D_{zx}} \sqrt{1-x^2}\,\mathrm{d}z\mathrm{d}x \\
&= \int_0^1 \sqrt{1-y^2}\,\mathrm{d}y \int_0^3 \mathrm{d}z + \int_0^3 \mathrm{d}z \int_0^1 \sqrt{1-x^2}\,\mathrm{d}x \\
&= 2 \cdot 3 \int_0^1 \sqrt{1-x^2}\,\mathrm{d}x = \frac{3}{2}\pi.
\end{aligned}
$$

例 18 利用高斯公式计算

$$\oiint\limits_{\Sigma} (x^2 - yz)\mathrm{d}y\mathrm{d}z + (y^2 - xz)\mathrm{d}z\mathrm{d}x + (z^2 - xy)\mathrm{d}x\mathrm{d}y,$$

其中，Σ 为球面 $(x-a)^2 + (y-b)^2 + (z-c)^2 = R^2$ 的外侧.

解 利用高斯公式，有

$$\oiint\limits_{\Sigma} (x^2 - yz)\mathrm{d}y\mathrm{d}z + (y^2 - xz)\mathrm{d}z\mathrm{d}x + (z^2 - xy)\mathrm{d}x\mathrm{d}y = 2\iiint\limits_{\Omega} (x + y + z)\mathrm{d}x\mathrm{d}y\mathrm{d}z.$$

将球 $\Omega : (x-a)^2 + (y-b)^2 + (z-c)^2 \leqslant R^2$ 写成球面坐标系下参数方程

$$
\begin{cases}
x = a + r\sin\varphi\cos\theta, \\
y = b + r\sin\varphi\sin\theta, \\
z = c + r\cos\varphi,
\end{cases}
$$

其中，$0 \leqslant \theta \leqslant 2\pi, 0 \leqslant \varphi \leqslant \pi, 0 \leqslant r \leqslant R$，于是

$$
\begin{aligned}
\iiint\limits_{\Omega} x\mathrm{d}x\mathrm{d}y\mathrm{d}z &= \int_0^{2\pi} \mathrm{d}\theta \int_0^{\pi} \mathrm{d}\varphi \int_0^R (a + r\sin\varphi\cos\theta)r^2\sin\varphi\,\mathrm{d}r \\
&= \int_0^{2\pi} \mathrm{d}\theta \int_0^{\pi} \left(\frac{aR^3}{3}\sin\varphi + \frac{R^4}{4}\sin^2\varphi\cos\theta \right)\mathrm{d}\varphi \\
&= \frac{4\pi}{3}aR^3 + \frac{R^4}{4}\int_0^{2\pi}\cos\theta\,\mathrm{d}\theta \int_0^{\pi}\sin^2\varphi\,\mathrm{d}\varphi = \frac{4\pi}{3}aR^3,
\end{aligned}
$$

同理可得 $\iiint\limits_{\Omega} y\mathrm{d}x\mathrm{d}y\mathrm{d}z = \dfrac{4\pi}{3}bR^3$， $\iiint\limits_{\Omega} z\mathrm{d}x\mathrm{d}y\mathrm{d}z = \dfrac{4\pi}{3}cR^3$，所以原式 $= \dfrac{8\pi R^3}{3}(a+b+c)$．

例 19 计算 $\iint\limits_{\Sigma} 2(1-x^2)\mathrm{d}y\mathrm{d}z + 8xy\mathrm{d}z\mathrm{d}x - 4zx\mathrm{d}x\mathrm{d}y$，其中 Σ 是 yOz 面上的曲线 $z = y^2$，

$0 \leqslant y \leqslant a$ 绕 z 轴旋转而成的旋转曲面的下侧．

解 如图 10-11 所示，作辅助平面 Σ_0： $z = a^2, x^2 + y^2 \leqslant a^2$，取上侧，则 Σ 和 Σ_0 构成

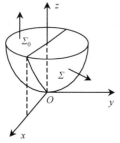

一个方向为外侧的闭曲面，其所围区域为 Ω．利用高斯公式，有

$$\oiint\limits_{\Sigma+\Sigma_0} 2(1-x^2)\mathrm{d}y\mathrm{d}z + 8xy\mathrm{d}z\mathrm{d}x - 4zx\mathrm{d}x\mathrm{d}y$$
$$= \iiint\limits_{\Omega}(-4x + 8x - 4x)\mathrm{d}v = 0.$$

因为 Σ_0 在 yOz 面和 zOx 面上的投影为零，所以

$$\iint\limits_{\Sigma_0} 2(1-x^2)\mathrm{d}y\mathrm{d}z = 0，\qquad \iint\limits_{\Sigma_0} 8xy\mathrm{d}z\mathrm{d}x = 0，$$

图 10-11 　　　　Σ_0 在 xOy 面上的投影区域为 $D_{xy} = \{(x,y)\,|\,x^2 + y^2 \leqslant a^2\}$，于是

$$\iint\limits_{\Sigma_0} 2(1-x^2)\mathrm{d}y\mathrm{d}z + 8xy\mathrm{d}z\mathrm{d}x - 4zx\mathrm{d}x\mathrm{d}y = \iint\limits_{D_{xy}} -4a^2 x\mathrm{d}x\mathrm{d}y = 0，$$

故

$$\iint\limits_{\Sigma} 2(1-x^2)\mathrm{d}y\mathrm{d}z + 8xy\mathrm{d}z\mathrm{d}x - 4zx\mathrm{d}x\mathrm{d}y$$
$$= \oiint\limits_{\Sigma+\Sigma_0} 2(1-x^2)\mathrm{d}y\mathrm{d}z + 8xy\mathrm{d}z\mathrm{d}x - 4zx\mathrm{d}x\mathrm{d}y - \iint\limits_{\Sigma_0} 2(1-x^2)\mathrm{d}y\mathrm{d}z + 8xy\mathrm{d}z\mathrm{d}x - 4zx\mathrm{d}x\mathrm{d}y$$
$$= 0.$$

例 20 验证曲线积分 $\displaystyle\int_{(-1,0,1)}^{\left(1,2,\frac{\pi}{3}\right)} 2x\mathrm{e}^{-y}\mathrm{d}x + (\cos z - x^2\mathrm{e}^{-y})\mathrm{d}y - y\sin z\mathrm{d}z$ 与路径无关，并求

其值．

解 这里 $P = 2x\mathrm{e}^{-y}$， $Q = \cos z - x^2\mathrm{e}^{-y}$， $R = -y\sin z$，则

$$\frac{\partial P}{\partial y} = -2x\mathrm{e}^{-y}，\qquad \frac{\partial P}{\partial z} = 0，\qquad \frac{\partial Q}{\partial x} = -2x\mathrm{e}^{-y}，$$

$$\frac{\partial Q}{\partial z} = -\sin z，\qquad \frac{\partial R}{\partial x} = 0，\qquad \frac{\partial R}{\partial y} = -\sin z，$$

由于 $\dfrac{\partial R}{\partial y} = \dfrac{\partial Q}{\partial z}, \dfrac{\partial P}{\partial z} = \dfrac{\partial R}{\partial x}, \dfrac{\partial Q}{\partial x} = \dfrac{\partial P}{\partial y}$，故曲线积分与路径无关．

方法一：

$$2x\mathrm{e}^{-y}\mathrm{d}x + (\cos z - x^2\mathrm{e}^{-y})\mathrm{d}y - y\sin z\mathrm{d}z = \mathrm{e}^{-y}\mathrm{d}(x^2) + \cos z\mathrm{d}y + x^2\mathrm{d}(\mathrm{e}^{-y}) + y\mathrm{d}(\cos z)$$
$$= \mathrm{d}(x^2\mathrm{e}^{-y}) + \mathrm{d}(y\cos z) = \mathrm{d}(x^2\mathrm{e}^{-y} + y\cos z)，$$

所以原式 $= \displaystyle\int_{(-1,0,1)}^{\left(1,2,\frac{\pi}{3}\right)} \mathrm{d}(x^2\mathrm{e}^{-y} + y\cos z) = [x^2\mathrm{e}^{-y} + y\cos z]_{(-1,0,1)}^{\left(1,2,\frac{\pi}{3}\right)} = \mathrm{e}^{-2}$.

方法二：取 $(-1,0,1) \to (1,0,1) \to (1,2,1) \to \left(1,2,\dfrac{\pi}{3}\right)$ 的折线为积分路径，则

$$\int_{(-1,0,1)}^{\left(1,2,\frac{\pi}{3}\right)} 2x\mathrm{e}^{-y}\mathrm{d}x + (\cos z - x^2\mathrm{e}^{-y})\mathrm{d}y - y\sin z\mathrm{d}z$$

$$= \int_{-1}^{1} 2x\mathrm{d}x + \int_{0}^{2}(\cos 1 - \mathrm{e}^{-y})\mathrm{d}y - \int_{1}^{\frac{\pi}{3}} 2\sin z\mathrm{d}z = \mathrm{e}^{-2}.$$

例 21　求向量场 $A = \mathrm{e}^{xy}\boldsymbol{i} + \cos(xy)\boldsymbol{j} + \cos(xz^2)\boldsymbol{k}$ 的散度与旋度.

解　这里 $P = \mathrm{e}^{xy}, Q = \cos(xy), R = \cos(xz^2)$，则

$$\mathrm{div}A = \frac{\partial P}{\partial x} + \frac{\partial Q}{\partial y} + \frac{\partial R}{\partial z} = y\mathrm{e}^{xy} - x\sin(xy) - 2xz\sin(xz^2);$$

$$\mathbf{rot}\,A = \left(\frac{\partial R}{\partial y} - \frac{\partial Q}{\partial z}, \frac{\partial P}{\partial z} - \frac{\partial R}{\partial x}, \frac{\partial Q}{\partial x} - \frac{\partial P}{\partial y}\right) = (0, z^2\sin(xz^2), -y\sin(xy) - x\mathrm{e}^{xy}) .$$

五、习 题 选 解

习题 10-1　对弧长的曲线积分

1．计算下列对弧长的曲线积分.

(1) $\displaystyle\oint_L (x+y)\mathrm{d}s$ ，其中 L 为连接 $O(0,0)$ ，$A(1,0)$ ，$B(0,1)$ 的闭折线；

(2) $\displaystyle\int_L y\mathrm{d}s$ ，其中 L 为摆线 $x = a(t - \sin t)$ ，$y = a(1 - \cos t)$ 的第一拱 $(0 \leqslant t \leqslant 2\pi, a > 0)$ ；

(4) $\displaystyle\int_\Gamma xyz\mathrm{d}s$ ，其中曲线 Γ 的参数方程为 $x = t, y = \dfrac{2\sqrt{2}}{3}t^{\frac{3}{2}}, z = \dfrac{1}{2}t^2$ $(0 \leqslant t \leqslant 1)$.

解　(1) $L = OA + AB + BO$ ，则

$$\oint_L (x+y)\mathrm{d}s = \left(\int_{OA} + \int_{AB} + \int_{BO}\right)(x+y)\mathrm{d}s .$$

因为 OA 为 $y = 0, 0 \leqslant x \leqslant 1$ ，$\mathrm{d}s = \sqrt{1 + (y')^2}\mathrm{d}x = \mathrm{d}x$ ，所以

$$\int_{OA}(x+y)\mathrm{d}s = \int_0^1 x\mathrm{d}x = \left[\frac{1}{2}x^2\right]_0^1 = \frac{1}{2} ;$$

因为 AB 为 $y = 1 - x, 0 \leqslant x \leqslant 1$ ，$\mathrm{d}s = \sqrt{1 + (y')^2}\mathrm{d}x = \sqrt{2}\mathrm{d}x$ ，所以

$$\int_{AB}(x+y)\mathrm{d}s = \int_0^1 1 \cdot \sqrt{2}\mathrm{d}x = [\sqrt{2}x]_0^1 = \sqrt{2} ;$$

因为 BO 为 $x = 0, 0 \leqslant y \leqslant 1$ ，$\mathrm{d}s = \sqrt{1 + (x')^2}\mathrm{d}y = \mathrm{d}y$ ，所以

$$\int_{BO}(x+y)\mathrm{d}s = \int_0^1 y\mathrm{d}y = \left[\frac{1}{2}y^2\right]_0^1 = \frac{1}{2} \ .$$

因此，$\oint_L (x+y)\mathrm{d}s = \frac{1}{2} + \sqrt{2} + \frac{1}{2} = 1 + \sqrt{2} \ .$

(2) $\mathrm{d}s = \sqrt{[x'(t)]^2 + [y'(t)]^2}\,\mathrm{d}t = a\sqrt{2(1-\cos t)}\mathrm{d}t$，于是

$$\int_\Gamma y\,\mathrm{d}s = \int_0^{2\pi} a(1-\cos t)a\sqrt{2(1-\cos t)}\mathrm{d}t = \sqrt{2}a^2 \int_0^{2\pi}(1-\cos t)^{\frac{3}{2}}\mathrm{d}t$$

$$= \sqrt{2}a^2 \int_0^{2\pi}\left(2\sin^2\frac{t}{2}\right)^{\frac{3}{2}}\mathrm{d}t = 4a^2 \int_0^{2\pi}\sin^3\frac{t}{2}\mathrm{d}t \ ,$$

令 $\dfrac{t}{2} = u$，则

$$上式 = 8a^2 \int_0^\pi \sin^3 u\,\mathrm{d}u = 16a^2 \int_0^{\frac{\pi}{2}}\sin^3 u\,\mathrm{d}u = 16a^2 \cdot \frac{2}{3} = \frac{32a^2}{3} \ .$$

(4) $\mathrm{d}s = \sqrt{[x'(t)]^2 + [y'(t)]^2 + [z'(t)]^2}\,\mathrm{d}t = \sqrt{1+2t+t^2}\,\mathrm{d}t = (1+t)\mathrm{d}t$，于是

$$\int_\Gamma xyz\,\mathrm{d}s = \int_0^1 t \cdot \frac{2\sqrt{2}}{3}t^{\frac{3}{2}} \cdot \frac{1}{2}t^2 \cdot (1+t)\,\mathrm{d}t = \frac{\sqrt{2}}{3}\int_0^1 t^{\frac{9}{2}} \cdot (1+t)\,\mathrm{d}t = \frac{16\sqrt{2}}{143} \ .$$

2. 计算积分 $\oint_L (x^3+y^2)\mathrm{d}s$，其中 L 为圆周 $x^2+y^2=R^2$．

解　因为 L 关于 y 轴对称，而被积函数 x^3 是关于 x 的奇函数，从而 $\oint_L x^3\mathrm{d}s = 0$；又 L 的参数方程为 $\begin{cases} x = R\cos\theta, \\ y = R\sin\theta \end{cases} (0 \leqslant \theta \leqslant 2\pi)$，故

$$\oint_L y^2\mathrm{d}s = \int_0^{2\pi}(R\sin\theta)^2\sqrt{(-R\sin\theta)^2 + (R\cos\theta)^2}\mathrm{d}\theta$$

$$= R^3 \int_0^{2\pi}\frac{1+\cos 2\theta}{2}\mathrm{d}\theta = \pi R^3 \ .$$

在计算 $\oint_L y^2\mathrm{d}s$ 时，还可根据 L 关于变量 x，y 的轮换对称性，即 $\oint_L y^2\mathrm{d}s = \oint_L x^2\mathrm{d}s$ 进行求解，从而

$$\oint_L y^2\mathrm{d}s = \frac{1}{2}\oint_L(x^2+y^2)\mathrm{d}s = \frac{1}{2}\oint_L R^2\mathrm{d}s = \frac{1}{2} \cdot R^2 \cdot 2\pi R = \pi R^3 \ .$$

因此，

$$\oint_L (x^3+y^2)\mathrm{d}s = \oint_L y^2\mathrm{d}s = \pi R^3 \ .$$

3. 计算积分 $\oint_L \sqrt{x^2+y^2}\mathrm{d}s$，其中 L 为圆周 $x^2+y^2=ax$　$(a>0)$．

解　方法一：L 的参数方程为 $\begin{cases} x = \dfrac{a}{2} + \dfrac{a}{2}\cos t, \\[2mm] y = \dfrac{a}{2}\sin t, \end{cases}$ $0 \leqslant t \leqslant 2\pi$，于是

$$\mathrm{d}s = \sqrt{[x'(t)]^2 + [y'(t)]^2}\,\mathrm{d}t = \frac{a}{2}\mathrm{d}t, \qquad \sqrt{x^2+y^2} = \sqrt{ax} = \sqrt{\frac{a^2}{2}(1+\cos t)} = a\left|\cos\frac{t}{2}\right|,$$

所以

$$\oint_L \sqrt{x^2+y^2}\,\mathrm{d}s = \int_0^{2\pi} a\left|\cos\frac{t}{2}\right| \cdot \frac{a}{2}\mathrm{d}t$$

$$\xup
\underset{\text{令}t=2u}{=\!=\!=\!=} a^2\int_0^{\pi}|\cos u|\,\mathrm{d}u = 2a^2\int_0^{\frac{\pi}{2}}\cos u\,\mathrm{d}u = 2a^2.$$

方法二：L 的极坐标方程为 $\rho = a\cos\theta$，$-\dfrac{\pi}{2} \leqslant \theta \leqslant \dfrac{\pi}{2}$，则

$$\mathrm{d}s = \sqrt{[\rho(\theta)]^2 + [\rho'(\theta)]^2}\,\mathrm{d}\theta = a\mathrm{d}\theta,$$

所以

$$\oint_L \sqrt{x^2+y^2}\,\mathrm{d}s = \int_{-\frac{\pi}{2}}^{\frac{\pi}{2}} \rho a\,\mathrm{d}\theta = \int_{-\frac{\pi}{2}}^{\frac{\pi}{2}} a^2\cos\theta\,\mathrm{d}\theta = 2a^2.$$

4. 计算 $I = \displaystyle\int_\Gamma (x^2+y^2+z^2)\,\mathrm{d}s$，其中 Γ 为球面 $x^2+y^2+z^2 = \dfrac{9}{2}$ 与平面 $x+z=1$ 的交线.

解　$I = \displaystyle\int_\Gamma (x^2+y^2+z^2)\,\mathrm{d}s = \frac{9}{2}\int_\Gamma \mathrm{d}s$，且原点到平面 $x+z=1$ 的距离为 $\dfrac{\sqrt{2}}{2}$，球面

$x^2+y^2+z^2 = \dfrac{9}{2}$ 的半径为 $\dfrac{3}{\sqrt{2}}$，球面与平面所交的圆周的半径为 $\sqrt{\left(\dfrac{3}{\sqrt{2}}\right)^2 - \left(\dfrac{\sqrt{2}}{2}\right)^2} = 2$，

故其周长为 4π，从而 $I = \dfrac{9}{2}\displaystyle\int_\Gamma \mathrm{d}s = 18\pi$.

5. 设均匀螺旋形弹簧 L 的方程为 $x = a\cos t$，$y = a\sin t$，$z = kt$ $(0 \leqslant t \leqslant 2\pi, a > 0)$，设其线密度为常数 ρ，求：

(1) 它关于 z 轴的转动惯量；

(2) 它的质心.

解　(1) 因为

$$\mathrm{d}s = \sqrt{[x'(t)]^2 + [y'(t)]^2 + [z'(t)]^2}\,\mathrm{d}t$$

$$= \sqrt{(-a\sin t)^2 + (a\cos t)^2 + k^2}\,\mathrm{d}t = \sqrt{a^2+k^2}\,\mathrm{d}t,$$

所以

$$I_z = \int_L (x^2+y^2)\rho\,\mathrm{d}s = \int_0^{2\pi} a^2\rho\sqrt{a^2+k^2}\,\mathrm{d}t = 2\pi a^2\rho\sqrt{a^2+k^2}.$$

(2) 因为

$$\int_L x\rho \mathrm{d}s = \int_0^{2\pi} a\cos t\rho \sqrt{a^2+k^2}\,\mathrm{d}t = 0,$$

$$\int_L y\rho \mathrm{d}s = \int_0^{2\pi} a\sin t\rho \sqrt{a^2+k^2}\,\mathrm{d}t = 0,$$

$$\int_L z\rho \mathrm{d}s = k\rho \sqrt{a^2+k^2}\int_0^{2\pi} t\,\mathrm{d}t = 2k\rho\pi^2\sqrt{a^2+k^2},$$

$$\int_L \rho \mathrm{d}s = \int_0^{2\pi} \rho \sqrt{a^2+k^2}\,\mathrm{d}t = 2\pi\rho\sqrt{a^2+k^2},$$

于是

$$\bar{x} = \frac{\int_L x\rho \mathrm{d}s}{\int_L \rho \mathrm{d}s} = 0, \qquad \bar{y} = \frac{\int_L y\rho \mathrm{d}s}{\int_L \rho \mathrm{d}s} = 0, \qquad \bar{z} = \frac{\int_L z\rho \mathrm{d}s}{\int_L \rho \mathrm{d}s} = k\pi,$$

所以质心为 $(0,0,k\pi)$.

6. 有一半圆弧 $x = R\cos\theta$, $y = R\sin\theta$ $(0 \leqslant \theta \leqslant \pi)$, 其线密度为 $\mu = 2\theta$, 求它对原点处单位质量质点的引力(引力常数用 G 表示).

解　因为

$$\mathrm{d}F_x = G\frac{\mu \mathrm{d}s}{R^2}\cos\theta = \frac{2G}{R}\theta\cos\theta\,\mathrm{d}\theta,$$

$$\mathrm{d}F_y = G\frac{\mu \mathrm{d}s}{R^2}\sin\theta = \frac{2G}{R}\theta\sin\theta\,\mathrm{d}\theta,$$

从而

$$F_x = \frac{2G}{R}\int_0^{\pi} \theta\cos\theta\,\mathrm{d}\theta = \frac{2G}{R}\big[\,\theta\sin\theta + \cos\theta\,\big]_0^{\pi} = -\frac{4G}{R},$$

$$F_y = \frac{2G}{R}\int_0^{\pi} \theta\sin\theta\,\mathrm{d}\theta = \frac{2G}{R}\big[\,-\theta\cos\theta + \sin\theta\,\big]_0^{\pi} = \frac{2G\pi}{R},$$

所以所求引力为 $\boldsymbol{F} = \left(-\dfrac{4G}{R}, \dfrac{2G\pi}{R}\right)$.

习题 10-2　对坐标的曲线积分

2. 计算 $\int_L x^3\mathrm{d}x + 3xy^2\mathrm{d}y$, 其中 L 是从点 $A(2,1)$ 到点 $O(0,0)$ 的直线段 AO.

解　线段 AO 的方程为 $y = \dfrac{1}{2}x$, x 从 2 变到 0, 所以

$$\int_L x^3\mathrm{d}x + 3xy^2\mathrm{d}y = \int_2^0\left(x^3 + \frac{3}{8}x^3\right)\mathrm{d}x = -\frac{11}{2}.$$

3. 计算 $\int_L y^2\mathrm{d}x$, 其中 L 分别如下.

(1) 半径为 a，圆心为原点，按逆时针方向绕行的上半圆周；

(2) 从点 $A(a,0)$ 沿 x 轴到点 $B(-a,0)$ 的直线段．

解　(1) L 的参数方程为 $x=a\cos\theta$，$y=a\sin\theta$，θ 从 0 变到 π，因此

$$\int_L y^2 \mathrm{d}x = \int_0^\pi a^2\sin^2\theta\cdot(-a\sin\theta)\mathrm{d}\theta$$

$$= -a^3\int_0^\pi \sin^3\theta\mathrm{d}\theta = -2a^3\int_0^{\frac{\pi}{2}}\sin^3\theta\mathrm{d}\theta = -\frac{4}{3}a^3.$$

(2) L 的方程是 $y=0$，x 从 a 变到 $-a$，所以 $\int_L y^2\mathrm{d}x=0$．

4. 计算 $\int_L y\mathrm{d}x + x\mathrm{d}y$，其中 L 分别如下．

(1) 从 $A(1,1)$ 到 $B(2,3)$ 的直线；

(2) 从 $A(1,1)$ 沿抛物线 $y=2(x-1)^2+1$ 到 $B(2,3)$；

(3) 从 $A(1,1)$ 到 $C(2,1)$，再到 $B(2,3)$ 的折线．

解　(1) AB 为 $y=2x-1$，x 从 1 变到 2，于是

$$\int_L y\mathrm{d}x+x\mathrm{d}y = \int_1^2[(2x-1)+2x]\mathrm{d}x = \int_1^2(4x-1)\mathrm{d}x = 5.$$

(2) 抛物线 $\overparen{AB}$ 的方程为 $y=2(x-1)^2+1$，对应 L 的方向，x 从 1 变到 2，于是

$$\int_L y\mathrm{d}x+x\mathrm{d}y = \int_1^2[2(x-1)^2+1+x\cdot 4(x-1)]\mathrm{d}x$$

$$= \int_1^2(6x^2-8x+3)\mathrm{d}x = [2x^3-4x^2+3x]_1^2 = 5.$$

(3) 折线 $L=AC+CB$，AC 为 $y=1$，x 从 1 变到 2；CB 为 $x=2$，y 从 1 变到 3，于是

$$\int_L y\mathrm{d}x+x\mathrm{d}y = \int_{AC}y\mathrm{d}x+x\mathrm{d}y + \int_{CB}y\mathrm{d}x+x\mathrm{d}y = \int_1^2\mathrm{d}x + \int_1^3 2\mathrm{d}y = 5.$$

5. 计算 $\int_\Gamma x^3\mathrm{d}x + 3zy^2\mathrm{d}y - x^2y\mathrm{d}z$，其中 Γ 是从点 $A(3,2,1)$ 到点 $B(0,0,0)$ 的直线段 AB．

解　直线 AB 的方程为 $\frac{x}{3}=\frac{y}{2}=\frac{z}{1}$，化为参数方程 $x=3t,y=2t,z=t$，t 从 1 变到 0，于是

$$\int_\Gamma x^3\mathrm{d}x+3zy^2\mathrm{d}y-x^2y\mathrm{d}z = \int_1^0[(3t)^3\cdot 3 + 3t(2t)^2\cdot 2 - (3t)^2\cdot 2t]\mathrm{d}t$$

$$= -87\int_0^1 t^3\mathrm{d}t = -\frac{87}{4}.$$

6. 设一质点在 $M(x,y)$ 处受到力 $\boldsymbol{F}$ 的作用，$\boldsymbol{F}$ 的大小与 M 到原点的距离成正比(比例系数设为 k)，$\boldsymbol{F}$ 的方向恒指向原点，此质点由点 $A(a,0)$ 沿椭圆 $\frac{x^2}{a^2}+\frac{y^2}{b^2}=1$ 按逆时针方向移动到点 $B(0,b)$，求力 $\boldsymbol{F}$ 所做的功 W．

解　已知变力沿曲线 L 所做的功 $W = \int_L \boldsymbol{F}(x,y) \cdot \mathrm{d}\boldsymbol{r}$ ，由题设知 $|\boldsymbol{F}| = k\sqrt{x^2 + y^2}$

$(k > 0)$，$\boldsymbol{F}$ 的指向与 $\overrightarrow{OM}$ 反向，而 $\overrightarrow{OM} = x\boldsymbol{i} + y\boldsymbol{j}$，$|\overrightarrow{OM}| = \sqrt{x^2 + y^2}$，所以 $\boldsymbol{F} = -k(x\boldsymbol{i} + y\boldsymbol{j})$，

于是力 $\boldsymbol{F}$ 沿 $\overset{\frown}{AB}$ 所做的功为

$$W = \int_{\overset{\frown}{AB}} \boldsymbol{F}(x,y) \cdot \mathrm{d}\boldsymbol{r} = \int_{\overset{\frown}{AB}} -kx\mathrm{d}x - ky\mathrm{d}y ,$$

又 $\overset{\frown}{AB}$ 为 $x = a\cos t, y = b\sin t$，参数 t 由 0 变到 $\dfrac{\pi}{2}$，所以

$$W = -k\int_{\overset{\frown}{AB}} x\mathrm{d}x + y\mathrm{d}y = -k\int_0^{\frac{\pi}{2}} (-a^2 \cos t \sin t + b^2 \sin t \cos t)\mathrm{d}t$$

$$= k(a^2 - b^2)\int_0^{\frac{\pi}{2}} \sin t \cos t\mathrm{d}t = k(a^2 - b^2)\left[\frac{\sin^2 t}{2}\right]_0^{\frac{\pi}{2}} = \frac{k}{2}(a^2 - b^2) .$$

习题 10-3　格林公式及其应用

1．计算 $\oint_L -y\mathrm{d}x + x\mathrm{d}y$，其中 L 为圆周 $(x-1)^2 + (y-1)^2 = 1$，方向取逆时针方向．

解　记圆周 $(x-1)^2 + (y-1)^2 = 1$ 所围闭区域为 D，其面积为 π，由格林公式得

$$\oint_L -y\mathrm{d}x + x\mathrm{d}y = \iint_D (1+1)\mathrm{d}\sigma = 2\pi .$$

3．计算 $\oint_L \left(\mathrm{e}^x \sin y - \dfrac{y^2}{2}\right)\mathrm{d}x + \left(\mathrm{e}^x \cos y - \dfrac{1}{2}\right)\mathrm{d}y$，其中 L 是上半圆周 $x^2 + y^2 = 2x$

$(y > 0)$ 和 x 轴围成的平面区域的正向边界．

解　这里 $P = \mathrm{e}^x \sin y - \dfrac{y^2}{2}$，$Q = \mathrm{e}^x \cos y - \dfrac{1}{2}$，记 L 所围的区域为 D，由格林公式得

$$\oint_L \left(\mathrm{e}^x \sin y - \frac{y^2}{2}\right)\mathrm{d}x + \left(\mathrm{e}^x \cos y - \frac{1}{2}\right)\mathrm{d}y = \iint_D \left(\frac{\partial Q}{\partial x} - \frac{\partial P}{\partial y}\right)\mathrm{d}x\mathrm{d}y$$

$$= \iint_D [\mathrm{e}^x \cos y - (\mathrm{e}^x \cos y - y)]\mathrm{d}x\mathrm{d}y = \iint_D y\mathrm{d}x\mathrm{d}y = \int_0^{\frac{\pi}{2}} \sin\theta\mathrm{d}\theta \int_0^{2\cos\theta} \rho^2\mathrm{d}\rho$$

$$= \frac{8}{3}\int_0^{\frac{\pi}{2}} \sin\theta\cos^3\theta\mathrm{d}\theta = -\frac{2}{3}[\cos^4\theta]_0^{\frac{\pi}{2}} = \frac{2}{3}.$$

5．计算 $\oint_L (yx^3 + \mathrm{e}^y)\mathrm{d}x + (xy^3 + x\mathrm{e}^y - 2x)\mathrm{d}y$，其中 L 为圆周 $x^2 + y^2 = a^2$，方向取逆时

针方向．

解　这里 $P = yx^3 + \mathrm{e}^y$，$Q = xy^3 + x\mathrm{e}^y - 2x$，记 L 所围的区域为 D，则

$$D = \{(x,y)\,|\,x^2 + y^2 \leqslant a^2\},$$

且 $\dfrac{\partial Q}{\partial x} - \dfrac{\partial P}{\partial y} = y^3 - x^3 - 2$，于是

$$\oint_L (yx^3 + \mathrm{e}^y)\mathrm{d}x + (xy^3 + x\mathrm{e}^y - 2x)\mathrm{d}y = \iint\limits_D (y^3 - x^3 - 2)\mathrm{d}x\mathrm{d}y,$$

根据二重积分的对称性，$\displaystyle\iint\limits_D y^3\mathrm{d}x\mathrm{d}y = 0$，$\displaystyle\iint\limits_D x^3\mathrm{d}x\mathrm{d}y = 0$，所以

$$\iint\limits_D (y^3 - x^3 - 2)\mathrm{d}x\mathrm{d}y = -2\iint\limits_D \mathrm{d}x\mathrm{d}y = -2\pi a^2.$$

6. 计算曲线积分

(1) $\displaystyle\oint_{ABOA} (\mathrm{e}^x \sin y - y)\mathrm{d}x + (\mathrm{e}^x \cos y - 1)\mathrm{d}y$；

(2) $\displaystyle\int_{AB} (\mathrm{e}^x \sin y - y)\mathrm{d}x + (\mathrm{e}^x \cos y - 1)\mathrm{d}y$．其中，$A(0,a)$，$B(a,0)$，$O(0,0)$，$ABOA$ 是折

线，AB 是由 A 到 B 的直线段.

　　解　(1) 设折线 $ABOA$ 所围的区域为 D，则

$$\oint_{ABOA} (\mathrm{e}^x \sin y - y)\mathrm{d}x + (\mathrm{e}^x \cos y - 1)\mathrm{d}y$$

$$= -\oint_{AOBA} (\mathrm{e}^x \sin y - y)\mathrm{d}x + (\mathrm{e}^x \cos y - 1)\mathrm{d}y$$

$$= -\iint\limits_D \left[\frac{\partial}{\partial x}(\mathrm{e}^x \cos y - 1) - \frac{\partial}{\partial y}(\mathrm{e}^x \sin y - y)\right]\mathrm{d}x\mathrm{d}y$$

$$= -\iint\limits_D 1\mathrm{d}x\mathrm{d}y = -\frac{1}{2}a^2.$$

(2) $\displaystyle\int_{AB} (\mathrm{e}^x \sin y - y)\mathrm{d}x + (\mathrm{e}^x \cos y - 1)\mathrm{d}y$

$$= \oint_{ABOA} (\mathrm{e}^x \sin y - y)\mathrm{d}x + (\mathrm{e}^x \cos y - 1)\mathrm{d}y$$

$$- \int_{BO} (\mathrm{e}^x \sin y - y)\mathrm{d}x + (\mathrm{e}^x \cos y - 1)\mathrm{d}y$$

$$- \int_{OA} (\mathrm{e}^x \sin y - y)\mathrm{d}x + (\mathrm{e}^x \cos y - 1)\mathrm{d}y,$$

其中，$\displaystyle\oint_{ABOA} (\mathrm{e}^x \sin y - y)\mathrm{d}x + (\mathrm{e}^x \cos y - 1)\mathrm{d}y = -\frac{1}{2}a^2$.

　　由 $BO: y = 0$，x 从 a 变到 0，得

$$\int_{BO} (\mathrm{e}^x \sin y - y)\mathrm{d}x + (\mathrm{e}^x \cos y - 1)\mathrm{d}y = 0;$$

　　由 $OA: x = 0$，y 从 0 变到 a，得

$$\int_{OA} (\mathrm{e}^x \sin y - y)\mathrm{d}x + (\mathrm{e}^x \cos y - 1)\mathrm{d}y = \int_0^a (\cos y - 1)\mathrm{d}y = \sin a - a.$$

　　因此，

$$\int_{AB} (\mathrm{e}^x \sin y - y)\mathrm{d}x + (\mathrm{e}^x \cos y - 1)\mathrm{d}y = -\frac{a^2}{2} - (\sin a - a) = a - \frac{a^2}{2} - \sin a.$$

7．计算 $\int_L (x^2-y)\mathrm{d}x-(x+\sin^2 y)\mathrm{d}y$，其中 L 是在圆周 $y=\sqrt{2x-x^2}$ 上由 $(0,0)$ 到 $(1,1)$ 的一段弧．

解　设 $O(0,0)$，$A(1,0)$，$B(1,1)$，连接 OA,AB，这里 $P=x^2-y$，$Q=-x-\sin^2 y$，由于 $\dfrac{\partial Q}{\partial x}=-1=\dfrac{\partial P}{\partial y}$，故曲线积分与路径无关，于是

$$\int_L (x^2-y)\mathrm{d}x-(x+\sin^2 y)\mathrm{d}y$$

$$=\int_{OA}(x^2-y)\mathrm{d}x-(x+\sin^2 y)\mathrm{d}y+\int_{AB}(x^2-y)\mathrm{d}x-(x+\sin^2 y)\mathrm{d}y,$$

因为 $OA:y=0$，x 从 0 变到 1，所以

$$\int_{OA}(x^2-y)\mathrm{d}x-(x+\sin^2 y)\mathrm{d}y=\int_0^1 x^2\mathrm{d}x=\frac{1}{3};$$

因为 $AB:x=1$，y 从 0 变到 1，所以

$$\int_{AB}(x^2-y)\mathrm{d}x-(x+\sin^2 y)\mathrm{d}y=-\int_0^1(1+\sin^2 y)\mathrm{d}y=-\frac{3}{2}+\frac{1}{4}\sin 2.$$

因此，

$$\int_L(x^2-y)\mathrm{d}x-(x+\sin^2 y)\mathrm{d}y=\frac{1}{3}-\frac{3}{2}+\frac{1}{4}\sin 2=-\frac{7}{6}+\frac{1}{4}\sin 2.$$

9．验证 $xy^2\mathrm{d}x+x^2y\mathrm{d}y$ 是某个函数的全微分，并求出这个函数．

证　设 $P=xy^2$，$Q=x^2y$，则 $\dfrac{\partial P}{\partial y}=2xy=\dfrac{\partial Q}{\partial x}$，所以存在函数 $u(x,y)$，使 $\mathrm{d}u=xy^2\mathrm{d}x+x^2y\mathrm{d}y$，且

$$u(x,y)=\int_{(0,0)}^{(x,y)}xy^2\mathrm{d}x+x^2y\mathrm{d}y=\int_0^x x\cdot 0\,\mathrm{d}x+\int_0^y x^2y\,\mathrm{d}y$$

$$=\int_0^y x^2y\,\mathrm{d}y=\frac{1}{2}x^2y^2.$$

10．利用曲线积分，求下列微分表达式的所有原函数．

(1) $(x+2y)\mathrm{d}x+(2x+y)\mathrm{d}y$；

(3) $(2x\cos y+y^2\cos x)\mathrm{d}x+(2y\sin x-x^2\sin y)\mathrm{d}y$．

解　(1) 这里 $P=x+2y$，$Q=2x+y$，因为 $\dfrac{\partial P}{\partial y}=2=\dfrac{\partial Q}{\partial x}$，所以存在函数 $u(x,y)$，使 $\mathrm{d}u=(x+2y)\mathrm{d}x+(2x+y)\mathrm{d}y$，且

$$u(x,y)=\int_{(0,0)}^{(x,y)}(x+2y)\mathrm{d}x+(2x+y)\mathrm{d}y+C$$

$$=\int_0^x x\mathrm{d}x+\int_0^y(2x+y)\mathrm{d}y+C=\frac{x^2}{2}+2xy+\frac{y^2}{2}+C.$$

(3) 这里 $P=2x\cos y+y^2\cos x$，$Q=2y\sin x-x^2\sin y$，因为

$$\frac{\partial P}{\partial y} = -2x\sin y + 2y\cos x = \frac{\partial Q}{\partial x},$$

所以存在函数 $u(x,y)$，使 $\mathrm{d}u = (2x\cos y + y^2\cos x)\mathrm{d}x + (2y\sin x - x^2\sin y)\mathrm{d}y$，且由于

$$(2x\cos y + y^2\cos x)\mathrm{d}x + (2y\sin x - x^2\sin y)\mathrm{d}y$$

$$= \cos y\,\mathrm{d}(x^2) + y^2\mathrm{d}(\sin x) + \sin x\,\mathrm{d}(y^2) + x^2\mathrm{d}(\cos y)$$

$$= \mathrm{d}(x^2\cos y) + \mathrm{d}(y^2\sin x) = \mathrm{d}(x^2\cos y + y^2\sin x),$$

故 $u(x,y) = x^2\cos y + y^2\sin x + C$．

习题 10-4　对面积的曲面积分

1. 计算 $\iint\limits_{\Sigma}(x^2 + y^2)\mathrm{d}S$，其中 Σ 为锥面 $z^2 = 3(x^2 + y^2)$ 被平面 $z = 0$ 和 $z = 3$ 所截得的部分．

解　Σ 的方程为 $z = \sqrt{3(x^2 + y^2)}$，$\mathrm{d}S = \sqrt{1 + z_x^2 + z_y^2}\,\mathrm{d}x\mathrm{d}y = 2\mathrm{d}x\mathrm{d}y$，$\Sigma$ 在 xOy 面上的投影区域为 $D_{xy} = \{(x,y)\,|\,x^2 + y^2 \leqslant 3\}$，于是

$$\iint\limits_{\Sigma}(x^2 + y^2)\mathrm{d}S = \iint\limits_{D_{xy}}(x^2 + y^2)2\mathrm{d}x\mathrm{d}y = 2\int_0^{2\pi}\mathrm{d}\theta\int_0^{\sqrt{3}}\rho^3\mathrm{d}\rho = 9\pi.$$

4. 计算 $\iint\limits_{\Sigma}|xyz|\mathrm{d}S$，其中 Σ 为抛物面 $z = x^2 + y^2\;(0 \leqslant z \leqslant 1)$．

解　设抛物面 Σ 在第 I 卦限内的部分记为 Σ_1，Σ_1 在 xOy 面的投影区域为

$$D_{xy} = \{(x,y)\,|\,x^2 + y^2 \leqslant 1, x \geqslant 0, y \geqslant 0\}.$$

因为旋转抛物面 $z = x^2 + y^2$ 关于 yOz 面或 zOx 面对称，且被积函数 $|xyz|$ 关于变量 x 或 y 是偶函数，所以

$$\iint\limits_{\Sigma}|xyz|\mathrm{d}S = 4\iint\limits_{\Sigma_1}xyz\,\mathrm{d}S = 4\iint\limits_{D_{xy}}xy(x^2 + y^2)\sqrt{1 + (2x)^2 + (2y)^2}\,\mathrm{d}x\mathrm{d}y$$

$$= 4\int_0^{\frac{\pi}{2}}\mathrm{d}\theta\int_0^1\rho^2\cos\theta\sin\theta\cdot\rho^2\sqrt{1 + 4\rho^2}\,\rho\mathrm{d}\rho$$

$$= 2\int_0^{\frac{\pi}{2}}\sin 2\theta\,\mathrm{d}\theta\int_0^1\rho^5\sqrt{1 + 4\rho^2}\,\mathrm{d}\rho = 2\int_0^1\rho^5\sqrt{1 + 4\rho^2}\,\mathrm{d}\rho,$$

令 $\sqrt{1 + 4\rho^2} = t$，则 $4\rho\mathrm{d}\rho = t\mathrm{d}t$，

$$\int_0^1\rho^5\sqrt{1 + 4\rho^2}\,\mathrm{d}\rho = \frac{1}{4}\int_1^{\sqrt{5}}t\cdot\left(\frac{t^2 - 1}{4}\right)^2 t\mathrm{d}t$$

$$= \frac{1}{64}\int_1^{\sqrt{5}}(t^6 - 2t^4 + t^2)\mathrm{d}t = \frac{125\sqrt{5} - 1}{840},$$

故 $\iint\limits_{\Sigma} |xyz| \mathrm{d}S = \dfrac{125\sqrt{5}-1}{420}$.

5． 计算 $\oiint\limits_{\Sigma}(x^2+y^2+z^2)\mathrm{d}S$ ，其中 Σ 为内接于球面 $x^2+y^2+z^2=a^2$ 的八面体 $|x|+|y|+|z|=a$ 的表面.

解　积分曲面 Σ 关于三个坐标面都对称，被积函数 $f(x,y,z)=x^2+y^2+z^2$ 关于 x ， y 或 z 均为偶函数，故

$$\oiint\limits_{\Sigma}(x^2+y^2+z^2)\mathrm{d}S = 8\iint\limits_{\Sigma_1}(x^2+y^2+z^2)\mathrm{d}S,$$

其中， $\Sigma_1: z=a-x-y\,(x,y,z>0)$ ， Σ_1 在 xOy 面上的投影区域为 $D_{xy}=\{(x,y)\big|0\leqslant y\leqslant a-x,$ $0\leqslant x\leqslant a\}$ ， $\mathrm{d}S=\sqrt{1+z_x^2+z_y^2}\,\mathrm{d}x\mathrm{d}y=\sqrt{3}\mathrm{d}x\mathrm{d}y$ ， 于是

$$\begin{aligned}
\iint\limits_{\Sigma}(x^2+y^2+z^2)\mathrm{d}S &= 8\iint\limits_{\Sigma_1}(x^2+y^2+z^2)\mathrm{d}S \\
&= 8\iint\limits_{D_{xy}}[x^2+y^2+(a-x-y)^2]\sqrt{3}\mathrm{d}x\mathrm{d}y \\
&= 8\sqrt{3}\int_0^a \mathrm{d}x \int_0^{a-x}[x^2+y^2+(a-x-y)^2]\mathrm{d}y \\
&= 8\sqrt{3}\int_0^a \left[ax^2-x^3+\frac{2}{3}(a-x)^3\right]\mathrm{d}x = 2\sqrt{3}a^4.
\end{aligned}$$

6．计算 $\oiint\limits_{\Sigma}(x^2+y^2+z^2)\mathrm{d}S$ ，其中 Σ 是 $x^2+y^2+z^2=a^2\ (x\geqslant 0, y\geqslant 0)$ 及坐标平面 $x=0$, $y=0$ 所围成的闭曲面.

解　记 $\Sigma=\Sigma_1+\Sigma_2+\Sigma_3$ ，其中 $\Sigma_1: x=0$ ， $y^2+z^2\leqslant a^2, y\geqslant 0$ ； $\Sigma_2: y=0$ ， $z^2+x^2\leqslant a^2$, $x\geqslant 0$ ； $\Sigma_3: x^2+y^2+z^2=a^2$, $x\geqslant 0, y\geqslant 0$. 于是

$$\iint\limits_{\Sigma_1}(x^2+y^2+z^2)\mathrm{d}S = \iint\limits_{D_{yz}}(y^2+z^2)\mathrm{d}y\mathrm{d}z = \int_{-\frac{\pi}{2}}^{\frac{\pi}{2}}\mathrm{d}\theta\int_0^a \rho^3\mathrm{d}\rho = \frac{\pi a^4}{4},$$

同理，

$$\iint\limits_{\Sigma_2}(x^2+y^2+z^2)\mathrm{d}S = \frac{\pi a^4}{4},$$

另外，

$$\iint\limits_{\Sigma_3}(x^2+y^2+z^2)\mathrm{d}S = a^2\iint\limits_{\Sigma_3}\mathrm{d}S = \pi a^4,$$

所以

$$\oiint\limits_{\Sigma}(x^2 + y^2 + z^2)\mathrm{d}S$$

$$= \iint\limits_{\Sigma_1}(x^2 + y^2 + z^2)\mathrm{d}S + \iint\limits_{\Sigma_2}(x^2 + y^2 + z^2)\mathrm{d}S + \iint\limits_{\Sigma_3}(x^2 + y^2 + z^2)\mathrm{d}S$$

$$= \frac{3}{2}\pi a^4.$$

7. 设有一颗地球同步轨道卫星, 距地面的高度为 $h = 36\,000\,\mathrm{km}$, 运行的角速度与地球自转的角速度相同. 试计算该通信卫星的覆盖面积与地球表面积的比值(地球半径 $R = 6400\,\mathrm{km}$).

解 取地心为坐标原点, 地心到通信卫星重心的连线为 z 轴, 如图 10-12 所示. 卫星覆盖的曲面 Σ 是上半球面被半顶角为 α 的圆锥面所截得的部分. Σ 的方程为 $z = \sqrt{R^2 - x^2 - y^2}$, 它在 xOy 面上的投影区域为

$$D_{xy} = \{(x, y) \,|\, x^2 + y^2 \leqslant R^2 \sin^2\alpha\},$$

于是通信卫星的覆盖面积为

$$A = \iint\limits_{\Sigma}\mathrm{d}S$$

$$= \iint\limits_{D_{xy}}\sqrt{1 + \left(\frac{-x}{\sqrt{R^2 - x^2 - y^2}}\right)^2 + \left(\frac{-y}{\sqrt{R^2 - x^2 - y^2}}\right)^2}\,\mathrm{d}x\mathrm{d}y$$

$$= \iint\limits_{D_{xy}}\frac{R}{\sqrt{R^2 - x^2 - y^2}}\mathrm{d}x\mathrm{d}y$$

$$= \int_0^{2\pi}\mathrm{d}\theta\int_0^{R\sin\alpha}\frac{R\rho\mathrm{d}\rho}{\sqrt{R^2 - \rho^2}}$$

$$= 2\pi R^2(1 - \cos\alpha),$$

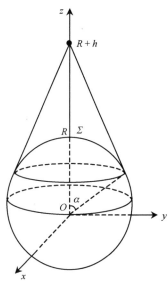

图 10-12

将 $\cos\alpha = \dfrac{R}{R + h}$ 代入上式得

$$A = 2\pi R^2\left(1 - \frac{R}{R + h}\right) = 2\pi R^2 \cdot \frac{h}{R + h},$$

于是, 这颗通信卫星的覆盖面积与地球表面积之比为 $\dfrac{A}{4\pi R^2} \approx 42.5\%$.

由以上结果可知, 卫星覆盖了全球三分之一以上的面积, 故使用三颗相隔 $\dfrac{2\pi}{3}$ 角度的通信卫星几乎就可以覆盖地球全部表面.

习题 10-5　对坐标的曲面积分

1. 计算 $\iint\limits_{\Sigma} x^2 \mathrm{d}y\mathrm{d}z + y^2 \mathrm{d}z\mathrm{d}x + z^2 \mathrm{d}x\mathrm{d}y$，其中 Σ 是长方体 $\Omega = \{(x,y,z) \mid 0 \leqslant x \leqslant a, 0 \leqslant y \leqslant b,$

$0 \leqslant z \leqslant c\}$ 的整个表面的外侧.

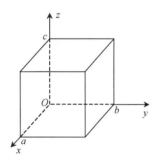

图 10-13

解　如图 10-13 所示，把有向曲面 Σ 分成如下六部分：

$\Sigma_1 : z = c\ (0 \leqslant x \leqslant a, 0 \leqslant y \leqslant b)$ 的上侧；

$\Sigma_2 : z = 0\ (0 \leqslant x \leqslant a, 0 \leqslant y \leqslant b)$ 的下侧；

$\Sigma_3 : x = a\ (0 \leqslant y \leqslant b, 0 \leqslant z \leqslant c)$ 的前侧；

$\Sigma_4 : x = 0\ (0 \leqslant y \leqslant b, 0 \leqslant z \leqslant c)$ 的后侧；

$\Sigma_5 : y = b\ (0 \leqslant x \leqslant a, 0 \leqslant z \leqslant c)$ 的右侧；

$\Sigma_6 : y = 0\ (0 \leqslant x \leqslant a, 0 \leqslant z \leqslant c)$ 的左侧.

除 Σ_3, Σ_4 外，其余四片曲面在 yOz 面上的投影为零，因此

$$\iint\limits_{\Sigma} x^2 \mathrm{d}y\mathrm{d}z = \iint\limits_{\Sigma_3} x^2 \mathrm{d}y\mathrm{d}z + \iint\limits_{\Sigma_4} x^2 \mathrm{d}y\mathrm{d}z = \iint\limits_{D_{yz}} a^2 \mathrm{d}y\mathrm{d}z - \iint\limits_{D_{yz}} 0^2 \mathrm{d}y\mathrm{d}z = a^2 bc.$$

类似地，可得

$$\iint\limits_{\Sigma} y^2 \mathrm{d}z\mathrm{d}x = b^2 ac, \qquad \iint\limits_{\Sigma} z^2 \mathrm{d}x\mathrm{d}y = c^2 ab,$$

于是

$$\iint\limits_{\Sigma} x^2 \mathrm{d}y\mathrm{d}z + y^2 \mathrm{d}z\mathrm{d}x + z^2 \mathrm{d}x\mathrm{d}y = abc(a + b + c).$$

2. 计算 $\iint\limits_{\Sigma} xyz\mathrm{d}x\mathrm{d}y$，其中 Σ 是球面 $x^2 + y^2 + z^2 = 1$ 外侧在 $x \geqslant 0, y \geqslant 0$ 的部分.

解　如图 10-14 所示，将 Σ 分成 Σ_1 和 Σ_2 两部分，其中 $\Sigma_1 : z = \sqrt{1 - x^2 - y^2}$，取上侧，

$\Sigma_2 : z = -\sqrt{1 - x^2 - y^2}$，取下侧，在 xOy 面上的投影为

$D_{xy} = \{(x,y) \mid x^2 + y^2 \leqslant 1, x \geqslant 0, y \geqslant 0\}$，于是

$$\iint\limits_{\Sigma} xyz\mathrm{d}x\mathrm{d}y = \iint\limits_{\Sigma_1} xyz\mathrm{d}x\mathrm{d}y + \iint\limits_{\Sigma_2} xyz\mathrm{d}x\mathrm{d}y$$

$$= \iint\limits_{D_{xy}} xy\sqrt{1 - x^2 - y^2}\,\mathrm{d}x\mathrm{d}y - \iint\limits_{D_{xy}} xy(-\sqrt{1 - x^2 - y^2})\mathrm{d}x\mathrm{d}y$$

$$= 2\iint\limits_{D_{xy}} xy\sqrt{1 - x^2 - y^2}\,\mathrm{d}x\mathrm{d}y$$

$$= 2\int_0^{\frac{\pi}{2}} \sin\theta\cos\theta\mathrm{d}\theta \int_0^1 \rho^3 \sqrt{1 - \rho^2}\,\mathrm{d}\rho$$

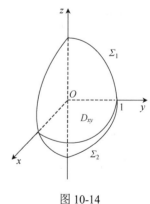

图 10-14

$$= \int_0^1 \rho^3 \sqrt{1-\rho^2}\,\mathrm{d}\rho,$$

令 $\rho = \sin t$，则

$$\int_0^1 \rho^3 \sqrt{1-\rho^2}\,\mathrm{d}\rho = \int_0^{\frac{\pi}{2}} \sin^3 t \cos^2 t\,\mathrm{d}t$$

$$= \int_0^{\frac{\pi}{2}} \sin^3 t\,\mathrm{d}t - \int_0^{\frac{\pi}{2}} \sin^5 t\,\mathrm{d}t = \frac{2}{3} - \frac{4}{5} \cdot \frac{2}{3} = \frac{2}{15}.$$

4. 计算 $\displaystyle\oiint_{\Sigma} \frac{x\mathrm{d}y\mathrm{d}z + y\mathrm{d}z\mathrm{d}x + z\mathrm{d}x\mathrm{d}y}{(x^2+y^2+z^2)^{\frac{3}{2}}}$，其中 Σ 为球面 $x^2+y^2+z^2=a^2$ 的外侧.

解　$\displaystyle\oiint_{\Sigma} \frac{x\mathrm{d}y\mathrm{d}z + y\mathrm{d}z\mathrm{d}x + z\mathrm{d}x\mathrm{d}y}{(x^2+y^2+z^2)^{\frac{3}{2}}} = \frac{1}{a^3}\oiint_{\Sigma} x\mathrm{d}y\mathrm{d}z + y\mathrm{d}z\mathrm{d}x + z\mathrm{d}x\mathrm{d}y,$

将 Σ 分成 Σ_1 和 Σ_2 两部分，其中 $\Sigma_1 : z = \sqrt{a^2-x^2-y^2}$，取上侧，$\Sigma_2 : z = -\sqrt{a^2-x^2-y^2}$，取下侧，在 xOy 面上的投影为 $D_{xy} = \{(x,y) \,|\, x^2+y^2 \leqslant a^2\}$，于是

$$\oiint_{\Sigma} z\mathrm{d}x\mathrm{d}y = \iint_{\Sigma_1} z\mathrm{d}x\mathrm{d}y + \iint_{\Sigma_2} z\mathrm{d}x\mathrm{d}y$$

$$= \iint_{D_{xy}} \sqrt{a^2-x^2-y^2}\,\mathrm{d}x\mathrm{d}y - \iint_{D_{xy}} (-\sqrt{a^2-x^2-y^2})\mathrm{d}x\mathrm{d}y$$

$$= 2\iint_{D_{xy}} \sqrt{a^2-x^2-y^2}\,\mathrm{d}x\mathrm{d}y = 2\int_0^{2\pi}\mathrm{d}\theta\int_0^a \sqrt{a^2-\rho^2}\,\rho\mathrm{d}\rho = \frac{4}{3}\pi a^3,$$

由对称性可知

$$\oiint_{\Sigma} x\mathrm{d}y\mathrm{d}z = \oiint_{\Sigma} y\mathrm{d}z\mathrm{d}x = \frac{4}{3}\pi a^3,$$

所以

$$\oiint_{\Sigma} \frac{x\mathrm{d}y\mathrm{d}z + y\mathrm{d}z\mathrm{d}x + z\mathrm{d}x\mathrm{d}y}{(x^2+y^2+z^2)^{\frac{3}{2}}} = \frac{1}{a^3}\oiint_{\Sigma} x\mathrm{d}y\mathrm{d}z + y\mathrm{d}z\mathrm{d}x + z\mathrm{d}x\mathrm{d}y = 4\pi.$$

5. 设 Σ 是平面 $3x + 2y + 2\sqrt{3}z = 6$ 在第 I 卦限的部分的上侧，把对坐标的曲面积分 $\displaystyle\iint_{\Sigma} P\mathrm{d}y\mathrm{d}z + Q\mathrm{d}z\mathrm{d}x + R\mathrm{d}x\mathrm{d}y$ 化为对面积的曲面积分.

解　平面 $3x + 2y + 2\sqrt{3}z = 6$ 的法向量为 $(3, 2, 2\sqrt{3})$，故曲面 Σ 上侧法向量的方向余弦为 $\cos\alpha = \dfrac{3}{5}$，$\cos\beta = \dfrac{2}{5}$，$\cos\gamma = \dfrac{2\sqrt{3}}{5}$，从而

$$\iint_{\Sigma} P\mathrm{d}y\mathrm{d}z + Q\mathrm{d}z\mathrm{d}x + R\mathrm{d}x\mathrm{d}y = \iint_{\Sigma} \frac{3P + 2Q + 2\sqrt{3}R}{5}\mathrm{d}S.$$

习题 10-6　高斯公式与斯托克斯公式

1. 利用高斯公式计算 $\oiint\limits_{\varSigma}(x-y)\mathrm{d}x\mathrm{d}y+(y-z)x\mathrm{d}y\mathrm{d}z$，其中 $\varSigma$ 为柱面 $x^2+y^2=1$ 及平面 $z=0$，$z=3$ 所围成的空间闭区域 $\varOmega$ 的整个边界曲面的外侧.

解　这里 $P=(y-z)x$，$Q=0$，$R=x-y$，有 $\dfrac{\partial P}{\partial x}=y-z$，$\dfrac{\partial Q}{\partial y}=0$，$\dfrac{\partial R}{\partial z}=0$．由高斯公式, 有

$$\oiint\limits_{\varSigma}(x-y)\mathrm{d}x\mathrm{d}y+(y-z)x\mathrm{d}y\mathrm{d}z$$

$$=\iiint\limits_{\varOmega}(y-z)\mathrm{d}x\mathrm{d}y\mathrm{d}z$$

$$=\iiint\limits_{\varOmega}(\rho\sin\theta-z)\rho\mathrm{d}\rho\mathrm{d}\theta\mathrm{d}z$$

$$=\int_0^{2\pi}\mathrm{d}\theta\int_0^1\rho\mathrm{d}\rho\int_0^3(\rho\sin\theta-z)\mathrm{d}z=-\frac{9\pi}{2}.$$

2. 计算 $\iint\limits_{\varSigma}(x^2\cos\alpha+y^2\cos\beta+z^2\cos\gamma)\mathrm{d}S$，其中 $\varSigma$ 为锥面 $x^2+y^2=z^2$ 介于平面 $z=0$ 及 $z=h(h>0)$ 之间的部分的下侧，$\cos\alpha,\cos\beta,\cos\gamma$ 是 $\varSigma$ 上点 (x,y,z) 处的法向量的方向余弦.

解　设 $\varSigma_1$ 为 $z=h(x^2+y^2\le h^2)$ 的上侧，　则 $\varSigma$ 与 $\varSigma_1$ 构成一个闭曲面, 记它们围成的空间闭区域为 $\varOmega$，$\varOmega$ 在 xOy 面上的投影区域为 $D=\{(x,y)\big|x^2+y^2\le h^2\}$，由高斯公式得

$$\oiint\limits_{\varSigma+\varSigma_1}(x^2\cos\alpha+y^2\cos\beta+z^2\cos\gamma)\mathrm{d}S$$

$$=2\iiint\limits_{\varOmega}(x+y+z)\mathrm{d}x\mathrm{d}y\mathrm{d}z$$

$$=2\iint\limits_{D}\mathrm{d}x\mathrm{d}y\int_{\sqrt{x^2+y^2}}^{h}(x+y+z)\mathrm{d}z$$

$$=2\iint\limits_{D}\left[(x+y)(h-\sqrt{x^2+y^2})+\frac{1}{2}(h^2-x^2-y^2)\right]\mathrm{d}x\mathrm{d}y$$

$$=\iint\limits_{D}(h^2-x^2-y^2)\mathrm{d}x\mathrm{d}y=\int_0^{2\pi}\mathrm{d}\theta\int_0^h(h^2-\rho^2)\rho\mathrm{d}\rho=\frac{1}{2}\pi h^4,$$

其中, 由二重积分的对称性知，$\iint\limits_{D}(x+y)(h-\sqrt{x^2+y^2})\mathrm{d}x\mathrm{d}y=0$，另外

$$\iint\limits_{\varSigma_1}(x^2\cos\alpha+y^2\cos\beta+z^2\cos\gamma)\mathrm{d}S=\iint\limits_{\varSigma_1}z^2\mathrm{d}S=\iint\limits_{D}h^2\mathrm{d}x\mathrm{d}y=\pi h^4,$$

所以

$$\iint\limits_{\Sigma}(x^2\cos\alpha+y^2\cos\beta+z^2\cos\gamma)\mathrm{d}S=\frac{1}{2}\pi h^4-\pi h^4=-\frac{1}{2}\pi h^4.$$

4．计算 $\oiint\limits_{\Sigma}xz^2\mathrm{d}y\mathrm{d}z+(x^2y-z^3)\mathrm{d}z\mathrm{d}x+(2xy+y^2z)\mathrm{d}x\mathrm{d}y$，其中 Σ 为上半球体 $0\leqslant z\leqslant$

$\sqrt{a^2-x^2-y^2}$ 的表面外侧.

解 记 Σ 所包围的上半球体为 Ω，即 $\Omega=\{(x,y,z)\big|x^2+y^2+z^2\leqslant a^2,z\geqslant0\}$，利用高斯公式得

$$\oiint\limits_{\Sigma}xz^2\mathrm{d}y\mathrm{d}z+(x^2y-z^3)\mathrm{d}z\mathrm{d}x+(2xy+y^2z)\mathrm{d}x\mathrm{d}y$$

$$=\iiint\limits_{\Omega}(x^2+y^2+z^2)\mathrm{d}x\mathrm{d}y\mathrm{d}z=\int_0^{2\pi}\mathrm{d}\theta\int_0^{\frac{\pi}{2}}\sin\varphi\mathrm{d}\varphi\int_0^a r^4\mathrm{d}r$$

$$=2\pi[-\cos\varphi]_0^{\frac{\pi}{2}}\cdot\left[\frac{1}{5}r^5\right]_0^a=\frac{2}{5}\pi a^5.$$

5．证明：若 Σ 为包围有界域 Ω 的光滑曲面，则

$$\oiint\limits_{\Sigma}\frac{\partial u}{\partial\boldsymbol{n}}\mathrm{d}S=\iiint\limits_{\Omega}\Delta u\mathrm{d}x\mathrm{d}y\mathrm{d}z,$$

其中，$\Delta=\frac{\partial^2}{\partial x^2}+\frac{\partial^2}{\partial y^2}+\frac{\partial^2}{\partial z^2}$ 称为拉普拉斯算子，$\frac{\partial u}{\partial\boldsymbol{n}}$ 是 u 沿曲面 Σ 外侧法向量 $\boldsymbol{n}$ 的方向导数.

证 设 $\boldsymbol{n}=(\cos\alpha,\cos\beta,\cos\gamma)$，则 $\frac{\partial u}{\partial\boldsymbol{n}}=\frac{\partial u}{\partial x}\cos\alpha+\frac{\partial u}{\partial y}\cos\beta+\frac{\partial u}{\partial z}\cos\gamma$，于是

$$\oiint\limits_{\Sigma}\frac{\partial u}{\partial\boldsymbol{n}}\mathrm{d}S=\oiint\limits_{\Sigma}\left(\frac{\partial u}{\partial x}\cos\alpha+\frac{\partial u}{\partial y}\cos\beta+\frac{\partial u}{\partial z}\cos\gamma\right)\mathrm{d}S$$

$$=\iiint\limits_{\Omega}\left(\frac{\partial^2u}{\partial x^2}+\frac{\partial^2u}{\partial y^2}+\frac{\partial^2u}{\partial z^2}\right)\mathrm{d}v=\iiint\limits_{\Omega}\Delta u\mathrm{d}x\mathrm{d}y\mathrm{d}z.$$

6．计算 $\oint_\Gamma z\mathrm{d}x+x\mathrm{d}y+y\mathrm{d}z$，其中 Γ 是平面 $x+y+z=1$ 被三坐标面所截成的三角形的整个边界，从 z 轴正向看去，Γ 取逆时针方向.

解 记 Σ 为平面 $x+y+z=1$ 被三坐标面所截成的三角形区域，取上侧. 由斯托克斯公式，有 $\oint_\Gamma z\mathrm{d}x+x\mathrm{d}y+y\mathrm{d}z=\iint\limits_{\Sigma}\mathrm{d}y\mathrm{d}z+\mathrm{d}z\mathrm{d}x+\mathrm{d}x\mathrm{d}y$，由于 Σ 的法向量的三个方向余弦都为正，再由对称性知

$$\iint\limits_{\Sigma}\mathrm{d}y\mathrm{d}z+\mathrm{d}z\mathrm{d}x+\mathrm{d}x\mathrm{d}y=3\iint\limits_{\Sigma}\mathrm{d}x\mathrm{d}y=3\iint\limits_{D_{xy}}\mathrm{d}\sigma,$$

其中, $D_{xy}=\{(x,y)|x+y\leqslant 1,x\geqslant 0,y\geqslant 0\}$, 所以 $\oint_{\Gamma}z\mathrm{d}x+x\mathrm{d}y+y\mathrm{d}z=\dfrac{3}{2}$.

7. 计算 $\oint_{\Gamma}y\mathrm{d}x+z\mathrm{d}y+x\mathrm{d}z$, 其中 Γ 为圆周 $\begin{cases}x^2+y^2+z^2=a^2,\\x+y+z=0,\end{cases}$ 从 z 轴正向看去, Γ 取逆时针方向.

解 记 Σ 为平面 $x+y+z=0$ 被 Γ 所围部分的上侧, Σ 为一圆形区域, 圆心在 $(0,0,0)$, 半径为 a, Σ 的法向量为 $\boldsymbol{n}=\left(\dfrac{1}{\sqrt{3}},\dfrac{1}{\sqrt{3}},\dfrac{1}{\sqrt{3}}\right)$, 由斯托克斯公式得

$$\oint_{\Gamma}y\mathrm{d}x+z\mathrm{d}y+x\mathrm{d}z=\iint_{\Sigma}\begin{vmatrix}\dfrac{1}{\sqrt{3}}&\dfrac{1}{\sqrt{3}}&\dfrac{1}{\sqrt{3}}\\[2mm]\dfrac{\partial}{\partial x}&\dfrac{\partial}{\partial y}&\dfrac{\partial}{\partial z}\\[2mm]y&z&x\end{vmatrix}\mathrm{d}S=-\sqrt{3}\iint_{\Sigma}\mathrm{d}S=-\sqrt{3}\pi a^2.$$

8. 计算 $\oint_{\Gamma}(y^2-z^2)\mathrm{d}x+(z^2-x^2)\mathrm{d}y+(x^2-y^2)\mathrm{d}z$, 其中 Γ 是平面 $x+y+z=\dfrac{3}{2}$ 截立方体 $0\leqslant x\leqslant 1$, $0\leqslant y\leqslant 1$, $0\leqslant z\leqslant 1$ 的表面所得的截痕, 从 x 轴的正向看去, Γ 取逆时针方向.

解 取 Σ 为平面 $x+y+z=\dfrac{3}{2}$ 的上侧被 Γ 所围部分, 则该平面的法向量 $\boldsymbol{n}=\dfrac{1}{\sqrt{3}}(1,1,1)$, 即 $\cos\alpha=\cos\beta=\cos\gamma=\dfrac{1}{\sqrt{3}}$, 由斯托克斯公式得

$$\oint_{\Gamma}(y^2-z^2)\mathrm{d}x+(z^2-x^2)\mathrm{d}y+(x^2-y^2)\mathrm{d}z=\iint_{\Sigma}\begin{vmatrix}\dfrac{1}{\sqrt{3}}&\dfrac{1}{\sqrt{3}}&\dfrac{1}{\sqrt{3}}\\[2mm]\dfrac{\partial}{\partial x}&\dfrac{\partial}{\partial y}&\dfrac{\partial}{\partial z}\\[2mm]y^2-z^2&z^2-x^2&x^2-y^2\end{vmatrix}\mathrm{d}S$$

$$=-\dfrac{4}{\sqrt{3}}\iint_{\Sigma}(x+y+z)\mathrm{d}S=-\dfrac{4}{\sqrt{3}}\cdot\dfrac{3}{2}\iint_{\Sigma}\mathrm{d}S,$$

Σ 在 xOy 面上的投影区域为

$$D_{xy}=\left\{(x,y)\left|\dfrac{1}{2}-x\leqslant y\leqslant 1,0\leqslant x\leqslant\dfrac{1}{2}\right.\right\}\cup\left\{(x,y)\left|0\leqslant y\leqslant\dfrac{3}{2}-x,\dfrac{1}{2}\leqslant x\leqslant 1\right.\right\},$$

于是

$$\oint_{\Gamma}(y^2-z^2)\mathrm{d}x+(z^2-x^2)\mathrm{d}y+(x^2-y^2)\mathrm{d}z=-2\sqrt{3}\iint_{D_{xy}}\sqrt{3}\mathrm{d}x\mathrm{d}y=-6\iint_{D_{xy}}\mathrm{d}x\mathrm{d}y=-\dfrac{9}{2}.$$

9. 计算 $\int_{\widehat{AB}}(x^2-yz)\mathrm{d}x+(y^2-xz)\mathrm{d}y+(z^2-xy)\mathrm{d}z$, 其中 $\widehat{AB}$ 是螺旋线 $x=a\cos\varphi$, $y=a\sin\varphi$, $z=\dfrac{h\varphi}{2\pi}$ 从 $A(a,0,0)$ 到 $B(a,0,h)$ 的一段曲线.

解　如图10-15所示，连接 BA ，则线段 BA 与曲线 $\overset{\frown}{AmB}$ 构成封闭曲线． BA 为 $x=a, y=0, z=t$ ， t 从 h 变到 0 ，设 Σ 表示以 $BA+\overset{\frown}{AmB}$ 为边界曲线的任意曲面的正侧，根据斯托克斯公式，有

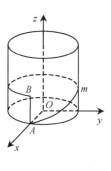

图 10-15

$$\oint_{BA+\overset{\frown}{AmB}} (x^2-yz)\mathrm{d}x + (y^2-xz)\mathrm{d}y + (z^2-xy)\mathrm{d}z$$

$$=\iint_{\Sigma}\begin{vmatrix} \mathrm{d}y\mathrm{d}z & \mathrm{d}z\mathrm{d}x & \mathrm{d}x\mathrm{d}y \\ \dfrac{\partial}{\partial x} & \dfrac{\partial}{\partial y} & \dfrac{\partial}{\partial z} \\ x^2-yz & y^2-xz & z^2-xy \end{vmatrix}$$

$$=\iint_{\Sigma} 0\mathrm{d}y\mathrm{d}z + 0\mathrm{d}z\mathrm{d}x + 0\mathrm{d}x\mathrm{d}y = 0,$$

即

$$\int_{\overset{\frown}{AmB}} (x^2-yz)\mathrm{d}x + (y^2-xz)\mathrm{d}y + (z^2-xy)\mathrm{d}z$$

$$=\int_{AB} (x^2-yz)\mathrm{d}x + (y^2-xz)\mathrm{d}y + (z^2-xy)\mathrm{d}z = \int_0^h t^2\mathrm{d}t = \frac{1}{3}h^3 .$$

*10. 验证曲线积分 $\displaystyle\int_{(1,1,2)}^{(3,5,10)} yz\mathrm{d}x + zx\mathrm{d}y + xy\mathrm{d}z$ 与路径无关，并求其值．

解　这里 $P=yz$ ， $Q=zx$ ， $R=xy$ ，则

$$\frac{\partial P}{\partial y}=z , \quad \frac{\partial P}{\partial z}=y , \quad \frac{\partial Q}{\partial x}=z , \quad \frac{\partial Q}{\partial z}=x , \quad \frac{\partial R}{\partial x}=y , \quad \frac{\partial R}{\partial y}=x ,$$

由于 $\dfrac{\partial R}{\partial y}=\dfrac{\partial Q}{\partial z}, \dfrac{\partial P}{\partial z}=\dfrac{\partial R}{\partial x}, \dfrac{\partial Q}{\partial x}=\dfrac{\partial P}{\partial y}$ ，故曲线积分与路径无关，又因为

$$yz\mathrm{d}x + zx\mathrm{d}y + xy\mathrm{d}z = \mathrm{d}(xyz) ,$$

所以

$$\int_{(1,1,2)}^{(3,5,10)} yz\mathrm{d}x + zx\mathrm{d}y + xy\mathrm{d}z = \int_{(1,1,2)}^{(3,5,10)} \mathrm{d}(xyz) = [xyz]_{(1,1,2)}^{(3,5,10)} = 148 .$$

习题 10-7　场 论 初 步

1．求下列向量场 $\boldsymbol{A}$ 的散度．

(1)　$\boldsymbol{A}=(x^2y+y^3)\boldsymbol{i} + (x^3-xy^2)\boldsymbol{j} + (x^3-xy^2)\boldsymbol{k}$ ．

解　(1)　$\mathrm{div}\boldsymbol{A} = \dfrac{\partial P}{\partial x} + \dfrac{\partial Q}{\partial y} + \dfrac{\partial R}{\partial z} = 2xy - 2xy = 0$ ．

2．求向量场 $\boldsymbol{A}=x^2y\boldsymbol{i} - y^2z\boldsymbol{j} + z^2x\boldsymbol{k}$ 在点 $(2,0,1)$ 处的散度及旋度．

解　$\mathrm{div}\boldsymbol{A} = \dfrac{\partial P}{\partial x} + \dfrac{\partial Q}{\partial y} + \dfrac{\partial R}{\partial z} = 2xy - 2yz + 2zx ,$

于是 $\mathrm{div}\boldsymbol{A}\big|_{(2,0,1)} = 4$ ；

$$\mathbf{rot}\,A = \begin{vmatrix} \boldsymbol{i} & \boldsymbol{j} & \boldsymbol{k} \\ \dfrac{\partial}{\partial x} & \dfrac{\partial}{\partial y} & \dfrac{\partial}{\partial z} \\ x^2 y & -y^2 z & z^2 x \end{vmatrix} = y^2 \boldsymbol{i} - z^2 \boldsymbol{j} - x^2 \boldsymbol{k},$$

于是 $\mathbf{rot}\,A\big|_{(2,0,1)} = -\boldsymbol{j} - 4\boldsymbol{k}$.

3．求下列向量 A 穿过曲面 Σ 流向指定侧的流量.

(1) $A = 3yz\boldsymbol{i} + 3zx\boldsymbol{j} + 3xy\boldsymbol{k}$ ，Σ 为圆柱 $x^2 + y^2 \leqslant a^2$ $(0 \leqslant z \leqslant h)$ 的全表面，流向外侧；

(2) $A = (2x + 5z)\boldsymbol{i} - (3xz + y)\boldsymbol{j} + (7y^2 + 2z)\boldsymbol{k}$ ，Σ 是以点 $(3,-1,2)$ 为球心，半径 $R = 3$ 的球面，流向外侧.

解 (1) 设 Ω 为 Σ 所围的立体，则

$$\Phi = \oiint_{\Sigma} A \cdot \mathrm{d}S = \oiint_{\Sigma} 3yz\mathrm{d}y\mathrm{d}z + 3zx\mathrm{d}x\mathrm{d}z + 3xy\mathrm{d}x\mathrm{d}y = \iiint_{\Omega}(0+0+0)\mathrm{d}v = 0 .$$

(2) 设 Ω 为 Σ 所围的立体，则

$$\Phi = \oiint_{\Sigma} A \cdot \mathrm{d}S = \oiint_{\Sigma}(2x+5z)\mathrm{d}y\mathrm{d}z - (3xz+y)\mathrm{d}x\mathrm{d}z + (7y^2 + 2z)\mathrm{d}x\mathrm{d}y$$

$$= \iiint_{\Omega}(2-1+2)\mathrm{d}v = 3\iiint_{\Omega}\mathrm{d}v = 108\pi .$$

4．求向量场 $A = (-2y + x)\boldsymbol{i} + (2x - y)\boldsymbol{j} + c\boldsymbol{k}$（$c$ 为常数）沿闭曲线 $\Gamma: x^2 + y^2 = 1$，$z = 0$（从 z 轴正向看去，Γ 取逆时针方向）的环流量.

解 方法一：$\Gamma: x = \cos\theta, y = \sin\theta, z = 0$，$\theta$ 从 0 变到 2π，则所求环流量为

$$\oint_{\Gamma} P\mathrm{d}x + Q\mathrm{d}y + R\mathrm{d}z = \oint_{\Gamma}(-2y+x)\mathrm{d}x + (2x-y)\mathrm{d}y + c\mathrm{d}z$$

$$= \int_0^{2\pi} 2(\sin^2\theta + \cos^2\theta - \cos\theta\sin\theta)\mathrm{d}\theta = 4\pi .$$

方法二：记 Σ 为平面 $z = 0$ 被 Γ 所围部分的上侧，因为平面 $z = 0$ 的法向量 $\boldsymbol{n} = (\cos\alpha, \cos\beta, \cos\gamma) = (0,0,1)$，所以由斯托克斯公式得

$$\oint_{\Gamma} P\mathrm{d}x + Q\mathrm{d}y + R\mathrm{d}z = \oint_{\Gamma}(-2y+x)\mathrm{d}x + (2x-y)\mathrm{d}y + c\mathrm{d}z$$

$$= \iint_{\Sigma} \begin{vmatrix} 0 & 0 & 1 \\ \dfrac{\partial}{\partial x} & \dfrac{\partial}{\partial y} & \dfrac{\partial}{\partial z} \\ -2y+x & 2x-y & c \end{vmatrix} \mathrm{d}S$$

$$= \iint_{\Sigma}[2-(-2)]\mathrm{d}S = 4\iint_{\Sigma}\mathrm{d}S = 4 \cdot \pi \cdot 1^2 = 4\pi .$$

5．设数量场 $u(x,y,z)$ 具有二阶连续偏导数，试证明 $\mathbf{rot}(\mathbf{grad}\,u) = 0$.

证　数量场为 $u = u(x, y, z)$，则 $\mathbf{grad}u = \left(\dfrac{\partial u}{\partial x}, \dfrac{\partial u}{\partial y}, \dfrac{\partial u}{\partial z} \right)$，于是

$$\mathbf{rot}(\mathbf{grad}u) = \begin{vmatrix} \boldsymbol{i} & \boldsymbol{j} & \boldsymbol{k} \\ \dfrac{\partial}{\partial x} & \dfrac{\partial}{\partial y} & \dfrac{\partial}{\partial z} \\ \dfrac{\partial u}{\partial x} & \dfrac{\partial u}{\partial y} & \dfrac{\partial u}{\partial z} \end{vmatrix} = \left(\dfrac{\partial^2 u}{\partial z \partial y} - \dfrac{\partial^2 u}{\partial y \partial z} \right) \boldsymbol{i} - \left(\dfrac{\partial^2 u}{\partial z \partial x} - \dfrac{\partial^2 u}{\partial x \partial z} \right) \boldsymbol{j} + \left(\dfrac{\partial^2 u}{\partial y \partial x} - \dfrac{\partial^2 u}{\partial x \partial y} \right) \boldsymbol{k},$$

因为数量场 $u(x, y, z)$ 具有二阶连续偏导数，所以 $\dfrac{\partial^2 u}{\partial z \partial y} = \dfrac{\partial^2 u}{\partial y \partial z}$，$\dfrac{\partial^2 u}{\partial z \partial x} = \dfrac{\partial^2 u}{\partial x \partial z}$，$\dfrac{\partial^2 u}{\partial y \partial x} = \dfrac{\partial^2 u}{\partial x \partial y}$，
于是

$$\mathbf{rot}(\mathbf{grad}u) = 0\boldsymbol{i} - 0\boldsymbol{j} + 0\boldsymbol{k} = \mathbf{0}.$$

总 习 题 十

1. 设 L 为椭圆 $\dfrac{x^2}{4} + \dfrac{y^2}{3} = 1$，其周长记为 a，则 $\oint_L (12xy + 3x^2 + 4y^2)\mathrm{d}s = \underline{\hspace{3cm}}$.

解　$\oint_L (12xy + 3x^2 + 4y^2)\mathrm{d}s = \oint_L 12xy\mathrm{d}s + \oint_L (3x^2 + 4y^2)\mathrm{d}s$，由对称性，$L$ 关于 x 轴(或 y 轴)对称，函数 $12xy$ 关于 y 轴(或 x 轴)为奇函数，所以 $\oint_L 12xy\mathrm{d}s = 0$，于是

$$\oint_L (12xy + 3x^2 + 4y^2)\mathrm{d}s = 12\oint_L \left(\dfrac{x^2}{4} + \dfrac{y^2}{3} \right)\mathrm{d}s,$$

将积分曲线 L 的方程 $\dfrac{x^2}{4} + \dfrac{y^2}{3} = 1$ 代入，得 $\oint_L \left(\dfrac{x^2}{4} + \dfrac{y^2}{3} \right)\mathrm{d}s = \oint_L \mathrm{d}s = a$，所以

$$\oint_L (12xy + 3x^2 + 4y^2)\mathrm{d}s = 12a.$$

2. 若函数 $P(x, y)$ 及 $Q(x, y)$ 在单连通域 D 内有连续的一阶偏导数，则在 D 内，曲线积分 $\displaystyle\int_L P\mathrm{d}x + Q\mathrm{d}y$ 与路径无关的充分必要条件是(　　　).

A. 在区域 D 内恒有 $\dfrac{\partial P}{\partial x} = \dfrac{\partial Q}{\partial y}$

B. 在区域 D 内恒有 $\dfrac{\partial Q}{\partial x} = \dfrac{\partial P}{\partial y}$

C. 在 D 内任一条闭曲线 L' 上，曲线积分 $\oint_{L'} P\mathrm{d}x + Q\mathrm{d}y \neq 0$

D. 在 D 内任一条闭曲线 L' 上，曲线积分 $\oint_{L'} P\mathrm{d}x + Q\mathrm{d}y = 0$

解　若 $P(x, y)$，$Q(x, y)$ 在单连通域 D 内有一阶连续偏导数，则在 D 内 $\displaystyle\int_L P\mathrm{d}x + Q\mathrm{d}y$

与路径无关的充分必要条件是 $\dfrac{\partial Q}{\partial x}=\dfrac{\partial P}{\partial y}$，所以选择 B.

4. 计算 $\oint_L e^{\sqrt{x^2+y^2}}ds$，其中 L 为正向圆周 $x^2+y^2=a^2$，直线 $y=x$ 及 x 轴在第一象限内所围成的扇形的整个边界.

解　$y=x$ 与 $x^2+y^2=a^2$ 在第一象限的交点为 $\left(\dfrac{a}{\sqrt{2}},\dfrac{a}{\sqrt{2}}\right)$，$L=L_1+L_2+L_3$，其中

$L_1:y=0,0\leqslant x\leqslant a$，$ds=\sqrt{1+(y')^2}dx=dx$；$L_2:y=x,0\leqslant x\leqslant\dfrac{a}{\sqrt{2}}$，$ds=\sqrt{1+(y')^2}dx=\sqrt{2}dx$；

$L_3:$ $x=a\cos t,y=a\sin t,0\leqslant t\leqslant\dfrac{\pi}{4}$，$ds=\sqrt{[x'(t)]^2+[y'(t)]^2}dx=adt$. 于是

$$\oint_L e^{\sqrt{x^2+y^2}}ds=\int_{L_1}e^{\sqrt{x^2+y^2}}ds+\int_{L_2}e^{\sqrt{x^2+y^2}}ds+\int_{L_3}e^{\sqrt{x^2+y^2}}ds$$

$$=\int_0^a e^x dx+\int_0^{\frac{a}{\sqrt{2}}}e^{\sqrt{2}x}\sqrt{2}dx+\int_0^{\frac{\pi}{4}}e^a\cdot adt$$

$$=e^a-1+\left[e^{\sqrt{2}x}\right]_0^{\frac{a}{\sqrt{2}}}+ae^a\cdot\dfrac{\pi}{4}=e^a\left(2+\dfrac{\pi}{4}a\right)-2 .$$

5. 计算 $\int_\Gamma zds$，其中 Γ 为圆柱面 $\left(x-\dfrac{a}{2}\right)^2+y^2=\dfrac{a^2}{4}$ 与锥面 $z=\sqrt{x^2+y^2}$ 的交线.

解　$\Gamma:\begin{cases}\left(x-\dfrac{a}{2}\right)^2+y^2=\dfrac{a^2}{4},\\ z=\sqrt{x^2+y^2},\end{cases}$ 其参数方程为 $\Gamma:\begin{cases}x=a\cos^2 t,\\ y=a\cos t\sin t,\\ z=a\cos t,\end{cases}$ 其中 $-\dfrac{\pi}{2}\leqslant t\leqslant\dfrac{\pi}{2}$，因

为 $ds=\sqrt{[x'(t)]^2+[y'(t)]^2+[z'(t)]^2}dt=a\sqrt{1+\sin^2 t}dt$，所以

$$\int_\Gamma zds=\int_{-\frac{\pi}{2}}^{\frac{\pi}{2}}a\cos t\cdot a\sqrt{1+\sin^2 t}dt=2a^2\int_0^{\frac{\pi}{2}}\cos t\cdot\sqrt{1+\sin^2 t}dt$$

$$=2a^2\int_0^{\frac{\pi}{2}}\sqrt{1+\sin^2 t}d(\sin t),$$

令 $u=\sin t$，则

$$\int_0^{\frac{\pi}{2}}\sqrt{1+\sin^2 t}d(\sin t)=\int_0^1\sqrt{1+u^2}du=[u\sqrt{1+u^2}]_0^1-\int_0^1\dfrac{u^2}{\sqrt{1+u^2}}du$$

$$=\sqrt{2}-\int_0^1\sqrt{1+u^2}du+\int_0^1\dfrac{1}{\sqrt{1+u^2}}du,$$

所以

$$\int_0^1\sqrt{1+u^2}du=\dfrac{\sqrt{2}}{2}+\dfrac{1}{2}\int_0^1\dfrac{1}{\sqrt{1+u^2}}du=\dfrac{\sqrt{2}}{2}+\dfrac{1}{2}[\ln(u+\sqrt{1+u^2})]_0^1$$

$$= \frac{\sqrt{2}}{2} + \frac{1}{2}\ln(1+\sqrt{2}),$$

故

$$\int_\Gamma z\mathrm{d}s = = 2a^2\left[\frac{\sqrt{2}}{2} + \frac{1}{2}\ln(1+\sqrt{2})\right] = [\sqrt{2}+\ln(1+\sqrt{2})]a^2.$$

6.设 Γ 为曲线 $x=t$，$y=t^2$，$z=t^3$ 上相应于 t 从 0 变到 1 的一段曲线弧,把对坐标的曲线积分 $\int_\Gamma P\mathrm{d}x + Q\mathrm{d}y + R\mathrm{d}z$ 化为对弧长的曲线积分.

解　因为 $\mathrm{d}s = \sqrt{1+4t^2+9t^4}\mathrm{d}t = \sqrt{1+4x^2+9y^2}\mathrm{d}t$，$\mathrm{d}x=\mathrm{d}t, \mathrm{d}y=2t\mathrm{d}t, \mathrm{d}z=3t^2\mathrm{d}t$，所以

$$\cos\alpha = \frac{\mathrm{d}x}{\mathrm{d}s} = \frac{1}{\sqrt{1+4x^2+9y^2}},$$

$$\cos\beta = \frac{\mathrm{d}y}{\mathrm{d}s} = \frac{2t}{\sqrt{1+4x^2+9y^2}} = \frac{2x}{\sqrt{1+4x^2+9y^2}},$$

$$\cos\gamma = \frac{\mathrm{d}z}{\mathrm{d}s} = \frac{3t^2}{\sqrt{1+4x^2+9y^2}} = \frac{3y}{\sqrt{1+4x^2+9y^2}},$$

因此,

$$\int_\Gamma P\mathrm{d}x + Q\mathrm{d}y + R\mathrm{d}z = \int_\Gamma (P\cos\alpha + Q\cos\beta + R\cos\gamma)\mathrm{d}s = \int_\Gamma \frac{P+2xQ+3yR}{\sqrt{1+4x^2+9y^2}}\mathrm{d}s.$$

7.质点 P 在变力 $\boldsymbol{F}$ 的作用下,沿以 AB 为直径的半圆周,逆时针方向从点 $A(1,2)$ 运动至点 $B(3,4)$，$\boldsymbol{F}$ 的大小等于点 P 与原点 O 之间的距离,其方向垂直于线段 OP，且与 y 轴正向的夹角小于 $\frac{\pi}{2}$，求变力 $\boldsymbol{F}$ 对质点所做的功.

解　方法一: 依题意 $\boldsymbol{F} = -y\boldsymbol{i} + x\boldsymbol{j}$，$\mathrm{d}\boldsymbol{r}=(\mathrm{d}x,\mathrm{d}y)$，从点 A 到点 B 的半圆周的参数方程为 $\widehat{AB}: x=2+\sqrt{2}\cos\theta, y=3+\sqrt{2}\sin\theta$，$\theta$ 从 $-\frac{3}{4}\pi$ 变到 $\frac{\pi}{4}$，则

$$W = \int_{\widehat{AB}} \boldsymbol{F}\cdot\mathrm{d}\boldsymbol{r} = \int_{\widehat{AB}} -y\mathrm{d}x + x\mathrm{d}y$$

$$= \int_{-\frac{3}{4}\pi}^{\frac{\pi}{4}} [-(3+\sqrt{2}\sin\theta)\cdot(-\sqrt{2}\sin\theta) + (2+\sqrt{2}\cos\theta)\cdot\sqrt{2}\cos\theta]\mathrm{d}\theta$$

$$= \int_{-\frac{3}{4}\pi}^{\frac{\pi}{4}} (2+3\sqrt{2}\sin\theta + 2\sqrt{2}\cos\theta)\mathrm{d}\theta = [2\theta - 3\sqrt{2}\cos\theta + 2\sqrt{2}\sin\theta]_{-\frac{3}{4}\pi}^{\frac{\pi}{4}}$$

$$= 2\pi - 2.$$

方法二: 补充 $\overline{BA}: y=x+1$，x 从 3 变到 1,记 $\widehat{AB}$ 与 $\overline{BA}$ 所围成的闭区域为 D，应用格林公式,得

$$\oint_{\widehat{AB}+\overline{BA}} -y\mathrm{d}x + x\mathrm{d}y = \iint_D 2\mathrm{d}x\mathrm{d}y = 2\pi,$$

又

$$\int_{BA} -y\mathrm{d}x + x\mathrm{d}y = \int_3^1 (-x-1+x)\mathrm{d}x = 2,$$

所以

$$W = \int_{\widehat{AB}} \boldsymbol{F} \cdot \mathrm{d}\boldsymbol{r} = \int_{\widehat{AB}} -y\mathrm{d}x + x\mathrm{d}y = 2\pi - 2.$$

8. 求参数 λ, 使曲线积分 $\int_{(x_0,y_0)}^{(x,y)} \dfrac{x}{y}r^\lambda \mathrm{d}x - \dfrac{x^2}{y^2}r^\lambda \mathrm{d}y\ (r = \sqrt{x^2+y^2})$ 在 $y \neq 0$ 区域内与路径无关, 并求此积分.

解 设 $P = \dfrac{x}{y}r^\lambda$, $Q = -\dfrac{x^2}{y^2}r^\lambda$, 则

$$\frac{\partial P}{\partial y} = x \cdot \frac{y \cdot \lambda r^{\lambda-1} \cdot \dfrac{2y}{2\sqrt{x^2+y^2}} - r^\lambda}{y^2} = \frac{x}{y^2}(\lambda y^2 r^{\lambda-2} - r^\lambda),$$

$$\frac{\partial Q}{\partial x} = -\frac{2xr^\lambda + x^2 \lambda r^{\lambda-1}\dfrac{2x}{2\sqrt{x^2+y^2}}}{y^2} = -\frac{x}{y^2}(2r^\lambda + \lambda x^2 r^{\lambda-2}),$$

由题意, $\dfrac{\partial P}{\partial y} = \dfrac{\partial Q}{\partial x}$, 有 $\dfrac{x}{y^2}(\lambda y^2 r^{\lambda-2} - r^\lambda) = -\dfrac{x}{y^2}(2r^\lambda + \lambda x^2 r^{\lambda-2})$, 得

$$r^\lambda = -\lambda r^{\lambda-2}(x^2+y^2) = -\lambda r^\lambda,$$

所以当 $\lambda = -1$ 时上述曲线积分与路径无关. 此时,

$$\int_{(x_0,y_0)}^{(x,y)} \frac{x}{y}r^\lambda \mathrm{d}x - \frac{x^2}{y^2}r^\lambda \mathrm{d}y = \int_{x_0}^x \frac{x}{y_0\sqrt{x^2+y_0^2}}\mathrm{d}x - \int_{y_0}^y \frac{x^2}{y^2\sqrt{x^2+y^2}}\mathrm{d}y$$

$$= \frac{1}{y_0}\left[\sqrt{x^2+y_0^2}\right]_{x_0}^x + \left[\frac{\sqrt{x^2+y^2}}{y}\right]_{y_0}^y$$

$$= \frac{\sqrt{x^2+y^2}}{y} - \frac{\sqrt{x_0^2+y_0^2}}{y_0}.$$

9. 计算 $\oint_L \dfrac{y\mathrm{d}x - (x-1)\mathrm{d}y}{(x-1)^2 + y^2}$, 其中 L 为曲线 $|x| + |y| = 2$, 方向取逆时针方向.

解 在 L 包围的区域内作顺时针方向的小圆周 $l: x = 1 + \varepsilon\cos\theta, y = \varepsilon\sin\theta\ (\varepsilon > 0)$, θ 从 2π 变到 0, 在 L 与 l 包围的区域 D 上, 因为 $\dfrac{\partial P}{\partial y} = \dfrac{(x-1)^2 - y^2}{[(x-1)^2 + y^2]^2} = \dfrac{\partial Q}{\partial x}$, 利用格林公式, 有

$$\oint_{L+l} \frac{y\mathrm{d}x - (x-1)\mathrm{d}y}{(x-1)^2 + y^2} = \iint_D \left(\frac{\partial Q}{\partial x} - \frac{\partial P}{\partial y}\right)\mathrm{d}x\mathrm{d}y = 0,$$

所以

$$\oint_L \frac{y\mathrm{d}x-(x-1)\mathrm{d}y}{(x-1)^2+y^2} = -\oint_l \frac{y\mathrm{d}x-(x-1)\mathrm{d}y}{(x-1)^2+y^2}$$

$$= \int_0^{2\pi} \frac{\varepsilon\sin\theta\cdot(-\varepsilon\sin\theta)-\varepsilon\cos\theta\cdot\varepsilon\cos\theta}{\varepsilon^2}\mathrm{d}\theta$$

$$= -\int_0^{2\pi}\mathrm{d}\theta = -2\pi.$$

10. 计算 $\int_L \frac{(x+y)\mathrm{d}x+(y-x)\mathrm{d}y}{x^2+y^2}$，其中 L 是沿 $y=\pi\cos x$

由 $A(\pi,-\pi)$ 到 $B(-\pi,-\pi)$ 的曲线段.

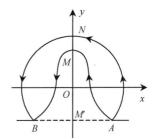

解 这里 $P=\frac{x+y}{x^2+y^2}$，$Q=\frac{y-x}{x^2+y^2}$，因为

$$\frac{\partial P}{\partial y} = \frac{x^2-2xy-y^2}{(x^2+y^2)^2} = \frac{\partial Q}{\partial x}, \quad (x,y)\neq(0,0),$$

所以在不含原点的区域内，曲线积分与路径无关.

如图 10-16 所示，添加弧段 $\overset{\frown}{ANB}$，

图 10-16

$\overset{\frown}{ANB}: x=\sqrt{2}\pi\cos t, y=\sqrt{2}\pi\sin t$，$t$ 从 $-\frac{\pi}{4}$ 变到 $\frac{5\pi}{4}$，则

$$\int_L \frac{(x+y)\mathrm{d}x+(y-x)\mathrm{d}y}{x^2+y^2} = \int_{\overset{\frown}{ANB}} \frac{(x+y)\mathrm{d}x+(y-x)\mathrm{d}y}{x^2+y^2}$$

$$= \int_{-\frac{\pi}{4}}^{\frac{5\pi}{4}} \frac{(\sqrt{2}\pi)^2[(\cos t+\sin t)(-\sin t)+(\sin t-\cos t)\cos t]}{(\sqrt{2}\pi)^2(\cos^2 t+\sin^2 t)}\mathrm{d}t$$

$$= \int_{-\frac{\pi}{4}}^{\frac{5\pi}{4}}(-1)\mathrm{d}t = -\frac{3}{2}\pi.$$

11. 设函数 $f(x)$ 在 $(-\infty,+\infty)$ 有连续导函数，计算

$$\int_L \frac{1+y^2f(xy)}{y}\mathrm{d}x + \frac{x}{y^2}[y^2f(xy)-1]\mathrm{d}y,$$

其中，L 是从点 $A\left(3,\frac{2}{3}\right)$ 到 $B(1,2)$ 的直线段.

解 这里 $P=\frac{1+y^2f(xy)}{y}$，$Q=\frac{x}{y^2}[y^2f(xy)-1]$，于是

$$\frac{\partial P}{\partial y} = f(xy)+xyf'(xy)-\frac{1}{y^2} = \frac{\partial Q}{\partial x}, \quad y\neq 0,$$

所以在 $y>0$ 的区域内，曲线积分与路径无关，取点 $C\left(1,\frac{2}{3}\right)$，

$$\int_L \frac{1+y^2f(xy)}{y}\mathrm{d}x + \frac{x}{y^2}[y^2f(xy)-1]\mathrm{d}y$$

$$= \int_{AC} \frac{1 + y^2 f(xy)}{y} \mathrm{d}x + \frac{x}{y^2} [y^2 f(xy) - 1] \mathrm{d}y + \int_{CB} \frac{1 + y^2 f(xy)}{y} \mathrm{d}x + \frac{x}{y^2} [y^2 f(xy) - 1] \mathrm{d}y$$

$$= \int_3^1 \frac{3}{2} \left[1 + \frac{4}{9} f\left(\frac{2}{3} x\right) \right] \mathrm{d}x + \int_{\frac{2}{3}}^2 \left[f(y) - \frac{1}{y^2} \right] \mathrm{d}y = -3 + \frac{2}{3} \int_3^1 f\left(\frac{2}{3} x\right) \mathrm{d}x + \int_{\frac{2}{3}}^2 f(y) \mathrm{d}y - 1$$

$$= -4 + \frac{2}{3} \int_3^1 f\left(\frac{2}{3} x\right) \mathrm{d}x + \int_{\frac{2}{3}}^2 f(y) \mathrm{d}y,$$

对于 $\int_3^1 f\left(\frac{2}{3} x\right) \mathrm{d}x$, 令 $t = \frac{2}{3} x$, 则 $\int_3^1 f\left(\frac{2}{3} x\right) \mathrm{d}x = \frac{3}{2} \int_2^{\frac{2}{3}} f(t) \mathrm{d}t$, 所以

$$\int_L \frac{1 + y^2 f(xy)}{y} \mathrm{d}x + \frac{x}{y^2} [y^2 f(xy) - 1] \mathrm{d}y = -4 + \int_2^{\frac{2}{3}} f(t) \mathrm{d}t + \int_{\frac{2}{3}}^2 f(y) \mathrm{d}y = -4.$$

12. 计算 $I = \int_L \frac{x\mathrm{d}y - y\mathrm{d}x}{4x^2 + y^2}$, 其中 L 是以点 $(1,0)$ 为圆心, R 为半径的圆周 ($R > 1$), 取逆时针方向.

解 题中的积分曲线 L 虽然为闭曲线, 但在 L 所围的区域 D 内含有奇点 $(0,0)$, 不能直接用格林公式计算. 此时需构造适当的有向闭曲线挖去奇点. 为便于简化被积函数, 可构造小椭圆 $l: 4x^2 + y^2 = \varepsilon^2$, 取逆时针方向, $\varepsilon > 0$ 充分小, 使 l 在 L 的内部. 记 L 与 l 所围成的区域为 D, l 所围区域为 D_1, 因为

$$\frac{\partial P}{\partial y} = \frac{y^2 - 4x^2}{(4x^2 + y^2)^2} = \frac{\partial Q}{\partial x}, \quad (x, y) \neq (0, 0),$$

所以

$$\oint_{L + l^-} \frac{x\mathrm{d}y - y\mathrm{d}x}{4x^2 + y^2} = \iint_D 0\mathrm{d}\sigma = 0,$$

于是

$$I = \int_L \frac{x\mathrm{d}y - y\mathrm{d}x}{4x^2 + y^2} = \int_l \frac{x\mathrm{d}y - y\mathrm{d}x}{4x^2 + y^2} = \frac{1}{\varepsilon^2} \int_l x\mathrm{d}y - y\mathrm{d}x$$

$$= \frac{2}{\varepsilon^2} \iint_{D_1} \mathrm{d}x\mathrm{d}y = \pi.$$

14. 设函数 $\varphi(y)$ 具有连续导数, 在围绕原点的任意分段光滑简单闭曲线 L 上, 曲线积分 $\oint_L \frac{\varphi(y)\mathrm{d}x + 2xy\mathrm{d}y}{2x^2 + y^4}$ 的值恒为常数.

(1) 证明: 对右半平面 ($x > 0$) 内的任意分段光滑简单闭曲线 C, 有

$$\oint_C \frac{\varphi(y)\mathrm{d}x + 2xy\mathrm{d}y}{2x^2 + y^4} = 0;$$

(2) 求函数 $\varphi(y)$ 的表达式.

解 (1) 如图 10-17 所示, 围绕原点任作一闭曲线 $L = \overparen{ADBA}$, 右半平面以 $\overparen{AB}$ 为一

段弧任作一闭曲线 $C = \overset{\frown}{ABEA}$ ，都取逆时针方向，由题意可知，

$$\oint_{\overset{\frown}{ADBA}} \frac{\varphi(y)\mathrm{d}x + 2xy\mathrm{d}y}{2x^2 + y^4} = \oint_{\overset{\frown}{ADBEA}} \frac{\varphi(y)\mathrm{d}x + 2xy\mathrm{d}y}{2x^2 + y^4} ,$$

于是

$$\oint_{\overset{\frown}{ADBEA}} \frac{\varphi(y)\mathrm{d}x + 2xy\mathrm{d}y}{2x^2 + y^4} - \oint_{\overset{\frown}{ADBA}} \frac{\varphi(y)\mathrm{d}x + 2xy\mathrm{d}y}{2x^2 + y^4}$$

$$= \oint_{\overset{\frown}{ABEA}} \frac{\varphi(y)\mathrm{d}x + 2xy\mathrm{d}y}{2x^2 + y^4} = 0,$$

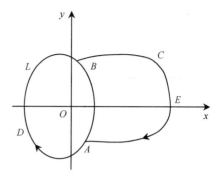

图 10-17

即 $\oint_C \dfrac{\varphi(y)\mathrm{d}x + 2xy\mathrm{d}y}{2x^2 + y^4} = 0$.

(2) 令 $P = \dfrac{\varphi(y)}{2x^2 + y^4}$ ，$Q = \dfrac{2xy}{2x^2 + y^4}$ ，由(1)可知，$\dfrac{\partial Q}{\partial x} = \dfrac{\partial P}{\partial y}$ （$x > 0$），于是

$$\frac{2y(2x^2 + y^4) - 4x \cdot 2xy}{(2x^2 + y^4)^2} = \frac{(2x^2 + y^4)\varphi'(y) - 4y^3\varphi(y)}{(2x^2 + y^4)^2} ,$$

化简为

$$(2x^2 + y^4)\varphi'(y) - 4y^3\varphi(y) = 2y^5 - 4x^2 y ,$$

即

$$2x^2\varphi'(y) + y^4\varphi'(y) - 4y^3\varphi(y) = 2y^5 - 4x^2 y ,$$

因为 $\varphi(y)$ 是 y 的一元函数，所以

$$2x^2\varphi'(y) = -4x^2 y , \tag{1}$$

$$y^4\varphi'(y) - 4y^3\varphi(y) = 2y^5 , \tag{2}$$

由式(1)得 $\varphi(y) = -y^2 + C$ ，将其代入式(2)，得 $C = 0$ ，故 $\varphi(y) = -y^2$.

15. 计算 $\displaystyle\iint_{\Sigma} z\mathrm{d}S$ ，其中 Σ 为曲面 $z = \sqrt{x^2 + y^2}$ 在柱体 $x^2 + y^2 \leqslant 2x$ 内部的部分.

解　Σ 在 xOy 面上的投影区域为 $D_{xy} = \{(x,y) \,|\, x^2 + y^2 \leqslant 2x\}$ ，且

$$\mathrm{d}S = \sqrt{1 + z_x^2 + z_y^2}\,\mathrm{d}x\mathrm{d}y$$

$$= \sqrt{1 + \left(\frac{x}{\sqrt{x^2 + y^2}}\right)^2 + \left(\frac{y}{\sqrt{x^2 + y^2}}\right)^2}\,\mathrm{d}x\mathrm{d}y = \sqrt{2}\,\mathrm{d}x\mathrm{d}y,$$

于是

$$\iint_{\Sigma} z\mathrm{d}S = \iint_{D_{xy}} \sqrt{x^2 + y^2}\,\sqrt{2}\,\mathrm{d}x\mathrm{d}y = \sqrt{2}\int_{-\frac{\pi}{2}}^{\frac{\pi}{2}} \mathrm{d}\theta \int_0^{2\cos\theta} \rho^2 \mathrm{d}\rho$$

$$= \frac{16\sqrt{2}}{3}\int_0^{\frac{\pi}{2}} \cos^3\theta\,\mathrm{d}\theta = \frac{16\sqrt{2}}{3} \cdot \frac{2}{3} = \frac{32\sqrt{2}}{9} .$$

16. 设 $f(x, y, z)$ 为连续函数，计算

$$\iint\limits_{\Sigma} [f(x,y,z)+x]\mathrm{d}y\mathrm{d}z+[2f(x,y,z)+y]\mathrm{d}z\mathrm{d}x+[f(x,y,z)+z]\mathrm{d}x\mathrm{d}y,$$

其中 Σ 是平面 $x-y+z=1$ 在第 IV 卦限部分的上侧.

解　平面 Σ 的单位法向量为 $\boldsymbol{n}=\left(\dfrac{1}{\sqrt{3}},-\dfrac{1}{\sqrt{3}},\dfrac{1}{\sqrt{3}}\right)=(\cos\alpha,\cos\beta,\cos\gamma)$，所以

$$\iint\limits_{\Sigma} [f(x,y,z)+x]\mathrm{d}y\mathrm{d}z+[2f(x,y,z)+y]\mathrm{d}z\mathrm{d}x+[f(x,y,z)+z]\mathrm{d}x\mathrm{d}y$$

$$=\iint\limits_{\Sigma}(P\cos\alpha+Q\cos\beta+R\cos\gamma)\mathrm{d}S$$

$$=\frac{1}{\sqrt{3}}\iint\limits_{\Sigma}[(f+x)-(2f+y)+(f+z)]\mathrm{d}S=\frac{1}{\sqrt{3}}\iint\limits_{\Sigma}(x-y+z)\mathrm{d}S=\frac{1}{\sqrt{3}}\iint\limits_{\Sigma}1\mathrm{d}S,$$

因为 $\Sigma: z=1-x+y$，$x\geqslant 0, y\leqslant 0, z\geqslant 0$，且 Σ 在 xOy 面上的投影区域为 $D_{xy}=\{(x,y)\big|$ $x-1\leqslant y\leqslant 0, 0\leqslant x\leqslant 1\}$，$\mathrm{d}S=\sqrt{1+z_x^2+z_y^2}\,\mathrm{d}x\mathrm{d}y=\sqrt{3}\mathrm{d}x\mathrm{d}y$，于是

$$\iint\limits_{\Sigma}[f(x,y,z)+x]\mathrm{d}y\mathrm{d}z+[2f(x,y,z)+y]\mathrm{d}z\mathrm{d}x+[f(x,y,z)+z]\mathrm{d}x\mathrm{d}y$$

$$=\frac{1}{\sqrt{3}}\iint\limits_{\Sigma}\mathrm{d}S=\frac{1}{\sqrt{3}}\iint\limits_{D_{xy}}\sqrt{3}\mathrm{d}x\mathrm{d}y=\frac{1}{2}\times 1\times 1=\frac{1}{2}.$$

17．计算 $\displaystyle\iint\limits_{\Sigma}\frac{ax\mathrm{d}y\mathrm{d}z+(z+a)^2\mathrm{d}x\mathrm{d}y}{(x^2+y^2+z^2)^{\frac{1}{2}}}$，其中 Σ 为下半球面 $z=-\sqrt{a^2-x^2-y^2}$ 的上侧 $(a>0)$.

解　$\displaystyle\iint\limits_{\Sigma}\frac{ax\mathrm{d}y\mathrm{d}z+(z+a)^2\mathrm{d}x\mathrm{d}y}{(x^2+y^2+z^2)^{\frac{1}{2}}}=\frac{1}{a}\iint\limits_{\Sigma}ax\mathrm{d}y\mathrm{d}z+(z+a)^2\mathrm{d}x\mathrm{d}y,$

已知 $\Sigma: z=-\sqrt{a^2-x^2-y^2}$，取上侧，补充 $\Sigma_1: z=0$，$D_{xy}=\{(x,y)\big|x^2+y^2\leqslant a^2\}$，取上侧，则 Σ^- 与 Σ_1 为其所围成的半球体 Ω 外侧边界曲面，由高斯公式，得

$$\oiint\limits_{\Sigma^-+\Sigma_1}ax\mathrm{d}y\mathrm{d}z+(z+a)^2\mathrm{d}x\mathrm{d}y$$

$$=\iiint\limits_{\Omega}(2z+3a)\mathrm{d}x\mathrm{d}y\mathrm{d}z=2\iiint\limits_{\Omega}z\mathrm{d}x\mathrm{d}y\mathrm{d}z+3a\iiint\limits_{\Omega}\mathrm{d}x\mathrm{d}y\mathrm{d}z$$

$$=2\iiint\limits_{\Omega}z\mathrm{d}x\mathrm{d}y\mathrm{d}z+2\pi a^4=2\int_{-a}^{0}z\mathrm{d}z\iint\limits_{D_z}\mathrm{d}x\mathrm{d}y+2\pi a^4$$

$$=2\int_{-a}^{0}z\cdot\pi(a^2-z^2)\mathrm{d}z+2\pi a^4=-\frac{1}{2}\pi a^4+2\pi a^4=\frac{3}{2}\pi a^4,$$

其中，截面 $D_z=\{(x,y)\big|x^2+y^2\leqslant a^2-z^2\}$.

另外，由于 Σ_1 为 $z=0$，得

$$\iint\limits_{\varSigma_1} ax\mathrm{d}y\mathrm{d}z + (z+a)^2\mathrm{d}x\mathrm{d}y = \iint\limits_{\varSigma_1} (z+a)^2\mathrm{d}x\mathrm{d}y = \iint\limits_{D_{xy}} a^2\mathrm{d}x\mathrm{d}y = \pi a^4,$$

于是

$$\iint\limits_{\varSigma^-} ax\mathrm{d}y\mathrm{d}z + (z+a)^2\mathrm{d}x\mathrm{d}y = \oiint\limits_{\varSigma^-+\varSigma_1} ax\mathrm{d}y\mathrm{d}z + (z+a)^2\mathrm{d}x\mathrm{d}y - \iint\limits_{\varSigma_1} ax\mathrm{d}y\mathrm{d}z + (z+a)^2\mathrm{d}x\mathrm{d}y$$

$$= \frac{3}{2}\pi a^4 - \pi a^4 = \frac{1}{2}\pi a^4,$$

所以

$$\iint\limits_{\varSigma} \frac{ax\mathrm{d}y\mathrm{d}z + (z+a)^2\mathrm{d}x\mathrm{d}y}{(x^2+y^2+z^2)^{\frac{1}{2}}} = \frac{1}{a}\iint\limits_{\varSigma} ax\mathrm{d}y\mathrm{d}z + (z+a)^2\mathrm{d}x\mathrm{d}y = -\frac{1}{2}\pi a^3.$$

18．设 $f(u)$ 有连续的导数，计算 $\oiint\limits_{\varSigma} \dfrac{1}{y}f\left(\dfrac{x}{y}\right)\mathrm{d}y\mathrm{d}z + \dfrac{1}{x}f\left(\dfrac{x}{y}\right)\mathrm{d}z\mathrm{d}x + z\mathrm{d}x\mathrm{d}y$，其中 $\varSigma$ 是

$y = x^2+z^2$，$y = 8-x^2-z^2$ 所围立体的外侧．

解　设 Ω 为 $\varSigma$ 所围的立体，Ω 在 zOx 面上的投影区域为 $D_{zx} = \{(z,x)\big| x^2+z^2 \leqslant 4\}$，

利用高斯公式得

$$\oiint\limits_{\varSigma} \frac{1}{y}f\left(\frac{x}{y}\right)\mathrm{d}y\mathrm{d}z + \frac{1}{x}f\left(\frac{x}{y}\right)\mathrm{d}z\mathrm{d}x + z\mathrm{d}x\mathrm{d}y$$

$$= \iiint\limits_{\Omega}\left[\frac{1}{y}\cdot f'\left(\frac{x}{y}\right)\cdot\frac{1}{y} + \frac{1}{x}\cdot f'\left(\frac{x}{y}\right)\cdot\left(-\frac{x}{y^2}\right) + 1\right]\mathrm{d}v$$

$$= \iiint\limits_{\Omega}\mathrm{d}v = \iint\limits_{D_{zx}}\mathrm{d}z\mathrm{d}x\int_{x^2+z^2}^{8-x^2-z^2}\mathrm{d}y = \iint\limits_{D_{zx}}(8-x^2-z^2-x^2-z^2)\mathrm{d}z\mathrm{d}x$$

$$= 2\int_0^{2\pi}\mathrm{d}\theta\int_0^2(4-\rho^2)\rho\mathrm{d}\rho = 4\pi\left[2\rho^2 - \frac{1}{4}\rho^4\right]_0^2 = 16\pi.$$

19．计算 $\iint\limits_{\varSigma}(y^2-x)\mathrm{d}y\mathrm{d}z + (z^2-y)\mathrm{d}z\mathrm{d}x + (x^2-z)\mathrm{d}x\mathrm{d}y$，其中 $\varSigma$ 为抛物面 $z = 2-x^2-y^2$

位于 $z \geqslant 0$ 的部分的上侧．

解　如图 10-18 所示，补充 $\varSigma_0 : z = 0$，$D_{xy} = \{(x,y)\big| x^2+y^2 \leqslant 2\}$，

取下侧，记 Ω 为 $\varSigma$ 与 $\varSigma_0$ 所围的立体，利用高斯公式，得

$$\oiint\limits_{\varSigma+\varSigma_0}(y^2-x)\mathrm{d}y\mathrm{d}z + (z^2-y)\mathrm{d}z\mathrm{d}x + (x^2-z)\mathrm{d}x\mathrm{d}y = \iiint\limits_{\Omega}(-1-1-1)\mathrm{d}v$$

$$= -3\int_0^2\mathrm{d}z\iint\limits_{D_z}\mathrm{d}x\mathrm{d}y = -3\int_0^2\pi(2-z)\mathrm{d}z = -3\pi\left[2z - \frac{1}{2}z^2\right]_0^2 = -6\pi,$$

其中，截面 $D_z = \{(x,y)\big| x^2+y^2 \leqslant 2-z\}$．

另外，由于 $\varSigma_0$ 为 $z = 0$，得

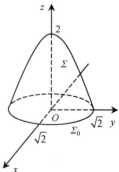

图 10-18

$$\iint\limits_{\varSigma_0}(y^2-x)\mathrm{d}y\mathrm{d}z+(z^2-y)\mathrm{d}z\mathrm{d}x+(x^2-z)\mathrm{d}x\mathrm{d}y=\iint\limits_{\varSigma_0}x^2\mathrm{d}x\mathrm{d}y$$

$$=-\iint\limits_{D_{xy}}x^2\mathrm{d}x\mathrm{d}y=-\int_0^{2\pi}\cos^2\theta\mathrm{d}\theta\int_0^{\sqrt 2}\rho^3\mathrm{d}\rho=-\pi,$$

故

$$\iint\limits_{\varSigma}(y^2-x)\mathrm{d}y\mathrm{d}z+(z^2-y)\mathrm{d}z\mathrm{d}x+(x^2-z)\mathrm{d}x\mathrm{d}y$$

$$=\left(\oiint\limits_{\varSigma+\varSigma_0}-\iint\limits_{\varSigma_0}\right)(y^2-x)\mathrm{d}y\mathrm{d}z+(z^2-y)\mathrm{d}z\mathrm{d}x+(x^2-z)\mathrm{d}x\mathrm{d}y$$

$$=-6\pi-(-\pi)=-5\pi.$$

20. 计算 $\oint_{\varGamma}y^2\mathrm{d}x+x^2\mathrm{d}z$，其中 $\varGamma$ 为曲线 $z=x^2+y^2$，$x^2+y^2=2ay$，且从 z 轴正向看去为顺时针方向.

解 设 $\varSigma$ 表示 $\varGamma$ 所围的曲面 $z=x^2+y^2$ 的下侧，根据斯托克斯公式，得

$$\oint_{\varGamma}y^2\mathrm{d}x+x^2\mathrm{d}z=\iint\limits_{\varSigma}\begin{vmatrix}\mathrm{d}y\mathrm{d}z & \mathrm{d}z\mathrm{d}x & \mathrm{d}x\mathrm{d}y\\ \dfrac{\partial}{\partial x} & \dfrac{\partial}{\partial y} & \dfrac{\partial}{\partial z}\\ y^2 & 0 & x^2\end{vmatrix}$$

$$=\iint\limits_{\varSigma}0\mathrm{d}y\mathrm{d}z-2x\mathrm{d}z\mathrm{d}x-2y\mathrm{d}x\mathrm{d}y$$

$$=-2\iint\limits_{D_{zx}}x\mathrm{d}z\mathrm{d}x+2\iint\limits_{D_{xy}}y\mathrm{d}x\mathrm{d}y,$$

根据二重积分的对称性，$\iint\limits_{D_{zx}}x\mathrm{d}z\mathrm{d}x=0$，于是

$$\oint_{\varGamma}y^2\mathrm{d}x+x^2\mathrm{d}z=2\iint\limits_{D_{xy}}y\mathrm{d}x\mathrm{d}y=2\int_0^{\pi}\sin\theta\mathrm{d}\theta\int_0^{2a\sin\theta}\rho^2\mathrm{d}\rho$$

$$=\frac{16}{3}a^3\int_0^{\pi}\sin^4\theta\mathrm{d}\theta=\frac{32}{3}a^3\int_0^{\frac{\pi}{2}}\sin^4\theta\mathrm{d}\theta$$

$$=\frac{32}{3}a^3\cdot\frac{3}{4}\cdot\frac{1}{2}\cdot\frac{\pi}{2}=2\pi a^3.$$

六、自 测 题

一、选择题(10 小题, 每小题 2 分, 共 20 分).

1. 设椭圆 $L:\dfrac{x^2}{4}+\dfrac{y^2}{3}=1$ 的周长为 l，则 $\oint_L(\sqrt 3 x+2y)^2\mathrm{d}s=($).

A. l　　　　　　　B. $3l$　　　　　　　C. $4l$　　　　　　　D. $12l$

2. 设 $f(x,y)$ 在曲线弧 L 上连续, L 的参数方程为 $x = \varphi(t), y = \psi(t)$, $\alpha \leqslant t \leqslant \beta$, 其中 $\varphi(t), \psi(t)$ 在 $[\alpha, \beta]$ 上具有一阶连续导数, 且 $[\varphi'(t)]^2 + [\psi'(t)]^2 \neq 0$, 则曲线积分 $\displaystyle\int_L f(x,y)\mathrm{d}s = ($　　$)$.

A. $\displaystyle\int_\alpha^\beta f[\varphi(t),\psi(t)]\mathrm{d}t$

B. $\displaystyle\int_\beta^\alpha f[\varphi(t),\psi(t)]\sqrt{[\varphi'(t)]^2 + [\psi'(t)]^2}\,\mathrm{d}t$

C. $\displaystyle\int_\alpha^\beta f[\varphi(t),\psi(t)]\sqrt{[\varphi'(t)]^2 + [\psi'(t)]^2}\,\mathrm{d}t$

D. $\displaystyle\int_\beta^\alpha f[\varphi(t),\psi(t)]\mathrm{d}t$

3. 以下结论正确的是(　　).

A. $\displaystyle\iiint\limits_{x^2+y^2+z^2 \leqslant a^2} (x^2 + y^2 + z^2)\mathrm{d}v = \frac{4}{3}\pi a^5$

B. $\displaystyle\iint\limits_{x^2+y^2+z^2=a^2} (x^2 + y^2 + z^2)\mathrm{d}S = 4\pi a^4$

C. $\displaystyle\oiint\limits_{x^2+y^2+z^2=a^2外侧} (x^2 + y^2 + z^2)\mathrm{d}x\mathrm{d}y = 4\pi a^4$

D. 以上三结论均错误

4. 设在 xOy 面上的曲线 L, 其质量为 M, 在点 (x,y) 处的线密度为 $\mu(x,y)$, $\mu(x,y)$ 在 L 上连续, 则曲线 L 的质心坐标中, $\bar{x}$ 为(　　).

A. $\displaystyle\frac{1}{M}\int_L x\mu(x,y)\mathrm{d}s$

B. $\displaystyle\frac{1}{M}\int_L x\mu(x,y)\mathrm{d}x$

C. $\displaystyle\int_L x\mu(x,y)\mathrm{d}s$

D. $\displaystyle\frac{1}{M}\int_L x\mathrm{d}s$

5. 设 Σ 为由曲面 $z = \sqrt{x^2 + y^2}$ 及平面 $z = 1$ 所围成的立体的表面, 则曲面积分 $\displaystyle\iint\limits_{\Sigma} (x^2 + y^2)\mathrm{d}S = ($　　$)$.

A. $\dfrac{1+\sqrt{2}}{2}\pi$　　　B. $\dfrac{\pi}{2}$　　　　C. $\dfrac{\sqrt{2}}{2}\pi$　　　　　　D. 0

6. 设有界闭区域 D 由分段光滑曲线 L 所围成, L 取正向, 函数 $P(x,y)$, $Q(x,y)$ 在 D 上具有一阶连续偏导数, 则 $\displaystyle\oint_L P\mathrm{d}x + Q\mathrm{d}y = ($　　$)$.

A. $\displaystyle\iint\limits_D \left(\frac{\partial P}{\partial y} - \frac{\partial Q}{\partial x}\right)\mathrm{d}x\mathrm{d}y$

B. $\displaystyle\iint\limits_D \left(\frac{\partial Q}{\partial y} - \frac{\partial P}{\partial x}\right)\mathrm{d}x\mathrm{d}y$

C. $\displaystyle\iint\limits_D \left(\frac{\partial P}{\partial x} - \frac{\partial Q}{\partial y}\right)\mathrm{d}x\mathrm{d}y$

D. $\displaystyle\iint\limits_D \left(\frac{\partial Q}{\partial x} - \frac{\partial P}{\partial y}\right)\mathrm{d}x\mathrm{d}y$

7. 设 $g(x)$ 具有一阶连续导数, $g(0) = 1$, 并设曲线积分 $\displaystyle\int_L yg(x)\tan x\mathrm{d}x - g(x)\mathrm{d}y$ 与积分路径无关, 则 $\displaystyle\int_{(0,0)}^{\left(\frac{\pi}{4},\frac{\pi}{4}\right)} yg(x)\tan x\,\mathrm{d}x - g(x)\mathrm{d}y = ($　　$)$.

A. $\dfrac{\sqrt{2}}{8}\pi$　　　B. $-\dfrac{\sqrt{2}}{8}\pi$　　　C. $\dfrac{\sqrt{2}}{2}\pi$　　　　　D. $-\dfrac{\sqrt{2}}{2}\pi$

8．设 Σ 是取外侧的单位球面 $x^2 + y^2 + z^2 = 1$，则曲面积分 $\iint\limits_{\Sigma} x\mathrm{d}y\mathrm{d}z + y\mathrm{d}z\mathrm{d}x + z\mathrm{d}x\mathrm{d}y =$ (　　).

　　A．0　　　　　　　B．π　　　　　　　C．2π　　　　　　　D．4π

9．设 Σ 为柱面 $x^2 + y^2 = 1$ 和 $x = 0$，$y = 0$，$z = 0, z = 1$ 在第 I 卦限所围成部分的外侧，则曲面积分 $\oiint\limits_{\Sigma} y^2 z\mathrm{d}x\mathrm{d}y + xz\mathrm{d}y\mathrm{d}z + x^2 y\mathrm{d}z\mathrm{d}x =$ (　　).

　　A．0　　　　　　B．$-\dfrac{\pi}{4}$　　　　　　C．$\dfrac{\pi}{4}$　　　　　　D．$\dfrac{5\pi}{24}$

10．设有向曲面 $\Sigma : x^2 + y^2 + (z-1)^2 = 1$ $(z \geqslant 1)$，方向为上侧，则 $\iint\limits_{\Sigma} 2xy\mathrm{d}y\mathrm{d}z$ $- y^2\mathrm{d}z\mathrm{d}x - z\mathrm{d}x\mathrm{d}y =$ (　　).

　　A．$-\dfrac{5\pi}{3}$　　　　B．$-\dfrac{2\pi}{3}$　　　　C．$-\dfrac{\pi}{3}$　　　　D．$\dfrac{\pi}{3}$

二、填空题(10 小题, 每小题 2 分, 共 20 分).

1．$\displaystyle\int_{\Gamma} \dfrac{z}{x^2 + y^2}\mathrm{d}s = $ _____，其中 Γ 是曲线 $x = 2\cos t, y = 2\sin t, z = t$ 介于 $t = 0$ 到 $t = \pi$ 的一段.

2．$\displaystyle\oint_{L} (x^2 + y^2)\mathrm{d}s = $ _____，其中 $L : x^2 + y^2 = a^2$.

3．设平面曲线 L 为圆周 $x^2 + y^2 = 1$，则曲线积分 $\displaystyle\oint_{L} (2x^2 - xy + 3y^2)\mathrm{d}s = $ _____.

4．设 Γ 为球面 $x^2 + y^2 + z^2 = a^2$ 与平面 $x + y + z = 0$ 的交线，则 $\displaystyle\int_{\Gamma} x^2\mathrm{d}s = $ _____.

5．设 L 为逆时针方向的圆周 $(x - 2)^2 + (y + 3)^2 = 4$，则 $\displaystyle\oint_{L} y\mathrm{d}x + x\mathrm{d}y = $ _____.

6．设闭曲线 $L : |x| + |y| = 1$，取逆时针方向，则曲线积分 $\displaystyle\oint_{L} y\mathrm{d}x - x^2\mathrm{d}y = $ _____.

7．设 L 为圆周 $x^2 + y^2 = 4$，取逆时针方向，则曲线积分 $\displaystyle\oint_{L} y(ye^x + 1)\mathrm{d}x + (2ye^x - x)\mathrm{d}y = $ _____.

8．设 Σ 为 $z = \sqrt{a^2 - x^2 - y^2}$，则 $\displaystyle\iint\limits_{\Sigma} (x^2 + y^2 + z^2)\mathrm{d}S = $ _____.

9．设 Σ 为球面 $x^2 + y^2 + z^2 = R^2$，则曲面积分 $\displaystyle\oiint\limits_{\Sigma} (x + y + z)^2\mathrm{d}S = $ _____.

10．设曲面 Σ 为 $x^2 + y^2 = 9$ 介于 $z = 0$ 及 $z = 3$ 之间的部分的外侧，则 $\displaystyle\iint\limits_{\Sigma} (x^2 + y^2 + 1)\mathrm{d}S = $ _____.

三、计算与证明题(10 小题, 每小题 6 分, 共 60 分).

1．计算 $\displaystyle\int_{L} xy\mathrm{d}s$，其中 L 为介于点 $(0,0)$ 与点 $(2,0)$ 之间的上半圆弧 $x^2 + y^2 = 2x$

$(y \geqslant 0)$.

2. 计算 $\displaystyle\int_L 3x^2ydx - x^3dy$，其中 L 为从点 $(0,0)$ 到点 $(2,0)$ 的顺时针方向的上半圆弧 $x^2 + y^2 = 2x$ $(y \geqslant 0)$.

3. 确定常数 λ，使得在右半平面 $(x > 0)$ 上，$\displaystyle\int_L 2xy(x^4 + y^2)^\lambda dx - x^2(x^4 + y^2)^\lambda dy$ 与积分路径无关，并求其一个原函数 $u(x, y)$.

4. 计算积分 $\displaystyle\iint_\Sigma zdS$，其中 Σ 是上半球面 $z = \sqrt{a^2 - x^2 - y^2}$.

5. 求圆柱面 $x^2 + y^2 = 2y$ 被锥面 $z = \sqrt{x^2 + y^2}$ 和平面 $z = 0$ 割下部分的面积.

6. 计算 $\displaystyle\iint_\Sigma ydzdx + zdxdy$，其中 Σ 为曲面 $z = \sqrt{x^2 + y^2}$ 被平面 $z = 1$ 所截下的部分，取上侧.

7. 设 Σ 为球面 $x^2 + y^2 + z^2 = 1$，$\boldsymbol{r}$ 是点 (x, y, z) 的矢径方向，函数 $u(x, y, z)$ 在球体 $\Omega = \{(x, y, z) \big| x^2 + y^2 + z^2 \leqslant 1\}$ 上具有二阶连续偏导数，且满足 $\dfrac{\partial^2 u}{\partial x^2} + \dfrac{\partial^2 u}{\partial y^2} + \dfrac{\partial^2 u}{\partial z^2} = 1$，证明：$\displaystyle\oiint_\Sigma \dfrac{\partial u}{\partial \boldsymbol{r}}dS = \dfrac{4\pi}{3}$.

8. 设函数 $\varphi(x)$ 具有连续的二阶导数，并使 $\displaystyle\int_L [3\varphi'(x) - 2\varphi(x) + xe^{2x}]ydx + \varphi'(x)dy$ 与路径无关，求函数 $\varphi(x)$.

9. 计算 $\displaystyle\oint_\Gamma (y^2 - z^2)dx + (z^2 - x^2)dy + (x^2 - y^2)dz$，其中 Γ 是平面 $x + y + z = \dfrac{3}{2}$ 截立方体 $0 \leqslant x \leqslant 1$，$0 \leqslant y \leqslant 1$，$0 \leqslant z \leqslant 1$ 的表面所得的截痕，从 x 轴的正向看去，取逆时针方向.

10. 计算 $\displaystyle\iint_\Sigma \dfrac{xdydz + ydzdx + zdxdy}{(x^2 + y^2 + z^2)^{\frac{3}{2}}}$，其中 Σ 为椭球面 $\dfrac{x^2}{a^2} + \dfrac{y^2}{b^2} + \dfrac{z^2}{c^2} = 1$ 的外侧.

自测题参考答案

一、1. D；　2. C；　3. B；　4. A；　5. A；

6. D；　7. B；　8. D；　9. C；　10. A.

二、1. $\dfrac{\sqrt{5}}{8}\pi^2$；　2. $2\pi a^3$；　3. 5π；　4. $\dfrac{2}{3}\pi a^3$；　5. 0；

6. -2；　7. -8π；　8. $2\pi a^4$；　9. $4\pi R^4$；　10. 180π.

三、1. $\displaystyle\int_L xyds = \int_0^\pi (1 + \cos t)\sin tdt = 2$.

2. 设 $L_1 : y = 0$，x 从 2 变到 0，记 L 与 L_1 所围的区域为 D，由格林公式，得

$$\oint_{L + L_1} 3x^2ydx - x^3dy = 6\iint_D x^2dxdy = 6\int_0^{\frac{\pi}{2}} d\theta \int_0^{2\cos\theta} (\rho\cos\theta)^2 \rho d\rho = \dfrac{15}{4}\pi,$$

另外，$\displaystyle\int_{L_1} 3x^2y\mathrm{d}x - x^3\mathrm{d}y = 0$，所以 $\displaystyle\int_L 3x^2y\mathrm{d}x - x^3\mathrm{d}y = \dfrac{15}{4}\pi$．

3．令 $P = 2xy(x^4 + y^2)^\lambda$，$Q = -x^2(x^4 + y^2)^\lambda$，则

$$\frac{\partial P}{\partial y} = 2x(x^4 + y^2)^\lambda + 4\lambda xy^2(x^4 + y^2)^{\lambda-1}, \qquad \frac{\partial Q}{\partial x} = -2x(x^4 + y^2)^\lambda - 4\lambda x^5(x^4 + y^2)^{\lambda-1},$$

由题意要求得 $\dfrac{\partial Q}{\partial x} = \dfrac{\partial P}{\partial y}$，即有 $(x^4 + y^2)(\lambda + 1) = 0$，所以 $\lambda = -1$．所求的一个原函数为

$$u(x,y) = \int_{(1,0)}^{(x,y)} \frac{2xy}{x^4 + y^2}\mathrm{d}x - \frac{x^2}{x^4 + y^2}\mathrm{d}y = -\int_0^y \frac{x^2}{x^4 + y^2}\mathrm{d}y = -\arctan\frac{y}{x^2}.$$

4．$D_{xy} = \{(x,y) \,|\, x^2 + y^2 \leqslant a^2\}$，

$$\iint_\Sigma z\mathrm{d}S = \iint_{D_{xy}} \sqrt{a^2 - x^2 - y^2} \cdot \sqrt{1 + z_x^2 + z_y^2}\,\mathrm{d}x\mathrm{d}y$$

$$= \iint_{D_{xy}} \sqrt{a^2 - x^2 - y^2} \cdot \frac{a}{\sqrt{a^2 - x^2 - y^2}}\,\mathrm{d}x\mathrm{d}y = a\iint_{D_{xy}} \mathrm{d}x\mathrm{d}y = \pi a^3.$$

5．曲线 $\begin{cases} z = \sqrt{x^2 + y^2}, \\ x^2 + y^2 = 2y \end{cases}$ 在 yOz 面上的投影为 $\begin{cases} z^2 = 2y, \\ x = 0 \end{cases}$ $(0 \leqslant y \leqslant 2)$，于是所割下部分在

yOz 面上的投影区域为 $D_{yz} = \{(y,z) \,|\, 0 \leqslant z \leqslant \sqrt{2y}, 0 \leqslant y \leqslant 2\}$，由图形的对称性，所求面积

为第 I 卦限部分面积的两倍．

$$A = 2\iint_\Sigma \mathrm{d}S = 2\iint_{D_{yz}} \sqrt{1 + \left(\frac{\partial x}{\partial y}\right)^2 + \left(\frac{\partial x}{\partial z}\right)^2}\,\mathrm{d}y\mathrm{d}z$$

$$= 2\iint_{D_{yz}} \frac{\mathrm{d}y\mathrm{d}z}{\sqrt{2y - y^2}} = 2\int_0^2 \mathrm{d}y \int_0^{\sqrt{2y}} \frac{\mathrm{d}z}{\sqrt{2y - y^2}} = 8.$$

6．设曲面 $\Sigma_1: z = 1, x^2 + y^2 \leqslant 1$，取上侧，且 Σ^- 与 Σ_1 为其所围成的立体 Ω 的外侧边界

曲面，由高斯公式，得

$$\oiint_{\Sigma^- + \Sigma_1} y\mathrm{d}z\mathrm{d}x + z\mathrm{d}x\mathrm{d}y = \iiint_\Omega 2\mathrm{d}v = \frac{2}{3}\pi, \qquad \iint_{\Sigma_1} y\mathrm{d}z\mathrm{d}x + z\mathrm{d}x\mathrm{d}y = \iint_{D_{xy}} 1\mathrm{d}x\mathrm{d}y = \pi,$$

故 $\displaystyle\iint_\Sigma y\mathrm{d}z\mathrm{d}x + z\mathrm{d}x\mathrm{d}y = \dfrac{\pi}{3}$．

7．由于 $\boldsymbol{r}$ 的方向为球面的外法向量 $\boldsymbol{n}$ 的方向，故

$$\oiint_\Sigma \frac{\partial u}{\partial r}\mathrm{d}S = \iint_\Sigma \mathbf{grad}\,u \cdot \boldsymbol{n}\mathrm{d}S = \iiint_\Omega \mathrm{d}x\mathrm{d}y\mathrm{d}z = \frac{4\pi}{3}.$$

8．由题意得 $3\varphi'(x) - 2\varphi(x) + x\mathrm{e}^{2x} = \varphi''(x)$，即 $\varphi''(x) - 3\varphi'(x) + 2\varphi(x) = x\mathrm{e}^{2x}$，特征方程

为 $r^2 - 3r + 2 = 0$，特征根为 $r_1 = 1$，$r_2 = 2$，对应的齐次线性方程的通解为

$$\Phi(x) = C_1\mathrm{e}^x + C_2\mathrm{e}^{2x}.$$

由于 $\lambda = 2$ 是特征根，可设原非齐次线性方程的特解为 $\varphi^*(x) = x(Ax+B)\mathrm{e}^{2x}$，代入解得 $A = \dfrac{1}{2}$，$B = -1$，即 $\varphi^*(x) = x\left(\dfrac{1}{2}x-1\right)\mathrm{e}^{2x}$，故所求函数为

$$\varphi(x) = C_1\mathrm{e}^x + C_2\mathrm{e}^{2x} + \frac{1}{2}x(x-2)\mathrm{e}^{2x}.$$

9. 取 Σ 为平面 $x+y+z = \dfrac{3}{2}$ 的上侧被 Γ 所围部分，则该平面的法向量为 $\boldsymbol{n} = \dfrac{1}{\sqrt{3}}(1,1,1)$，

即 $\cos\alpha = \cos\beta = \cos\gamma = \dfrac{1}{\sqrt{3}}$，由斯托克斯公式得

$$\oint_\Gamma (y^2-z^2)\mathrm{d}x + (z^2-x^2)\mathrm{d}y + (x^2-y^2)\mathrm{d}z$$

$$= \iint_\Sigma \begin{vmatrix} \dfrac{1}{\sqrt{3}} & \dfrac{1}{\sqrt{3}} & \dfrac{1}{\sqrt{3}} \\ \dfrac{\partial}{\partial x} & \dfrac{\partial}{\partial y} & \dfrac{\partial}{\partial z} \\ y^2-z^2 & z^2-x^2 & x^2-y^2 \end{vmatrix} \mathrm{d}S$$

$$= -\frac{4}{\sqrt{3}}\iint_\Sigma (x+y+z)\mathrm{d}S = -\frac{4}{\sqrt{3}}\cdot\frac{3}{2}\iint_\Sigma \mathrm{d}S,$$

Σ 在 xOy 面上的投影区域为

$$D_{xy} = \left\{(x,y)\left|\frac{1}{2}-x \leqslant y \leqslant 1, 0 \leqslant x \leqslant \frac{1}{2}\right.\right\} \cup \left\{(x,y)\left|0 \leqslant y \leqslant \frac{3}{2}-x, \frac{1}{2} \leqslant x \leqslant 1\right.\right\},$$

于是

$$\oint_\Gamma (y^2-z^2)\mathrm{d}x + (z^2-x^2)\mathrm{d}y + (x^2-y^2)\mathrm{d}z = -2\sqrt{3}\iint_{D_{xy}}\sqrt{3}\mathrm{d}x\mathrm{d}y = -6\iint_{D_{xy}}\mathrm{d}x\mathrm{d}y = -\frac{9}{2}.$$

10. 在 Σ 内作辅助小球面 $\Sigma_1: x^2+y^2+z^2 = \varepsilon^2$，取内侧，其中 ε 是足够小的正数，记 Σ 与 Σ_1 围成的闭区域为 Ω，Σ_1 本身所围成的闭区域为 Ω_1，且在 Ω 上，有 $\dfrac{\partial P}{\partial x} + \dfrac{\partial Q}{\partial y} + \dfrac{\partial R}{\partial z} = 0$，于是

$$\iint_\Sigma \frac{x\mathrm{d}y\mathrm{d}z + y\mathrm{d}z\mathrm{d}x + z\mathrm{d}x\mathrm{d}y}{(x^2+y^2+z^2)^{\frac{3}{2}}}$$

$$= \oiint_{\Sigma+\Sigma_1} \frac{x\mathrm{d}y\mathrm{d}z + y\mathrm{d}z\mathrm{d}x + z\mathrm{d}x\mathrm{d}y}{(x^2+y^2+z^2)^{\frac{3}{2}}} - \iint_{\Sigma_1} \frac{x\mathrm{d}y\mathrm{d}z + y\mathrm{d}z\mathrm{d}x + z\mathrm{d}x\mathrm{d}y}{(x^2+y^2+z^2)^{\frac{3}{2}}}$$

$$= \iiint_\Omega 0\mathrm{d}x\mathrm{d}y\mathrm{d}z - \frac{1}{\varepsilon^3}\iint_{\Sigma_1} x\mathrm{d}y\mathrm{d}z + y\mathrm{d}z\mathrm{d}x + z\mathrm{d}x\mathrm{d}y = \frac{1}{\varepsilon^3}\iiint_{\Omega_1} 3\mathrm{d}x\mathrm{d}y\mathrm{d}z$$

$$= \frac{3}{\varepsilon^3}\cdot\frac{4}{3}\pi\varepsilon^3 = 4\pi.$$

第十一章 无穷级数

无穷级数是高等数学的一个重要组成部分,它在函数的研究、数值计算等方面有着广泛的应用.本章介绍常数项级数的基础知识,进而讨论幂级数的一些基本性质及函数展开成幂级数的方法,并学习傅里叶级数及其展开的简单方法.

一、知识框架

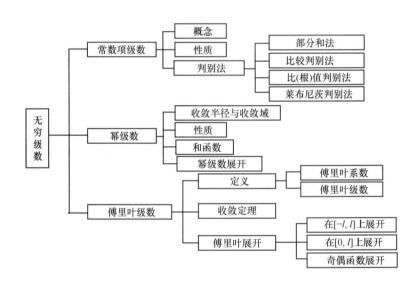

二、教学基本要求

(1) 理解常数项级数收敛、发散及收敛级数的和的概念,掌握级数的基本性质及收敛的必要条件.

(2) 掌握等比级数与 p-级数的收敛与发散的条件.

(3) 掌握正项级数的比较判别法和比值判别法,会用根值判别法.

(4) 掌握交错级数的莱布尼茨判别法.

(5) 了解任意项级数绝对收敛与条件收敛的概念,以及绝对收敛与收敛的关系.

(6) 了解函数项级数的收敛域及和函数的概念.

(7) 掌握幂级数的收敛半径、收敛区间及收敛域的求法.

(8) 了解幂级数在其收敛区间内的一些基本性质（和函数的连续性、逐项微分和逐项积分），会求一些幂级数在收敛区间内的和函数，并会由此求出某些数项级数的和.

(9) 了解函数展开为泰勒级数的充分必要条件.

(10) 掌握一些特殊函数的麦克劳林展开式，会用它们将一些简单函数间接展开成幂级数.

(11) 了解幂级数在近似计算上的简单应用.

(12) 了解傅里叶级数的概念与函数展开为傅里叶级数的狄利克雷定理，会将定义在 $[-\pi, \pi]$ 上的函数展开为傅里叶级数，会将定义在 $[0, \pi]$ 上的函数展开为正弦级数或余弦级数，会写出傅里叶级数的和的表达式.

三、主要内容解读

(一)常数项级数

1. 无穷级数的概念与性质

1) 无穷级数的概念

对于数列 $\{u_n\}$，将其各项依次相加所得到的式子 $u_1 + u_2 + \cdots + u_n + \cdots$ 称为常数项无穷级数，简称为级数，记作 $\sum\limits_{n=1}^{\infty} u_n$，其中第 n 项 u_n 称为级数的一般项或通项.

$s_1 = u_1$，$s_2 = u_1 + u_2$，$\cdots$，$s_n = u_1 + u_2 + \cdots + u_n$，$\cdots$，称 $\{s_n\}$ 为级数 $\sum\limits_{n=1}^{\infty} u_n$ 的部分和数列.

对于级数 $\sum\limits_{n=1}^{\infty} u_n$，若其部分和数列 $\{s_n\}$ 收敛，且其极限为 s，即 $\lim\limits_{n \to \infty} s_n = s$，则称级数 $\sum\limits_{n=1}^{\infty} u_n$ 收敛，并称极限值 s 为此级数的和，记为 $s = \sum\limits_{n=1}^{\infty} u_n$. 若部分和数列 $\{s_n\}$ 发散，则称级数 $\sum\limits_{n=1}^{\infty} u_n$ 发散.

当级数 $\sum\limits_{n=1}^{\infty} u_n$ 收敛时，其部分和 s_n 是这个级数和 s 的近似值. 它们之间的差

$$r_n = s - s_n = u_{n+1} + u_{n+2} + \cdots$$

称为级数的余项，$|r_n|$ 表示用 s_n 近似代替 s 所产生的误差. 如果级数 $\sum\limits_{n=1}^{\infty} u_n$ 收敛，则 $\lim\limits_{n \to \infty} r_n = 0$.

2) 无穷级数的基本性质

(1) 若级数 $\sum\limits_{n=1}^{\infty} u_n$ 收敛，k 为任一常数，则级数 $\sum\limits_{n=1}^{\infty} k u_n$ 也收敛，且 $\sum\limits_{n=1}^{\infty} k u_n = k \sum\limits_{n=1}^{\infty} u_n$；若

k 为非零常数, 则级数 $\sum_{n=1}^{\infty} u_n$ 与 $\sum_{n=1}^{\infty} k u_n$ 同敛散.

(2) 设级数 $\sum_{n=1}^{\infty} u_n$ 与 $\sum_{n=1}^{\infty} v_n$ 都收敛, 则级数 $\sum_{n=1}^{\infty} (u_n \pm v_n)$ 也收敛, 且

$$\sum_{n=1}^{\infty} (u_n \pm v_n) = \sum_{n=1}^{\infty} u_n \pm \sum_{n=1}^{\infty} v_n .$$

若级数 $\sum_{n=1}^{\infty} u_n$ 与 $\sum_{n=1}^{\infty} v_n$ 中一个收敛, 另一个发散, 则级数 $\sum_{n=1}^{\infty} (u_n \pm v_n)$ 一定发散.

若级数 $\sum_{n=1}^{\infty} u_n$ 与 $\sum_{n=1}^{\infty} v_n$ 都发散, 则级数 $\sum_{n=1}^{\infty} (u_n \pm v_n)$ 可能收敛, 也可能发散.

(3) 级数 $\sum_{n=1}^{\infty} u_n$ 去掉、添加或改变有限项, 均不会改变级数的敛散性.

对于收敛级数, 去掉、添加或改变其有限项后, 一般会改变它的和.

(4) 若级数 $\sum_{n=1}^{\infty} u_n$ 收敛, 则对级数的项任意加括号后所成的级数也收敛, 且其和不变.

注 若加括号后的级数收敛, 不能断言原级数也是收敛的; 但是, 如果对级数 $\sum_{n=1}^{\infty} u_n$ 的项适当加括号后所成的级数发散, 则原级数一定发散.

(5) (级数收敛的必要条件)如果级数 $\sum_{n=1}^{\infty} u_n$ 收敛, 则 $\lim_{n \to \infty} u_n = 0$.

注 此定理的逆命题是不成立的. 但是, 对于级数 $\sum_{n=1}^{\infty} u_n$, 若 $\lim_{n \to \infty} u_n \neq 0$, 则级数 $\sum_{n=1}^{\infty} u_n$ 发散.

3) 三类特殊的无穷级数

(1) 等比(几何)级数 $\sum_{n=0}^{\infty} aq^n$ $(a \neq 0)$, 当 $|q| < 1$ 时收敛, 其和为 $\dfrac{a}{1-q}$; 当 $|q| \geqslant 1$ 时发散.

(2) 调和级数 $\sum_{n=1}^{\infty} \dfrac{1}{n} = 1 + \dfrac{1}{2} + \dfrac{1}{3} + \cdots + \dfrac{1}{n} + \cdots$ 发散.

(3) p-级数 $\sum_{n=1}^{\infty} \dfrac{1}{n^p} = 1 + \dfrac{1}{2^p} + \dfrac{1}{3^p} + \cdots + \dfrac{1}{n^p} + \cdots$, 其中常数 $p > 0$, 当 $p > 1$ 时收敛; 当 $0 < p \leqslant 1$ 时发散.

2. 常数项级数敛散性的判别法

1) 正项级数 $\sum_{n=1}^{\infty} u_n$ $(u_n > 0)$ 敛散性的判别法

(1) 正项级数 $\sum_{n=1}^{\infty} u_n$ 收敛的充分必要条件是它的部分和数列 $\{s_n\}$ 有界.

(2) (比较判别法)设 $\sum\limits_{n=1}^{\infty} u_n$ 与 $\sum\limits_{n=1}^{\infty} v_n$ 均为正项级数, 且满足 $u_n \leqslant v_n$ $(n=1,2,\cdots)$, 则有以下结论.

若级数 $\sum\limits_{n=1}^{\infty} v_n$ 收敛, 则级数 $\sum\limits_{n=1}^{\infty} u_n$ 也收敛;

若级数 $\sum\limits_{n=1}^{\infty} u_n$ 发散, 则级数 $\sum\limits_{n=1}^{\infty} v_n$ 也发散.

(3) (比较判别法的极限形式)设 $\sum\limits_{n=1}^{\infty} u_n$ 与 $\sum\limits_{n=1}^{\infty} v_n$ 都是正项级数, 且 $\lim\limits_{n\to\infty} \dfrac{u_n}{v_n} = \rho$, 则有如下结论.

当 $0 < \rho < +\infty$ 时, 级数 $\sum\limits_{n=1}^{\infty} v_n$ 与级数 $\sum\limits_{n=1}^{\infty} u_n$ 有相同的敛散性;

当 $\rho = 0$ 时, 如果级数 $\sum\limits_{n=1}^{\infty} v_n$ 收敛, 那么级数 $\sum\limits_{n=1}^{\infty} u_n$ 收敛;

当 $\rho = +\infty$ 时, 如果级数 $\sum\limits_{n=1}^{\infty} v_n$ 发散, 那么级数 $\sum\limits_{n=1}^{\infty} u_n$ 发散.

(4) (比值判别法)对正项级数 $\sum\limits_{n=1}^{\infty} u_n$, 若 $\lim\limits_{n\to\infty} \dfrac{u_{n+1}}{u_n} = l$, 则有如下结论.

当 $l < 1$ 时, 级数 $\sum\limits_{n=1}^{\infty} u_n$ 收敛;

当 $l > 1$ 或 $l = +\infty$ 时, 级数 $\sum\limits_{n=1}^{\infty} u_n$ 发散;

当 $l = 1$ 时, 级数 $\sum\limits_{n=1}^{\infty} u_n$ 可能收敛, 也可能发散.

(5) (根值判别法)对正项级数 $\sum\limits_{n=1}^{\infty} u_n$, 若 $\lim\limits_{n\to\infty} \sqrt[n]{u_n} = l$, 则有如下结论.

当 $l < 1$ 时, 级数 $\sum\limits_{n=1}^{\infty} u_n$ 收敛;

当 $l > 1$ 或 $l = +\infty$ 时, 级数 $\sum\limits_{n=1}^{\infty} u_n$ 发散;

当 $l = 1$ 时, 级数 $\sum\limits_{n=1}^{\infty} u_n$ 可能收敛, 也可能发散.

注　判断正项级数 $\sum\limits_{n=1}^{\infty} u_n$ 敛散性的思路和方法如下.

(1) 先看 $\lim\limits_{n\to\infty} u_n$ 是否为零. 若极限不为零, 则级数发散; 若极限为零, 再按以下方法判断.

(2) 用正项级数的比值判别法或根值判别法进行判别, 如用这两种方法均失效

$$\left(\lim_{n\to\infty}\frac{u_{n+1}}{u_n}=1\text{或}\lim_{n\to\infty}\sqrt[n]{u_n}=1\right),\text{再按以下方法判断.}$$

(3) 用比较判别法或其极限形式进行判断, 这时通常用来作为参考的级数有等比级数、调和级数和 p-级数.

2) 交错级数 $\sum_{n=1}^{\infty}(-1)^{n-1}u_n$ $(u_n>0)$ 敛散性的判别法

莱布尼茨判别法 若交错级数 $\sum_{n=1}^{\infty}(-1)^{n-1}u_n$ 满足: ① $u_n\geqslant u_{n+1}$, $n=1,2,\cdots$; ② $\lim_{n\to\infty}u_n=0$, 则级数 $\sum_{n=1}^{\infty}(-1)^{n-1}u_n$ 收敛, 其和 $s\leqslant u_1$.

注 证明莱布尼茨判别法中的条件 $u_n\geqslant u_{n+1}$, $n=1,2,\cdots$ 成立, 有以下三种方法: ① $\frac{u_n}{u_{n+1}}\geqslant 1$; ② $u_n-u_{n+1}\geqslant 0$; ③根据 $u_n=f(n)$, 找一个可导函数 $f(x)$, 利用 $f'(x)<0$ 证明数列 $\{u_n\}$ 单调减少.

3) 任意项级数 $\sum_{n=1}^{\infty}u_n$ 敛散性的判别法

绝对收敛与条件收敛 若级数 $\sum_{n=1}^{\infty}|u_n|$ 收敛, 则称级数 $\sum_{n=1}^{\infty}u_n$ 绝对收敛; 若级数 $\sum_{n=1}^{\infty}u_n$ 收敛, 而级数 $\sum_{n=1}^{\infty}|u_n|$ 发散, 则称级数 $\sum_{n=1}^{\infty}u_n$ 条件收敛.

(1) 若级数 $\sum_{n=1}^{\infty}|u_n|$ 收敛, 则级数 $\sum_{n=1}^{\infty}u_n$ 必收敛.

(2) 若级数 $\sum_{n=1}^{\infty}u_n$ 绝对收敛, 则级数 $\sum_{n=1}^{\infty}\frac{u_n+|u_n|}{2}$ 和级数 $\sum_{n=1}^{\infty}\frac{u_n-|u_n|}{2}$ 都收敛; 若级数 $\sum_{n=1}^{\infty}u_n$ 条件收敛, 则级数 $\sum_{n=1}^{\infty}\frac{u_n+|u_n|}{2}$ 和级数 $\sum_{n=1}^{\infty}\frac{u_n-|u_n|}{2}$ 都发散.

注 对于任意项级数 $\sum_{n=1}^{\infty}u_n$, 若用正项级数敛散性的判别法判定出级数 $\sum_{n=1}^{\infty}|u_n|$ 收敛, 则 $\sum_{n=1}^{\infty}u_n$ 也收敛. 这就使得一大类级数的敛散性判别问题可以转化为正项级数的敛散性判别问题. 一般说来, 若级数 $\sum_{n=1}^{\infty}|u_n|$ 发散, 不能判定 $\sum_{n=1}^{\infty}u_n$ 也发散, 但是, 如果用比值判别法或根值判别法判定级数 $\sum_{n=1}^{\infty}|u_n|$ 发散, 则可以断定级数 $\sum_{n=1}^{\infty}u_n$ 必发散.

注 判断任意项级数 $\sum_{n=1}^{\infty}u_n$ 敛散性的思路和方法如下.

(1) 先看 $\lim_{n\to\infty}u_n$ 是否为零. 若极限不为零, 则级数发散; 若极限为零, 再按以下方法判断.

(2) 判断正项级数 $\sum\limits_{n=1}^{\infty}|u_n|$ 的敛散性. 若级数 $\sum\limits_{n=1}^{\infty}|u_n|$ 收敛, 则级数 $\sum\limits_{n=1}^{\infty}u_n$ 绝对收敛. 若用比值判别法或根值判别法判定级数 $\sum\limits_{n=1}^{\infty}|u_n|$ 发散, 则级数 $\sum\limits_{n=1}^{\infty}u_n$ 发散; 若用比较判别法或其极限形式判定级数 $\sum\limits_{n=1}^{\infty}|u_n|$ 发散, 则不能由此判定级数 $\sum\limits_{n=1}^{\infty}u_n$ 发散, 这时判断级数 $\sum\limits_{n=1}^{\infty}u_n$ 的敛散性需按以下方法进行.

(3) 用级数收敛的定义、性质或莱布尼茨判别法判定级数 $\sum\limits_{n=1}^{\infty}u_n$ 的敛散性. 若 $\sum\limits_{n=1}^{\infty}|u_n|$ 发散, 但 $\sum\limits_{n=1}^{\infty}u_n$ 收敛, 则 $\sum\limits_{n=1}^{\infty}u_n$ 条件收敛; 若级数 $\sum\limits_{n=1}^{\infty}u_n$ 发散, 则为发散.

（二）幂级数

1. 函数项级数的概念

对任意一个定义在区间 I 上的函数列 $\{u_n(x)\}$, 称

$$\sum_{n=1}^{\infty}u_n(x)=u_1(x)+u_2(x)+\cdots+u_n(x)+\cdots$$

为定义在区间 I 上的函数项无穷级数, 简称为函数项级数.

对每个给定的点 $x_0\in I$, 函数项级数 $\sum\limits_{n=1}^{\infty}u_n(x)$ 成为常数项级数 $\sum\limits_{n=1}^{\infty}u_n(x_0)$. 若 $\sum\limits_{n=1}^{\infty}u_n(x_0)$ 收敛, 则称点 x_0 为函数项级数 $\sum\limits_{n=1}^{\infty}u_n(x)$ 的一个收敛点; 若 $\sum\limits_{n=1}^{\infty}u_n(x_0)$ 发散, 则称点 x_0 为函数项级数 $\sum\limits_{n=1}^{\infty}u_n(x)$ 的一个发散点. 级数 $\sum\limits_{n=1}^{\infty}u_n(x)$ 的全体收敛点的集合称为 $\sum\limits_{n=1}^{\infty}u_n(x)$ 的收敛域, 全体发散点的集合称为 $\sum\limits_{n=1}^{\infty}u_n(x)$ 的发散域.

在收敛域 D 上, 函数项级数 $\sum\limits_{n=1}^{\infty}u_n(x)$ 的和是关于 x 的函数, 称为和函数, 记作 $s(x)$, 即在收敛域 D 上, 有 $s(x)=\sum\limits_{n=1}^{\infty}u_n(x)$.

称 $s_n(x)=\sum\limits_{k=1}^{n}u_k(x)$ 为函数项级数 $\sum\limits_{n=1}^{\infty}u_n(x)$ 的部分和. 于是, 当 $x\in D$ 时, 有 $\lim\limits_{n\to\infty}s_n(x)=s(x)$, 在 D 上, 称 $r_n(x)=s(x)-s_n(x)$ 为函数项级数的余项, 显然 $\lim\limits_{n\to\infty}r_n(x)=0$.

2．幂级数及其收敛域

幂级数 $\sum\limits_{n=0}^{\infty} a_n(x-x_0)^n$ 在 $x=x_0$ 时收敛；幂级数 $\sum\limits_{n=0}^{\infty} a_n x^n$ 在 $x=0$ 时收敛．

(1) (阿贝尔定理)若幂级数 $\sum\limits_{n=0}^{\infty} a_n x^n$ 在某点 $x=x_0$ $(x_0 \neq 0)$ 处收敛，则对满足不等式 $|x| < |x_0|$ 的任何 x，幂级数 $\sum\limits_{n=0}^{\infty} a_n x^n$ 绝对收敛；若幂级数 $\sum\limits_{n=0}^{\infty} a_n x^n$ 在某点 $x=x_1$ 处发散，则对满足不等式 $|x| > |x_1|$ 的任何点 x，幂级数 $\sum\limits_{n=0}^{\infty} a_n x^n$ 发散．

(2) 若幂级数 $\sum\limits_{n=0}^{\infty} a_n x^n$ 不是仅在一点收敛，也不是在整个数轴上都收敛，则必有一个确定的正数 R 存在，它具有下列性质：①当 $|x| < R$ 时，幂级数绝对收敛；②当 $|x| > R$ 时，幂级数发散；③当 $x = \pm R$ 时，幂级数可能收敛，也可能发散．正数 R 称为幂级数 $\sum\limits_{n=0}^{\infty} a_n x^n$ 的收敛半径，区间 $(-R, R)$ 称为幂级数 $\sum\limits_{n=0}^{\infty} a_n x^n$ 的收敛区间．再根据幂级数在 $x = \pm R$ 处的敛散性，就可以得到幂级数的收敛域．

特别地，若幂级数只在点 $x=0$ 处收敛，则规定收敛半径 $R=0$，这时幂级数 $\sum\limits_{n=0}^{\infty} a_n x^n$ 的收敛域仅含一点 $x=0$；若幂级数对一切 x 都收敛，则规定收敛半径 $R=+\infty$，这时幂级数的收敛域为 $(-\infty, +\infty)$．

(3) 对于幂级数 $\sum\limits_{n=0}^{\infty} a_n x^n$，若 $\lim\limits_{n \to \infty} \left| \dfrac{a_{n+1}}{a_n} \right| = \rho$ 或 $\lim\limits_{n \to \infty} \sqrt[n]{|a_n|} = \rho$，则有如下结论．

当 $0 < \rho < +\infty$ 时，幂级数 $\sum\limits_{n=0}^{\infty} a_n x^n$ 的收敛半径 $R = \dfrac{1}{\rho}$；

当 $\rho = 0$ 时，幂级数 $\sum\limits_{n=0}^{\infty} a_n x^n$ 的收敛半径 $R = +\infty$；

当 $\rho = +\infty$ 时，幂级数 $\sum\limits_{n=0}^{\infty} a_n x^n$ 的收敛半径 $R = 0$．

注　求幂级数 $\sum\limits_{n=0}^{\infty} a_n x^n$ 的收敛半径和收敛域，要注意以下三种类型：① $\sum\limits_{n=0}^{\infty} a_n x^n$；② $\sum\limits_{n=0}^{\infty} a_n x^{2n}$ 或 $\sum\limits_{n=0}^{\infty} a_n x^{2n+1}$；③ $\sum\limits_{n=0}^{\infty} a_n(x-x_0)^n$．

求幂级数的收敛域，一般先求出收敛半径及收敛区间，再考虑在区间端点处的收敛性，此时转化为常数项级数敛散性的判定．

3．幂级数的运算

1) 幂级数的四则运算性质

设幂级数 $\sum\limits_{n=0}^{\infty} a_n x^n$ 及 $\sum\limits_{n=0}^{\infty} b_n x^n$ 的收敛半径分别为 R_1 与 R_2，则有

$$\sum_{n=0}^{\infty} a_n x^n \pm \sum_{n=0}^{\infty} b_n x^n = \sum_{n=0}^{\infty} (a_n \pm b_n) x^n，\quad |x| < R，$$

$$\lambda \sum_{n=0}^{\infty} a_n x^n = \sum_{n=0}^{\infty} \lambda a_n x^n，\quad |x| < R_1，$$

$$\left(\sum_{n=0}^{\infty} a_n x^n \right) \left(\sum_{n=0}^{\infty} b_n x^n \right) = \sum_{n=0}^{\infty} c_n x^n，\quad |x| < R，$$

其中，$R = \min\{R_1, R_2\}$，λ 为常数，$c_n = \sum\limits_{k=0}^{n} a_k b_{n-k}$．

2) 幂级数的分析运算性质

(1) 对幂级数 $\sum\limits_{n=0}^{\infty} a_n x^n$ 逐项求导或逐项积分所得的幂级数与原幂级数的收敛半径都相等．

(2) (幂级数的和函数的连续性)幂级数 $\sum\limits_{n=0}^{\infty} a_n x^n$ 的和函数 $s(x)$ 在收敛域上连续；若 $\sum\limits_{n=0}^{\infty} a_n x^n$ 在 $x = -R$ 处收敛，则其和函数 $s(x)$ 在 $x = -R$ 处右连续；若 $\sum\limits_{n=0}^{\infty} a_n x^n$ 在 $x = R$ 处收敛，则其和函数 $s(x)$ 在 $x = R$ 处左连续．

(3) (幂级数可逐项求导)幂级数 $\sum\limits_{n=0}^{\infty} a_n x^n$ 的和函数 $s(x)$ 在收敛区间 $(-R, R)$ 内可导，且对 $(-R, R)$ 内的任一点 x，有逐项求导公式 $s'(x) = \left(\sum\limits_{n=0}^{\infty} a_n x^n \right)' = \sum\limits_{n=0}^{\infty} (a_n x^n)' = \sum\limits_{n=1}^{\infty} n a_n x^{n-1}$．

(4) (幂级数可逐项积分)幂级数 $\sum\limits_{n=0}^{\infty} a_n x^n$ 的和函数 $s(x)$ 在收敛区间 $(-R, R)$ 内可积，且对收敛区间 $(-R, R)$ 内的任一点 x，有逐项积分公式

$$\int_0^x s(x) \mathrm{d}x = \int_0^x \left(\sum_{n=0}^{\infty} a_n x^n \right) \mathrm{d}x = \sum_{n=0}^{\infty} \int_0^x a_n x^n \mathrm{d}x = \sum_{n=0}^{\infty} \frac{a_n}{n+1} x^{n+1}．$$

注 (1) 幂级数 $\sum\limits_{n=0}^{\infty} a_n x^n$ 的和函数 $s(x)$ 在收敛区间 $(-R, R)$ 内具有任意阶导数．

(2) 求幂级数的和函数时，先求出幂级数的收敛域，再通过幂级数的代数运算、逐项求导、逐项积分等性质将其化为等比级数或其他易求和的级数形式，再求和．

(3) 求常数项级数的和的方法如下．

利用定义，先求出部分和，再求极限，使用方法有直接法、拆项法和递推法．其中直

接法适用于级数 $\sum\limits_{n=1}^{\infty} u_n$ 对应的数列 $\{u_n\}$ 是等差数列或等比数列或者通过简单变换易化为这两种数列的形式；拆项法即把通项拆成两项和或差的形式，在求前 n 项和时，除首尾若干项外其余各项均可消去.

将常数项级数转化为幂级数，先求出幂级数的和函数，再求和函数在收敛域内某点的函数值，得到对应的常数项级数的和.

4．函数的幂级数展开

1）泰勒级数

若函数 $f(x)$ 在点 x_0 处具有任意阶导数，则称幂级数

$$f(x_0)+\frac{f'(x_0)}{1!}(x-x_0)+\frac{f''(x_0)}{2!}(x-x_0)^2+\cdots+\frac{f^{(n)}(x_0)}{n!}(x-x_0)^n+\cdots$$

为函数 $f(x)$ 在点 x_0 处的泰勒级数.

注　若函数 $f(x)$ 在点 x_0 处能展开成幂级数，则这个幂级数必定是 $f(x)$ 在点 x_0 处的泰勒级数，即函数的幂级数展开式是唯一的.

2）麦克劳林级数

特别地，当 $x_0=0$ 时，称幂级数

$$f(0)+f'(0)x+\frac{f''(0)}{2!}x^2+\cdots+\frac{f^{(n)}(0)}{n!}x^n+\cdots$$

为 $f(x)$ 的麦克劳林级数.

3）泰勒级数的收敛定理

设函数 $f(x)$ 在点 x_0 的某邻域 $U(x_0,\delta)$ 内具有任意阶导数，则 $f(x)$ 在该邻域内可展开成泰勒级数，即

$$f(x)=f(x_0)+f'(x_0)(x-x_0)+\frac{f''(x_0)}{2!}(x-x_0)^2+\cdots+\frac{f^{(n)}(x_0)}{n!}(x-x_0)^n+\cdots$$

的充分必要条件是 $\lim\limits_{n\to\infty}R_n(x)=0$，$x\in U(x_0,\delta)$，其中 $R_n(x)$ 是 $f(x)$ 在点 x_0 处的 n 阶泰勒公式中的拉格朗日型余项，即 $R_n(x)=\dfrac{f^{(n+1)}[x_0+\theta(x-x_0)]}{(n+1)!}(x-x_0)^{n+1}$，$0<\theta<1$.

4）几个常用函数的麦克劳林展开式

(1) $\dfrac{1}{1-x}=1+x+x^2+\cdots+x^n+\cdots$，$x\in(-1,1)$.

(2) $\dfrac{1}{1+x}=1-x+x^2-x^3+\cdots+(-1)^n x^n+\cdots$，$x\in(-1,1)$.

(3) $\mathrm{e}^x=1+x+\dfrac{x^2}{2!}+\cdots+\dfrac{x^n}{n!}+\cdots$，$x\in(-\infty,+\infty)$.

(4) $\sin x=x-\dfrac{x^3}{3!}+\dfrac{x^5}{5!}-\dfrac{x^7}{7!}+\cdots+(-1)^{n-1}\dfrac{x^{2n-1}}{(2n-1)!}+\cdots$，$x\in(-\infty,+\infty)$.

(5) $\cos x = 1 - \dfrac{x^2}{2!} + \dfrac{x^4}{4!} - \dfrac{x^6}{6!} + \cdots + (-1)^{n-1}\dfrac{x^{2n-2}}{(2n-2)!} + \cdots,\ x \in (-\infty, +\infty)$.

(6) $\ln(1+x) = x - \dfrac{x^2}{2} + \dfrac{x^3}{3} - \dfrac{x^4}{4} + \cdots + (-1)^{n-1}\dfrac{x^n}{n} + \cdots,\ x \in (-1, 1]$.

(7) $(1+x)^m = 1 + mx + \dfrac{m(m-1)}{2!}x^2 + \cdots + \dfrac{m(m-1)\cdots(m-n+1)}{n!}x^n + \cdots,\ x \in (-1, 1)$,

其中, 在区间的端点, 展开式是否成立由 m 的取值确定.

注 (1) 将函数展开成幂级数, 对于少数比较简单的函数, 能直接从定义出发, 并根据泰勒级数的收敛定理求得其展开式, 这种方法称为直接展开法. 一般情况下, 则是从已知的展开式出发, 采用变量代换、四则运算、恒等变形或者逐项求导、逐项积分等办法求出其展开式, 这种方法称为间接展开法.

(2) 利用函数的幂级数展开式, 可以计算函数值的近似值, 还可以计算一些定积分的近似值.

(三) 傅里叶级数

1. 三角函数系的正交性

三角函数系 $\{1, \cos x, \sin x, \cos 2x, \sin 2x, \cdots, \cos nx, \sin nx, \cdots\}$ 在区间 $[-\pi, \pi]$ 上正交, 即其中任意两个不同函数的乘积在 $[-\pi, \pi]$ 上的积分等于 0, 这一性质称为三角函数系的正交性.

2. 傅里叶级数的概念

以 2π 为周期的可积函数 $f(x)$ 能展开为三角级数, 即

$$f(x) = \frac{a_0}{2} + \sum_{n=1}^{\infty}(a_n \cos nx + b_n \sin nx),$$

其中, $a_n = \dfrac{1}{\pi}\displaystyle\int_{-\pi}^{\pi} f(x)\cos nx\,\mathrm{d}x\ (n = 0, 1, 2, \cdots)$, $b_n = \dfrac{1}{\pi}\displaystyle\int_{-\pi}^{\pi} f(x)\sin nx\,\mathrm{d}x\ (n = 1, 2, \cdots)$ 称为 $f(x)$

的傅里叶系数, 将此系数代入所得的三角级数 $\dfrac{a_0}{2} + \displaystyle\sum_{n=1}^{\infty}(a_n \cos nx + b_n \sin nx)$ 称为函数

$f(x)$ 的傅里叶级数, 记为 $f(x) \sim \dfrac{a_0}{2} + \displaystyle\sum_{n=1}^{\infty}(a_n \cos nx + b_n \sin nx)$.

3. 收敛定理

狄利克雷收敛定理(展开定理)　设 $f(x)$ 是周期为 2π 的周期函数, 若 $f(x)$ 满足以下条件:

(1) 在一个周期内连续或只有有限个第一类间断点.

(2) 在一个周期内至多有有限个极值点.

则 $f(x)$ 的傅里叶级数收敛, 并且

(1) 当 x 是 $f(x)$ 的连续点时, $f(x)$ 的傅里叶级数收敛于 $f(x)$;

(2) 当 x 是 $f(x)$ 的间断点时, $f(x)$ 的傅里叶级数收敛于 $\dfrac{f(x^-)+f(x^+)}{2}$.

4. 周期为 2π 的函数展开为傅里叶级数

1) 基本步骤

(1) 判断 $f(x)$ 是否满足狄利克雷收敛定理条件;

(2) 计算函数的傅里叶系数, 并写出函数的傅里叶级数展开式, 注明它在何处收敛于 $f(x)$.

2) 三种展开类型

(1) 函数 $f(x)$ 是以 2π 为周期的周期函数, 已知其在 $[-\pi,\pi]$ 上的表达式, 将其展开为傅里叶级数. 这时, 如果 $f(x)$ 是以 2π 为周期的奇函数, 则傅里叶系数为

$$a_n = 0 \quad (n=0,1,2,\cdots), \qquad b_n = \frac{2}{\pi}\int_0^\pi f(x)\sin nx\,dx \quad (n=1,2,\cdots),$$

于是 $f(x)$ 的傅里叶级数为正弦级数, 即 $\displaystyle\sum_{n=1}^\infty b_n \sin nx$.

若 $f(x)$ 是以 2π 为周期的偶函数, 则傅里叶系数为

$$a_n = \frac{2}{\pi}\int_0^\pi f(x)\cos nx\,dx \quad (n=0,1,2,\cdots), \qquad b_n = 0 \quad (n=1,2,\cdots),$$

于是 $f(x)$ 的傅里叶级数为余弦级数, 即 $\dfrac{a_0}{2}+\displaystyle\sum_{n=1}^\infty a_n \cos nx$.

(2) 如果函数 $f(x)$ 只在 $[-\pi,\pi)$ (或 $(-\pi,\pi]$) 上有定义, 将其展开为傅里叶级数. 这时可在 $[-\pi,\pi)$ (或 $(-\pi,\pi]$) 外补充函数的定义, 使之成为以 2π 为周期的周期函数 $F(x)$, 这种拓广函数定义域的过程称为周期延拓. 例如, $f(x)$ 为函数在 $[-\pi,\pi)$ 上的解析表达式, 那么周期延拓后的函数为

$$F(x) = \begin{cases} f(x), & x\in[-\pi,\pi), \\ f(x-2k\pi), & x\in[(2k-1)\pi,(2k+1)\pi), \end{cases}$$

其中, $k=\pm1,\pm2,\cdots$. 将 $F(x)$ 展开成傅里叶级数后, 把 x 限制在 $[-\pi,\pi)$ (或 $(-\pi,\pi]$) 内, 此时 $F(x)=f(x)$, 由此得到 $f(x)$ 的傅里叶级数展开式, 根据收敛定理, 该级数在区间端点 $x=\pm\pi$ 处收敛于 $\dfrac{1}{2}[f(\pi^-)+f(-\pi^+)]$.

(3) 如果函数 $f(x)$ 定义在 $[0,\pi]$ 上, 需要将其展开成正弦级数(或余弦级数). 这时可补充 $f(x)$ 在 $(-\pi,0)$ 上的定义, 使之成为定义在 $(-\pi,\pi]$ 上的奇函数(或偶函数) $F(x)$, 这种拓广函数定义域的过程称为奇延拓(或偶延拓), 延拓后的函数分别为

$$F(x) = \begin{cases} f(x), & x \in (0, \pi], \\ 0, & x = 0, \\ -f(-x), & x \in (-\pi, 0); \end{cases}$$

或

$$F(x) = \begin{cases} f(x), & x \in [0, \pi], \\ f(-x), & x \in (-\pi, 0). \end{cases}$$

再对 $F(x)$ 进行周期延拓, 使之成为以 2π 为周期的周期函数 $G(x)$, 将周期函数 $G(x)$ 展开为傅里叶级数, 这个级数当然是正弦级数(或余弦级数), 再限制 x 在 $[0, \pi]$ 上, 便得到 $f(x)$ 的正弦级数(或余弦级数)展开式.

5. 周期为 $2l$ 的函数展开为傅里叶级数

设 $f(x)$ 是以 $2l$ 为周期的周期函数, 通过代换 $\dfrac{\pi x}{l} = t$ 或 $x = \dfrac{lt}{\pi}$, 可把 $f(x)$ 变换成函数 $F(t)$, 即 $F(t) = f\left(\dfrac{lt}{\pi}\right)$, 又因为 $F(t + 2\pi) = f\left[\dfrac{l(t + 2\pi)}{\pi}\right] = f\left(\dfrac{lt}{\pi} + 2l\right) = f\left(\dfrac{lt}{\pi}\right) = F(t)$, 所以 $F(t)$ 是以 2π 为周期的周期函数.

若 $f(x)$ 在 $(-l, l]$ 上满足狄利克雷收敛定理的条件, 则 $F(t)$ 在 $(-\pi, \pi]$ 上也满足狄利克雷收敛定理的条件, 于是 $\dfrac{f(x^-) + f(x^+)}{2} = \dfrac{a_0}{2} + \sum\limits_{n=1}^{\infty}\left(a_n \cos\dfrac{n\pi x}{l} + b_n \sin\dfrac{n\pi x}{l}\right)$, 其中

$$a_n = \frac{1}{l}\int_{-l}^{l} f(x)\cos\frac{n\pi x}{l}\mathrm{d}x \quad (n = 0, 1, 2, \cdots), \qquad b_n = \frac{1}{l}\int_{-l}^{l} f(x)\sin\frac{n\pi x}{l}\mathrm{d}x \quad (n = 1, 2, \cdots),$$

易知, 当 $f(x)$ 为奇函数时, $a_n = 0$ $(n = 0, 1, 2, \cdots)$, $b_n = \dfrac{2}{l}\int_0^l f(x)\sin\dfrac{n\pi x}{l}\mathrm{d}x \,(n = 1, 2, \cdots)$, 可将 $f(x)$ 展开成正弦级数; 当 $f(x)$ 为偶函数时, $a_n = \dfrac{2}{l}\int_0^l f(x)\cos\dfrac{n\pi x}{l}\mathrm{d}x \,(n = 0, 1, 2, \cdots)$, $b_n = 0 \,(n = 1, 2, \cdots)$, 可将 $f(x)$ 展开成余弦级数.

四、典型例题解析

例 1 下列级数收敛的是(　　).

A. $\sum\limits_{n=1}^{\infty}\left(\dfrac{1}{n} + \dfrac{1}{n^2}\right)$ 　　　B. $\sum\limits_{n=1}^{\infty}\left(\dfrac{1}{n} + 1\right)$ 　　C. $\sum\limits_{n=1}^{\infty}\left(\dfrac{1}{2^n} + \dfrac{1}{n^2}\right)$ 　　D. $\sum\limits_{n=1}^{\infty}\left(\dfrac{1}{2^n} + \dfrac{1}{\sqrt{n}}\right)$

思路分析　判断 $\sum\limits_{n=1}^{\infty}(u_n + v_n)$ 形式的级数的敛散性时, 可以根据 $\sum\limits_{n=1}^{\infty}u_n$ 和 $\sum\limits_{n=1}^{\infty}v_n$ 的敛散性综合判断: 若两个级数均收敛, 则 $\sum\limits_{n=1}^{\infty}(u_n + v_n)$ 收敛; 若一个级数收敛而另一个级数发

散, 则 $\sum\limits_{n=1}^{\infty}(u_n + v_n)$ 一定发散.

解　因为 $\lim\limits_{n\to\infty}\left(\dfrac{1}{n}+1\right)=1\neq 0$, 所以 $\sum\limits_{n=1}^{\infty}\left(\dfrac{1}{n}+1\right)$ 发散. 再根据等比级数和 p-级数的收敛

性知, $\sum\limits_{n=1}^{\infty}2^n$, $\sum\limits_{n=1}^{\infty}\dfrac{1}{n}$, $\sum\limits_{n=1}^{\infty}\dfrac{1}{\sqrt{n}}$ 是发散的; $\sum\limits_{n=1}^{\infty}\dfrac{1}{n^2}$, $\sum\limits_{n=1}^{\infty}\dfrac{1}{2^n}$ 是收敛的. 故选项 C 正确.

例 2　用定义判别级数 $\sum\limits_{n=1}^{\infty}\dfrac{1}{(5n-4)(5n+1)}$ 是否收敛.

思路分析　用定义判别级数是否收敛, 即判别该级数的部分和数列的极限是否存在.

解　因为

$$s_n = \sum_{k=1}^{n}\frac{1}{(5k-4)(5k+1)} = \frac{1}{1\cdot 6} + \frac{1}{6\cdot 11} + \cdots + \frac{1}{(5n-4)(5n+1)}$$

$$= \frac{1}{5}\left(\frac{1}{1}-\frac{1}{6}+\frac{1}{6}-\frac{1}{11}+\cdots+\frac{1}{5n-4}-\frac{1}{5n+1}\right) = \frac{1}{5}\left(1-\frac{1}{5n+1}\right),$$

于是 $\lim\limits_{n\to\infty}s_n = \lim\limits_{n\to\infty}\dfrac{1}{5}\left(1-\dfrac{1}{5n+1}\right)=\dfrac{1}{5}$, 由定义知, 级数 $\sum\limits_{n=1}^{\infty}\dfrac{1}{(5n-4)(5n+1)}$ 收敛.

小结　在求级数的部分和数列的极限时, 经常对通项进行拆分, 以达到简化的目的.

例 3　判断下列级数的敛散性.

(1) $a + a^{\frac{1}{2}} + a^{\frac{1}{3}} + a^{\frac{1}{4}} + \cdots \ (a>0)$;　　　(2) $\sum\limits_{n=1}^{\infty}\dfrac{3^n n!}{n^n}$;　　　(3) $\sum\limits_{n=1}^{\infty}\left(\dfrac{2n}{3n+1}\right)^n$;

(4) $\sum\limits_{n=1}^{\infty}\dfrac{(n!)^2}{(2n)!}$;　　　(5) $\sum\limits_{n=1}^{\infty}\dfrac{1}{(a+n-1)(a+n)(a+n+1)}\ (a\neq 0)$.

解　(1) 因为 $\lim\limits_{n\to\infty}u_n = \lim\limits_{n\to\infty}a^{\frac{1}{n}}=1\neq 0$, 所以级数发散.

(2) 因为 $\lim\limits_{n\to\infty}\dfrac{u_{n+1}}{u_n} = \lim\limits_{n\to\infty}\dfrac{\dfrac{3^{n+1}(n+1)!}{(n+1)^{n+1}}}{\dfrac{3^n n!}{n^n}} = \lim\limits_{n\to\infty}\dfrac{3}{\left(1+\dfrac{1}{n}\right)^n} = \dfrac{3}{\mathrm{e}} > 1$, 所以级数 $\sum\limits_{n=1}^{\infty}\dfrac{3^n n!}{n^n}$ 发散.

(3) 因为 $\lim\limits_{n\to\infty}\sqrt[n]{\left(\dfrac{2n}{3n+1}\right)^n} = \lim\limits_{n\to\infty}\dfrac{2n}{3n+1} = \dfrac{2}{3} < 1$, 所以级数 $\sum\limits_{n=1}^{\infty}\left(\dfrac{2n}{3n+1}\right)^n$ 收敛.

(4) 因为 $\lim\limits_{n\to\infty}\dfrac{u_{n+1}}{u_n} = \lim\limits_{n\to\infty}\dfrac{(n+1)!(n+1)!}{(2n+2)!}\cdot\dfrac{(2n)!}{n!n!} = \lim\limits_{n\to\infty}\dfrac{(n+1)^2}{(2n+2)(2n+1)} = \dfrac{1}{4} < 1$, 所以级数

$\sum\limits_{n=1}^{\infty}\dfrac{(n!)^2}{(2n)!}$ 收敛.

(5) 因为 $\lim\limits_{n\to\infty}\dfrac{\dfrac{1}{(a+n-1)(a+n)(a+n+1)}}{\dfrac{1}{n^3}} = 1$, 所以由比较判别法的极限形式知,

$\sum\limits_{n=1}^{\infty}\dfrac{1}{(a+n-1)(a+n)(a+n+1)}$ 与 $\sum\limits_{n=1}^{\infty}\dfrac{1}{n^3}$ 有相同的敛散性, 而 p-级数 $\sum\limits_{n=1}^{\infty}\dfrac{1}{n^3}$ 收敛, 故级数

$\sum\limits_{n=1}^{\infty}\dfrac{1}{(a+n-1)(a+n)(a+n+1)}$ 收敛.

小结　判别正项级数 $\sum\limits_{n=1}^{\infty}u_n$ 敛散性的一般步骤是: ① $\lim\limits_{n\to\infty}u_n$ 是否为零, 若 $\lim\limits_{n\to\infty}u_n\neq0$, 则可直接判别该级数发散; ②若 $\lim\limits_{n\to\infty}u_n=0$, 则用比值判别法或根值判别法来判定敛散性; ③如果仍然无法判定, 则用比较判别法或其极限形式来判别.

例4　设 α 为常数, 则级数 $\sum\limits_{n=1}^{\infty}\left(\dfrac{\sin n\alpha}{n^2}-\dfrac{1}{\sqrt{n}}\right)$ 为(　　).

A. 绝对收敛　　　B. 发散　　　C. 条件收敛　　　D. 敛散性与 α 取值有关

解　因为 $\left|\dfrac{\sin n\alpha}{n^2}\right|\leqslant\dfrac{1}{n^2}\ (n=1,2,\cdots)$, 所以 $\sum\limits_{n=1}^{\infty}\dfrac{\sin n\alpha}{n^2}$ 绝对收敛, 而 $\sum\limits_{n=1}^{\infty}\dfrac{1}{\sqrt{n}}$ 发散, 故 $\sum\limits_{n=1}^{\infty}\left(\dfrac{\sin n\alpha}{n^2}-\dfrac{1}{\sqrt{n}}\right)$ 发散. 因此, 选项 B 是正确的.

例5　设 $u_n=(-1)^n\ln\left(1+\dfrac{1}{\sqrt{n}}\right)$, 则(　　).

A. $\sum\limits_{n=1}^{\infty}u_n$ 与 $\sum\limits_{n=1}^{\infty}u_n^2$ 都收敛　　　　　B. $\sum\limits_{n=1}^{\infty}u_n$ 与 $\sum\limits_{n=1}^{\infty}u_n^2$ 都发散

C. $\sum\limits_{n=1}^{\infty}u_n$ 收敛, 而 $\sum\limits_{n=1}^{\infty}u_n^2$ 发散　　　　D. $\sum\limits_{n=1}^{\infty}u_n$ 发散, 而 $\sum\limits_{n=1}^{\infty}u_n^2$ 收敛

解　由莱布尼茨判别法知 $\sum\limits_{n=1}^{\infty}u_n$ 收敛, 但 $\sum\limits_{n=1}^{\infty}u_n^2=\sum\limits_{n=1}^{\infty}\ln^2\left(1+\dfrac{1}{\sqrt{n}}\right)$. 因为

$\lim\limits_{n\to\infty}\dfrac{\ln^2\left(1+\dfrac{1}{\sqrt{n}}\right)}{\dfrac{1}{n}}=1$, 而 $\sum\limits_{n=1}^{\infty}\dfrac{1}{n}$ 发散, 所以 $\sum\limits_{n=1}^{\infty}u_n^2$ 发散. 故选项 C 是正确的.

例6　设 $\sum\limits_{n=1}^{\infty}(-1)^n a_n$ 条件收敛, 则(　　).

A. $\sum\limits_{n=1}^{\infty}a_n$ 收敛　　　　　　　　　B. $\sum\limits_{n=1}^{\infty}a_n$ 发散

C. $\sum\limits_{n=1}^{\infty}(a_n-a_{n+1})$ 收敛　　　　D. $\sum\limits_{n=1}^{\infty}a_{2n}$ 和 $\sum\limits_{n=1}^{\infty}a_{2n+1}$ 都收敛

解　因为 $\sum\limits_{n=1}^{\infty}(-1)^n a_n$ 条件收敛, 所以 $\lim\limits_{n\to\infty}a_n=0$.

对于选项 C, $s_n=\sum\limits_{k=1}^{n}(a_k-a_{k+1})=a_1-a_{n+1}$, 所以 $\lim\limits_{n\to\infty}s_n=\lim\limits_{n\to\infty}(a_1-a_{n+1})=a_1$. 故 $\sum\limits_{n=1}^{\infty}(a_n-a_{n+1})$ 收敛, 即选项 C 是正确的.

对于选项 D, 取 $a_n = \dfrac{1}{n}$, $\displaystyle\sum_{n=1}^{\infty}(-1)^n \dfrac{1}{n}$ 条件收敛, 但 $\displaystyle\sum_{n=1}^{\infty} a_{2n} = \sum_{n=1}^{\infty} \dfrac{1}{2n}$ 和 $\displaystyle\sum_{n=1}^{\infty} a_{2n+1} = \sum_{n=1}^{\infty} \dfrac{1}{2n+1}$ 均发散.

例 7　设级数 $\displaystyle\sum_{n=1}^{\infty} u_n$ 收敛, 则必定收敛的级数为(　　).

A. $\displaystyle\sum_{n=1}^{\infty}(-1)^n u_n$　　　　B. $\displaystyle\sum_{n=1}^{\infty} u_n^2$　　　　C. $\displaystyle\sum_{n=1}^{\infty}(u_{2n-1} - u_{2n})$　　　　D. $\displaystyle\sum_{n=1}^{\infty}(u_n + u_{n-1})$

解　因为 $\displaystyle\sum_{n=1}^{\infty} u_n$ 收敛, 所以 $\displaystyle\sum_{n=1}^{\infty} u_{n-1}$ 收敛, 于是级数 $\displaystyle\sum_{n=1}^{\infty}(u_n + u_{n-1})$ 一定收敛. 故选项 D 是正确的.

对于选项 A 有以下反例: $\displaystyle\sum_{n=1}^{\infty} u_n = \sum_{n=1}^{\infty}(-1)^n \dfrac{1}{n}$ 收敛, 但 $\displaystyle\sum_{n=1}^{\infty}(-1)^n u_n = \sum_{n=1}^{\infty} \dfrac{1}{n}$ 发散.

对于选项 B 有以下反例: $\displaystyle\sum_{n=1}^{\infty} u_n = \sum_{n=1}^{\infty}(-1)^n \dfrac{1}{\sqrt{n}}$ 收敛, 但 $\displaystyle\sum_{n=1}^{\infty} u_n^2 = \sum_{n=1}^{\infty} \dfrac{1}{n}$ 发散.

对于选项 C 有以下反例: $\displaystyle\sum_{n=1}^{\infty} u_n = \sum_{n=1}^{\infty}(-1)^{n-1} \dfrac{1}{n}$ 收敛, 则 $u_{2n-1} = \dfrac{1}{2n-1}$, $u_{2n} = -\dfrac{1}{2n}$,

$\displaystyle\sum_{n=1}^{\infty}(u_{2n-1} - u_{2n}) = \sum_{n=1}^{\infty} \dfrac{4n-1}{2n(2n-1)}$, 因为 $\dfrac{4n-1}{2n(2n-1)} > \dfrac{n}{2n(2n-1)} > \dfrac{1}{2 \cdot 2n}$ $(n=1,2,\cdots)$, 所以 $\displaystyle\sum_{n=1}^{\infty}(u_{2n-1} - u_{2n})$ 是发散的.

例 8　判断下列级数的敛散性.

(1) $\displaystyle\sum_{n=1}^{\infty}(-1)^n \dfrac{n+1}{(n+1)\sqrt{n+1}-1}$;　　　　(2) $\displaystyle\sum_{n=1}^{\infty}(-1)^{n-1} \ln \dfrac{n^2+1}{n^2}$;

(3) $\displaystyle\sum_{n=1}^{\infty}(-1)^{n-1} \tan \dfrac{1}{n\sqrt{n}}$;　　　　(4) $\displaystyle\sum_{n=1}^{\infty} \sin\left(n\pi + \dfrac{\pi}{n}\right)$.

思路分析　判断任意项级数 $\displaystyle\sum_{n=1}^{\infty} u_n$ 敛散性的一般步骤如下.

(1) 先看 $\lim\limits_{n\to\infty} u_n$ 是否为零. 若极限不为零, 则级数发散; 若极限为零, 再按以下步骤判断.

(2) 通项加上绝对值, 判断正项级数 $\displaystyle\sum_{n=1}^{\infty}|u_n|$ 的敛散性. 如果级数 $\displaystyle\sum_{n=1}^{\infty}|u_n|$ 收敛, 则级数 $\displaystyle\sum_{n=1}^{\infty} u_n$ 绝对收敛. 如果是用比值判别法或根值判别法判定级数 $\displaystyle\sum_{n=1}^{\infty}|u_n|$ 发散, 则级数 $\displaystyle\sum_{n=1}^{\infty} u_n$ 发散; 如果是用比较判别法或其极限形式判定级数 $\displaystyle\sum_{n=1}^{\infty}|u_n|$ 发散, 则不能由此判定级数 $\displaystyle\sum_{n=1}^{\infty} u_n$ 发散, 这时判断级数 $\displaystyle\sum_{n=1}^{\infty} u_n$ 的敛散性需按以下方法进行.

(3) 用级数收敛的定义、性质或莱布尼茨判别法判别级数 $\sum_{n=1}^{\infty} u_n$ 的敛散性. 如果 $\sum_{n=1}^{\infty} |u_n|$ 发散, 但 $\sum_{n=1}^{\infty} u_n$ 收敛, 则 $\sum_{n=1}^{\infty} u_n$ 条件收敛; 如果级数 $\sum_{n=1}^{\infty} u_n$ 发散, 则为发散.

解　(1) 先考虑级数 $\sum_{n=1}^{\infty} \left| (-1)^n \dfrac{n+1}{(n+1)\sqrt{n+1}-1} \right|$, 因为 $\lim\limits_{n \to \infty} \dfrac{n+1}{(n+1)\sqrt{n+1}-1} \cdot \sqrt{n} = 1$, 而

$\sum_{n=1}^{\infty} \dfrac{1}{\sqrt{n}}$ 发散, 所以 $\sum_{n=1}^{\infty} \left| (-1)^n \dfrac{n+1}{(n+1)\sqrt{n+1}-1} \right|$ 发散.

再讨论级数 $\sum_{n=1}^{\infty} (-1)^n \dfrac{n+1}{(n+1)\sqrt{n+1}-1}$, 因为 $\lim\limits_{n \to \infty} \dfrac{n+1}{(n+1)\sqrt{n+1}-1} = 0$, 令

$$f(x) = \frac{x+1}{(x+1)\sqrt{x+1}-1},$$

当 $x > 0$ 时,

$$f'(x) = \frac{-(x+1)^2 \dfrac{1}{2\sqrt{x+1}} - 1}{[(x+1)\sqrt{x+1}-1]^2} < 0,$$

所以数列 $\left\{ \dfrac{n+1}{(n+1)\sqrt{n+1}-1} \right\}$ 单调减少. 根据莱布尼茨判别法知 $\sum_{n=1}^{\infty} (-1)^n \dfrac{n+1}{(n+1)\sqrt{n+1}-1}$ 收敛, 且为条件收敛.

(2) 考虑级数 $\sum_{n=1}^{\infty} \left| (-1)^{n-1} \ln \dfrac{n^2+1}{n^2} \right| = \sum_{n=1}^{\infty} \ln \dfrac{n^2+1}{n^2}$.

因为 $\lim\limits_{n \to \infty} \dfrac{\ln \dfrac{n^2+1}{n^2}}{\dfrac{1}{n^2}} = \lim\limits_{n \to \infty} \dfrac{\ln\left(1+\dfrac{1}{n^2}\right)}{\dfrac{1}{n^2}} = 1$, 而 $\sum_{n=1}^{\infty} \dfrac{1}{n^2}$ 收敛, 所以 $\sum_{n=1}^{\infty} \left| (-1)^{n-1} \ln \dfrac{n^2+1}{n^2} \right|$ 收敛,

即原级数 $\sum_{n=1}^{\infty} (-1)^{n-1} \ln \dfrac{n^2+1}{n^2}$ 绝对收敛.

(3) 考虑级数 $\sum_{n=1}^{\infty} \left| (-1)^{n-1} \tan \dfrac{1}{n\sqrt{n}} \right|$, 因为 $\lim\limits_{n \to \infty} \tan \dfrac{1}{n\sqrt{n}} \cdot n\sqrt{n} = 1$, 而 $\sum_{n=1}^{\infty} \dfrac{1}{n\sqrt{n}}$ 收敛, 所以

原级数 $\sum_{n=1}^{\infty} (-1)^{n-1} \tan \dfrac{1}{n\sqrt{n}}$ 绝对收敛.

(4) 先考虑级数 $\sum_{n=1}^{\infty} \left| \sin\left(n\pi + \dfrac{\pi}{n} \right) \right| = \sum_{n=1}^{\infty} \left| (-1)^n \sin \dfrac{\pi}{n} \right| = \sum_{n=1}^{\infty} \sin \dfrac{\pi}{n}$, 因为 $\lim\limits_{n \to \infty} \dfrac{\sin \dfrac{\pi}{n}}{\dfrac{1}{n}} = \pi$, 而

$\sum_{n=1}^{\infty} \dfrac{1}{n}$ 发散, 所以 $\sum_{n=1}^{\infty} \left| \sin\left(n\pi + \dfrac{\pi}{n} \right) \right|$ 发散.

又由于 $\sum\limits_{n=1}^{\infty}\sin\left(n\pi+\dfrac{\pi}{n}\right)=\sum\limits_{n=1}^{\infty}(-1)^{n}\sin\dfrac{\pi}{n}$，显然 $\lim\limits_{n\to\infty}\sin\dfrac{\pi}{n}=0$，且当 $n>1$ 时，数列 $\left\{\sin\dfrac{\pi}{n}\right\}$

单调减少，从而由莱布尼茨判别法知，原级数 $\sum\limits_{n=1}^{\infty}\sin\left(n\pi+\dfrac{\pi}{n}\right)$ 收敛，且为条件收敛.

例 9　求下列幂级数的收敛半径.

(1) $\sum\limits_{n=0}^{\infty}(-1)^{n}\dfrac{n}{2^{n}}x^{n}$；　　　　　　　　　(2) $\sum\limits_{n=1}^{\infty}\dfrac{(-1)^{n}}{n\cdot 7^{n}}x^{2n-1}$.

解　(1) 因为 $\lim\limits_{n\to\infty}\left|\dfrac{a_{n+1}}{a_{n}}\right|=\lim\limits_{n\to\infty}\dfrac{\frac{n+1}{2^{n+1}}}{\frac{n}{2^{n}}}=\lim\limits_{n\to\infty}\dfrac{n+1}{2n}=\dfrac{1}{2}$，所以收敛半径 $R=2$.

(2) 因为 $\lim\limits_{n\to\infty}\left|\dfrac{u_{n+1}(x)}{u_{n}(x)}\right|=\lim\limits_{n\to\infty}\left|\dfrac{\frac{(-1)^{n+1}}{(n+1)\cdot 7^{n+1}}x^{2n+1}}{\frac{(-1)^{n}}{n\cdot 7^{n}}x^{2n-1}}\right|=\lim\limits_{n\to\infty}\left|\dfrac{nx^{2}}{7(n+1)}\right|=\dfrac{x^{2}}{7}$，当 $\dfrac{x^{2}}{7}<1$，即

$|x|<\sqrt{7}$ 时，幂级数绝对收敛，当 $\dfrac{x^{2}}{7}>1$，即 $|x|>\sqrt{7}$ 时，幂级数发散，所以收敛半径

$R=\sqrt{7}$.

例 10　若级数 $\sum\limits_{n=1}^{\infty}a_{n}(x-1)^{n}$ 在 $x=-2$ 处收敛，则此级数在 $x=-1$ 处(　　).

A. 条件收敛　　　B. 绝对收敛　　　C. 发散　　　D. 收敛性不确定

思路分析　由阿贝尔定理直接判断.

解　因为级数 $\sum\limits_{n=1}^{\infty}a_{n}(x-1)^{n}$ 在 $x=-2$ 处收敛，所以当 $|x-1|<3$ 时，幂级数绝对收敛，

而 $x=-1$ 在此收敛区间内，从而级数 $\sum\limits_{n=1}^{\infty}a_{n}(x-1)^{n}$ 在 $x=-1$ 处绝对收敛.选项 B 是正确的.

例 11　设幂级数 $\sum\limits_{n=1}^{\infty}a_{n}x^{n}$ 的收敛半径为 3，则幂级数 $\sum\limits_{n=1}^{\infty}na_{n}(x-1)^{n+1}$ 必定收敛的区间

为(　　).

A. $(-2,4)$　　　B. $[-2,4]$　　　C. $(-3,3)$　　　D. $(-4,2)$

解　因为 $\left(\sum\limits_{n=1}^{\infty}a_{n}x^{n}\right)'=\sum\limits_{n=1}^{\infty}na_{n}x^{n-1}=\dfrac{1}{x^{2}}\sum\limits_{n=1}^{\infty}na_{n}x^{n+1}\ (x\neq 0)$，$\sum\limits_{n=1}^{\infty}na_{n}x^{n+1}$ 和 $\sum\limits_{n=1}^{\infty}a_{n}x^{n}$ 有相同

的收敛半径，所以当 $|x-1|<3$，即 $-2<x<4$ 时，级数一定收敛，故在区间 $(-2,4)$ 内级数

一定收敛，但在端点处级数不一定收敛. 因此，选项 A 是正确的.

例 12　求下列级数的收敛域.

(1) $\sum\limits_{n=1}^{\infty}(-1)^{n}\dfrac{x^{2n+1}}{2n+1}$；　　(2) $\sum\limits_{n=1}^{\infty}\dfrac{2n-1}{2^{n}}x^{2n-1}$；　　(3) $\sum\limits_{n=1}^{\infty}\left(x^{n}+\dfrac{1}{2^{n}x^{n}}\right)$.

思路分析 求幂级数的收敛域, 一般先求出收敛半径及收敛区间, 再考虑在区间端点处的收敛性, 此时转化为常数项级数敛散性的判定, 最后写出收敛域.

解 (1) $\lim\limits_{n\to\infty}\left|\dfrac{u_{n+1}(x)}{u_n(x)}\right|=\lim\limits_{n\to\infty}\left|\dfrac{(-1)^{n+1}x^{2n+3}}{2n+3}\cdot\dfrac{2n+1}{(-1)^nx^{2n+1}}\right|=x^2$.

当 $x^2<1$, 即 $|x|<1$ 时, 幂级数绝对收敛; 当 $x^2>1$, 即 $|x|>1$ 时, 幂级数发散, 因此收敛半径 $R=1$.

当 $x=1$ 时, 级数 $\sum\limits_{n=1}^{\infty}\dfrac{(-1)^n}{2n+1}$ 收敛; 当 $x=-1$ 时, 级数 $\sum\limits_{n=1}^{\infty}\dfrac{(-1)^{n+1}}{2n+1}$ 收敛, 于是级数 $\sum\limits_{n=1}^{\infty}(-1)^n\dfrac{x^{2n+1}}{2n+1}$ 的收敛域为 $[-1,1]$.

(2) $\lim\limits_{n\to\infty}\left|\dfrac{u_{n+1}(x)}{u_n(x)}\right|=\lim\limits_{n\to\infty}\left|\dfrac{(2n+1)x^{2n+1}}{2^{n+1}}\cdot\dfrac{2^n}{(2n-1)x^{2n-1}}\right|=\dfrac{x^2}{2}$.

当 $\dfrac{x^2}{2}<1$, 即 $|x|<\sqrt{2}$ 时, 幂级数绝对收敛; 当 $\dfrac{x^2}{2}>1$, 即 $|x|>\sqrt{2}$ 时, 幂级数发散, 因此收敛半径 $R=\sqrt{2}$.

当 $x=\sqrt{2}$ 时, 级数 $\sum\limits_{n=1}^{\infty}\dfrac{2n-1}{\sqrt{2}}$ 发散; 当 $x=-\sqrt{2}$ 时, 级数 $\sum\limits_{n=1}^{\infty}\left(-\dfrac{2n-1}{\sqrt{2}}\right)$ 发散, 于是级数 $\sum\limits_{n=1}^{\infty}\dfrac{2n-1}{2^n}x^{2n-1}$ 的收敛域为 $(-\sqrt{2},\sqrt{2})$.

(3) 级数 $\sum\limits_{n=1}^{\infty}x^n$ 的收敛域为 $(-1,1)$, 级数 $\sum\limits_{n=1}^{\infty}\dfrac{1}{2^nx^n}$ 的收敛域为 $\left(-\infty,-\dfrac{1}{2}\right)\cup\left(\dfrac{1}{2},+\infty\right)$, 所以原级数 $\sum\limits_{n=1}^{\infty}\left(x^n+\dfrac{1}{2^nx^n}\right)$ 的收敛域为 $\left(-1,-\dfrac{1}{2}\right)\cup\left(\dfrac{1}{2},1\right)$.

例13 求下列幂级数的和函数.

(1) $\sum\limits_{n=1}^{\infty}n(n+1)x^n$;   (2) $\sum\limits_{n=1}^{\infty}(-1)^{n-1}\dfrac{x^{2n-1}}{2n-1}$;

(3) $\sum\limits_{n=1}^{\infty}\dfrac{n(n+1)}{2^{n-1}}x^{n-1}$, 并求 $\sum\limits_{n=1}^{\infty}\dfrac{n(n+1)}{2^{n-1}}$.

解 (1) 易得收敛半径 $R=1$. 当 $x=-1$ 时, 级数 $\sum\limits_{n=1}^{\infty}(-1)^n n(n+1)$ 发散; 当 $x=1$ 时, 级数 $\sum\limits_{n=1}^{\infty}n(n+1)$ 发散. 故收敛域为 $(-1,1)$.

记 $s(x)=\sum\limits_{n=1}^{\infty}n(n+1)x^n$, $s(0)=0$, 当 $x\neq0$ 时,

$$s(x)=x\sum_{n=1}^{\infty}n(n+1)x^{n-1}=x\sum_{n=1}^{\infty}(x^{n+1})''=x\left(\sum_{n=1}^{\infty}x^{n+1}\right)''=x\left(\dfrac{x^2}{1-x}\right)''=\dfrac{2x}{(1-x)^3},$$

所以级数 $\sum\limits_{n=1}^{\infty} n(n+1)x^n$ 的和函数 $s(x) = \dfrac{2x}{(1-x)^3}$，$x \in (-1,1)$．

(2) $\lim\limits_{n\to\infty}\left|\dfrac{u_{n+1}(x)}{u_n(x)}\right| = \lim\limits_{n\to\infty}\left|\dfrac{(-1)^n x^{2n+1}}{2n+1}\cdot\dfrac{2n-1}{(-1)^{n-1}x^{2n-1}}\right| = x^2$．

当 $x^2 < 1$，即 $|x| < 1$ 时，幂级数绝对收敛；当 $x^2 > 1$，即 $|x| > 1$ 时，幂级数发散，因此收敛半径 $R = 1$．

当 $x = -1$ 时，级数 $\sum\limits_{n=1}^{\infty}\dfrac{(-1)^n}{2n-1}$ 收敛；当 $x = 1$ 时，级数 $\sum\limits_{n=1}^{\infty}\dfrac{(-1)^{n-1}}{2n-1}$ 收敛，于是级数 $\sum\limits_{n=1}^{\infty}(-1)^{n-1}\dfrac{x^{2n-1}}{2n-1}$ 的收敛域为 $[-1,1]$．

令 $s(x) = \sum\limits_{n=1}^{\infty}(-1)^{n-1}\dfrac{x^{2n-1}}{2n-1}$，$s(0) = 0$，则 $s'(x) = \sum\limits_{n=1}^{\infty}(-1)^{n-1}x^{2n-2} = \dfrac{1}{1+x^2}$，所以

$$s(x) = s(x) - s(0) = \int_0^x s'(x)\mathrm{d}x = \int_0^x \dfrac{1}{1+x^2}\mathrm{d}x = \arctan x，\quad x \in (-1,1)，$$

故根据和函数 $s(x)$ 的连续性，$\sum\limits_{n=1}^{\infty}(-1)^{n-1}\dfrac{x^{2n-1}}{2n-1}$ 的和函数 $s(x) = \arctan x$，$x \in [-1,1]$．

(3) 因为 $\lim\limits_{n\to\infty}\left|\dfrac{a_{n+1}}{a_n}\right| = \lim\limits_{n\to\infty}\left|\dfrac{(n+1)(n+2)}{2^n}\cdot\dfrac{2^{n-1}}{n(n+1)}\right| = \dfrac{1}{2}$，所以 $R = 2$．当 $x = -2$ 时，级数 $\sum\limits_{n=1}^{\infty}(-1)^{n-1}n(n+1)$ 发散；当 $x = 2$ 时，级数 $\sum\limits_{n=1}^{\infty}n(n+1)$ 发散．所以级数 $\sum\limits_{n=1}^{\infty}\dfrac{n(n+1)}{2^{n-1}}x^{n-1}$ 的收敛域为 $(-2,2)$．

令 $s(x) = \sum\limits_{n=1}^{\infty}\dfrac{n(n+1)}{2^{n-1}}x^{n-1}$，因为

$$\sum_{n=1}^{\infty}\dfrac{n(n+1)}{2^{n-1}}x^{n-1} = \sum_{n=1}^{\infty}\left(\dfrac{x^{n+1}}{2^{n-1}}\right)'' = 4\left(\sum_{n=1}^{\infty}\dfrac{x^{n+1}}{2^{n+1}}\right)'' = 4\left[\sum_{n=1}^{\infty}\left(\dfrac{x}{2}\right)^{n+1}\right]''$$

$$= 2\left(\dfrac{x^2}{2-x}\right)'' = \dfrac{16}{(2-x)^3}，x \in (-2,2)，$$

所以 $s(x) = \dfrac{16}{(2-x)^3}$，$x \in (-2,2)$．

在级数 $\sum\limits_{n=1}^{\infty}\dfrac{n(n+1)}{2^{n-1}}x^{n-1}$ 中，令 $x = 1$，得

$$\sum_{n=1}^{\infty}\dfrac{n(n+1)}{2^{n-1}} = s(1) = \dfrac{16}{(2-1)^3} = 16．$$

小结 求幂级数的和函数主要是先求出幂级数的收敛半径与收敛域，再通过幂级数的代数运算、逐项微分、逐项积分等性质将其化为等比级数的形式或其他易于求和的级数的形式，再求和．

例 14　把函数 $f(x) = \ln(1 + x - 2x^2)$ 展开成 x 的幂级数.

解　因为 $f(0) = 0$，且

$$f'(x) = \frac{1 - 4x}{1 + x - 2x^2} = \frac{2}{1 + 2x} - \frac{1}{1 - x}$$

$$= 2\sum_{n=0}^{\infty}(-2x)^n - \sum_{n=0}^{\infty}x^n = \sum_{n=0}^{\infty}[(-1)^n 2^{n+1} - 1]x^n,$$

由 $|-2x| < 1$ 且 $|x| < 1$ 得上述级数的收敛半径为 $R = \dfrac{1}{2}$，所以

$$f(x) = \int_0^x \sum_{n=0}^{\infty}[(-1)^n 2^{n+1} - 1]x^n \mathrm{d}x = \sum_{n=0}^{\infty}[(-1)^n 2^{n+1} - 1]\frac{x^{n+1}}{n+1} = \sum_{n=1}^{\infty}\frac{(-1)^{n-1} 2^n - 1}{n}x^n.$$

当 $x = -\dfrac{1}{2}$ 时，级数变为 $\displaystyle\sum_{n=1}^{\infty}\left[-\frac{1}{n} + \frac{(-1)^{n+1}}{n2^n}\right]$. 因为 $\displaystyle\sum_{n=1}^{\infty}\left(-\frac{1}{n}\right)$ 发散，而 $\displaystyle\sum_{n=1}^{\infty}\frac{(-1)^{n+1}}{n2^n}$ 收敛，所以 $\displaystyle\sum_{n=1}^{\infty}\left[-\frac{1}{n} + \frac{(-1)^{n+1}}{n2^n}\right]$ 发散.

当 $x = \dfrac{1}{2}$ 时，级数变为 $\displaystyle\sum_{n=1}^{\infty}\left[\frac{(-1)^{n-1}}{n} - \frac{1}{n2^n}\right]$. 因为 $\displaystyle\sum_{n=1}^{\infty}\frac{(-1)^{n-1}}{n}$ 收敛，$\displaystyle\sum_{n=1}^{\infty}\frac{1}{n2^n}$ 收敛，所以 $\displaystyle\sum_{n=1}^{\infty}\left[\frac{(-1)^{n-1}}{n} - \frac{1}{n2^n}\right]$ 收敛. 原幂级数的收敛域为 $\left(-\dfrac{1}{2}, \dfrac{1}{2}\right]$. 因此，

$$f(x) = \ln(1 + x - 2x^2) = \sum_{n=1}^{\infty}\frac{(-1)^{n-1} 2^n - 1}{n}x^n, \quad x \in \left(-\frac{1}{2}, \frac{1}{2}\right].$$

例 15　将下列函数在指定点展开成幂级数.

(1) $f(x) = \dfrac{1}{x^2 + 3x + 2}$ 在 $x_0 = 4$ 处;　　　　(2) $f(x) = \lg x$ 在 $x_0 = 1$ 处.

思路分析　在指定点 x_0 展开成幂级数，即展开成 $\displaystyle\sum_{n=0}^{\infty}a_n(x - x_0)^n$ 的形式，一般采用间接法，先构造出 $x - x_0$，再利用已有公式进行展开，特别注意的是收敛域的确定.

解　(1) $f(x) = \dfrac{1}{x^2 + 3x + 2} = \dfrac{1}{x+1} - \dfrac{1}{x+2} = \dfrac{1}{5 + (x-4)} - \dfrac{1}{6 + (x-4)}$

$$= \frac{1}{5} \cdot \frac{1}{1 + \dfrac{x-4}{5}} - \frac{1}{6} \cdot \frac{1}{1 + \dfrac{x-4}{6}} = \frac{1}{5}\sum_{n=0}^{\infty}\left(-\frac{x-4}{5}\right)^n - \frac{1}{6}\sum_{n=0}^{\infty}\left(-\frac{x-4}{6}\right)^n$$

$$= \sum_{n=0}^{\infty}(-1)^n\left(\frac{1}{5^{n+1}} - \frac{1}{6^{n+1}}\right)(x-4)^n, x \in (-1, 9).$$

(2) $f(x) = \lg x = \dfrac{1}{\ln 10}\ln x = \dfrac{1}{\ln 10}\ln[1 + (x-1)]$

$$= \frac{1}{\ln 10}\sum_{n=0}^{\infty}(-1)^n\frac{(x-1)^{n+1}}{n+1}, \quad x \in (0, 2].$$

例 16　设函数 $f(x)=x^2$ $(0 \leqslant x < 1)$ ，$s(x)=\sum\limits_{n=1}^{\infty} b_n \sin n\pi x$ $(-\infty < x < +\infty)$ ，其中 $b_n =$

$2\int_0^1 f(x)\sin n\pi x \mathrm{d}x$ $(n=1,2,\cdots)$ ，则 $s\left(-\dfrac{1}{2}\right)=($ 　　　)．

A. $-\dfrac{1}{2}$　　　　　B. $-\dfrac{1}{4}$　　　　　C. $\dfrac{1}{4}$　　　　　D. $\dfrac{1}{2}$

解　将 $f(x)=x^2$ $(0 \leqslant x < 1)$ 进行奇延拓，再进行周期为 2 的周期延拓，并将所成周期

函数展开成傅里叶级数 $\sum\limits_{n=1}^{\infty} b_n \sin n\pi x$ ，则傅里叶级数的和函数为 $s(x)$ ，所以 $s\left(-\dfrac{1}{2}\right)=$

$-s\left(\dfrac{1}{2}\right)=-f\left(\dfrac{1}{2}\right)=-\dfrac{1}{4}$ ．故选项 B 是正确的．

例 17　将下列函数展开成傅里叶级数．

(1) $f(x)=\dfrac{1}{2}\cos x + |x|$ ，$x \in [-\pi,\pi]$ ；

(2) $f(x)=\begin{cases} -\dfrac{\pi}{2}, & -\pi \leqslant x < \dfrac{-\pi}{2}, \\ x, & \dfrac{-\pi}{2} \leqslant x < \dfrac{\pi}{2}, \\ \dfrac{\pi}{2}, & \dfrac{\pi}{2} \leqslant x < \pi. \end{cases}$

解　(1) $|x|$ 为偶函数，将它延拓成以 2π 为周期的周期函数，延拓后的周期函数在 $(-\infty,+\infty)$ 内处处连续，所以其傅里叶级数在 $[-\pi,\pi]$ 上收敛于 $|x|$ ，其中

$$a_0 = \frac{2}{\pi}\int_0^\pi x \mathrm{d}x = \pi ,$$

$$a_n = \frac{2}{\pi}\int_0^\pi f(x)\cos nx \mathrm{d}x = \frac{2}{\pi}\int_0^\pi x \cos nx \mathrm{d}x = \frac{2}{n^2 \pi}[(-1)^n - 1] \quad (n=1,2,\cdots),$$

当 $n=2k$ 时，$a_{2k}=0$ ；当 $n=2k+1$ 时，$a_{2k+1}=\dfrac{-4}{(2k+1)^2 \pi}$ ，于是

$$f(x)=\frac{1}{2}\cos x + |x| = \frac{\pi}{2} + \frac{1}{2}\cos x - \frac{4}{\pi}\sum_{k=1}^{\infty}\frac{\cos(2k-1)x}{(2k-1)^2}, \quad x \in [-\pi,\pi] .$$

(2) $f(x)$ 为奇函数，将它延拓成以 2π 为周期的周期函数，延拓后的周期函数在 $(-\infty,+\infty)$ 内除 $x=(2k+1)\pi$ ，$k \in \mathbf{Z}$ 外连续，所以其傅里叶级数在 $(-\pi,\pi)$ 内收敛于 $f(x)$ ，其中

$$b_n = \frac{2}{\pi}\int_0^\pi f(x)\sin nx \mathrm{d}x = \frac{2}{\pi}\int_0^{\frac{\pi}{2}} x \sin nx \mathrm{d}x + \frac{2}{\pi}\int_{\frac{\pi}{2}}^\pi \frac{\pi}{2}\sin nx \mathrm{d}x$$

$$= \frac{2}{n^2 \pi}\sin\frac{n\pi}{2} - \frac{1}{n}(-1)^n \quad (n=1,2,\cdots),$$

于是，$f(x) = \sum_{n=1}^{\infty}\left[\frac{2}{n^2\pi}\sin\frac{n\pi}{2} - \frac{1}{n}(-1)^n\right]\sin nx,\ x \in (-\pi, \pi)$.

例 18 将下列函数分别展成正弦函数或余弦函数.

(1) $f(x) = x^2,\ 0 < x < 2\pi$;   (2) $f(x) = \begin{cases} x, & 0 < x \leqslant 1, \\ 2-x, & 1 < x < 2. \end{cases}$

解 (1) 对 $f(x)$ 作偶延拓, 再作周期延拓, 延拓后的周期函数在 $(-\infty, +\infty)$ 内处处连续, 所以其傅里叶级数在 $(0, 2\pi)$ 内收敛于 $f(x)$, 其中

$$a_0 = \frac{1}{\pi}\int_0^{2\pi} x^2 dx = \frac{8\pi^2}{3},$$

$$a_n = \frac{1}{\pi}\int_0^{2\pi} x^2 \cos\frac{nx}{2} dx = \frac{2}{n\pi}\int_0^{2\pi} x^2 d\left(\sin\frac{nx}{2}\right) = \frac{2}{n\pi}\left(\left[x^2\sin\frac{nx}{2}\right]_0^{2\pi} - \int_0^{2\pi} 2x\sin\frac{nx}{2}dx\right)$$

$$= -\frac{4}{n\pi}\int_0^{2\pi} x\sin\frac{nx}{2}dx = \frac{8}{n^2\pi}\int_0^{2\pi} x d\left(\cos\frac{nx}{2}\right) = \frac{8}{n^2\pi}\left(\left[x\cos\frac{nx}{2}\right]_0^{2\pi} - \int_0^{2\pi}\cos\frac{nx}{2}dx\right)$$

$$= \frac{8}{n^2\pi}\cdot(-1)^n\cdot 2\pi = \frac{(-1)^n 16}{n^2} \quad (n = 1, 2, \cdots).$$

因此，$x^2 = \frac{a_0}{2} + \sum_{n=1}^{\infty} a_n\cos\frac{nx}{2} = \frac{4}{3}\pi^2 + \sum_{n=1}^{\infty}\frac{(-1)^n 16}{n^2}\cos\frac{nx}{2},\ x \in (0, 2\pi)$.

对 $f(x)$ 作奇延拓, 再作周期延拓, 延拓后的周期函数在 $(-\infty, +\infty)$ 内除 $x = (2k+1)\cdot 2\pi,\ k \in \mathbf{Z}$ 外处处连续, 所以其傅里叶级数在 $(0, 2\pi)$ 内收敛于 $f(x)$, 其中

$$b_n = \frac{1}{\pi}\int_0^{2\pi} x^2\sin\frac{nx}{2}dx = -\frac{2}{n\pi}\int_0^{2\pi} x^2 d\left(\cos\frac{nx}{2}\right)$$

$$= -\frac{2}{n\pi}\left(\left[x^2\cos\frac{nx}{2}\right]_0^{2\pi} - \int_0^{2\pi} 2x\cos\frac{nx}{2}dx\right) = -\frac{2}{n\pi}4\pi^2(-1)^n + \frac{8}{n^2\pi}\int_0^{2\pi} x d\left(\sin\frac{nx}{2}\right)$$

$$= (-1)^{n+1}\frac{8\pi}{n} + \frac{8}{n^2\pi}\left(\left[x\sin\frac{nx}{2}\right]_0^{2\pi} - \int_0^{2\pi}\sin\frac{nx}{2}dx\right)$$

$$= (-1)^{n+1}\frac{8\pi}{n} + \frac{16}{n^3\pi}\left[\cos\frac{nx}{2}\right]_0^{2\pi} = (-1)^{n+1}\frac{8\pi}{n} + \frac{16}{n^3\pi}[(-1)^n - 1] \quad (n = 1, 2, \cdots),$$

当 $n = 2k$ 时, $b_{2k} = (-1)^{2k+1}\frac{8\pi}{2k} = -\frac{4\pi}{k}$, 当 $n = 2k+1$ 时, $b_{2k+1} = \frac{8\pi}{2k+1} - \frac{32}{(2k+1)^3\pi}$, 所以

$$x^2 = \sum_{n=1}^{\infty} b_n\sin\frac{nx}{2} = \left(8\pi - \frac{32}{\pi}\right)\sin\frac{x}{2} - 4\pi\sin x + \left(\frac{8\pi}{3} - \frac{32}{27\pi}\right)\sin\frac{3x}{2} - 2\pi\sin 2x + \cdots,$$

$$x \in (0, 2\pi).$$

(2) 对 $f(x)$ 作偶延拓, 再作周期延拓, 延拓后的周期函数在 $(-\infty, +\infty)$ 内处处连续, 所以其傅里叶级数在 $(0, 2)$ 内收敛于 $f(x)$, 于是

$$a_0 = \int_0^2 f(x)\mathrm{d}x = \int_0^1 x\mathrm{d}x + \int_1^2 (2-x)\mathrm{d}x = \frac{1}{2} + \frac{1}{2} = 1,$$

$$a_n = \int_0^2 f(x)\cos\frac{n\pi x}{2}\mathrm{d}x = \int_0^1 x\cos\frac{n\pi x}{2}\mathrm{d}x + \int_1^2 (2-x)\cos\frac{n\pi x}{2}\mathrm{d}x$$

$$= \frac{-4}{n^2\pi^2}[(-1)^n + 1] + \frac{8}{n^2\pi^2}\cos\frac{n\pi}{2} \quad (n=1,2,\cdots),$$

当 $n=2k$ 时，$a_{2k} = \dfrac{2}{k^2\pi^2}[(-1)^k - 1]$，当 $n=2k+1$ 时，$a_{2k+1} = 0$，因此

$$f(x) = \frac{1}{2} + \sum_{k=1}^{\infty} \frac{2}{k^2\pi^2}[(-1)^k - 1]\cos k\pi x, \quad x \in (0,2).$$

对 $f(x)$ 作奇延拓，再作周期延拓，延拓后的周期函数在 $(-\infty,+\infty)$ 内处处连续，所以其傅里叶级数在 $(0,2)$ 内收敛于 $f(x)$，于是

$$b_n = \int_0^2 f(x)\sin\frac{n\pi x}{2}\mathrm{d}x = \int_0^1 x\sin\frac{n\pi x}{2}\mathrm{d}x + \int_1^2 (2-x)\sin\frac{n\pi x}{2}\mathrm{d}x$$

$$= \frac{8}{n^2\pi^2}\sin\frac{n\pi}{2} \quad (n=1,2,\cdots),$$

当 $n=2k$ 时，$b_{2k} = 0$，当 $n=2k+1$ 时，$b_{2k+1} = \dfrac{8}{(2k+1)^2\pi^2}(-1)^k$ $(k=0,1,\cdots)$，因此，

$$f(x) = \frac{8}{\pi^2}\sum_{k=0}^{\infty} \frac{(-1)^k}{(2k+1)^2}\sin\frac{(2k+1)\pi x}{2}, \quad x \in (0,2).$$

五、习 题 选 解

习题 11-1　常数项级数的概念和性质

1. 写出下列级数的一般项.

(1) $1 + \dfrac{1}{3} + \dfrac{1}{5} + \dfrac{1}{7} + \dfrac{1}{9} + \cdots$；

(2) $\dfrac{2}{1} - \dfrac{3}{2} + \dfrac{4}{3} - \dfrac{5}{4} + \dfrac{6}{5} - \cdots$；

(3) $1 + \dfrac{3}{5} + \dfrac{4}{10} + \dfrac{5}{17} + \dfrac{6}{26} + \cdots$；

(4) $\dfrac{a}{3} - \dfrac{a^2}{5} + \dfrac{a^3}{7} - \dfrac{a^4}{9} + \dfrac{a^5}{11} - \cdots$.

解　(1) $a_n = \dfrac{1}{2n-1}$ $(n=1,2,\cdots)$；

(2) $a_n = (-1)^{n-1}\dfrac{n+1}{n}$ $(n=1,2,\cdots)$；

(3) $a_n = \dfrac{n+1}{1+n^2}$ $(n=1,2,\cdots)$；

(4) $a_n = (-1)^{n-1}\dfrac{a^n}{2n+1}$ $(n=1,2,\cdots)$.

2. 利用级数收敛与发散的定义判别下列级数的敛散性.

(1) $\displaystyle\sum_{n=1}^{\infty}\left(\sqrt{n+1} - \sqrt{n}\right)$；

(2) $\displaystyle\sum_{n=1}^{\infty}\dfrac{1}{(2n-1)(2n+1)}$.

解 (1) 因为 $s_n = \sum_{k=1}^{n} \left(\sqrt{k+1} - \sqrt{k} \right) = \sqrt{n+1} - 1$，于是 $\lim_{n \to \infty} s_n = \infty$，所以原级数发散.

(2) 因为 $s_n = \sum_{k=1}^{n} \frac{1}{(2k-1)(2k+1)} = \sum_{k=1}^{n} \frac{1}{2} \left(\frac{1}{2k-1} - \frac{1}{2k+1} \right) = \frac{1}{2} \left(1 - \frac{1}{2n+1} \right)$，于是 $\lim_{n \to \infty} s_n = \frac{1}{2}$，

所以原级数收敛.

4. 利用级数的性质判别下列级数的敛散性.

(1) $1 - \frac{3}{4} + \frac{3^2}{4^2} - \frac{3^3}{4^3} + \frac{3^4}{4^4} - \cdots$;

(3) $1! + 2! + 3! + \cdots$;

(4) $\left(\frac{1}{2} + \frac{1}{3} \right) + \left(\frac{1}{2^2} + \frac{1}{3^2} \right) + \cdots + \left(\frac{1}{2^n} + \frac{1}{3^n} \right) + \cdots$.

解 (1) 级数 $\sum_{n=0}^{\infty} \left(-\frac{3}{4} \right)^n$ 为等比级数，因为 $|q| = \left| -\frac{3}{4} \right| < 1$，所以级数 $\sum_{n=0}^{\infty} \left(-\frac{3}{4} \right)^n$ 收敛.

(3) 由 $\lim_{n \to \infty} u_n = \lim_{n \to \infty} n! = \infty$ 知，级数发散.

(4) 因为等比级数 $\sum_{n=0}^{\infty} \left(\frac{1}{2} \right)^n$ 与 $\sum_{n=0}^{\infty} \left(\frac{1}{3} \right)^n$ 都收敛，由收敛级数的性质知，级数

$\sum_{n=0}^{\infty} \left[\left(\frac{1}{2} \right)^n + \left(\frac{1}{3} \right)^n \right]$ 也收敛.

5. 判别下列级数的敛散性.

(1) $\frac{1}{1 \cdot 6} + \frac{1}{6 \cdot 11} + \frac{1}{11 \cdot 16} + \cdots + \frac{1}{(5n-4)(5n+1)} + \cdots$;

(2) $\sum_{n=1}^{\infty} \frac{3^n + (-2)^n}{6^n}$;

(3) $\frac{1}{1 \cdot 2 \cdot 3} + \frac{1}{2 \cdot 3 \cdot 4} + \frac{1}{3 \cdot 4 \cdot 5} + \cdots$.

解 (1) 因为 $s_n = \sum_{k=1}^{n} \frac{1}{(5k-4)(5k+1)} = \sum_{k=1}^{n} \frac{1}{5} \left(\frac{1}{5k-4} - \frac{1}{5k+1} \right) = \frac{1}{5} \left(1 - \frac{1}{5n+1} \right)$，所以 $\lim_{n \to \infty} s_n = \frac{1}{5}$，故原级数收敛.

(2) 由于 $\sum_{n=1}^{\infty} \left(\frac{3}{6} \right)^n$，$\sum_{n=1}^{\infty} \left(-\frac{2}{6} \right)^n$ 均为收敛的等比级数，故 $\sum_{n=1}^{\infty} \frac{3^n + (-2)^n}{6^n}$ 收敛.

(3) 因为 $u_n = \frac{1}{n(n+1)(n+2)} = \frac{1}{2} \left(\frac{1}{n} - \frac{2}{n+1} + \frac{1}{n+2} \right)$，于是 $s_n = \frac{1}{2} \left(\frac{1}{2} + \frac{1}{n+2} - \frac{1}{n+1} \right)$，所以 $\lim_{n \to \infty} s_n = \frac{1}{4}$，故原级数收敛.

7. 已知级数 $\sum_{n=1}^{\infty} u_n$ 收敛，且和为 s，证明：

(1) 级数 $\sum\limits_{n=1}^{\infty}(u_n+u_{n+2})$ 收敛, 且和为 $2s-u_1-u_2$; (2) 级数 $\sum\limits_{n=1}^{\infty}\left(u_n+\dfrac{1}{n}\right)$ 发散.

证 (1) 已知级数 $\sum\limits_{n=1}^{\infty}u_n$ 收敛, 和为 s , 则级数 $\sum\limits_{n=1}^{\infty}u_{n+2}$ 也收敛, 和为 $s-u_1-u_2$, 从而级数 $\sum\limits_{n=1}^{\infty}(u_n+u_{n+2})$ 收敛, 且和为 $2s-u_1-u_2$.

(2) 假设级数 $\sum\limits_{n=1}^{\infty}\left(u_n+\dfrac{1}{n}\right)$ 收敛, 由级数 $\sum\limits_{n=1}^{\infty}u_n$ 收敛知, 级数 $\sum\limits_{n=1}^{\infty}\left[\left(u_n+\dfrac{1}{n}\right)-u_n\right]$ 也收敛, 即级数 $\sum\limits_{n=1}^{\infty}\dfrac{1}{n}$ 收敛, 这与调和级数 $\sum\limits_{n=1}^{\infty}\dfrac{1}{n}$ 发散矛盾. 故级数 $\sum\limits_{n=1}^{\infty}\left(u_n+\dfrac{1}{n}\right)$ 发散.

习题 11-2 　常数项级数敛散性的判别法

2. 用比较判别法判别下列正项级数的敛散性.

(1) $\sum\limits_{n=1}^{\infty}\dfrac{(n+1)^2}{n^3}$; 　　　　　　　　(3) $\sum\limits_{n=1}^{\infty}\dfrac{1}{n^{1+\frac{1}{n}}}$;

(5) $\sum\limits_{n=1}^{\infty}\dfrac{\ln n}{n^2}$; 　　　　　　　　(6) $\sum\limits_{n=1}^{\infty}\dfrac{1}{1+a^n}$ 　 $(a>0)$.

解 (1) 当 $n\geqslant 1$ 时, $u_n=\dfrac{(n+1)^2}{n^3}>\dfrac{1}{n}$, 由于调和级数 $\sum\limits_{n=1}^{\infty}\dfrac{1}{n}$ 发散, 由正项级数的比较判别法知, 级数 $\sum\limits_{n=1}^{\infty}\dfrac{(n+1)^2}{n^3}$ 发散.

(3) 因为 $\lim\limits_{n\to\infty}\dfrac{\dfrac{1}{n^{1+\frac{1}{n}}}}{\dfrac{1}{n}}=\lim\limits_{n\to\infty}\dfrac{1}{n^{\frac{1}{n}}}=\lim\limits_{n\to\infty}\dfrac{1}{\sqrt[n]{n}}=1$, 而调和级数 $\sum\limits_{n=1}^{\infty}\dfrac{1}{n}$ 发散, 由比较判别法的极限形式知, 级数 $\sum\limits_{n=1}^{\infty}\dfrac{1}{n^{1+\frac{1}{n}}}$ 发散.

(5) 因为 $\lim\limits_{n\to\infty}\dfrac{\dfrac{\ln n}{n^2}}{\dfrac{1}{n^{\frac{3}{2}}}}=\lim\limits_{n\to\infty}\dfrac{\ln n}{\sqrt{n}}=0$, 而 p-级数 $\sum\limits_{n=1}^{\infty}\dfrac{1}{n^{\frac{3}{2}}}$ 收敛, 由比较判别法的极限形式知, 级数 $\sum\limits_{n=1}^{\infty}\dfrac{\ln n}{n^2}$ 收敛.

(6) 当 $a>1$ 时, $\dfrac{1}{1+a^n}<\dfrac{1}{a^n}$ $(n=1,2,\cdots)$, 因为等比级数 $\sum\limits_{n=1}^{\infty}\dfrac{1}{a^n}$ 收敛, 由比较判别法知, $\sum\limits_{n=1}^{\infty}\dfrac{1}{1+a^n}$ 收敛.

当 $0 < a \le 1$ 时，$\dfrac{1}{1+a^n} \ge \dfrac{1}{2}$ $(n=1,2,\cdots)$，所以 $\lim\limits_{n\to\infty}\dfrac{1}{1+a^n} \ne 0$，故 $\sum\limits_{n=1}^{\infty}\dfrac{1}{1+a^n}$ 发散.

3．判别下列正项级数的敛散性.

(1) $\sum\limits_{n=1}^{\infty}\dfrac{n+1}{2^n}$; (2) $\sum\limits_{n=1}^{\infty}\dfrac{3^n}{n!}$; (3) $\sum\limits_{n=1}^{\infty}\dfrac{n^2 2^n}{n!}$;

(5) $\sum\limits_{n=1}^{\infty}\left(\dfrac{n}{2n+1}\right)^n$; (6) $\sum\limits_{n=1}^{\infty}\dfrac{2^n \cdot n!}{n^n}$;

(7) $\dfrac{1}{a+b}+\dfrac{1}{2a+b}+\dfrac{1}{3a+b}+\cdots$ $(a,b>0)$; (8) $\sum\limits_{n=1}^{\infty}\dfrac{n}{(n+1)(n+2)(n+3)}$.

解 (1)因为 $\lim\limits_{n\to\infty}\dfrac{u_{n+1}}{u_n}=\lim\limits_{n\to\infty}\dfrac{\dfrac{n+2}{2^{n+1}}}{\dfrac{n+1}{2^n}}=\dfrac{1}{2}<1$，由正项级数的比值判别法知，级数 $\sum\limits_{n=1}^{\infty}\dfrac{n+1}{2^n}$

收敛.

(2) 因为 $\lim\limits_{n\to\infty}\dfrac{u_{n+1}}{u_n}=\lim\limits_{n\to\infty}\dfrac{3^{n+1}}{(n+1)!}\cdot\dfrac{n!}{3^n}=0<1$，所以级数 $\sum\limits_{n=1}^{\infty}\dfrac{3^n}{n!}$ 收敛.

(3)因为 $\lim\limits_{n\to\infty}\dfrac{u_{n+1}}{u_n}=\lim\limits_{n\to\infty}\dfrac{(n+1)^2\cdot 2^{n+1}}{(n+1)!}\cdot\dfrac{n!}{n^2\cdot 2^n}=0<1$，所以级数 $\sum\limits_{n=1}^{\infty}\dfrac{n^2\cdot 2^n}{n!}$ 收敛.

(5)因为 $\lim\limits_{n\to\infty}\sqrt[n]{u_n}=\lim\limits_{n\to\infty}\sqrt[n]{\left(\dfrac{n}{2n+1}\right)^n}=\dfrac{1}{2}<1$ ，由正项级数的根值判别法知，级数

$\sum\limits_{n=1}^{\infty}\left(\dfrac{n}{2n+1}\right)^n$ 收敛.

(6) $\lim\limits_{n\to\infty}\dfrac{u_{n+1}}{u_n}=\lim\limits_{n\to\infty}\dfrac{2^{n+1}\cdot(n+1)!}{(n+1)^{n+1}}\cdot\dfrac{n^n}{2^n\cdot n!}=2\lim\limits_{n\to\infty}\left(\dfrac{n}{n+1}\right)^n=2\lim\limits_{n\to\infty}\dfrac{1}{\left(1+\dfrac{1}{n}\right)^n}=\dfrac{2}{\mathrm{e}}<1$，所以级数

$\sum\limits_{n=1}^{\infty}\dfrac{2^n\cdot n!}{n^n}$ 收敛.

(7) 因为 $\lim\limits_{n\to\infty}nu_n=\lim\limits_{n\to\infty}\dfrac{n}{na+b}=\dfrac{1}{a}$，而调和级数 $\sum\limits_{n=1}^{\infty}\dfrac{1}{n}$ 发散，所以级数 $\sum\limits_{n=1}^{\infty}\dfrac{1}{na+b}$ 发散.

(8) 因为 $u_n=\dfrac{n}{(n+1)(n+2)(n+3)}<\dfrac{1}{n^2}$ $(n=1,2,\cdots)$，而 p-级数 $\sum\limits_{n=1}^{\infty}\dfrac{1}{n^2}$ 收敛，所以级数

$\sum\limits_{n=1}^{\infty}\dfrac{n}{(n+1)(n+2)(n+3)}$ 收敛.

4．判别下列级数是否收敛. 如果是收敛的, 是条件收敛还是绝对收敛？

(1) $\sum\limits_{n=1}^{\infty}\dfrac{(-1)^n}{\ln(2+n)}$; (2) $\sum\limits_{n=1}^{\infty}(-1)^n\dfrac{n}{n+1}$;

(3) $\sum\limits_{n=1}^{\infty}(-1)^{n-1}\ln\left(1+\dfrac{1}{n}\right)$; (4) $\dfrac{1}{3}\cdot\dfrac{1}{2}-\dfrac{1}{3}\cdot\dfrac{1}{2^2}+\dfrac{1}{3}\cdot\dfrac{1}{2^3}-\dfrac{1}{3}\cdot\dfrac{1}{2^4}+\cdots$;

(5) $\displaystyle\sum_{n=1}^{\infty}(-2)^n\sin\frac{\pi}{3^n}$；　　　　　　(6) $\displaystyle\sum_{n=1}^{\infty}(-1)^{n-1}\arcsin\frac{1}{3n}$.

解　(1) 因为 $\displaystyle\lim_{n\to\infty}\frac{\dfrac{1}{\ln(2+n)}}{\dfrac{1}{n}}=\lim_{n\to\infty}\frac{n}{\ln(2+n)}=\infty$，所以 $\displaystyle\sum_{n=1}^{\infty}\left|\frac{(-1)^n}{\ln(2+n)}\right|=\sum_{n=1}^{\infty}\frac{1}{\ln(2+n)}$ 发散. 又

$\displaystyle\lim_{n\to\infty}\frac{1}{\ln(2+n)}=0$，且数列 $\left\{\dfrac{1}{\ln(2+n)}\right\}$ 单调减少，由莱布尼茨判别法知，$\displaystyle\sum_{n=1}^{\infty}\frac{(-1)^n}{\ln(2+n)}$ 收

敛. 故原级数 $\displaystyle\sum_{n=1}^{\infty}\frac{(-1)^n}{\ln(2+n)}$ 条件收敛.

(2) 由 $\displaystyle\lim_{n\to\infty}\left|(-1)^n\frac{n}{n+1}\right|=\lim_{n\to\infty}\frac{n}{n+1}=1\neq 0$ 知，原级数 $\displaystyle\sum_{n=1}^{\infty}(-1)^n\frac{n}{n+1}$ 发散.

(3) 因为 $\displaystyle\lim_{n\to\infty}\frac{\ln\left(1+\dfrac{1}{n}\right)}{\dfrac{1}{n}}=1$，所以 $\displaystyle\sum_{n=1}^{\infty}\left|(-1)^{n-1}\ln\left(1+\frac{1}{n}\right)\right|=\sum_{n=1}^{\infty}\ln\left(1+\frac{1}{n}\right)$ 发散. 又数列

$\left\{\ln\left(1+\dfrac{1}{n}\right)\right\}$ 单调减少，且 $\displaystyle\lim_{n\to\infty}\ln\left(1+\frac{1}{n}\right)=0$，由莱布尼茨判别法知，$\displaystyle\sum_{n=1}^{\infty}(-1)^{n-1}\ln\left(1+\frac{1}{n}\right)$ 收

敛. 故原级数 $\displaystyle\sum_{n=1}^{\infty}(-1)^{n-1}\ln\left(1+\frac{1}{n}\right)$ 条件收敛.

(4) 因为 $\displaystyle\sum_{n=1}^{\infty}\left|(-1)^{n+1}\frac{1}{3}\cdot\frac{1}{2^n}\right|=\sum_{n=1}^{\infty}\frac{1}{3}\cdot\frac{1}{2^n}$，而级数 $\displaystyle\sum_{n=1}^{\infty}\frac{1}{2^n}$ 收敛，于是级数 $\displaystyle\sum_{n=1}^{\infty}\left|(-1)^{n+1}\frac{1}{3}\cdot\frac{1}{2^n}\right|$

收敛，故原级数 $\displaystyle\sum_{n=1}^{\infty}(-1)^{n+1}\frac{1}{3\cdot 2^n}$ 绝对收敛.

(5) $\displaystyle\sum_{n=1}^{\infty}\left|(-2)^n\sin\frac{\pi}{3^n}\right|=\sum_{n=1}^{\infty}2^n\sin\frac{\pi}{3^n}$，因为 $\displaystyle\lim_{n\to\infty}\frac{2^n\sin\dfrac{\pi}{3^n}}{\left(\dfrac{2}{3}\right)^n}=\pi$，而级数 $\displaystyle\sum_{n=1}^{\infty}\left(\frac{2}{3}\right)^n$ 收敛，于是

正项级数 $\displaystyle\sum_{n=1}^{\infty}\left|(-2)^n\sin\frac{\pi}{3^n}\right|$ 收敛，故原级数 $\displaystyle\sum_{n=1}^{\infty}(-2)^n\sin\frac{\pi}{3^n}$ 绝对收敛.

(6) 因为 $\displaystyle\lim_{n\to\infty}n\left|(-1)^{n-1}\arcsin\frac{1}{3n}\right|=\lim_{n\to\infty}n\arcsin\frac{1}{3n}=\frac{1}{3}$，而级数 $\displaystyle\sum_{n=1}^{\infty}\frac{1}{n}$ 发散，于是级数

$\displaystyle\sum_{n=1}^{\infty}\left|(-1)^{n-1}\arcsin\frac{1}{3n}\right|$ 发散. 又函数 $y=\arcsin x$ 在 $[0,1]$ 上单调增加，所以数列 $\left\{\arcsin\dfrac{1}{3n}\right\}$ 单

调减少，且 $\displaystyle\lim_{n\to\infty}\arcsin\frac{1}{3n}=0$，由莱布尼茨判别法知 $\displaystyle\sum_{n=1}^{\infty}(-1)^{n-1}\arcsin\frac{1}{3n}$ 收敛. 故原级数

$\displaystyle\sum_{n=1}^{\infty}(-1)^{n-1}\arcsin\frac{1}{3n}$ 条件收敛.

5．如果级数 $\sum_{n=1}^{\infty} u_n$ 的部分和 $s_n = 5 - \dfrac{n}{2^n}$，求 u_n 及级数 $\sum_{n=1}^{\infty} u_n$ 的和．

解 显然 $u_1 = s_1 = \dfrac{9}{2}$，当 $n = 2,3,\cdots$ 时，$u_n = s_n - s_{n-1} = 5 - \dfrac{n}{2^n} - \left(5 - \dfrac{n-1}{2^{n-1}}\right) = \dfrac{n-2}{2^n}$，所以

$$u_n = \begin{cases} \dfrac{9}{2}, & n = 1, \\[2mm] \dfrac{n-2}{2^n}, & n > 1, \end{cases}$$

而级数 $\sum_{n=1}^{\infty} u_n$ 的和 $s = \lim_{n\to\infty} s_n = \lim_{n\to\infty}\left(5 - \dfrac{n}{2^n}\right) = 5$．

6．判别下列结论是否正确．

(1) 若 $u_n \leqslant v_n$ $(n=1,2,\cdots)$ 成立，则由级数 $\sum_{n=1}^{\infty} u_n$ 发散，可推得级数 $\sum_{n=1}^{\infty} v_n$ 发散；

(2) 若 $\dfrac{u_{n+1}}{u_n} < 1$ $(n=1,2,\cdots)$ 成立，则正项级数 $\sum_{n=1}^{\infty} u_n$ 收敛；

(3) 若 $\dfrac{u_{n+1}}{u_n} > 1$ $(n=1,2,\cdots)$ 成立，则正项级数 $\sum_{n=1}^{\infty} u_n$ 发散；

(4) 若级数 $\sum_{n=1}^{\infty} u_n$ 收敛，则级数 $\sum_{n=1}^{\infty} (-1)^n u_n$ 条件收敛；

(5) 若交错级数 $\sum_{n=1}^{\infty} (-1)^n u_n$ 收敛，则必为条件收敛；

(6) 若 $\lim_{n\to\infty}\left|\dfrac{u_{n+1}}{u_n}\right| > 1$ 成立，则级数 $\sum_{n=1}^{\infty} u_n$ 必然发散．

解 (1) 错．反例：取 $u_n = -1, v_n = \dfrac{1}{n^2}$ $(n=1,2,\cdots)$．

(2) 错．反例：取 $u_n = \dfrac{1}{n}$ $(n=1,2,\cdots)$．

(3) 正确．因为 $\dfrac{u_{n+1}}{u_n} > 1$ $(n=1,2,\cdots)$，所以 $\lim_{n\to\infty} u_n \neq 0$，故 $\sum_{n=1}^{\infty} u_n$ 发散．

(4) 错．反例：取 $u_n = \dfrac{(-1)^n}{n}$ $(n=1,2,\cdots)$．

(5) 错．反例：取 $u_n = \dfrac{1}{n^2}$ $(n=1,2,\cdots)$．

(6) 正确．因为 $\lim_{n\to\infty}\left|\dfrac{u_{n+1}}{u_n}\right| > 1$，故存在某个正整数 N，当 $n > N$ 时，$\left|\dfrac{u_{n+1}}{u_n}\right| > 1$，即

$|u_{n+1}| > |u_n|$，所以 $\lim_{n\to\infty}|u_n| \neq 0$，则 $\lim_{n\to\infty} u_n \neq 0$，故级数 $\sum_{n=1}^{\infty} u_n$ 发散．

7. 设正项级数 $\sum\limits_{n=1}^{\infty} u_n$ 收敛, 证明级数 $\sum\limits_{n=1}^{\infty} u_n^2$ 也收敛; 试问反之是否成立.

证 正项级数 $\sum\limits_{n=1}^{\infty} u_n$ 收敛, 所以 $\lim\limits_{n\to\infty} u_n = 0$, 则对取定的 $\varepsilon = 1$, $\exists N > 0$, 当 $n > N$ 时,

$|u_n - 0| = u_n < 1$, 故 $u_n^2 < u_n$, 由比较判别法知 $\sum\limits_{n=1}^{\infty} u_n^2$ 收敛. 反之, 若 $\sum\limits_{n=1}^{\infty} u_n^2$ 收敛, 则 $\sum\limits_{n=1}^{\infty} u_n$ 不

一定收敛. 例如, 取 $u_n = \dfrac{1}{n}$ $(n = 1, 2, \cdots)$.

习题 11-3 幂 级 数

1. 求下列幂级数的收敛半径、收敛区间和收敛域.

(1) $\sum\limits_{n=0}^{\infty} \dfrac{(-1)^n}{2n+1} x^n$;　　　　(3) $\sum\limits_{n=1}^{\infty} \dfrac{1}{3^n} x^{2n}$;　　　　(4) $\sum\limits_{n=1}^{\infty} \dfrac{(-1)^n}{\sqrt{n+1}} x^n$;

(5) $\sum\limits_{n=1}^{\infty} \dfrac{1}{n(n+1)} (2x-1)^n$;　　(6) $\sum\limits_{n=1}^{\infty} (-1)^n \dfrac{x^{2n+1}}{2n+1}$;

(7) $\sum\limits_{n=1}^{\infty} \dfrac{2n-1}{2^n} x^{2n-2}$;　　　(9) $\sum\limits_{n=1}^{\infty} (-1)^n \dfrac{x^n}{n^2} + \sum\limits_{n=1}^{\infty} \dfrac{2^n x^n}{n^2+1}$.

解 (1) 因为 $\lim\limits_{n\to\infty} \left| \dfrac{a_{n+1}}{a_n} \right| = 1$, 所以收敛半径 $R = 1$, 收敛区间为 $(-1,1)$.

当 $x = -1$ 时, 级数为 $\sum\limits_{n=0}^{\infty} \dfrac{1}{2n+1}$, 因为 $\dfrac{1}{2n+1} > \dfrac{1}{2n+2}$ $(n = 1, 2, \cdots)$, 由比较判别法知

$\sum\limits_{n=0}^{\infty} \dfrac{1}{2n+1}$ 发散; 当 $x = 1$ 时, 级数为 $\sum\limits_{n=0}^{\infty} \dfrac{(-1)^n}{2n+1}$, 由莱布尼茨判别法知其收敛. 故收敛域为

$(-1,1]$.

(3) 因为 $\lim\limits_{n\to\infty} \left| \dfrac{u_{n+1}(x)}{u_n(x)} \right| = \lim\limits_{n\to\infty} \left| \dfrac{x^{2n+2}}{3^{n+1}} \cdot \dfrac{3^n}{x^{2n}} \right| = \dfrac{x^2}{3}$, 当 $\dfrac{x^2}{3} < 1$, 即 $|x| < \sqrt{3}$ 时, 级数绝对收敛,

当 $\dfrac{x^2}{3} > 1$, 即 $|x| > \sqrt{3}$ 时, 级数发散, 所以级数的收敛半径 $R = \sqrt{3}$, 收敛区间为

$(-\sqrt{3}, \sqrt{3})$. 当 $x = \pm\sqrt{3}$ 时, 级数 $\sum\limits_{n=1}^{\infty} \dfrac{x^{2n}}{3^n} = \sum\limits_{n=1}^{\infty} 1$ 发散, 故收敛域为 $(-\sqrt{3}, \sqrt{3})$.

(4) 因为 $\lim\limits_{n\to\infty} \left| \dfrac{a_{n+1}}{a_n} \right| = 1$, 所以收敛半径 $R = 1$, 收敛区间为 $(-1,1)$.

当 $x = -1$ 时, 级数为 $\sum\limits_{n=1}^{\infty} \dfrac{1}{\sqrt{n+1}}$, 因为 $\dfrac{1}{\sqrt{n+1}} > \dfrac{1}{n+1}$ $(n = 1, 2, \cdots)$, 由比较判别法知

$\sum\limits_{n=1}^{\infty} \dfrac{1}{\sqrt{n+1}}$ 发散; 当 $x = 1$ 时, 级数为 $\sum\limits_{n=1}^{\infty} \dfrac{(-1)^n}{\sqrt{n+1}}$, 由莱布尼茨判别法知其收敛. 故收敛域为

$(-1,1]$.

(5) 级数成为 $\sum\limits_{n=1}^{\infty}\dfrac{2^n}{n(n+1)}\left(x-\dfrac{1}{2}\right)^n$. 令 $x-\dfrac{1}{2}=t$，则级数变为 $\sum\limits_{n=1}^{\infty}\dfrac{2^n}{n(n+1)}t^n$.

因为 $\lim\limits_{n\to\infty}\left|\dfrac{a_{n+1}}{a_n}\right|=2$，所以收敛半径 $R=\dfrac{1}{2}$，级数 $\sum\limits_{n=1}^{\infty}\dfrac{2^n}{n(n+1)}t^n$ 的收敛区间为 $\left(-\dfrac{1}{2},\dfrac{1}{2}\right)$. 当 $t=-\dfrac{1}{2}$ 时，级数为 $\sum\limits_{n=1}^{\infty}\dfrac{(-1)^n}{n(n+1)}$，收敛；当 $t=\dfrac{1}{2}$ 时，级数为 $\sum\limits_{n=1}^{\infty}\dfrac{1}{n(n+1)}$，收敛. 因此，级数 $\sum\limits_{n=1}^{\infty}\dfrac{2n}{n(n+1)}t^n$ 的收敛域为 $\left[-\dfrac{1}{2},\dfrac{1}{2}\right]$.

由 $-\dfrac{1}{2}\leqslant t\leqslant\dfrac{1}{2}$ 得 $-\dfrac{1}{2}\leqslant x-\dfrac{1}{2}\leqslant\dfrac{1}{2}$，所以 $0\leqslant x\leqslant 1$，即级数 $\sum\limits_{n=1}^{\infty}\dfrac{1}{n(n+1)}(2x-1)^n$ 的收敛区间为 $(0,1)$，收敛域为 $[0,1]$.

(6) $\lim\limits_{n\to\infty}\left|\dfrac{u_{n+1}(x)}{u_n(x)}\right|=\lim\limits_{n\to\infty}\left|\dfrac{(-1)^{n+1}x^{2n+3}}{2n+3}\cdot\dfrac{2n+1}{(-1)^n x^{2n+1}}\right|=x^2$.

当 $x^2<1$，即 $|x|<1$ 时，级数绝对收敛；当 $x^2>1$，即 $|x|>1$ 时，级数发散. 所以级数的收敛半径 $R=1$，收敛区间为 $(-1,1)$.

当 $x=-1$ 时，级数 $\sum\limits_{n=1}^{\infty}\dfrac{(-1)^{n+1}}{2n+1}$ 收敛；当 $x=1$ 时，级数 $\sum\limits_{n=1}^{\infty}\dfrac{(-1)^n}{2n+1}$ 收敛. 故收敛域为 $[-1,1]$.

(7) 因为 $\lim\limits_{n\to\infty}\left|\dfrac{u_{n+1}(x)}{u_n(x)}\right|=\dfrac{x^2}{2}$，当 $\dfrac{x^2}{2}<1$，即 $|x|<\sqrt{2}$ 时，级数绝对收敛，当 $\dfrac{x^2}{2}>1$，即 $|x|>\sqrt{2}$ 时，级数发散，所以级数的收敛半径 $R=\sqrt{2}$，收敛区间为 $(-\sqrt{2},\sqrt{2})$. 当 $x=\pm\sqrt{2}$ 时，级数为 $\sum\limits_{n=1}^{\infty}\dfrac{2n-1}{2}$，因为 $\lim\limits_{n\to\infty}\dfrac{2n-1}{2}\neq 0$，所以级数发散，故级数 $\sum\limits_{n=1}^{\infty}\dfrac{2n-1}{2^n}x^{2n-2}$ 的收敛域为 $(-\sqrt{2},\sqrt{2})$.

(9) 对于级数 $\sum\limits_{n=1}^{\infty}\dfrac{(-1)^n x^n}{n^2}$，易知收敛半径 $R_1=1$，收敛域为 $[-1,1]$.

对于级数 $\sum\limits_{n=1}^{\infty}\dfrac{2^n x^n}{n^2+1}$，由 $\lim\limits_{n\to\infty}\left|\dfrac{a_{n+1}}{a_n}\right|=\lim\limits_{n\to\infty}\dfrac{2^{n+1}}{(n+1)^2+1}\cdot\dfrac{n^2+1}{2^n}=2$，得收敛半径 $R_2=\dfrac{1}{2}$，当 $x=\pm\dfrac{1}{2}$ 时，级数均收敛，故级数 $\sum\limits_{n=1}^{\infty}\dfrac{2^n x^n}{n^2+1}$ 的收敛域为 $\left[-\dfrac{1}{2},\dfrac{1}{2}\right]$.

综上，$\sum\limits_{n=1}^{\infty}(-1)^n\dfrac{x^n}{n^2}+\sum\limits_{n=1}^{\infty}\dfrac{2^n x^n}{n^2+1}$ 的收敛半径为 $R=\dfrac{1}{2}$，收敛区间为 $\left(-\dfrac{1}{2},\dfrac{1}{2}\right)$，收敛域为 $\left[-\dfrac{1}{2},\dfrac{1}{2}\right]$.

2．求下列级数的收敛域及它们在收敛域内的和函数．

(1) $\displaystyle\sum_{n=1}^{\infty}\frac{1}{n}x^{n}$；　　　　　(2) $\displaystyle\sum_{n=1}^{\infty}n^{2}x^{n-1}$；　　　　　(4) $\displaystyle\sum_{n=1}^{\infty}\frac{1}{n(n+1)}x^{n+1}$．

解　(1) 由 $\displaystyle\lim_{n\to\infty}\left|\frac{a_{n+1}}{a_{n}}\right|=1$ 知 $R=1$．当 $x=-1$ 时，级数 $\displaystyle\sum_{n=1}^{\infty}\frac{(-1)^{n}}{n}$ 收敛；当 $x=1$ 时，级数 $\displaystyle\sum_{n=1}^{\infty}\frac{1}{n}$ 发散，故级数 $\displaystyle\sum_{n=1}^{\infty}\frac{1}{n}x^{n}$ 的收敛域为 $[-1,1)$．令 $s(x)=\displaystyle\sum_{n=1}^{\infty}\frac{x^{n}}{n}$，$x\in[-1,1)$，则 $s(0)=0$，当 $x\neq0$ 时，

$$s(x)=s(x)-s(0)=\int_{0}^{x}s'(x)\mathrm{d}x=\int_{0}^{x}\left(\sum_{n=1}^{\infty}x^{n-1}\right)\mathrm{d}x$$

$$=\int_{0}^{x}\frac{1}{1-x}\mathrm{d}x=-[\ln|1-x|]_{0}^{x}=-\ln(1-x)，$$

由和函数的连续性知，$s(x)=-\ln(1-x)$，$x\in[-1,1)$．

(2) 由 $\displaystyle\lim_{n\to\infty}\left|\frac{a_{n+1}}{a_{n}}\right|=1$ 知 $R=1$，当 $x=\pm1$ 时，级数 $\displaystyle\sum_{n=1}^{\infty}n^{2}x^{n-1}$ 均发散，故级数 $\displaystyle\sum_{n=1}^{\infty}n^{2}x^{n-1}$ 的收敛域为 $(-1,1)$．令 $s(x)=\displaystyle\sum_{n=1}^{\infty}n^{2}x^{n-1}$，$x\in(-1,1)$，则 $s(0)=1$，当 $x\neq0$ 时，

$$s(x)=\sum_{n=1}^{\infty}n(x^{n})'=\left(\sum_{n=1}^{\infty}nx^{n}\right)'=\left(x\sum_{n=1}^{\infty}nx^{n-1}\right)'=\left[x\sum_{n=1}^{\infty}(x^{n})'\right]'$$

$$=\left[x\left(\sum_{n=1}^{\infty}x^{n}\right)'\right]'=\left[x\left(\frac{x}{1-x}\right)'\right]'=\frac{1+x}{(1-x)^{3}}，$$

所以 $s(x)=\dfrac{1+x}{(1-x)^{3}}$，$x\in(-1,1)$．

(4) 由 $\displaystyle\lim_{n\to\infty}\left|\frac{a_{n+1}}{a_{n}}\right|=1$ 知 $R=1$．当 $x=\pm1$ 时，级数 $\displaystyle\sum_{n=1}^{\infty}\frac{1}{n(n+1)}x^{n+1}$ 均收敛，故级数 $\displaystyle\sum_{n=1}^{\infty}\frac{1}{n(n+1)}x^{n+1}$ 的收敛域为 $[-1,1]$．令 $s(x)=\displaystyle\sum_{n=1}^{\infty}\frac{1}{n(n+1)}x^{n+1}$，$x\in[-1,1]$，则 $s(0)=0$，

$$s'(x)=\left[\sum_{n=1}^{\infty}\frac{1}{n(n+1)}x^{n+1}\right]'=\sum_{n=1}^{\infty}\frac{x^{n}}{n}，\qquad s'(0)=0，$$

$$s''(x)=\sum_{n=1}^{\infty}x^{n-1}=\frac{1}{1-x}，$$

所以

$$s'(x)=s'(x)-s'(0)=\int_{0}^{x}s''(x)\mathrm{d}x=\int_{0}^{x}\frac{1}{1-x}\mathrm{d}x=-\ln(1-x)，$$

$$s(x) = s(x) - s(0) = \int_0^x s'(x)\mathrm{d}x = -\int_0^x \ln(1-x)\mathrm{d}x = x + (1-x)\ln(1-x),\quad x \in [-1,1),$$

由于幂级数的和函数 $s(x)$ 在收敛域上连续，故

$$s(1) = \lim_{x\to 1^-} s(x) = \lim_{x\to 1^-}[x + (1-x)\ln(1-x)] = 1,$$

所以

$$s(x) = \begin{cases} x + (1-x)\ln(1-x), & x \in [-1,1), \\ 1, & x = 1. \end{cases}$$

习题 11-4　函数的幂级数展开

1. 求下列函数的麦克劳林级数展开式，并指出展开式成立的区间.

(1) e^{2x}；　　　(2) a^x（$a > 0$ 且 $a \neq 1$）；　　　(4) $\sin^2 x$；

(6) $\arctan x$；　　　(7) $\dfrac{1}{(x-1)(x-2)}$；　　　(8) $\displaystyle\int_0^x \mathrm{e}^{-t^2}\mathrm{d}t$.

解　(1) 由 $\mathrm{e}^x = \displaystyle\sum_{n=0}^{\infty} \frac{x^n}{n!}$，$x \in (-\infty,\infty)$ 知，$\mathrm{e}^{2x} = \displaystyle\sum_{n=0}^{\infty} \frac{(2x)^n}{n!} = \sum_{n=0}^{\infty} \frac{2^n}{n!}x^n$，$x \in (-\infty,\infty)$.

(2) $a^x = \mathrm{e}^{x\ln a} = \displaystyle\sum_{n=0}^{\infty} \frac{(x\ln a)^n}{n!} = \sum_{n=0}^{\infty} \frac{(\ln a)^n}{n!}x^n$，$x \in (-\infty,\infty)$.

(4) 由 $\cos x = \displaystyle\sum_{n=0}^{\infty} \frac{(-1)^n x^{2n}}{(2n)!}$，$x \in (-\infty,\infty)$ 知，

$$\sin^2 x = \frac{1-\cos 2x}{2} = \frac{1}{2} - \frac{1}{2}\sum_{n=0}^{\infty} \frac{(-1)^n 2^{2n} x^{2n}}{(2n)!} = \sum_{n=1}^{\infty} \frac{(-1)^{n-1} 2^{2n-1} x^{2n}}{(2n)!},\quad x \in (-\infty,\infty).$$

(6) 当 $x \in (-1,1)$ 时，$\dfrac{1}{1+x^2} = \displaystyle\sum_{n=0}^{\infty} (-1)^n x^{2n}$，

$$\arctan x = \int_0^x \frac{1}{1+x^2}\mathrm{d}x = \int_0^x \left[\sum_{n=0}^{\infty}(-1)^n x^{2n}\right]\mathrm{d}x = \sum_{n=0}^{\infty}\left[\int_0^x (-1)^n x^{2n}\mathrm{d}x\right] = \sum_{n=0}^{\infty} \frac{(-1)^n x^{2n+1}}{2n+1}.$$

当 $x = \pm 1$ 时，$\displaystyle\sum_{n=0}^{\infty} \frac{(-1)^n x^{2n+1}}{2n+1}$ 均为收敛的交错级数，且 $\arctan x$ 在 $x = \pm 1$ 有定义且连续，故

$$\arctan x = \sum_{n=0}^{\infty} \frac{(-1)^n x^{2n+1}}{2n+1},\quad x \in [-1,1].$$

(7) $\dfrac{1}{(x-1)(x-2)} = \dfrac{1}{1-x} - \dfrac{1}{2-x} = \dfrac{1}{1-x} - \dfrac{1}{2}\cdot\dfrac{1}{1-\dfrac{x}{2}}$

$$= \sum_{n=0}^{\infty} x^n - \frac{1}{2}\sum_{n=0}^{\infty} \frac{x^n}{2^n} = \sum_{n=0}^{\infty}\left(1 - \frac{1}{2^{n+1}}\right)x^n,$$

其中，$|x| < 1$ 且 $\left|\dfrac{x}{2}\right| < 1$，所以级数 $\displaystyle\sum_{n=0}^{\infty}\left(1 - \frac{1}{2^{n+1}}\right)x^n$ 的收敛域为 $(-1,1)$，故

$$\frac{1}{(x-1)(x-2)} = \sum_{n=0}^{\infty} \left(1 - \frac{1}{2^{n+1}}\right) x^n, \quad x \in (-1,1).$$

(8) 由于 $\mathrm{e}^{-t^2} = \sum_{n=0}^{\infty} \frac{(-1)^n t^{2n}}{n!}, t \in (-\infty,\infty)$，于是

$$\int_0^x \mathrm{e}^{-t^2} \mathrm{d}t = \int_0^x \left[\sum_{n=0}^{\infty} \frac{(-1)^n t^{2n}}{n!}\right] \mathrm{d}t = \sum_{n=0}^{\infty} \left[\frac{(-1)^n}{n!} \int_0^x t^{2n} \mathrm{d}t\right] = \sum_{n=0}^{\infty} \frac{(-1)^n x^{2n+1}}{n!(2n+1)}, \quad x \in (-\infty,\infty).$$

2. 将函数 $f(x) = \dfrac{1}{x}$ 展开成 $x-3$ 的幂级数.

解　$f(x) = \dfrac{1}{x} = \dfrac{1}{3+(x-3)} = \dfrac{1}{3} \cdot \dfrac{1}{1 + \dfrac{x-3}{3}} = \dfrac{1}{3} \sum_{n=0}^{\infty} (-1)^n \dfrac{(x-3)^n}{3^n} = \sum_{n=0}^{\infty} \dfrac{(-1)^n}{3^{n+1}} (x-3)^n,$

由 $\left|-\dfrac{x-3}{3}\right| < 1$ 可确定 $x \in (0,6)$，故 $f(x) = \dfrac{1}{x} = \sum_{n=0}^{\infty} \dfrac{(-1)^n}{3^{n+1}} (x-3)^n, \quad x \in (0,6).$

3. 将函数 $f(x) = \cos x$ 展开成 $x + \dfrac{\pi}{3}$ 的幂级数.

解　$f(x) = \cos x = \cos\left[\left(x + \dfrac{\pi}{3}\right) - \dfrac{\pi}{3}\right] = \dfrac{1}{2} \cos\left(x + \dfrac{\pi}{3}\right) + \dfrac{\sqrt{3}}{2} \sin\left(x + \dfrac{\pi}{3}\right)$

$$= \dfrac{1}{2} \sum_{n=0}^{\infty} \dfrac{(-1)^n \left(x + \dfrac{\pi}{3}\right)^{2n}}{(2n)!} + \dfrac{\sqrt{3}}{2} \sum_{n=0}^{\infty} \dfrac{(-1)^n \left(x + \dfrac{\pi}{3}\right)^{2n+1}}{(2n+1)!}$$

$$= \dfrac{1}{2} \sum_{n=0}^{\infty} (-1)^n \left[\dfrac{\left(x + \dfrac{\pi}{3}\right)^{2n}}{(2n)!} + \sqrt{3} \dfrac{\left(x + \dfrac{\pi}{3}\right)^{2n+1}}{(2n+1)!}\right], \quad x \in (-\infty,\infty).$$

4. 将函数 $f(x) = \dfrac{x-1}{4-x}$ 展开成 $x-1$ 的幂级数，并求 $f^{(n)}(1)$.

解　$f(x) = (x-1) \cdot \dfrac{1}{3-(x-1)} = \dfrac{(x-1)}{3} \cdot \dfrac{1}{1 - \dfrac{x-1}{3}} = \sum_{n=0}^{\infty} \dfrac{(x-1)^{n+1}}{3^{n+1}},$

由 $\left|\dfrac{x-1}{3}\right| < 1$ 可确定 $x \in (-2,4)$.

因为 $f(x) = \sum_{n=0}^{\infty} \dfrac{f^{(n)}(1)}{n!} (x-1)^n$，比较系数可得 $f^{(n)}(1) = \dfrac{n!}{3^n}$.

5. 证明：当 $|x| < \dfrac{1}{2}$ 时，$\dfrac{1}{1-3x+2x^2} = 1 + 3x + 7x^2 + \cdots + (2^n - 1)x^{n-1} + \cdots.$

证　因为 $\dfrac{1}{1-3x+2x^2} = \dfrac{1}{(1-2x)(1-x)} = \dfrac{2}{1-2x} - \dfrac{1}{1-x}$，而

$$\frac{2}{1-2x} = 2(1 + 2x + 2^2 x^2 + \cdots + 2^{n-1} x^{n-1} + \cdots),$$

$|2x| < 1$, 即 $|x| < \frac{1}{2}$,

$$\frac{1}{1-x} = 1 + x + x^2 + x^3 + \cdots + x^{n-1} + \cdots,$$

$|x| < 1$, 于是 $\dfrac{1}{1-3x+2x^2} = 1 + 3x + 7x^2 + \cdots + (2^n - 1)x^{n-1} + \cdots,\ |x| < \dfrac{1}{2}$.

习题 11-5 幂级数的简单应用

1. 利用函数的幂级数展开式求下列各数的近似值.

(1) $\ln 3$ (误差不超过 10^{-4});

(2) $\sqrt[5]{240}$ (误差不超过 10^{-4}).

解 (1) $\ln \dfrac{1+x}{1-x} = 2\left(x + \dfrac{x^3}{3} + \dfrac{x^5}{5} + \cdots + \dfrac{x^{2n-1}}{2n-1} + \cdots \right),\ x \in (-1, 1)$.

令 $\dfrac{1+x}{1-x} = 3$, 可得 $x = \dfrac{1}{2}$, 从而

$$\ln 3 = 2\left(\frac{1}{2} + \frac{1}{3 \cdot 2^3} + \frac{1}{5 \cdot 2^5} + \cdots + \frac{1}{(2n-1) \cdot 2^{2n-1}} + \cdots \right),$$

$$|r_n| = 2\left[\frac{1}{(2n+1) \cdot 2^{2n+1}} + \frac{1}{(2n+3) \cdot 2^{2n+3}} + \cdots \right]$$

$$= \frac{2}{(2n+1) \cdot 2^{2n+1}} \left[1 + \frac{(2n+1) \cdot 2^{2n+1}}{(2n+3) \cdot 2^{2n+3}} + \frac{(2n+1) \cdot 2^{2n+1}}{(2n+5) \cdot 2^{2n+5}} + \cdots \right]$$

$$< \frac{2}{(2n+1) \cdot 2^{2n+1}} \left(1 + \frac{1}{2^2} + \frac{1}{2^4} + \cdots \right) = \frac{2}{(2n+1) \cdot 2^{2n+1}} \cdot \frac{1}{1 - \frac{1}{4}} = \frac{1}{3(2n+1) \cdot 2^{2n-2}},$$

$|r_5| < \dfrac{1}{3 \cdot 11 \cdot 2^8} \approx 0.00012$, $|r_6| < \dfrac{1}{3 \cdot 13 \cdot 2^{10}} \approx 0.00003 < 10^{-4}$, 故取 $n = 6$, 则

$$\ln 3 \approx 2\left(\frac{1}{2} + \frac{1}{3 \cdot 2^3} + \frac{1}{5 \cdot 2^5} + \cdots + \frac{1}{11 \cdot 2^{11}} \right),$$

考虑到舍入误差, 计算时取五位小数, 从而得 $\ln 3 \approx 1.0986$.

(2) $(1+x)^m = 1 + mx + \dfrac{m(m-1)}{2!} x^2 + \cdots + \dfrac{m(m-1)\cdots(m-n+1)}{n!} x^n + \cdots,\ -1 < x < 1$.

$\sqrt[5]{240} = \sqrt[5]{243 - 3} = 3\left(1 - \dfrac{1}{3^4} \right)^{1/5}$, 令 $m = \dfrac{1}{5}$, $x = -\dfrac{1}{3^4}$, 即得

$$\sqrt[5]{240} = 3\left(1 - \frac{1}{5} \cdot \frac{1}{3^4} - \frac{1 \cdot 4}{5^2 \cdot 2!} \cdot \frac{1}{3^8} - \frac{1 \cdot 4 \cdot 9}{5^3 \cdot 3!} \cdot \frac{1}{3^{12}} - \cdots \right),$$

$$|r_2| = 3\left(\frac{1 \cdot 4}{5^2 \cdot 2!} \cdot \frac{1}{3^8} + \frac{1 \cdot 4 \cdot 9}{5^3 \cdot 3!} \cdot \frac{1}{3^{12}} + \frac{1 \cdot 4 \cdot 9 \cdot 14}{5^4 \cdot 4!} \cdot \frac{1}{3^{16}} + \cdots\right)$$

$$< 3 \cdot \frac{1 \cdot 4}{5^2 \cdot 2!} \cdot \frac{1}{3^8}\left[1 + \frac{1}{81} + \left(\frac{1}{81}\right)^2 + \cdots\right] = \frac{6}{25} \cdot \frac{1}{3^8} \cdot \frac{1}{1 - \frac{1}{81}} = \frac{1}{25 \cdot 27 \cdot 40} < \frac{1}{20000},$$

于是 $\sqrt[5]{240} \approx 3\left(1 - \frac{1}{5} \cdot \frac{1}{3^4}\right)$，为使舍入误差与截断误差之和不超过 0.0001，计算时应取五位小数，所以 $\sqrt[5]{240} \approx 2.9926$．

2. 利用被积函数的幂级数展开式求下列定积分的近似值.

(1) $\frac{2}{\sqrt{\pi}}\int_0^{\frac{1}{2}} e^{-x^2} dx$（误差不超过 10^{-4}）.

解 (1) 由 $e^x = \sum_{n=0}^{\infty} \frac{x^n}{n!}$，$x \in (-\infty, \infty)$ 知，$e^{-x^2} = \sum_{n=0}^{\infty} (-1)^n \frac{x^{2n}}{n!}$，$x \in (-\infty, \infty)$．由幂级数在收敛区间内逐项可积，得

$$\frac{2}{\sqrt{\pi}}\int_0^{\frac{1}{2}} e^{-x^2} dx = \frac{2}{\sqrt{\pi}}\int_0^{\frac{1}{2}}\left[\sum_{n=0}^{\infty}(-1)^n \frac{x^{2n}}{n!}\right]dx = \frac{2}{\sqrt{\pi}}\sum_{n=0}^{\infty}\frac{(-1)^n}{n!}\int_0^{\frac{1}{2}} x^{2n} dx$$

$$= \frac{1}{\sqrt{\pi}}\left(1 - \frac{1}{2^2 \cdot 3} + \frac{1}{2^4 \cdot 5 \cdot 2!} - \frac{1}{2^6 \cdot 7 \cdot 3!} + \cdots\right),$$

取前四项之和作为近似值，其误差为 $|r_4| < \frac{1}{\sqrt{\pi}}\frac{1}{2^8 \cdot 9 \cdot 4!} < 10^{-4}$，所以

$$\frac{2}{\sqrt{\pi}}\int_0^{\frac{1}{2}} e^{-x^2} dx \approx \frac{1}{\sqrt{\pi}}\left(1 - \frac{1}{2^2 \cdot 3} + \frac{1}{2^4 \cdot 5 \cdot 2!} - \frac{1}{2^6 \cdot 7 \cdot 3!}\right) \approx 0.5205.$$

习题 11-6 傅里叶级数

1. 将以 2π 为周期的函数 $f(x)$ 展开成傅里叶级数，其中 $f(x)$ 在 $[-\pi, \pi]$ 上的表达式如下.

(1) $f(x) = 3x^2 + 1, -\pi \leqslant x < \pi$；

(3) $f(x) = \begin{cases} bx, & -\pi \leqslant x < 0, \\ ax, & 0 \leqslant x < \pi \end{cases}$ （a, b 为常数，且 $a > b > 0$）.

解 (1) 函数 $f(x)$ 满足狄利克雷收敛定理条件，在 $(-\infty, \infty)$ 上连续，且

$$a_0 = \frac{1}{\pi}\int_{-\pi}^{\pi}(3x^2 + 1)dx = 2\pi^2 + 2,$$

$$a_n = \frac{1}{\pi}\int_{-\pi}^{\pi}(3x^2 + 1)\cos nx\, dx = (-1)^n \frac{12}{n^2} \quad (n = 1, 2, \cdots),$$

$$b_n = \frac{1}{\pi}\int_{-\pi}^{\pi}(3x^2 + 1)\sin nx\, dx = 0 \quad (n = 1, 2, \cdots),$$

因此，$3x^2 + 1 = \pi^2 + 1 + \sum_{n=1}^{\infty}(-1)^n\dfrac{12}{n^2}\cos nx$，$x \in (-\infty, \infty)$.

(3) 函数 $f(x)$ 满足狄利克雷收敛定理条件，除 $x = (2k+1)\pi, k \in \mathbf{Z}$ 外处处连续，$f(x)$ 的傅里叶级数在间断点收敛于 $\dfrac{f(-\pi^+) + f(\pi^-)}{2} = \dfrac{a-b}{2}\pi$，且

$$a_0 = \frac{1}{\pi}\int_{-\pi}^{\pi} f(x)\mathrm{d}x = \frac{1}{\pi}\left(\int_{-\pi}^{0} bx\mathrm{d}x + \int_{0}^{\pi} ax\mathrm{d}x\right) = \frac{a-b}{2}\pi,$$

$$a_n = \frac{1}{\pi}\left(\int_{-\pi}^{0} bx\cos nx\mathrm{d}x + \int_{0}^{\pi} ax\cos nx\mathrm{d}x\right) = \frac{b-a}{n^2\pi}[1-(-1)^n] \quad (n = 1,2,\cdots),$$

$$b_n = \frac{1}{\pi}\left(\int_{-\pi}^{0} bx\sin nx\mathrm{d}x + \int_{0}^{\pi} ax\sin nx\mathrm{d}x\right) = \frac{a+b}{n}(-1)^{n+1} \quad (n = 1,2,\cdots),$$

因此，

$$f(x) = \frac{a-b}{4}\pi + \sum_{n=1}^{\infty}\left\{[1-(-1)^n]\frac{b-a}{n^2\pi}\cos nx + (-1)^{n+1}\frac{a+b}{n}\sin nx\right\}, \quad x \neq (2k+1)\pi, k \in \mathbf{Z}.$$

2. 将下列函数 $f(x)$ 展开成傅里叶级数.

(1) $f(x) = 2\sin\dfrac{x}{3} \ (-\pi < x \leqslant \pi)$.

解 (1) 将函数 $f(x)$ 进行周期延拓，拓展后的周期函数除 $x = (2k+1)\pi, k \in \mathbf{Z}$ 外处处连续，因为 $f(x)$ 在 $(-\pi, \pi)$ 内连续且为奇函数，所以 $a_n = 0$，

$$b_n = \frac{1}{\pi}\int_{-\pi}^{\pi} 2\sin\frac{x}{3}\sin nx\mathrm{d}x = (-1)^{n-1}\frac{18\sqrt{3}}{\pi} \cdot \frac{n}{9n^2-1} \quad (n = 1,2,\cdots),$$

故 $2\sin\dfrac{x}{3} = \sum_{n=1}^{\infty}(-1)^{n-1}\dfrac{18\sqrt{3}n}{\pi(9n^2-1)}\sin nx$，$x \in (-\pi, \pi)$，当 $x = \pi$ 时，上述级数收敛于 0.

3. 将函数 $f(x) = \dfrac{\pi}{2} - x \ (0 \leqslant x \leqslant \pi)$ 展开成余弦级数.

解 将函数 $f(x)$ 进行偶延拓，再进行周期延拓，拓展后的周期函数处处连续，且

$$a_0 = \frac{2}{\pi}\int_{0}^{\pi}\left(\frac{\pi}{2} - x\right)\mathrm{d}x = 0,$$

$$a_n = \frac{2}{\pi}\int_{0}^{\pi}\left(\frac{\pi}{2} - x\right)\cos nx\mathrm{d}x = \frac{2}{n^2\pi}[1-(-1)^n] \quad (n = 1,2,\cdots),$$

所以 $\dfrac{\pi}{2} - x = \sum_{n=1}^{\infty}\dfrac{2[1-(-1)^n]}{n^2\pi}\cos nx$，$x \in [0, \pi]$.

4. 将函数 $f(x) = 2x^2 \ (0 \leqslant x \leqslant \pi)$ 分别展开成正弦级数和余弦级数.

解 将函数 $f(x)$ 进行奇延拓，再进行周期延拓，拓展后的周期函数除 $x = (2k+1)\pi$，$k \in \mathbf{Z}$ 外连续，且

$$b_n = \frac{2}{\pi}\int_{0}^{\pi} 2x^2\sin nx\mathrm{d}x = \frac{4}{\pi}\left[-\frac{2}{n^3} + (-1)^n\left(\frac{2}{n^3} - \frac{\pi^2}{n}\right)\right] \quad (n = 1,2,\cdots),$$

所以

$$2x^2 = \frac{4}{\pi}\sum_{n=1}^{\infty}\left[-\frac{2}{n^3}+(-1)^n\left(\frac{2}{n^3}-\frac{\pi^2}{n}\right)\right]\sin nx, \quad x \in [0,\pi).$$

当 $x = \pi$ 时，上述级数收敛于 0.

将函数 $f(x)$ 进行偶延拓，再进行周期延拓，拓展后的周期函数处处连续，且

$$a_0 = \frac{2}{\pi}\int_0^{\pi} 2x^2 \mathrm{d}x = \frac{4}{3}\pi^2, \qquad a_n = \frac{2}{\pi}\int_0^{\pi} 2x^2\cos nx\, \mathrm{d}x = (-1)^n\frac{8}{n^2} \quad (n = 1,2,\cdots),$$

所以

$$2x^2 = \frac{2}{3}\pi^2 + 8\sum_{n=1}^{\infty}\frac{(-1)^n}{n^2}\cos nx, \quad x \in [0,\pi].$$

5. 将下列周期函数 $f(x)$ 展开成傅里叶级数(下面给出 $f(x)$ 在一个周期内的表达式).

(1) $f(x) = 1 - x^2 \left(-\frac{1}{2} \leqslant x < \frac{1}{2}\right).$

解 (1) $f(x)$ 的周期为 $2l = 1$，$l = \frac{1}{2}$，$f(x)$ 在 $(-\infty,\infty)$ 上连续，且

$$a_0 = \frac{1}{l}\int_{-l}^{l} f(x)\mathrm{d}x = 2\int_{-\frac{1}{2}}^{\frac{1}{2}}(1-x^2)\mathrm{d}x = \frac{11}{6},$$

$$a_n = \frac{1}{l}\int_{-l}^{l} f(x)\cos\frac{n\pi x}{l}\mathrm{d}x = 2\int_{-\frac{1}{2}}^{\frac{1}{2}}(1-x^2)\cos 2n\pi x\,\mathrm{d}x = \frac{(-1)^{n+1}}{n^2\pi^2} \quad (n = 1,2,\cdots),$$

$$b_n = \frac{1}{l}\int_{-l}^{l} f(x)\sin\frac{n\pi x}{l}\mathrm{d}x = 2\int_{-\frac{1}{2}}^{\frac{1}{2}}(1-x^2)\sin 2n\pi x\,\mathrm{d}x = 0 \quad (n = 1,2,\cdots),$$

因此，

$$1 - x^2 = \frac{11}{12} + \sum_{n=1}^{\infty}\frac{(-1)^{n+1}}{n^2\pi^2}\cos 2n\pi x, \quad x \in (-\infty,\infty).$$

6. 设函数 $f(x)$ 是以 2π 为周期的周期函数，其在 $(-\pi,\pi]$ 的表达式为

$$f(x) = \begin{cases} -1, & -\pi < x \leqslant 0, \\ 1+x^2, & 0 < x \leqslant \pi, \end{cases}$$

则其傅里叶级数在点 $x = 0, x = \pi, x = \frac{\pi}{2}, x = 10, x = -10, x = -10\pi$ 处分别收敛于何值？

解 $f(x)$ 满足狄利克雷收敛定理条件，除 $x = k\pi, k \in \mathbf{Z}$ 外连续，其傅里叶级数在连续点处收敛于 $f(x)$，在间断点 $x = k\pi, k \in \mathbf{Z}$ 处收敛于 $\frac{f(x^-) + f(x^+)}{2}$.

因为 $f(x)$ 在 $x = \frac{\pi}{2}, x = 10, x = -10$ 处连续，所以在 $x = \frac{\pi}{2}$ 处，傅里叶级数收敛于 $1 + \frac{\pi^2}{4}$；在 $x = 10$ 处，傅里叶级数收敛于 $f(10) = f(10 - 4\pi) = -1$；在 $x = -10$ 处，傅里叶级数收敛于 $f(-10) = f(-10 + 4\pi) = 1 + (-10 + 4\pi)^2$.

因为 $f(x)$ 在 $x=0,x=\pi,x=-10\pi$ 处间断, 所以在 $x=0$ 处, 傅里叶级数收敛于

$$\frac{f(0^-)+f(0^+)}{2}=\frac{-1+1}{2}=0 ;$$

在 $x=\pi$ 处, 傅里叶级数收敛于

$$\frac{f(\pi^-)+f(\pi^+)}{2}=\frac{f(\pi^-)+f(-\pi^+)}{2}=\frac{1+\pi^2-1}{2}=\frac{\pi^2}{2} ;$$

在 $x=-10\pi$ 处, 傅里叶级数收敛于

$$\frac{f(-10\pi^-)+f(-10\pi^+)}{2}=\frac{f(0^-)+f(0^+)}{2}=0 .$$

7. 将函数 $f(x)=\mathrm{e}^x$ 在 $(-\pi,\pi]$ 内展开成傅里叶级数, 并求级数 $\sum_{n=1}^{\infty}\frac{1}{1+n^2}$ 的和.

解 将函数 $f(x)$ 进行周期延拓, 拓展后的周期函数在 $(-\pi,\pi)$ 内连续, 其傅里叶级数在 $(-\pi,\pi)$ 内收敛于 $f(x)$.

$$a_0=\frac{1}{\pi}\int_{-\pi}^{\pi}\mathrm{e}^x\mathrm{d}x=\frac{\mathrm{e}^\pi-\mathrm{e}^{-\pi}}{\pi},$$

$$a_n=\frac{1}{\pi}\int_{-\pi}^{\pi}\mathrm{e}^x\cos nx\mathrm{d}x=\frac{\mathrm{e}^\pi-\mathrm{e}^{-\pi}}{\pi}\cdot\frac{(-1)^n}{n^2+1}\quad(n=1,2,\cdots),$$

$$b_n=\frac{1}{\pi}\int_{-\pi}^{\pi}\mathrm{e}^x\sin nx\mathrm{d}x=\frac{\mathrm{e}^\pi-\mathrm{e}^{-\pi}}{\pi}\cdot\frac{(-1)^{n-1}n}{n^2+1}\quad(n=1,2,\cdots),$$

因此, $\mathrm{e}^x=\frac{\mathrm{e}^\pi-\mathrm{e}^{-\pi}}{2\pi}+\frac{\mathrm{e}^\pi-\mathrm{e}^{-\pi}}{\pi}\sum_{n=1}^{\infty}\left[\frac{(-1)^n}{n^2+1}\cos nx+\frac{(-1)^{n-1}n}{n^2+1}\sin nx\right],\ x\in(-\pi,\pi) .$

在间断点 $x=\pi$ 处, 傅里叶级数收敛于 $\frac{f(\pi^-)+f(-\pi^+)}{2}=\frac{\mathrm{e}^\pi+\mathrm{e}^{-\pi}}{2}$, 即 $\frac{\mathrm{e}^\pi-\mathrm{e}^{-\pi}}{2\pi}+\frac{\mathrm{e}^\pi-\mathrm{e}^{-\pi}}{\pi}\sum_{n=1}^{\infty}\frac{1}{n^2+1}=\frac{\mathrm{e}^\pi+\mathrm{e}^{-\pi}}{2}$, 所以 $\sum_{n=1}^{\infty}\frac{1}{n^2+1}=\frac{\pi-1}{2}+\frac{\pi}{\mathrm{e}^{2\pi}-1} .$

总习题十一

3. 判别下列级数的敛散性.

(1) $\left(\frac{1}{2}+\frac{1}{3}\right)+\left(\frac{1}{4}+\frac{1}{9}\right)+\left(\frac{1}{8}+\frac{1}{27}\right)+\cdots ;$ (2) $\sum_{n=1}^{\infty}\frac{1}{n\sqrt{n+1}} ;$

(3) $\sum_{n=1}^{\infty}2^n\sin\frac{\pi}{3^n} ;$ (4) $\sum_{n=1}^{\infty}\left(\frac{n}{2n+1}\right)^n .$

解 (1) 因为等比级数 $\sum_{n=1}^{\infty}\frac{1}{2^n}$ 和 $\sum_{n=1}^{\infty}\frac{1}{3^n}$ 都收敛, 由收敛级数的性质知, 级数 $\sum_{n=1}^{\infty}\left(\frac{1}{2^n}+\frac{1}{3^n}\right)$ 收敛.

(2) 因为 $\dfrac{1}{n\sqrt{n+1}}<\dfrac{1}{n^{\frac{3}{2}}}$ $(n=1,2,\cdots)$, 又 p-级数 $\displaystyle\sum_{n=1}^{\infty}\dfrac{1}{n^{\frac{3}{2}}}$ 收敛, 由正项级数的比较判别

法知, 级数 $\displaystyle\sum_{n=1}^{\infty}\dfrac{1}{n\sqrt{n+1}}$ 收敛.

(3) 因为 $\displaystyle\lim_{n\to\infty}\dfrac{2^{n}\sin\dfrac{\pi}{3^{n}}}{\left(\dfrac{2}{3}\right)^{n}}=\pi$, 而等比级数 $\displaystyle\sum_{n=1}^{\infty}\left(\dfrac{2}{3}\right)^{n}$ 收敛, 由比较判别法的极限形式知,

级数 $\displaystyle\sum_{n=1}^{\infty}2^{n}\sin\dfrac{\pi}{3^{n}}$ 收敛.

(4) $\displaystyle\lim_{n\to\infty}\sqrt[n]{\left(\dfrac{n}{2n+1}\right)^{n}}=\lim_{n\to\infty}\dfrac{n}{2n+1}=\dfrac{1}{2}<1$, 由正项级数的根值判别法知, 级数

$\displaystyle\sum_{n=1}^{\infty}\left(\dfrac{n}{2n+1}\right)^{n}$ 收敛.

4. 讨论下列级数的绝对收敛与条件收敛性.

(1) $\displaystyle\sum_{n=1}^{\infty}\dfrac{(-1)^{n}}{n^{p}}$;　　　　　(3) $\displaystyle\sum_{n=1}^{\infty}\dfrac{\sin na}{(n+1)^{2}}$;　　　　　(4) $\displaystyle\sum_{n=1}^{\infty}(-1)^{n-1}\dfrac{\ln n}{n}$.

解 (1) 级数 $\displaystyle\sum_{n=1}^{\infty}\left|\dfrac{(-1)^{n}}{n^{p}}\right|=\sum_{n=1}^{\infty}\dfrac{1}{n^{p}}$.

由 p-级数的敛散性知, 当 $p>1$ 时, 级数 $\displaystyle\sum_{n=1}^{\infty}\dfrac{(-1)^{n}}{n^{p}}$ 绝对收敛; 当 $0<p\leqslant1$ 时, 因为 $\displaystyle\sum_{n=1}^{\infty}\dfrac{1}{n^{p}}$

发散, $\displaystyle\sum_{n=1}^{\infty}\dfrac{(-1)^{n}}{n^{p}}$ 收敛, 所以级数 $\displaystyle\sum_{n=1}^{\infty}\dfrac{(-1)^{n}}{n^{p}}$ 条件收敛; 当 $p\leqslant0$ 时, 因为 $\displaystyle\lim_{n\to\infty}\left|\dfrac{(-1)^{n}}{n^{p}}\right|\neq0$, 所

以级数 $\displaystyle\sum_{n=1}^{\infty}\dfrac{(-1)^{n}}{n^{p}}$ 发散.

(3) 因为 $\left|\dfrac{\sin na}{(n+1)^{2}}\right|\leqslant\dfrac{1}{n^{2}}$ $(n=1,2,\cdots)$, 且 p-级数 $\displaystyle\sum_{n=1}^{\infty}\dfrac{1}{n^{2}}$ 收敛, 故级数 $\displaystyle\sum_{n=1}^{\infty}\dfrac{\sin na}{(n+1)^{2}}$ 绝对

收敛.

(4) 当 $n\geqslant3$ 时, $\dfrac{\ln n}{n}\geqslant\dfrac{1}{n}$, 故 $\displaystyle\sum_{n=1}^{\infty}\dfrac{\ln n}{n}$ 发散. 又当 $n\geqslant3$ 时, 数列 $\left\{\dfrac{\ln n}{n}\right\}$ 单调减少, 且

$\displaystyle\lim_{n\to\infty}\dfrac{\ln n}{n}=0$, 由交错级数的莱布尼茨判别法知, $\displaystyle\sum_{n=1}^{\infty}(-1)^{n-1}\dfrac{\ln n}{n}$ 收敛. 因此, 级数

$\displaystyle\sum_{n=1}^{\infty}(-1)^{n-1}\dfrac{\ln n}{n}$ 条件收敛.

5. 求下列极限.

(1) $\displaystyle\lim_{n\to\infty}\dfrac{1}{n}\sum_{k=1}^{n}\dfrac{1}{3^{k}}\left(1+\dfrac{1}{k}\right)^{k^{2}}$;　　　　　(2) $\displaystyle\lim_{n\to\infty}\left[2^{\frac{1}{3}}\cdot4^{\frac{1}{9}}\cdot8^{\frac{1}{27}}\cdots(2^{n})^{\frac{1}{3^{n}}}\right]$.

解　(1) 对于级数 $\sum\limits_{n=1}^{\infty}\dfrac{1}{3^n}\left(1+\dfrac{1}{n}\right)^{n^2}$，由于 $\lim\limits_{n\to\infty}\sqrt[n]{\dfrac{1}{3^n}\left(1+\dfrac{1}{n}\right)^{n^2}}=\lim\limits_{n\to\infty}\dfrac{1}{3}\left(1+\dfrac{1}{n}\right)^{n}=\dfrac{e}{3}<1$，由根

值判别法知，$\sum\limits_{n=1}^{\infty}\dfrac{1}{3^n}\left(1+\dfrac{1}{n}\right)^{n^2}$ 收敛.

记 $s_n=\sum\limits_{k=1}^{n}\dfrac{1}{3^k}\left(1+\dfrac{1}{k}\right)^{k^2}$，则数列 $\{s_n\}$ 有界，所以 $\lim\limits_{n\to\infty}\dfrac{1}{n}\sum\limits_{k=1}^{n}\dfrac{1}{3^k}\left(1+\dfrac{1}{k}\right)^{k^2}=\lim\limits_{n\to\infty}\dfrac{s_n}{n}=0$.

(2) 对于级数 $\sum\limits_{n=1}^{\infty}\ln(2^n)^{\frac{1}{3^n}}=\sum\limits_{n=1}^{\infty}\dfrac{n\ln 2}{3^n}$，其和设为 s. 考虑 $s(x)=\sum\limits_{n=1}^{\infty}nx^n$，则

$$s(x)=x\left(\sum_{n=1}^{\infty}x^n\right)'=x\left(\dfrac{x}{1-x}\right)'=\dfrac{x}{(1-x)^2},\quad x\in(-1,1),$$

故 $s=\ln 2\cdot s\left(\dfrac{1}{3}\right)=\dfrac{3\ln 2}{4}$，于是 $\lim\limits_{n\to\infty}\left[2^{\frac{1}{3}}\cdot 4^{\frac{1}{9}}\cdots(2^n)^{\frac{1}{3^n}}\right]=e^s=\sqrt[4]{8}$.

6．求下列幂级数的收敛域.

(1) $\sum\limits_{n=1}^{\infty}(-1)^{n-1}\dfrac{x^n}{\sqrt{n}}$;　　　　　　　　(3) $\sum\limits_{n=1}^{\infty}\dfrac{2^n}{\sqrt{n}}(x+1)^n$.

解　(1) 因为 $\lim\limits_{n\to\infty}\left|\dfrac{a_{n+1}}{a_n}\right|=\lim\limits_{n\to\infty}\dfrac{\sqrt{n}}{\sqrt{n+1}}=1$，所以 $R=1$. 当 $x=-1$ 时，级数 $\sum\limits_{n=1}^{\infty}\dfrac{-1}{\sqrt{n}}$ 发散;

当 $x=1$ 时，级数 $\sum\limits_{n=1}^{\infty}(-1)^{n-1}\dfrac{1}{\sqrt{n}}$ 收敛. 故级数 $\sum\limits_{n=1}^{\infty}(-1)^{n-1}\dfrac{x^n}{\sqrt{n}}$ 的收敛域为 $(-1,1]$.

(3) 令 $x+1=t$，原级数变为 $\sum\limits_{n=1}^{\infty}\dfrac{2^n}{\sqrt{n}}t^n$.

因为 $\lim\limits_{n\to\infty}\left|\dfrac{a_{n+1}}{a_n}\right|=\lim\limits_{n\to\infty}\dfrac{2^{n+1}}{\sqrt{n+1}}\cdot\dfrac{\sqrt{n}}{2^n}=2$，所以 $R=\dfrac{1}{2}$.

当 $t=-\dfrac{1}{2}$ 时，级数 $\sum\limits_{n=1}^{\infty}\dfrac{(-1)^n}{\sqrt{n}}$ 收敛; 当 $t=\dfrac{1}{2}$ 时，级数 $\sum\limits_{n=1}^{\infty}\dfrac{1}{\sqrt{n}}$ 发散. 所以级数 $\sum\limits_{n=1}^{\infty}\dfrac{2^n}{\sqrt{n}}t^n$ 的

收敛域为 $-\dfrac{1}{2}\leqslant t<\dfrac{1}{2}$，即 $-\dfrac{1}{2}\leqslant x+1<\dfrac{1}{2}$，故原级数 $\sum\limits_{n=1}^{\infty}\dfrac{2^n}{\sqrt{n}}(x+1)^n$ 的收敛域为 $\left[-\dfrac{3}{2},-\dfrac{1}{2}\right)$.

7．求下列幂级数的收敛域及和函数.

(1) $\sum\limits_{n=1}^{\infty}\dfrac{2n-1}{2^n}x^{2(n-1)}$;　　　　　　　　(3) $\sum\limits_{n=1}^{\infty}n(x-1)^n$.

解　(1) 因为 $\lim\limits_{n\to\infty}\left|\dfrac{u_{n+1}(x)}{u_n(x)}\right|=\dfrac{x^2}{2}$，当 $\dfrac{x^2}{2}<1$，即 $|x|<\sqrt{2}$ 时，级数 $\sum\limits_{n=1}^{\infty}\dfrac{2n-1}{2^n}x^{2(n-1)}$ 绝对收

敛，当 $\dfrac{x^2}{2}>1$，即 $|x|>\sqrt{2}$ 时，级数 $\sum\limits_{n=1}^{\infty}\dfrac{2n-1}{2^n}x^{2(n-1)}$ 发散，所以 $R=\sqrt{2}$. 当 $x=\pm\sqrt{2}$ 时，级数

$\sum\limits_{n=1}^{\infty}\dfrac{2n-1}{2}$ 发散，故级数 $\sum\limits_{n=1}^{\infty}\dfrac{2n-1}{2^n}x^{2(n-1)}$ 的收敛域为 $(-\sqrt{2},\sqrt{2})$.

令 $s(x)=\sum\limits_{n=1}^{\infty}\dfrac{2n-1}{2^n}x^{2(n-1)}$ ，则 $s(0)=\dfrac{1}{2}$ ，当 $x\neq0$ 时，

$$s(x)=\left(\sum_{n=1}^{\infty}\dfrac{1}{2^n}x^{2n-1}\right)'=\left[\dfrac{1}{x}\sum_{n=1}^{\infty}\left(\dfrac{x^2}{2}\right)^n\right]'=\left(\dfrac{1}{x}\cdot\dfrac{\dfrac{x^2}{2}}{1-\dfrac{x^2}{2}}\right)'=\left(\dfrac{x}{2-x^2}\right)'=\dfrac{2+x^2}{(2-x^2)^2},$$

因此， $s(x)=\dfrac{2+x^2}{(2-x^2)^2}$ ， $x\in(-\sqrt{2},\sqrt{2})$.

(3) 因为 $\lim\limits_{n\to\infty}\left|\dfrac{a_{n+1}}{a_n}\right|=\lim\limits_{n\to\infty}\dfrac{n+1}{n}=1$ ，所以 $R=1$. 由 $|x-1|<1$ 可确定收敛区间为 $(0,2)$ ，

当 $x=0$ 或 2 时，级数均发散，所以 $\sum\limits_{n=1}^{\infty}n(x-1)^n$ 的收敛域为 $(0,2)$.

令 $s(x)=\sum\limits_{n=1}^{\infty}n(x-1)^n$ ， $x\in(0,2)$ ，则 $s(1)=0$ ；当 $x\neq1$ 时，

$$s(x)=(x-1)\sum_{n=1}^{\infty}n(x-1)^{n-1}=(x-1)\left[\sum_{n=1}^{\infty}(x-1)^n\right]'$$

$$=(x-1)\left[\dfrac{x-1}{1-(x-1)}\right]'=\dfrac{x-1}{(2-x)^2},$$

因此， $s(x)=\dfrac{x-1}{(2-x)^2}$ ， $x\in(0,2)$.

8. 求下列级数的和.

(1) $\sum\limits_{n=1}^{\infty}\dfrac{n^2}{n!}$;　　　　　　　　　　　　(2) $\sum\limits_{n=0}^{\infty}(-1)^n\dfrac{n+1}{(2n+1)!}$.

解　(1) 令 $s(x)=\sum\limits_{n=1}^{\infty}\dfrac{n^2}{n!}x^{n-1}$ ， $x\in(-\infty,+\infty)$ ，则 $s(0)=1$ ，当 $x\neq0$ 时，

$$s(x)=\sum_{n=1}^{\infty}\dfrac{nx^{n-1}}{(n-1)!}=\left[x\sum_{n=1}^{\infty}\dfrac{x^{n-1}}{(n-1)!}\right]'=(xe^x)'=xe^x+e^x,$$

于是 $s(1)=e+e=2e$ ，即 $\sum\limits_{n=1}^{\infty}\dfrac{n^2}{n!}=2e$.

(2) 令 $s(x)=2\sum\limits_{n=0}^{\infty}(-1)^n\dfrac{n+1}{(2n+1)!}x^{2n+1}$ ， $x\in(-\infty,+\infty)$ ，则

$$s(x)=\left[\sum_{n=0}^{\infty}(-1)^n\dfrac{x^{2n+2}}{(2n+1)!}\right]'=\left[x\sum_{n=0}^{\infty}(-1)^n\dfrac{x^{2n+1}}{(2n+1)!}\right]'=(x\sin x)'=\sin x+x\cos x,$$

于是 $s(1)=\sin 1+\cos 1$, 故 $\sum_{n=0}^{\infty}(-1)^n\dfrac{n+1}{(2n+1)!}=\dfrac{1}{2}s(1)=\dfrac{\sin 1+\cos 1}{2}$.

9. 将函数 $f(x)=\ln(x+1)$ 展开为 $x-3$ 的幂级数, 并确定其收敛域.

解 $\ln(x+1)=\sum_{n=1}^{\infty}(-1)^{n-1}\dfrac{x^n}{n}$, $\quad -1<x\leqslant 1$,

$$f(x)=\ln(x+1)=\ln[4+(x-3)]=\ln 4+\ln\left(1+\dfrac{x-3}{4}\right)=\ln 4+\sum_{n=1}^{\infty}(-1)^{n-1}\dfrac{(x-3)^n}{n4^n},$$

由 $-1<\dfrac{x-3}{4}\leqslant 1$ 知, 收敛域为 $x\in(-1,7]$, 因此,

$$f(x)=\ln 4+\sum_{n=1}^{\infty}(-1)^{n-1}\dfrac{(x-3)^n}{n4^n}, \quad x\in(-1,7].$$

10. 将下列函数展开成 x 的幂级数, 并指出其收敛区间.

(1) $f(x)=\dfrac{1}{(3-x)^2}$; $\qquad\qquad$ (2) $\ln(x+\sqrt{1+x^2})$.

解 (1) $f(x)=\dfrac{1}{(3-x)^2}=\left(\dfrac{1}{3-x}\right)'=\left(\dfrac{1}{3}\cdot\dfrac{1}{1-\frac{x}{3}}\right)'=\left(\dfrac{1}{3}\sum_{n=0}^{\infty}\dfrac{x^n}{3^n}\right)'=\sum_{n=1}^{\infty}\dfrac{nx^{n-1}}{3^{n+1}}$,

由 $\left|\dfrac{x}{3}\right|<1$, 可确定收敛区间为 $(-3,3)$.

(2) $(1+x)^m=1+mx+\dfrac{m(m-1)}{2!}x^2+\cdots+\dfrac{m(m-1)\cdots(m-n+1)}{n!}x^n+\cdots$, $-1<x<1$.

注意到 $\left[\ln(x+\sqrt{1+x^2})\right]'=\dfrac{1}{\sqrt{1+x^2}}$, 当 $|x|<1$ 时,

$$\dfrac{1}{\sqrt{1+x^2}}=(1+x^2)^{-\frac{1}{2}}=1+\sum_{n=1}^{\infty}\dfrac{\left(-\frac{1}{2}\right)\left(-\frac{3}{2}\right)\cdots\left(-\frac{1}{2}-n+1\right)}{n!}x^{2n}=1+\sum_{n=1}^{\infty}(-1)^n\dfrac{(2n-1)!!}{(2n)!!}x^{2n},$$

所以

$$\ln(x+\sqrt{1+x^2})=\int_0^x\dfrac{1}{\sqrt{1+x^2}}dx=\int_0^x\left[1+\sum_{n=1}^{\infty}(-1)^n\dfrac{(2n-1)!!}{(2n)!!}x^{2n}\right]dx$$
$$=x+\sum_{n=1}^{\infty}(-1)^n\dfrac{(2n-1)!!}{(2n+1)\cdot(2n)!!}x^{2n+1},$$

收敛区间为 $(-1,1)$.

11. 设周期函数 $f(x)$ 的周期为 2π, 证明:

(1) 如果 $f(x-\pi)=-f(x)$, 则 $f(x)$ 的傅里叶系数 $a_0=0,a_{2k}=0,b_{2k}=0$ $(k=1,2,\cdots)$.

解 (1) 若 $f(x-\pi)=-f(x)$, 则

$$a_n = \frac{1}{\pi}\int_{-\pi}^{\pi} f(x)\cos nx\,dx = \frac{1}{\pi}\left[\int_{-\pi}^{0} f(x)\cos nx\,dx + \int_{0}^{\pi} f(x)\cos nx\,dx\right],$$

对于 $\int_{-\pi}^{0} f(x)\cos nx\,dx$, 令 $x = t - \pi$, 得

$$\int_{-\pi}^{0} f(x)\cos nx\,dx = \int_{0}^{\pi} f(t-\pi)\cos n(t-\pi)\,dt = \int_{0}^{\pi} -f(t)(-1)^n\cos nt\,dt,$$

所以

$$a_n = \frac{1}{\pi}\left[\int_{-\pi}^{0} f(x)\cos nx\,dx + \int_{0}^{\pi} f(x)\cos nx\,dx\right] = \frac{1}{\pi}\int_{0}^{\pi}[1-(-1)^n]f(x)\cos nx\,dx \quad (n=0,1,2,\cdots),$$

故 $a_0 = 0, a_{2k} = 0 \quad (k=1,2,\cdots)$.

$$b_n = \frac{1}{\pi}\int_{-\pi}^{\pi} f(x)\sin nx\,dx = \frac{1}{\pi}\left[\int_{-\pi}^{0} f(x)\sin nx\,dx + \int_{0}^{\pi} f(x)\sin nx\,dx\right],$$

对于 $\int_{-\pi}^{0} f(x)\sin nx\,dx$, 令 $x = t - \pi$, 得

$$\int_{-\pi}^{0} f(x)\sin nx\,dx = \int_{0}^{\pi} f(t-\pi)\sin n(t-\pi)\,dt = \int_{0}^{\pi} -f(t)(-1)^n\sin nt\,dt,$$

$$b_n = \frac{1}{\pi}\left[\int_{-\pi}^{0} f(x)\sin nx\,dx + \int_{0}^{\pi} f(x)\sin nx\,dx\right] = \frac{1}{\pi}\int_{0}^{\pi}[1-(-1)^n]f(x)\sin nx\,dx \quad (n=1,2,\cdots),$$

故 $b_{2k} = 0 \quad (k=1,2,\cdots)$.

六、自 测 题

一、**选择题**(10 小题, 每小题 2 分, 共 20 分).

1. 设 $\sum_{n=1}^{\infty} u_n = 2 \quad (u_n \neq 0, n=1,2,\cdots)$, 则下列级数的和不为 1 的是(　　).

A. $\sum_{n=1}^{\infty} \frac{1}{n(n+1)}$　　B. $\sum_{n=1}^{\infty} \frac{1}{2^n}$　　C. $\sum_{n=2}^{\infty} \frac{u_n}{2}$　　D. $\sum_{n=1}^{\infty} \frac{u_n}{2}$

2. 下列级数中, 绝对收敛的是(　　).

A. $\sum_{n=1}^{\infty} \frac{(-1)^n}{n}$　　B. $\sum_{n=1}^{\infty} \frac{3n+2}{n^2+1}$　　C. $\sum_{n=1}^{\infty} (-1)^{n-1}\left(\frac{2}{3}\right)^n$　　D. $\sum_{n=1}^{\infty} \frac{(-1)^{n-1}}{\ln(1+n)}$

3. 下列四个命题中, 正确的命题是(　　).

A. 若级数 $\sum_{n=1}^{\infty} u_n$ 发散, 则级数 $\sum_{n=1}^{\infty} u_n^2$ 也发散

B. 若级数 $\sum_{n=1}^{\infty} u_n^2$ 发散, 则级数 $\sum_{n=1}^{\infty} u_n$ 也发散

C. 若级数 $\sum_{n=1}^{\infty} u_n^2$ 收敛, 则级数 $\sum_{n=1}^{\infty} u_n^3$ 也收敛

D. 若级数 $\sum\limits_{n=1}^{\infty} u_n$ 收敛，则级数 $\sum\limits_{n=1}^{\infty} u_n^2$ 也收敛

4. 设 $a_n = \dfrac{(-1)^n}{\sqrt{n}}$，则下列级数中，绝对收敛的级数是( ).

A. $\sum\limits_{n=1}^{\infty} (-1)^n a_n$ B. $\sum\limits_{n=1}^{\infty} a_n a_{n+1}$ C. $\sum\limits_{n=1}^{\infty} (a_{n+1} - a_n)$ D. $\sum\limits_{n=1}^{\infty} (a_{n+1} + a_n)$

5. 幂级数 $\sum\limits_{n=1}^{\infty} (n+1)x^n$ 的收敛区间为( ).

A. $[-1,1)$ B. $(-\infty, +\infty)$ C. $(-1,1)$ D. $[-1,1]$

6. 级数 $\sum\limits_{n=1}^{\infty} \dfrac{(-1)^{n-1}}{2^{n-1}}$ 的和等于( ).

A. $\dfrac{2}{3}$ B. $\dfrac{1}{3}$ C. 1 D. $\dfrac{3}{2}$

7. 幂级数 $\sum\limits_{n=2}^{\infty} \dfrac{1}{n-1} x^n$ 在收敛域 $[-1,1)$ 上的和函数 $s(x) =$ ( ).

A. $\ln(1-x)$ B. $-\ln(1-x)$ C. $-\dfrac{\ln(1-x)}{x}$ D. $-x\ln(1-x)$

8. 设 $f(x)$ 是周期为 2π 的周期函数，且 $f(x) = \begin{cases} -1, & -\pi \leqslant x < 0, \\ 0, & x=0, \\ 1, & 0 < x \leqslant \pi, \end{cases}$ 则它的傅里叶级数

中 $a_n =$ ( ).

A. $\dfrac{2}{n\pi}[1-(-1)^n]$ B. 0 C. $\dfrac{1}{n\pi}$ D. $\dfrac{4}{n\pi}$

9. 设 $f(x)$ 为奇函数，将函数 $f(x) = \begin{cases} 1, & 0 < x < \dfrac{\pi}{2}, \\ 5 - \dfrac{4}{\pi}x, & \dfrac{\pi}{2} \leqslant x \leqslant \pi \end{cases}$ 展开成正弦级数，其和函数

为 $s(x) = \sum\limits_{n=1}^{\infty} b_n \sin nx$，则 $s\left(-\dfrac{9\pi}{2}\right) =$ ( ).

A. -1 B. -2 C. 1 D. 2

10. 一个形如 $\sum\limits_{n=1}^{\infty} b_n \sin nx$ 的级数，其和函数 $s(x)$ 在 $(0,\pi)$ 内的表达式为 $\dfrac{1}{2}(\pi-x)$，则

$s(x)$ 在 $x = \dfrac{3\pi}{2}$ 处的值 $s\left(\dfrac{3\pi}{2}\right) =$ ( ).

A. $-\dfrac{\pi}{4}$ B. $-\dfrac{\pi}{2}$ C. $\dfrac{\pi}{4}$ D. $\dfrac{\pi}{2}$

二、填空题(10 小题，每小题 2 分，共 20 分).

1. 设级数 $\sum\limits_{n=1}^{\infty} u_n$ 收敛，$\sum\limits_{n=1}^{\infty} v_n$ 发散，则级数 $\sum\limits_{n=1}^{\infty} (u_n + v_n)$ 必_____.

2．若级数 $\sum\limits_{n=1}^{\infty}\dfrac{(-1)^{n-1}}{n^p}$ 发散, 则 p _____．

3．若幂级数 $\sum\limits_{n=1}^{\infty}a_n(x+1)^n$ 在 $x=-3$ 处条件收敛, 则幂级数 $\sum\limits_{n=1}^{\infty}(n+1)a_{n+1}x^n$ 的收敛半径 $R=$ _____．

4．已知幂级数 $\sum\limits_{n=0}^{\infty}a_nx^n$ 在 $x=2$ 处条件收敛, 则幂级数 $\sum\limits_{n=0}^{\infty}\dfrac{a_n}{4^n}x^n$ 的收敛半径为 _____．

5．幂级数 $\sum\limits_{n=1}^{\infty}\dfrac{(x-2)^n}{3^n n}$ 的收敛域为_____．

6．已知级数 $\sum\limits_{n=1}^{\infty}a_n=8$, $\sum\limits_{n=1}^{\infty}a_{2n-1}=5$, 则 $\sum\limits_{n=1}^{\infty}(-1)^{n-1}a_n=$ _____．

7．设函数 $f(x)$ 以 2π 为周期, 且 $f(x)=x+x^2$ $(-\pi<x\leqslant\pi)$, $f(x)$ 的傅里叶级数为 $\dfrac{a_0}{2}+\sum\limits_{n=1}^{\infty}(a_n\cos nx+b_n\sin nx)$, 则 $b_3=$ _____．

8．设 $f(x)$ 的傅里叶级数中的 $b_n=0$ $(n=1,2,\cdots)$, 当 $0<x<\pi$ 时, $f(x)=x-1$, 则当 $-\pi<x<0$ 时, $f(x)$ 的表达式可取为_____．

9．设定义在 $[0,\pi]$ 上的函数 $f(x)=x$ 的余弦级数的和函数为 $s(x)$, 则 $s\left(-\dfrac{\pi}{2}\right)=$ _____, $s\left(\dfrac{5\pi}{4}\right)=$ _____．

10．把 $\dfrac{1}{2x+3}$ 展开成麦克劳林级数为_____．

三、计算题(7 小题, 共 60 分)．

1．(15 分)判别下列级数的敛散性, 若收敛指出是绝对收敛还是条件收敛.

(1) $\sum\limits_{n=1}^{\infty}\dfrac{(-1)^n n!}{n^n}2^n$;　　(2) $\sum\limits_{n=1}^{\infty}(-1)^n\ln\left(1+\dfrac{1}{n}\right)$;　　(3) $\sum\limits_{n=1}^{\infty}\dfrac{n}{e^n-1}$.

2．(7 分)求级数 $\sum\limits_{n=1}^{\infty}(-1)^n\dfrac{(x-2)^{2n+1}}{2n+1}$ 的收敛域.

3．(7 分)求幂级数 $\sum\limits_{n=1}^{\infty}nx^{2n}$ 的收敛域与和函数.

4．(7 分)将函数 $f(x)=\dfrac{4x-3}{2x^2-3x-2}$ 展开为 $x-1$ 的幂级数.

5．(10 分)求数项级数 $\sum\limits_{n=1}^{\infty}(-1)^n\dfrac{n^2}{3^n}$ 的和.

6．(7 分)设 $f(x)=\sum\limits_{n=0}^{\infty}\dfrac{(-1)^n}{(n!)^2}(x-1)^n$, 求 $\sum\limits_{n=0}^{\infty}f^{(n)}(1)$.

7．(7 分)设 $f(x)$ 是周期为 2π 的周期函数, 它在区间 $[-\pi,\pi]$ 上定义为 $f(x)=$

$$\begin{cases} -2x, & -\pi \leqslant x \leqslant 0, \\ x^2+1, & 0 < x < \pi, \end{cases}$$ 求 $f(x)$ 的傅里叶级数的和函数 $s(x)$.

自测题参考答案

一、1. C；2. C；3. C；4. D；5. C；6. A；7. D；8. B；9. B；10. A.

二、1. 发散；2. $\leqslant 0$；3. 2；4. 8；5. $[-1,5)$；6. 2；7. $\dfrac{2}{3}$；8. $-x-1$；

9. $\dfrac{\pi}{2}$，$\dfrac{3\pi}{4}$；10. $\displaystyle\sum_{n=0}^{\infty} \dfrac{(-2)^n}{3^{n+1}} x^n$，$|x| < \dfrac{3}{2}$.

三、1. (1) $\displaystyle\lim_{n\to\infty} \dfrac{|u_{n+1}|}{|u_n|} = \lim_{n\to\infty} \left| \dfrac{(n+1)! \, 2^{n+1}}{(n+1)^{n+1}} \cdot \dfrac{n^n}{n! \, 2^n} \right| = \dfrac{2}{e} < 1$，级数绝对收敛.

(2) 由于 $\displaystyle\lim_{n\to\infty} \dfrac{\ln\left(1+\dfrac{1}{n}\right)}{\dfrac{1}{n}} = 1$，故 $\displaystyle\sum_{n=1}^{\infty} \ln\left(1+\dfrac{1}{n}\right)$ 发散. 又因为数列 $\left\{ \ln\left(1+\dfrac{1}{n}\right) \right\}$ 单调减少，

且 $\displaystyle\lim_{n\to\infty} \ln\left(1+\dfrac{1}{n}\right) = 0$，由莱布尼茨判别法知 $\displaystyle\sum_{n=1}^{\infty} (-1)^n \ln\left(1+\dfrac{1}{n}\right)$ 收敛，且为条件收敛.

(3) $\displaystyle\lim_{n\to\infty} \dfrac{u_{n+1}}{u_n} = \lim_{n\to\infty} \dfrac{n+1}{e^{n+1}-1} \cdot \dfrac{e^n-1}{n} = \dfrac{1}{e} \lim_{n\to\infty} \dfrac{1-\dfrac{1}{e^n}}{1-\dfrac{1}{e^{n+1}}} = \dfrac{1}{e} < 1$，由比值判别法知 $\displaystyle\sum_{n=1}^{\infty} \dfrac{n}{e^n-1}$ 收

敛，且为绝对收敛.

2. 因为 $\displaystyle\lim_{n\to\infty} \left| \dfrac{(x-2)^{2n+3}}{2n+3} \cdot \dfrac{2n+1}{(x-2)^{2n+1}} \right| = (x-2)^2$，于是当 $(x-2)^2 < 1$，即 $|x-2| < 1$ 时，级

数绝对收敛，当 $(x-2)^2 > 1$，即 $|x-2| > 1$ 时，级数发散，所以级数的收敛半径 $R=1$，收敛

区间为 $(1,3)$. 当 $x=1$ 时，级数 $\displaystyle\sum_{n=1}^{\infty} \dfrac{(-1)^{n+1}}{2n+1}$ 收敛；当 $x=3$ 时，级数 $\displaystyle\sum_{n=1}^{\infty} \dfrac{(-1)^n}{2n+1}$ 收敛，故级数的

收敛域为 $[1,3]$.

3. $\displaystyle\sum_{n=1}^{\infty} nx^{2n}$ 收敛域为 $(-1,1)$，当 $x=0$ 时，级数收敛于 0.

当 $x \neq 0$，令 $t = x^2$，则

$$\sum_{n=1}^{\infty} nx^{2n} = \sum_{n=1}^{\infty} nt^n = t\sum_{n=1}^{\infty} nt^{n-1} = t\left(\sum_{n=1}^{\infty} t^n\right)' = t\left(\dfrac{t}{1-t}\right)' = \dfrac{t}{(1-t)^2} = \dfrac{x^2}{(1-x^2)^2},$$

所以 $\displaystyle\sum_{n=1}^{\infty} nx^{2n} = \dfrac{x^2}{(1-x^2)^2}$，$x \in (-1,1)$.

4. $f(x)=\dfrac{4x-3}{2x^2-3x-2}=\dfrac{2}{2x+1}+\dfrac{1}{x-2}=\dfrac{2}{3+2(x-1)}-\dfrac{1}{1-(x-1)}$

$=\dfrac{2}{3}\cdot\dfrac{1}{1+\dfrac{2}{3}(x-1)}-\dfrac{1}{1-(x-1)}=\dfrac{2}{3}\sum_{n=0}^{\infty}\left(-\dfrac{2}{3}\right)^n(x-1)^n-\sum_{n=0}^{\infty}(x-1)^n$

$=\sum_{n=0}^{\infty}\left[(-1)^n\left(\dfrac{2}{3}\right)^{n+1}-1\right](x-1)^n,$

由 $\left|-\dfrac{2}{3}(x-1)\right|<1$ 及 $|x-1|<1$，可确定收敛域为 $x\in(0,2)$.

5. $\sum_{n=1}^{\infty}(-1)^n\dfrac{n^2}{3^n}=\sum_{n=1}^{\infty}n^2\left(-\dfrac{1}{3}\right)^n$，令 $s(x)=\sum_{n=1}^{\infty}n^2x^n$，则幂级数 $\sum_{n=1}^{\infty}n^2x^n$ 的收敛域为 $(-1,1)$，且 $s(0)=0$，当 $x\neq0$ 时，

$$s(x)=\sum_{n=1}^{\infty}n^2x^n=x\sum_{n=1}^{\infty}n^2x^{n-1}=x\left(\sum_{n=1}^{\infty}nx^n\right)'=x\left(x\sum_{n=1}^{\infty}nx^{n-1}\right)'$$

$$=x\left[x\left(\sum_{n=1}^{\infty}x^n\right)'\right]'=x\left[x\left(\dfrac{x}{1-x}\right)'\right]'=\dfrac{x(1+x)}{(1-x)^3},$$

所以 $s(x)=\sum_{n=1}^{\infty}n^2x^n=\dfrac{x(1+x)}{(1-x)^3}$，$-1<x<1$，于是 $\sum_{n=1}^{\infty}(-1)^n\dfrac{n^2}{3^n}=s\left(-\dfrac{1}{3}\right)=-\dfrac{3}{32}$.

6. $f(x)=\sum_{n=0}^{\infty}\dfrac{(-1)^n}{(n!)^2}(x-1)^n$，$f^{(n)}(1)=\dfrac{(-1)^n}{n!}$ $(n=0,1,2,\cdots)$，故

$$\sum_{n=0}^{\infty}f^{(n)}(1)=\sum_{n=0}^{\infty}\dfrac{(-1)^n}{n!}=\mathrm{e}^{-1}.$$

7. $s(x)=\begin{cases}f(x), & x\neq k\pi,\\\dfrac{1}{2}, & x=2k\pi,\\\dfrac{(\pi+1)^2}{2}, & x=(2k+1)\pi,\end{cases}$ $k\in\mathbf{Z}.$

附　录

总自测题一

一、填空题(5 小题, 每小题 2 分, 共 10 分).

1. 函数 $f(x,y)=x^2-xy+y^2$ 在点 $(1,-1)$ 处的方向导数的最大值为_____.

2. 将 $\int_{-1}^{1}dx\int_{-\sqrt{1-x^2}}^{\sqrt{1-x^2}}dy\int_{\sqrt{x^2+y^2}}^{1}f(x,y,z)dz$ 化为柱面坐标下的三次积分为_____.

3. 已知 Σ 是界于 $z=0$ 和 $z=3$ 之间的圆柱体 $x^2+y^2\leqslant 4$ 的整个表面的外侧, 则 $\oiint\limits_{\Sigma}xdydz+$

$ydzdx+zdxdy=$_____.

4. 设有周期为 2π 的函数, 它在 $(-\pi,\pi]$ 上的表达式为 $f(x)=\begin{cases}-1, & -\pi<x\leqslant 0,\\ 1+x, & 0<x\leqslant\pi,\end{cases}$ 其

傅里叶级数在点 $x=\pi$ 处收敛于_____.

5. 直线 $\begin{cases}3x-4y+2z-6=0,\\ x+3y-z+a=0\end{cases}$ 与 z 轴相交, 则常数 a 为_____.

二、单项选择题(10 小题, 每小题 2 分, 共 20 分).

1. 二元函数 $z=\sqrt{\ln\dfrac{4}{x^2+y^2}}+\arcsin\dfrac{1}{x^2+y^2}$ 的定义域是(　　).

A. $1\leqslant x^2+y^2\leqslant 4$ 　　　　　　　　　　B. $1<x^2+y^2\leqslant 4$

C. $1\leqslant x^2+y^2<4$ 　　　　　　　　　　D. $1<x^2+y^2<4$

2. 设 $f_x(x_0,y_0)$ 及 $f_y(x_0,y_0)$ 都存在, 则 $f(x,y)$ 在 (x_0,y_0) 处(　　).

A. 可微 　　　　　B. 连续 　　　　　　C. 不连续 　　　　D. 不一定可微

3. 极限 $\lim\limits_{\substack{x\to 1\\ y\to 0}}\dfrac{\sin(x-y-1)}{\sqrt{x}-\sqrt{y+1}}=($　　$)$.

A. 0 　　　　　　B. 1 　　　　　　　C. 2 　　　　　　D. 不存在

4. 设 $f(x,y)$ 是连续函数, 将二次积分 $\int_1^{e}dx\int_0^{\ln x}f(x,y)dy$ 交换积分次序的结果为

(　　).

A. $\int_1^{e}dy\int_0^{\ln x}f(x,y)dx$ 　　　　　　　　B. $\int_{e^y}^{e}dy\int_0^{1}f(x,y)dx$

C. $\int_0^{\ln x}dy\int_1^{e}f(x,y)dx$ 　　　　　　　　D. $\int_0^{1}dy\int_{e^y}^{e}f(x,y)dx$

5. 设 Ω 为区域 $x^2+y^2+z^2\leqslant 1$，则 $\iiint\limits_{\Omega} f(x^2+y^2+z^2)\mathrm{d}v=$（　　）.

A. $\int_0^{2\pi}\mathrm{d}\theta\int_0^1\mathrm{d}\rho\int_0^1 f(\rho^2+z^2)\rho\mathrm{d}z$　　　　B. $\int_0^{2\pi}\mathrm{d}\theta\int_0^{\pi}\mathrm{d}\varphi\int_0^1 f(r^2)r^2\sin\varphi\mathrm{d}r$

C. $\int_0^{\pi}\mathrm{d}\theta\int_0^{2\pi}\mathrm{d}\varphi\int_0^1 f(r^2)r^2\sin\varphi\mathrm{d}r$　　　D. $\int_0^{2\pi}\mathrm{d}\theta\int_0^{\frac{\pi}{2}}\mathrm{d}\varphi\int_0^1 f(r^2)r^2\sin\varphi\mathrm{d}r$

6. 设曲线 L 是从 $(1,0)$ 到 $(-1,2)$ 的直线段，则 $\int_L (x+y)\mathrm{d}s=$（　　）.

A. $2\sqrt{2}$　　　　B. 0　　　　C. 2　　　　D. $\sqrt{2}$

7. 级数 $\sum\limits_{n=1}^{\infty}\left(\dfrac{\sin n\alpha}{n^2}-\dfrac{1}{\sqrt{n}}\right)$（$\alpha$ 为常数）（　　）.

A. 绝对收敛　　　　　　　　　　B. 条件收敛

C. 发散　　　　　　　　　　　　D. 收敛性与 α 的取值有关

8. 将函数 $f(x)=\dfrac{1}{x}$ 展开成 $x-2$ 的幂级数，下列展开式中正确的为（　　）.

A. $\dfrac{1}{x}=\sum\limits_{n=0}^{\infty}(-1)^n\left(\dfrac{x-2}{2}\right)^n\ (0<x<4)$　　B. $\dfrac{1}{x}=\dfrac{1}{2}\sum\limits_{n=0}^{\infty}(-1)^n\left(\dfrac{x-2}{2}\right)^n\ (0<x<4)$

C. $\dfrac{1}{x}=\dfrac{1}{2}\sum\limits_{n=0}^{\infty}\left(\dfrac{x-2}{2}\right)^n\ (0<x<4)$　　D. $\dfrac{1}{x}=\dfrac{1}{2}\sum\limits_{n=0}^{\infty}(-1)^n\left(\dfrac{x-2}{2}\right)^n\ (0<x<1)$

9. 当 $\boldsymbol{a}$ 与 $\boldsymbol{b}$ 满足（　　）时，有 $|\boldsymbol{a}+\boldsymbol{b}|=|\boldsymbol{a}|+|\boldsymbol{b}|$.

A. $\boldsymbol{a}\perp\boldsymbol{b}$　　B. $\boldsymbol{a}=\lambda\boldsymbol{b}$（$\lambda$ 为常数）　　C. $\boldsymbol{a}//\boldsymbol{b}$　　D. $\boldsymbol{a}\cdot\boldsymbol{b}=|\boldsymbol{a}||\boldsymbol{b}|$

10. 空间曲线 $\begin{cases}z=x^2+y^2-2,\\z=5\end{cases}$ 在 xOy 面上的投影方程为（　　）.

A. $x^2+y^2=7$　　　　　　　　B. $\begin{cases}x^2+y^2=7,\\z=5\end{cases}$

C. $\begin{cases}x^2+y^2=7,\\z=0\end{cases}$　　　　　　D. $\begin{cases}z=x^2+y^2-7,\\z=0\end{cases}$

三、解下列各题（5 小题，每小题 6 分，共 30 分）.

1. 已知 $u=\mathrm{e}^{\frac{x}{y}}\sin(yz)$，求 $\mathrm{d}u$.

2. 求由椭圆抛物面 $z=x^2+2y^2$ 和抛物柱面 $z=8-x^2$ 所围成的立体的体积.

3. 计算 $\iint\limits_{\Sigma} y\mathrm{d}S$，$\Sigma$ 为平面 $x+y+z=1$ 在第 I 卦限的部分.

4. 判别级数 $\sum\limits_{n=1}^{\infty}\dfrac{n^2\sin^2\frac{n}{3}\pi}{2^n}$ 的敛散性.

5．球面 Σ 经过圆 $\begin{cases} x^2+y^2=5, \\ z=0 \end{cases}$ 及点 $P(2,-4,3)$，求 Σ 的方程．

四、(8 分)求曲面 $e^z+2z+xy=3$ 在点 $(2,1,0)$ 处的切平面方程与法线方程．

五、(8 分)求二元函数 $z=f(x,y)=3(x+y)-x^3-y^3$ 的极值．

六、(8 分)计算曲线积分 $I=\int_L (2x^2-y^2+x^2e^{3y})\mathrm{d}x+(x^3e^{3y}-2xy-2y^2)\mathrm{d}y$，其中 L 为上半圆周 $(x-1)^2+y^2=1$，$y\geqslant 0$，沿逆时针方向．

七、(8 分)求幂级数 $\sum_{n=1}^{\infty}(-1)^{n+1}\dfrac{x^{n+1}}{n}$ 的收敛域与和函数，并求数项级数 $\sum_{n=1}^{\infty}(-1)^{n+1}\dfrac{1}{n2^n}$ 的和．

八、(8 分)用高斯公式计算对坐标的曲面积分

$$\iint_{\Sigma}(x^2-y)\mathrm{d}x\mathrm{d}y+(y^2-z)\mathrm{d}y\mathrm{d}z+(z^2-x)\mathrm{d}z\mathrm{d}x,$$

其中，Σ 为旋转抛物面 $z=x^2+y^2$ $(0\leqslant z\leqslant 1)$ 的下侧．

总自测题二

一、填空题(5 小题，每小题 2 分，共 10 分)．

1．函数 $f(x,y)=\ln\left(x+\dfrac{y}{2x}\right)$，则 $f_y(1,0)=$ ＿＿＿＿＿＿．

2．曲面 $z=x^2+y^2$ 在点 $(1,1,2)$ 处的法线与平面 $Ax+By+z+1=0$ 垂直，则 $A=$ ＿＿＿＿＿＿，$B=$ ＿＿＿＿＿＿．

3．交换积分次序，则 $\int_0^2\mathrm{d}x\int_x^{\sqrt{2x}}f(x,y)\mathrm{d}y=$ ＿＿＿＿＿＿．

4．幂级数 $\sum_{n=1}^{\infty}(-1)^{n-1}\dfrac{x^n}{n!}$ 的收敛域是＿＿＿＿＿＿．

5．设 $f(x)$ 是以 2π 为周期的周期函数，在 $[-\pi,\pi]$ 上的表达式为 $f(x)=\begin{cases} 2, & -\pi\leqslant x<0, \\ 4, & 0\leqslant x\leqslant\pi, \end{cases}$ 则在 $x=0$ 处 $f(x)$ 的傅里叶级数收敛于＿＿＿＿＿＿．

二、单项选择题(10 小题，每小题 2 分，共 20 分)．

1．函数 $z=\sqrt{4-x^2-y^2}-\ln(y^2-2x+1)$ 的定义域为(　　)．

A．$\begin{cases} x^2+y^2\geqslant 4, \\ y^2>2x-1 \end{cases}$　　B．$\begin{cases} x^2+y^2\geqslant 4, \\ y^2<2x-1 \end{cases}$　　C．$\begin{cases} x^2+y^2\leqslant 4, \\ y^2<2x-1 \end{cases}$　　D．$\begin{cases} x^2+y^2\leqslant 4, \\ y^2>2x-1 \end{cases}$

2．$\lim\limits_{(x,y)\to(0,0)}\dfrac{\sin(xy)}{x}=$(　　)．

A．不存在　　　　　B．1　　　　　　C．0　　　　　　D．∞

3．函数 $f(x,y)$ 在 (x_0,y_0) 处的偏导数 $f_x(x_0,y_0)$，$f_y(x_0,y_0)$ 均存在是 $f(x,y)$ 在 (x_0,y_0) 处连续的(　　)条件.

　　A．充分　　　　　　B．必要　　　　　　C．充分必要　　　D．既非充分也非必要

4．设函数 $u=2xy-z^2$，则 u 在点 $(2,-1,1)$ 处的方向导数的最大值为(　　).

　　A．$2\sqrt{6}$　　　　　B．4　　　　　　C．$(-2,4,-2)$　　D．$(2,4,2)$

5．设 D 是由 $x^2+y^2=a^2$ 所围成的闭区域，$\iint\limits_{D}\sqrt{a^2-x^2-y^2}\,\mathrm{d}x\mathrm{d}y=\pi$，则 $a=(\quad\ )$.

　　A．$\sqrt[3]{\dfrac{3}{2}}$　　　　　　B．$\sqrt[3]{\dfrac{1}{2}}$　　　　　　C．$\sqrt[3]{\dfrac{3}{4}}$　　　　　D．1

6．已知 $\dfrac{(x+ay)\mathrm{d}x+y\mathrm{d}y}{(x+y)^2}$ 为某函数的全微分，则 $a=(\quad\ )$.

　　A．-1　　　　　　B．0　　　　　　C．1　　　　　　D．2

7．设曲线 L 为圆周 $x^2+y^2=1$，则 $\oint_L(x^2+y^2+5)\mathrm{d}s=(\quad\ )$.

　　A．8π　　　　　　B．10π　　　　　C．12π　　　　D．14π

8．下列命题正确的是(　　).

　　A．若 $\lim\limits_{n\to\infty}u_n=0$，则级数 $\sum\limits_{n=1}^{\infty}u_n$ 收敛　　　　B．若 $\lim\limits_{n\to\infty}u_n\neq0$，则级数 $\sum\limits_{n=1}^{\infty}u_n$ 发散

　　C．若级数 $\sum\limits_{n=1}^{\infty}u_n$ 发散，则 $\lim\limits_{n\to\infty}u_n\neq0$　　　　D．若级数 $\sum\limits_{n=1}^{\infty}u_n$ 发散，则必有 $\lim\limits_{n\to\infty}u_n=\infty$

9．下列级数中，条件收敛的是(　　).

　　A．$\sum\limits_{n=1}^{\infty}(-1)^n\dfrac{n-1}{n+1}$　　　　　　　　　　B．$\sum\limits_{n=1}^{\infty}(-1)^n\dfrac{1}{n^{\frac{3}{2}}}$

　　C．$\sum\limits_{n=1}^{\infty}(-1)^n\dfrac{n+1}{n^2}$　　　　　　　　　D．$\sum\limits_{n=1}^{\infty}\dfrac{1}{n}$

10．设曲线 L 为闭区域 $D=\{(x,y)|1\leqslant x\leqslant2,2\leqslant y\leqslant3\}$ 的正向边界，则 $\oint_L x\mathrm{d}y-2y\mathrm{d}x=(\quad\ )$.

　　A．1　　　　　　　B．3　　　　　　C．2　　　　　　D．4

三、解下列各题(5 小题，每小题 6 分，共 30 分).

1．设 $u=xf\left(x,\dfrac{x}{y}\right)$，其中 f 有连续的一阶偏导数，求 $\dfrac{\partial u}{\partial x}$，$\dfrac{\partial u}{\partial y}$.

2．设 $x^2+y^2+z^2-4z=0$，求 $\dfrac{\partial z}{\partial x}$，$\dfrac{\partial^2 z}{\partial x^2}$.

3．求曲面 $z=xy$ 在点 $(1,2,2)$ 处的切平面方程与法线方程.

4．计算 $\iint\limits_{D}xy\mathrm{d}\sigma$，其中 D 是由抛物线 $y^2=x$ 及直线 $y=x-2$ 所围成的闭区域.

5. 计算积分 $\iint\limits_{\Sigma} z \mathrm{d}S$，其中 Σ 是上半球面 $z = \sqrt{a^2 - x^2 - y^2}$．

四、(8 分)计算曲线积分 $I = \int_L (2x^2 - y^2 + x^2 \mathrm{e}^{3y}) \mathrm{d}x + (x^3 \mathrm{e}^{3y} - 2xy - 2y^2) \mathrm{d}y$，其中 L 为椭圆 $x^2 + \dfrac{y^2}{9} = 1$ 从点 $A(-1, 0)$ 经第二象限至点 $B(0, 3)$ 的弧段．

五、(8 分)计算 $\iint\limits_{\Sigma} (x^2 - yz) \mathrm{d}y\mathrm{d}z + (y^2 - zx) \mathrm{d}z\mathrm{d}x + 2z \mathrm{d}x\mathrm{d}y$，其中 Σ 为曲面 $z = 1 - \sqrt{x^2 + y^2}$ 位于 xOy 面上方的部分，取上侧．

六、(8 分)求内接于半径为 a 的球且有最大体积的长方体的体积．

七、(8 分)将函数 $f(x) = \dfrac{1}{(1-x)(1+2x)}$ 在 $x = 0$ 处展开成幂级数(指出收敛域)．

八、(8 分)设 $F(t) = \iint\limits_{D} f(x^2 + y^2) \mathrm{d}\sigma$，其中 D 为圆域 $x^2 + y^2 \leqslant t^2$，f 为连续函数，求：

(1) $F(t)$；(2) $\lim\limits_{t \to 0^+} \dfrac{F(t)}{t}$．

总自测题三

一、填空题(7 小题，每小题 3 分，共 21 分)．

1. 过点 $(-3, 1, 2)$ 且法向量为 $\boldsymbol{n} = (3, 0, 5)$ 的平面方程为＿＿＿＿＿＿＿＿．

2. 直线 $\begin{cases} z = y, \\ x = 0 \end{cases}$ 绕 z 轴旋转一周所形成的曲面方程为＿＿＿＿＿＿＿＿．

3. $\lim\limits_{\substack{x \to -1 \\ y \to 0}} \ln(|x| + \mathrm{e}^y) = $＿＿＿＿＿＿＿＿．

4. $z = x^2 y$ 在点 (x, y) 处的全微分 $\mathrm{d}z = $＿＿＿＿＿＿＿＿．

5. 设 D 为 $y = x^2$ 与平面 $y = 1$ 围成的闭区域，将二重积分 $\iint\limits_{D} f(x, y) \mathrm{d}x\mathrm{d}y$ 化为直角坐标系下先对 y 后对 x 的二次积分为＿＿＿＿＿＿＿＿．

6. 设 L 为圆周 $x^2 + y^2 = 1$，则 $\int_L (x^2 + 2xy + y^2 + 1) \mathrm{d}s = $＿＿＿＿＿＿＿＿．

7. 如果级数 $\sum\limits_{n=1}^{\infty} u_n$ 收敛，则 $\lim\limits_{n \to \infty} u_n = $＿＿＿＿＿＿＿＿．

二、单项选择题(7 小题，每小题 3 分，共 21 分)．

1. 在空间直角坐标系中，方程 $z = x^2 + 2y^2$ 所表示的曲面是(　　)．

A．椭球面　　　　B．椭圆抛物面　　　　C．椭圆柱面　　　　D．单叶双曲面

2. 函数 $z = \dfrac{\ln(x + y - 1)}{\sqrt{2 - x^2 - y^2}}$ 的定义域为(　　)．

A. $\begin{cases} x^2+y^2<2, \\ x+y>1 \end{cases}$　B. $\begin{cases} x^2+y^2\leqslant 2, \\ x+y\geqslant 1 \end{cases}$　C. $\begin{cases} x^2+y^2\geqslant 2, \\ x+y>1 \end{cases}$　D. $\begin{cases} x^2+y^2>2, \\ x+y\geqslant 1 \end{cases}$

3．设 $z=z(x,y)$ 是由方程 $e^z-xyz=0$ 确定的函数，则 $\dfrac{\partial z}{\partial x}=(\quad)$．

A. $\dfrac{z}{1+z}$　　　B. $\dfrac{y}{x(1+z)}$　　　C. $\dfrac{z}{x(z-1)}$　　　D. $\dfrac{y}{x(1-z)}$

4．交换二次积分 $\displaystyle\int_0^1 dy\int_{-\sqrt{1-y^2}}^{\sqrt{1-y^2}} f(x,y)dx$ 的次序，则下列结果正确的是(　　)．

A. $\displaystyle\int_{-1}^1 dx\int_0^{\sqrt{1-x^2}} f(x,y)dy$　　　　　B. $\displaystyle\int_{-1}^1 dx\int_{-\sqrt{1-x^2}}^0 f(x,y)dy$

C. $\displaystyle\int_{-1}^1 dx\int_{-\sqrt{1-x^2}}^{\sqrt{1-x^2}} f(x,y)dy$　　　　　D. $\displaystyle\int_0^1 dx\int_{-\sqrt{1-x^2}}^{\sqrt{1-x^2}} f(x,y)dy$

5．设 L 为 $(x-1)^2+(y-1)^2=1$ 上从 $(2,1)$ 到 $(0,1)$ 的上半部分，则 $\displaystyle\int_L xdy+ydx=$ (　　)．

A. 0　　　　　B. -2　　　　　C. 2　　　　　D. 1

6．以 2π 为周期的函数在 $(-\pi,\pi)$ 中的表达式为 $f(x)=\begin{cases} -1, & -\pi<x\leqslant 0, \\ 3, & 0<x\leqslant \pi, \end{cases}$ 则它的傅里叶级数在 $x=\pi$ 处收敛于(　　)．

A. -1　　　　　B. 3　　　　　C. 0　　　　　D. 1

7．设 $\displaystyle\sum_{n=1}^\infty a_n x^n$ 的收敛半径为 R $(R>0)$，则 $\displaystyle\sum_{n=1}^\infty a_n x^{2n}$ 的收敛半径为(　　)．

A. $\sqrt{R}$　　　　　B. R　　　　　C. R^2　　　　　D. 不能确定

三、判断下列命题的正确性，正确的打√，错误的打×(4小题，每小题2分，共8分)．

1．若 $\boldsymbol{a}\cdot\boldsymbol{b}=\boldsymbol{b}\cdot\boldsymbol{c}$，且 $\boldsymbol{b}\neq 0$，则 $\boldsymbol{a}=\boldsymbol{c}$．　　　　　　　　　　(　　)

2．点 $(0,0)$ 是函数 $f(x,y)=\sqrt{x^2+y^2}$ 的驻点．　　　　　　(　　)

3．设 $f(x,y)\geqslant 0$，如果 $D_1\subset D_2$，则 $\displaystyle\iint_{D_1} f(x,y)d\sigma\leqslant\iint_{D_2} f(x,y)d\sigma$．　(　　)

4．若正项级数 $\displaystyle\sum_{n=1}^\infty u_n$ 收敛，则 $\dfrac{u_{n+1}}{u_n}<1$．　　　　　　(　　)

四、计算下列各题(5小题，每小题6分，共30分)．

1．设 $u=x(y-z)$，$z=\cos x\sin y$，求 $\dfrac{\partial u}{\partial x}$，$\dfrac{\partial u}{\partial y}$．

2．计算 $I=\displaystyle\iint_D \sqrt{x^2+y^2}dxdy$，其中 D 由 $x^2+y^2=1$ 与 $x^2+y^2=x$ 所围成．

3．计算 $I=\displaystyle\iint_\Sigma (x^2+y^2)dS$，其中 Σ 是锥面 $z=\sqrt{x^2+y^2}$ 被平面 $z=1$ 所截的部分．

4. 计算曲线积分 $I = \oint_L (2xy - x^2)\mathrm{d}x + (x + y^2)\mathrm{d}y$，其中 L 是由抛物线 $y = x^2$ 和 $x = y^2$ 所围成的区域 D 的正向边界曲线.

5. $\iint\limits_{\Sigma} (xy + z)\mathrm{d}y\mathrm{d}z + (z + xy)\mathrm{d}z\mathrm{d}x + z^2\mathrm{d}x\mathrm{d}y$，其中 Σ 为 $z^2 = x^2 + y^2$ $(0 \leqslant z \leqslant h)$ 的下侧.

五、(8 分)在第 I 卦限内作椭球面 $\dfrac{x^2}{a^2} + \dfrac{y^2}{b^2} + \dfrac{z^2}{c^2} = 1$ $(a > 0, b > 0, c > 0)$ 的切平面, 使切平面与三个坐标面所围成的四面体的体积最小, 求四面体最小体积及切点坐标.

六、(8 分)求幂级数 $\sum\limits_{n=1}^{\infty} \dfrac{nx^{n-1}}{2^n}$ 的和函数 $s(x)$, 将 $s(x)$ 展开成 $x - 1$ 的幂级数, 并指出收敛域.

七、(4 分)设 $f(x,y) = \sqrt{x^2 + y^2}$, 证明: $|\mathbf{grad}\, f(x,y)| = 1$.

总自测题一参考答案

一、1. $3\sqrt{2}$; 2. $\int_0^{2\pi} \mathrm{d}\theta \int_0^1 \rho\mathrm{d}\rho \int_\rho^1 f(\rho\cos\theta, \rho\sin\theta, z)\mathrm{d}z$; 3. 36π; 4. $\dfrac{\pi}{2}$; 5. 3.

二、1. A; 2. D; 3. C; 4. D; 5. B; 6. A; 7. C; 8. B; 9. D; 10. C.

三、1. $\mathrm{d}u = \dfrac{\partial u}{\partial x}\mathrm{d}x + \dfrac{\partial u}{\partial y}\mathrm{d}y + \dfrac{\partial u}{\partial z}\mathrm{d}z$

$$= \dfrac{1}{y}\mathrm{e}^{\frac{x}{y}}\sin(yz)\mathrm{d}x + \left[\left(-\dfrac{x}{y^2}\right)\mathrm{e}^{\frac{x}{y}}\sin(yz) + z\mathrm{e}^{\frac{x}{y}}\cos(yz)\right]\mathrm{d}y + y\mathrm{e}^{\frac{x}{y}}\cos(yz)\mathrm{d}z.$$

2. Ω 在 xOy 面上的投影区域为 $D_{xy} = \{(x,y) | x^2 + y^2 \leqslant 4\}$,

$$V = \iiint\limits_{\Omega} \mathrm{d}v = \iint\limits_{D_{xy}} \mathrm{d}x\mathrm{d}y \int_{x^2+2y^2}^{8-x^2} \mathrm{d}z = \iint\limits_{D_{xy}} (8 - 2x^2 - 2y^2)\mathrm{d}x\mathrm{d}y$$

$$= \int_0^{2\pi} \mathrm{d}\theta \int_0^2 (8 - 2\rho^2)\rho\mathrm{d}\rho = 16\pi.$$

3. $\Sigma: z = 1 - x - y$, Σ 在 xOy 面上的投影区域为 $D_{xy} = \{(x,y) | 0 \leqslant y \leqslant 1 - x, 0 \leqslant x \leqslant 1\}$, 所以

$$\iint\limits_{\Sigma} y\mathrm{d}S = \sqrt{3}\iint\limits_{D_{xy}} y\mathrm{d}x\mathrm{d}y = \sqrt{3}\int_0^1 \mathrm{d}x \int_0^{1-x} y\mathrm{d}y = \dfrac{\sqrt{3}}{6}.$$

4. $\dfrac{n^2 \sin^2\dfrac{n}{3}\pi}{2^n} \leqslant \dfrac{n^2}{2^n}$ $(n = 1, 2, \cdots)$, 对于级数 $\sum\limits_{n=1}^{\infty} \dfrac{n^2}{2^n}$, 因为 $\lim\limits_{n\to\infty} \dfrac{u_{n+1}}{u_n} = \lim\limits_{n\to\infty} \dfrac{(n+1)^2 2^n}{2^{n+1} n^2} =$

$\dfrac{1}{2}<1$，所以级数 $\displaystyle\sum_{n=1}^{\infty}\dfrac{n^2}{2^n}$ 收敛. 故由比较判别法可知，级数 $\displaystyle\sum_{n=1}^{\infty}\dfrac{n^2\sin^2\dfrac{n}{3}\pi}{2^n}$ 收敛.

5. 球面 Σ 的球心位于 z 轴，设 Σ 的方程为 $x^2+y^2+(z-a)^2=r^2$，将点 $P(2,-4,3)$ 及特殊点 $(\sqrt 5,0,0)$ 代入方程，解得 $a=4, r=\sqrt{21}$，故所求方程为 $x^2+y^2+(z-4)^2=21$.

四、令 $F(x,y,z)=\mathrm e^z+2z+xy-3$，则 $F_x=y$，$F_y=x$，$F_z=\mathrm e^z+2$，故 $\left.\boldsymbol n\right|_{(2,1,0)}=(1,2,3)$，所求切平面方程为 $(x-2)+2(y-1)+3z=0$，即 $x+2y+3z=4$，法线方程为 $\dfrac{x-2}{1}=\dfrac{y-1}{2}=\dfrac{z}{3}$.

五、解方程组 $\begin{cases}f_x(x,y)=3-3x^2=0,\\ f_y(x,y)=3-3y^2=0,\end{cases}$ 得驻点为 $(1,1)$，$(1,-1)$，$(-1,1)$，$(-1,-1)$. 又 $A=f_{xx}(x,y)=-6x$，$B=f_{xy}(x,y)=0$，$C=f_{yy}(x,y)=-6y$.

在点 $(1,1)$ 处，$AC-B^2=36>0$，又 $A<0$，所以函数在 $(1,1)$ 处有极大值 $f(1,1)=4$；

在点 $(1,-1)$ 和 $(-1,1)$ 处，$AC-B^2<0$，所以 $f(1,-1)$，$f(-1,1)$ 都不是极值；

在点 $(-1,-1)$ 处，$AC-B^2=36>0$，又 $A>0$，所以函数在 $(-1,-1)$ 处有极小值 $f(-1,-1)=-4$.

六、令 $P=2x^2-y^2+x^2\mathrm e^{3y}$，$Q=x^3\mathrm e^{3y}-2xy-2y^2$，因为 $\dfrac{\partial P}{\partial y}=-2y+3x^2\mathrm e^{3y}=\dfrac{\partial Q}{\partial x}$，且偏导数连续，故曲线积分与路径无关. 所以取积分路径为 $L_1:y=0$，x 从 2 变到 0，则

$$I=\int_L(2x^2-y^2+x^2\mathrm e^{3y})\mathrm dx+(x^3\mathrm e^{3y}-2xy-2y^2)\mathrm dy=\int_2^0(2x^2+x^2)\mathrm dx=-8.$$

七、因为 $\rho=\lim\limits_{n\to\infty}\left|\dfrac{a_{n+1}}{a_n}\right|=\lim\limits_{n\to\infty}\dfrac{n}{n+1}=1$，所以收敛半径 $R=\dfrac{1}{\rho}=1$，收敛区间为 $(-1,1)$.

当 $x=-1$ 时，级数 $\displaystyle\sum_{n=1}^{\infty}\dfrac{1}{n}$ 发散，当 $x=1$ 时，级数 $\displaystyle\sum_{n=1}^{\infty}\dfrac{(-1)^{n+1}}{n}$ 收敛，故幂级数的收敛域为 $(-1,1]$.

令 $s(x)=\displaystyle\sum_{n=1}^{\infty}(-1)^{n+1}\dfrac{x^{n+1}}{n}$，则 $s(0)=0$. 当 $x\neq 0$ 时，

$$s(x)=\sum_{n=1}^{\infty}(-1)^{n+1}\dfrac{x^{n+1}}{n}=x\sum_{n=1}^{\infty}(-1)^{n+1}\dfrac{x^n}{n}=x\sum_{n=1}^{\infty}(-1)^{n+1}\left(\int_0^x x^{n-1}\mathrm dx\right)$$

$$=x\int_0^x\left[\sum_{n=1}^{\infty}(-1)^{n+1}x^{n-1}\right]\mathrm dx=x\int_0^x\dfrac{1}{1+x}\mathrm dx=x\ln(1+x),$$

所以 $\displaystyle\sum_{n=1}^{\infty}(-1)^{n+1}\dfrac{x^{n+1}}{n}=x\ln(1+x)$，$x\in(-1,1]$，于是

$$\sum_{n=1}^{\infty}(-1)^{n+1}\frac{1}{n2^n}=2\cdot\sum_{n=1}^{\infty}(-1)^{n+1}\frac{1}{n2^{n+1}}=2\cdot\frac{1}{2}\ln\left(1+\frac{1}{2}\right)=\ln\frac{3}{2}.$$

八、补曲面 $\varSigma_1:z=1$，$D_{xy}=\{(x,y)\big|x^2+y^2\le1\}$，取上侧，记 $\varSigma$ 与 $\varSigma_1$ 所围成的空间闭区域为 $\varOmega$，由高斯公式，得

$$\iint\limits_{\varSigma+\varSigma_1}(x^2-y)\mathrm{d}x\mathrm{d}y+(y^2-z)\mathrm{d}y\mathrm{d}z+(z^2-x)\mathrm{d}z\mathrm{d}x=\iiint\limits_{\varOmega}0\,\mathrm{d}v=0,$$

故

$$\iint\limits_{\varSigma}(x^2-y)\mathrm{d}x\mathrm{d}y+(y^2-z)\mathrm{d}y\mathrm{d}z+(z^2-x)\mathrm{d}z\mathrm{d}x$$

$$=-\iint\limits_{\varSigma_1}(x^2-y)\mathrm{d}x\mathrm{d}y+(y^2-z)\mathrm{d}y\mathrm{d}z+(z^2-x)\mathrm{d}z\mathrm{d}x$$

$$=-\iint\limits_{\varSigma_1}(x^2-y)\mathrm{d}x\mathrm{d}y=-\iint\limits_{D_{xy}}(x^2-y)\mathrm{d}x\mathrm{d}y=-\iint\limits_{D_{xy}}x^2\mathrm{d}x\mathrm{d}y$$

$$=-\int_0^{2\pi}\cos^2\theta\mathrm{d}\theta\int_0^1\rho^3\mathrm{d}\rho=-\frac{\pi}{4}.$$

总自测题二参考答案

一、1. $\frac{1}{2}$；　2. -2，-2；　3. $\int_0^2\mathrm{d}y\int_{\frac{y}{2}}^{y}f(x,y)\mathrm{d}x$；　4. $(-\infty,+\infty)$；　5. 3.

二、1. D；　2. C；　3. D；　4. A；　5. A；　6. D；　7. C；　8. B；　9. C；　10. B.

三、1. $\dfrac{\partial u}{\partial x}=f+xf_1'+\dfrac{x}{y}f_2'$，$\dfrac{\partial u}{\partial y}=-\dfrac{x^2}{y^2}f_2'$.

2. 令 $F(x,y,z)=x^2+y^2+z^2-4z$，则 $F_x=2x$，$F_z=2z-4$，故

$$\frac{\partial z}{\partial x}=-\frac{F_x}{F_z}=\frac{x}{2-z},\qquad\frac{\partial^2z}{\partial x^2}=\frac{(2-z)+x\dfrac{\partial z}{\partial x}}{(2-z)^2}=\frac{(2-z)^2+x^2}{(2-z)^3}.$$

3. $\boldsymbol{n}=(z_x,z_y,-1)=(y,x,-1)$，$\boldsymbol{n}\big|_{(1,2,2)}=(2,1,-1)$，所以在点 $(1,2,2)$ 处的切平面方程为 $2(x-1)+(y-2)-(z-2)=0$，即　$2x+y-z-2=0$；法线方程为 $\dfrac{x-1}{2}=\dfrac{y-2}{1}=\dfrac{z-2}{-1}$.

4. $\displaystyle\iint\limits_D xy\,\mathrm{d}\sigma=\int_{-1}^2\mathrm{d}y\int_{y^2}^{y+2}xy\,\mathrm{d}x=\int_{-1}^2\left[\frac{x^2y}{2}\right]_{y^2}^{y+2}\mathrm{d}y$

$$=\frac{1}{2}\int_{-1}^2[y(y+2)^2-y^5]\mathrm{d}y=\frac{1}{2}\left[\frac{y^4}{4}+\frac{4}{3}y^3+2y^2-\frac{y^6}{6}\right]_{-1}^2=\frac{45}{8}.$$

5. $\varSigma$ 在 xOy 面上的投影区域为 $D_{xy}=\{(x,y)\big|x^2+y^2\le a^2\}$，

$$\iint\limits_{\Sigma} z\mathrm{d}S = \iint\limits_{D_{xy}} \sqrt{a^2-x^2-y^2}\cdot\sqrt{1+z_x^{\,2}+z_y^{\,2}}\,\mathrm{d}x\mathrm{d}y$$

$$= \iint\limits_{D_{xy}} \sqrt{a^2-x^2-y^2}\cdot\frac{a}{\sqrt{a^2-x^2-y^2}}\,\mathrm{d}x\mathrm{d}y = a\iint\limits_{D_{xy}}\mathrm{d}x\mathrm{d}y = \pi a^3.$$

四、令 $P=2x^2-y^2+x^2\mathrm{e}^{3y}$，$Q=x^3\mathrm{e}^{3y}-2xy-2y^2$，则 $\dfrac{\partial P}{\partial y}=3x^2\mathrm{e}^{3y}-2y=\dfrac{\partial Q}{\partial x}$，且偏导数连续，所以曲线积分与路径无关，故

$$I = \int_{AO+OB}(2x^2-y^2+x^2\mathrm{e}^{3y})\mathrm{d}x+(x^3\mathrm{e}^{3y}-2xy-2y^2)\mathrm{d}y$$

$$= \int_{-1}^{0}3x^2\,\mathrm{d}x+\int_{0}^{3}-2y^2\,\mathrm{d}y = -17.$$

五、设曲面 $\Sigma_1: z=0, x^2+y^2\leqslant1$，取下侧，且 Σ 与 Σ_1 围成闭区域 Ω，由高斯公式，得

$$\oiint\limits_{\Sigma+\Sigma_1}(x^2-yz)\mathrm{d}y\mathrm{d}z+(y^2-zx)\mathrm{d}z\mathrm{d}x+2z\mathrm{d}x\mathrm{d}y = \iiint\limits_{\Omega}(2x+2y+2)\mathrm{d}v = 2\iiint\limits_{\Omega}\mathrm{d}v = \frac{2}{3}\pi,$$

$$\iint\limits_{\Sigma_1}(x^2-yz)\mathrm{d}y\mathrm{d}z+(y^2-zx)\mathrm{d}z\mathrm{d}x+2z\mathrm{d}x\mathrm{d}y = 0,$$

故 $\displaystyle\iint\limits_{\Sigma}(x^2-yz)\mathrm{d}y\mathrm{d}z+(y^2-zx)\mathrm{d}z\mathrm{d}x+2z\mathrm{d}x\mathrm{d}y = \frac{2}{3}\pi$.

六、设球面方程为 $x^2+y^2+z^2=a^2$，(x,y,z) 是它的内接长方体在第 I 卦限内的一个顶点，则此长方体的长、宽、高分别为 $2x$，$2y$，$2z$，体积为 $V=8xyz$，$x>0,y>0,z>0$.

令 $L(x,y,z,\lambda)=8xyz+\lambda(x^2+y^2+z^2-a^2)$，解方程组 $\begin{cases}L_x=8yz+2\lambda x=0,\\ L_y=8xz+2\lambda y=0,\\ L_z=8xy+2\lambda z=0,\\ L_\lambda=x^2+y^2+z^2-a^2=0,\end{cases}$ 得

$x=y=z=\dfrac{a}{\sqrt{3}}$.

因为内接于球且有最大体积的长方体一定存在，所以当长方体的长、宽、高都是 $\dfrac{2\sqrt{3}a}{3}$ 时，其体积最大，最大体积为 $\dfrac{8\sqrt{3}}{9}a^3$.

七、$f(x)=\dfrac{1}{(1-x)(1+2x)}=\dfrac{1}{3}\left(\dfrac{1}{1-x}+\dfrac{2}{1+2x}\right)$

$$=\frac{1}{3}\sum_{n=0}^{\infty}x^n+\frac{2}{3}\sum_{n=0}^{\infty}(-2x)^n=\frac{1}{3}\sum_{n=0}^{\infty}[1+(-1)^n2^{n+1}]x^n,$$

收敛域由 $|x|<1$ 及 $|-2x|<1$ 确定，即 $x\in\left(-\dfrac{1}{2},\dfrac{1}{2}\right)$.

八、(1) $F(t) = \iint\limits_{D} f(x^2 + y^2) \mathrm{d}\sigma = \int_0^{2\pi} \mathrm{d}\theta \int_0^t f(\rho^2)\rho\,\mathrm{d}\rho = 2\pi \int_0^t f(\rho^2)\rho\,\mathrm{d}\rho$.

(2) $\lim\limits_{t \to 0^+} \dfrac{F(t)}{t} = \lim\limits_{t \to 0^+} \dfrac{2\pi \int_0^t \rho f(\rho^2)\mathrm{d}\rho}{t} = \lim\limits_{t \to 0^+} 2\pi t f(t^2) = 0$ (因为 f 为连续函数).

总自测题三参考答案

一、1. $3x + 5z - 1 = 0$;　2. $z^2 = x^2 + y^2$;　3. $\ln 2$;

　　4. $2xy\mathrm{d}x + x^2\mathrm{d}y$;　5. $\int_{-1}^1 \mathrm{d}x \int_{x^2}^1 f(x,y)\mathrm{d}y$;　6. 4π ;　7. 0 .

二、1. B; 2. A; 3. C; 4. A; 5. B; 6. D; 7. A.

三、1. ×; 2. ×; 3. √; 4. ×.

四、1. $\dfrac{\partial u}{\partial x} = y - z - x\dfrac{\partial z}{\partial x} = y - \cos x \sin y + x \sin x \sin y$,

　　$\dfrac{\partial u}{\partial y} = x\left(1 - \dfrac{\partial z}{\partial y}\right) = x - x \cos x \cos y$.

2. 积分区域 D 如图所示,

$$I = \iint\limits_{D} \sqrt{x^2 + y^2}\,\mathrm{d}x\mathrm{d}y$$

$$= \iint\limits_{x^2+y^2 \leqslant 1} \sqrt{x^2 + y^2}\,\mathrm{d}x\mathrm{d}y - \iint\limits_{x^2+y^2 \leqslant x} \sqrt{x^2 + y^2}\,\mathrm{d}x\mathrm{d}y$$

$$= \int_0^{2\pi} \mathrm{d}\theta \int_0^1 \rho^2\,\mathrm{d}\rho - \int_{-\frac{\pi}{2}}^{\frac{\pi}{2}} \mathrm{d}\theta \int_0^{\cos\theta} \rho^2\,\mathrm{d}\rho$$

$$= \frac{2\pi}{3} - \frac{4}{9}.$$

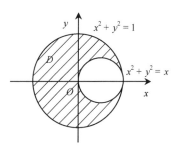

3. $\Sigma : z = \sqrt{x^2 + y^2}$, 投影区域 $D_{xy} = \{(x,y) \mid x^2 + y^2 \leqslant 1\}$,

$$I = \iint\limits_{\Sigma} (x^2 + y^2)\mathrm{d}S = \sqrt{2} \iint\limits_{D_{xy}} (x^2 + y^2)\mathrm{d}x\mathrm{d}y$$

$$= \sqrt{2} \int_0^{2\pi} \mathrm{d}\theta \int_0^1 \rho^3\,\mathrm{d}\rho = \frac{\sqrt{2}}{2}\pi.$$

4. 应用格林公式, 得

$$I = \oint_L (2xy - x^2)\mathrm{d}x + (x + y^2)\mathrm{d}y$$

$$= \iint\limits_{D} (1 - 2x)\mathrm{d}x\mathrm{d}y = \int_0^1 \mathrm{d}x \int_{x^2}^{\sqrt{x}} (1 - 2x)\mathrm{d}y = \frac{1}{30}.$$

5. 补充 $\Sigma_1 : z = h$, $D_{xy} = \{(x,y) \mid x^2 + y^2 \leqslant h^2\}$, 取上侧, 记 Σ 与 Σ_1 所围的空间闭区域

为 Ω. 由高斯公式, 得

$$\oiint\limits_{\Sigma+\Sigma_1} (xy+z)\mathrm{d}y\mathrm{d}z + (z+xy)\mathrm{d}z\mathrm{d}x + z^2\mathrm{d}x\mathrm{d}y = \iiint\limits_{\Omega} (y+x+2z)\mathrm{d}x\mathrm{d}y\mathrm{d}z,$$

根据对称性, 得 $\iiint\limits_{\Omega} y\mathrm{d}x\mathrm{d}y\mathrm{d}z = 0$, $\iiint\limits_{\Omega} x\mathrm{d}x\mathrm{d}y\mathrm{d}z = 0$, 所以

$$\oiint\limits_{\Sigma+\Sigma_1} (xy+z)\mathrm{d}y\mathrm{d}z + (z+xy)\mathrm{d}z\mathrm{d}x + z^2\mathrm{d}x\mathrm{d}y$$

$$= 2\iiint\limits_{\Omega} z\mathrm{d}x\mathrm{d}y\mathrm{d}z$$

$$= 2\int_0^h z\mathrm{d}z\iint\limits_{D_z} \mathrm{d}x\mathrm{d}y = 2\int_0^h z\cdot\pi z^2\mathrm{d}z = \frac{\pi h^4}{2},$$

其中, $D_z = \{(x,y)\big| x^2+y^2 \leqslant z^2\}$, 又

$$\iint\limits_{\Sigma_1} (xy+z)\mathrm{d}y\mathrm{d}z + (z+xy)\mathrm{d}z\mathrm{d}x + z^2\mathrm{d}x\mathrm{d}y = \iint\limits_{D_{xy}} h^2\mathrm{d}x\mathrm{d}y = \pi h^4,$$

所以

$$\iint\limits_{\Sigma} (xy+z)\mathrm{d}y\mathrm{d}z + (z+xy)\mathrm{d}z\mathrm{d}x + z^2\mathrm{d}x\mathrm{d}y = \frac{\pi h^4}{2} - \pi h^4 = -\frac{\pi h^4}{2}.$$

五、椭球面在点 $P(x,y,z)$ 处的切平面方程为 $\dfrac{xX}{a^2} + \dfrac{yY}{b^2} + \dfrac{zZ}{c^2} = 1$, 切平面在三个坐标轴

的截距分别为 $\dfrac{a^2}{x}$, $\dfrac{b^2}{y}$, $\dfrac{c^2}{z}$, 从而四面体的体积为 $V = \dfrac{1}{6}\dfrac{a^2b^2c^2}{xyz}$, $x > 0$, $y > 0$, $z > 0$.

作辅助函数 $F(x,y,z,\lambda) = \dfrac{1}{6}\dfrac{a^2b^2c^2}{xyz} - \lambda\left(\dfrac{x^2}{a^2} + \dfrac{y^2}{b^2} + \dfrac{z^2}{c^2} - 1\right)$, 解方程组

$$\begin{cases} F_x = -\dfrac{1}{6}\dfrac{a^2b^2c^2}{x^2yz} - \dfrac{2\lambda x}{a^2} = 0, \\[3mm] F_y = -\dfrac{1}{6}\dfrac{a^2b^2c^2}{xy^2z} - \dfrac{2\lambda y}{b^2} = 0, \\[3mm] F_z = -\dfrac{1}{6}\dfrac{a^2b^2c^2}{xyz^2} - \dfrac{2\lambda z}{c^2} = 0, \\[3mm] F_\lambda = \dfrac{x^2}{a^2} + \dfrac{y^2}{b^2} + \dfrac{z^2}{c^2} - 1 = 0, \end{cases}$$

得 $x = \dfrac{a}{\sqrt{3}}$, $y = \dfrac{b}{\sqrt{3}}$, $z = \dfrac{c}{\sqrt{3}}$, 所以四面体最小体积 $V_{\min} = \dfrac{\sqrt{3}}{2}abc$, 切点坐标为

$\left(\dfrac{a}{\sqrt{3}}, \dfrac{b}{\sqrt{3}}, \dfrac{c}{\sqrt{3}}\right)$.

六、级数 $\sum\limits_{n=1}^{\infty}\dfrac{nx^{n-1}}{2^n}$ 的收敛域为 $(-2,2)$.

设 $s(x)=\sum\limits_{n=1}^{\infty}\dfrac{nx^{n-1}}{2^n}$ ，则

$$\int_0^x s(x)\mathrm{d}x=\sum_{n=1}^{\infty}\int_0^x\frac{nx^{n-1}}{2^n}\mathrm{d}x=\sum_{n=1}^{\infty}\frac{x^n}{2^n}=\frac{x}{2-x},$$

所以 $s(x)=\dfrac{2}{(2-x)^2}$ ， $x\in(-2,2)$.

$s(x)=\dfrac{2}{(2-x)^2}=\dfrac{2}{[1-(x-1)]^2}$ ，令 $x-1=t$ ，则

$$s(x)=\frac{2}{(1-t)^2}=2\left(\frac{1}{1-t}\right)'=2\left(\sum_{n=0}^{\infty}t^n\right)'=2\sum_{n=1}^{\infty}nt^{n-1}=2\sum_{n=1}^{\infty}n(x-1)^{n-1},\ 0<x<2 .$$

七、$\dfrac{\partial f}{\partial x}=\dfrac{x}{\sqrt{x^2+y^2}}$ ， $\dfrac{\partial f}{\partial y}=\dfrac{y}{\sqrt{x^2+y^2}}$ ，则

$$\mathbf{grad}\,f(x,y)=\left(\frac{x}{\sqrt{x^2+y^2}},\frac{y}{\sqrt{x^2+y^2}}\right),$$

所以 $|\mathbf{grad}\,f(x,y)|=\sqrt{\left(\dfrac{x}{\sqrt{x^2+y^2}}\right)^2+\left(\dfrac{y}{\sqrt{x^2+y^2}}\right)^2}=1$.